商品混凝土实用技术读本

舒怀珠　黄清林　覃立香　编著

中国建材工业出版社

图书在版编目（CIP）数据

商品混凝土实用技术读本/舒怀珠，黄清林，覃立香
编著．—北京：中国建材工业出版社，2012.9（2023.5 重印）
ISBN 978-7-5160-0266-7

Ⅰ．①商…　Ⅱ．①舒…②黄…③覃…　Ⅲ．①混凝土
Ⅳ．①TU528

中国版本图书馆 CIP 数据核字（2012）第 203129 号

内 容 简 介

　　本书主要介绍了商品混凝土原材料质量控制、普通混凝土和几种特种混凝土的配合比设计、商品混凝土常见质量问题及其防治、混凝土生产管理、施工，特别是养护和季节性施工对混凝土质量的影响、新技术和新材料在商品混凝土中的应用。其中既有理论研究，也有实践应用，可供混凝土搅拌站技术人员工作时参考使用，也可供土木工程、水利工程、港口工程、桥梁工程、市政工程等专业的设计、施工人员借鉴，还可供从事相关专业的科研人员及大专院校师生阅读参考。

商品混凝土实用技术读本
舒怀珠　黄清林　覃立香　编著
出版发行：中国建材工业出版社
地　　址：北京市海淀区三里河路 11 号
邮　　编：100831
经　　销：全国各地新华书店
印　　刷：北京雁林吉兆印刷有限公司
开　　本：710mm×1000mm　1/16
印　　张：21
字　　数：408 千字
版　　次：2012 年 9 月第 1 版
印　　次：2023 年 5 月第 5 次
定　　价：**63.00 元**

本社网址：www.jccbs.com.cn
本书如出现印装质量问题，由我社发行部负责调换。联系电话：（010）57811387

前　　言

近年来,随着我国的城市化进程不断向前推进,商品混凝土在我国大中城市得到了迅速发展和推广应用,混凝土搅拌站也得到了高速发展。商品混凝土质量相对于现场搅拌的混凝土更稳定,有利于采用新技术、新材料,也有利于节约水泥和推广应用散装水泥,加快施工速度,有利于文明施工和提高工程质量等许多优点,因而受到重视。

随着建筑业的发展,大型工程、高层建筑及新的施工方法不断出现,对混凝土的质量要求越来越高,越来越严格。然而由于混凝土行业发展过快,导致我国很多地方商品混凝土企业的生产管理水平偏低,生产质量水平不高,抗压强度没有及时控制,有特殊性能要求的混凝土往往达不到要求,对混凝土耐久性没有充分重视。其原因是多方面的:从事商品混凝土行业的部分人员素质相对较低,对商品混凝土的原材料(水泥、砂、石、外加剂、水和掺合料等)的各项潜能,原材料各种潜能发挥的条件,以及它对混凝土各种性能的作用认识不足,所以材料质量控制不力,对新技术和新材料的应用缺乏理解和热情,更缺乏知识;混凝土配合比,特别是非普通混凝土的配合比设计存在诸多问题;施工单位和监理单位对商品混凝土的理解不深,技术水平跟不上时代的发展,商品混凝土施工过程当中养护认识不到位,季节变化时,施工针对性不强,存在质量隐患。而近年来,随着国内外混凝土的高性能化,混凝土的非受力变形出现了很多新情况,也成为近些年商品混凝土的热点问题。

对于上述问题,我们根据一些工程实践和科研项目,参考国内外有关专家的研究成果,编写了《商品混凝土实用技术读本》,以此满足混凝土行业从业人员水平提高的需要,读者根据自己的需要,从目录中查找问题,可迅速得到参考意见,希望此书对混凝土同行们有所借鉴。

本书主要阐述了商品混凝土原材料质量控制、普通混凝土和几种特种混凝土的配合比设计、商品混凝土常见质量问题及其防治、混凝土生产管理、施工,特别是养护和季节性施工对混凝土质量的影响、新技术和新材料在商品混凝土中的应用。其中既有理论研究,也有实践应用,可供混凝土搅拌站技术人员工作时参考使用,也可供土木工程、水利工程、港口工程、桥梁工程、市政工程等专业的设计、施工人员借鉴,还可供从事相关专业的科研人员及大专院校师生阅读参考。

本书由舒怀珠和黄清林编著并负责全书的统稿,覃立香、常海燕、潘亚波承

1

担了部分编著工作。本书由潘业宏和孙继成主审,在此表示感谢。

本书编写时参考和引用了部分单位、专家学者的资料,在此表示衷心的感谢。

本书在编写的过程中,注重理论和实践相结合,突出其应用性,为混凝土企业和施工监理企业技术人员应用创造条件。

由于混凝土技术发展很快,加上编著者水平有限和掌握的资料不全,错误和不妥之处在所难免,恳请读者及同行专家给予指正并提出宝贵意见。

作者
2012 年 4 月

目　　录

目　录

发展出版传媒　服务经济建设
传播科技进步　满足社会需求

我们提供

图书出版、图书广告宣传、企业定制出版、团体用书、
会议培训、其他深度合作等优质、高效服务。

编辑部
010-88376510

图书广告
010-68361706

出版咨询
010-68343948

图书销售
010-68001605

jccbs@hotmail.com　　www.jccbs.com.cn

中国建材工业出版社
China Building Materials Press

第一章 商品混凝土原材料质量控制

第一节 水泥质量控制

自 1824 年 J. Aspdin 发明波特兰水泥以来,水泥混凝土已成为当今世界最主要的建筑材料之一。据专家们预测,在可以预见的未来,水泥仍将是不可替代的建筑材料。随着科学技术的不断发展、混凝土制品种类的增多、建筑结构日益复杂并向大型化发展,对混凝土性能提出了各种新的、更高的要求,因此也对水泥的性能提出了更多更高的要求。同时,由于水泥生产设备的改进和水泥生产工艺的革新,水泥的生产技术不断进步,水泥的某些性能特点得以实现,比如高效选粉机的应用以及水泥助磨剂的推广,使水泥颗粒得以磨得更细。这些技术进步在带来资源和能源效益的同时,也对水泥的使用性能即混凝土的性能产生了一些负面影响,比如为了迎合施工单位加快施工进度的要求,片面追求水泥的早强与高强,容易造成混凝土开裂、耐久性较差等负面影响。水泥磨得过细,虽然增加了早期强度,但也带来了水化放热集中、与外加剂相容性不好等问题。

因此,作为混凝土工作者,有必要了解水泥的性能怎样影响混凝土的性能,以及如何评价水泥这一混凝土重要的组成材料的质量优劣。本章就从以下两个方面进行阐述。

一、水泥对混凝土性能的影响

(一)水泥对混凝土工作性的影响

混凝土工作性(也称和易性)是关系到混凝土可施工性,均匀性及其后期性能发展的重要性能指标。工作性是指新拌水泥混凝土混合料在施工(拌合、运输、浇筑、振捣)过程中,在自重或机械力的作用下,能够均匀密实的填满模板空间,不产生泌水、离析和分层现象的性能。工作性是一项综合指标,它包括流动性、黏聚性、可塑性和保水性四方面的含义。流动性是指新拌混凝土混合料在自重或机械力的作用下,能产生流动,并能均匀地填满模板空间的性能;黏聚性是指混凝土混合料在施工过程中各成分之间有一定的黏聚力,不产生分层和离析现象的性能;可塑性是指混凝土混合料在施工过程中,不在外力作用下产生脆断的性能;保水性是指混凝土混合料在施工过程中,具有一定的保水能力,不产生

1

严重泌水现象的性能。工作性差易使混凝土出现蜂窝、麻面、分层等病害，甚至使混凝土结构无法达到其设计的其他性能包括强度和耐久性的要求，影响工程质量。因此，混凝土工作性是混凝土一项重要的基本性能。

混凝土从加水拌合开始，水泥熟料矿物开始水化，随着水化过程的深入，水化产物相互搭接，逐步凝结硬化。同时，由于水分的蒸发和水泥水化对水的消耗，混凝土浆体的自由水分也逐渐减少。因此伴随着水化过程的进行，混凝土浆体的流动性逐渐丧失，强度逐步发展，混凝土从可塑性浆体发展成为硬化混凝土结构。从这个过程来看，无论是混凝土的初始工作性，还是其工作性保持能力，都与水泥有重要的直接的关系。同时，由于外加剂在混凝土中的普遍使用，外加剂与混凝土中其他材料的相容性问题越来越受到重视，其中水泥与外加剂的相容性是最突出的问题。因此，水泥的性能特点是影响混凝土工作性能的核心因素，主要体现在以下几个方面。

1. 水泥熟料矿物组成和矿物形态

水泥熟料的矿物组成和其矿物形态，直接影响到水泥水化硬化的进程以及对外加剂的吸附，因此，对混凝土的工作性有重要的影响，特别是对坍落度损失以及对水泥与外加剂的相容性。

（1）对坍落度损失的影响

混凝土坍落度损失的主要原因为水泥水化消耗自由水，并产生水化产物相互搭接，使新拌混凝土黏度增大。水泥熟料四大主要矿物为硅酸三钙（C_3S）、硅酸二钙（C_2S）、铝酸三钙（C_3A）、铁铝酸四钙（C_4AF）。其中 C_3A 水化最快，如果没有合适的调凝组分，C_3A 很快水化生成片状的水化铝酸四钙，这些产物相互搭接，致使新拌混凝土浆体很快丧失流动性。C_3S 水化反应也很快，并且由于 C_3S 是熟料中含量最多的矿物，其水化程度直接影响着浆体的凝结硬化。因此，熟料中 C_3S 和 C_3A 含量高的水泥，特别是 C_3A 高的水泥，初期水化快，易造成混凝土坍落度损失大，需要相应的调整措施来保持坍落度。

（2）与外加剂的相容性

水泥与外加剂的相容性与其对外加剂的吸附量有关。众多研究表明，外加剂主要被吸附在水泥水化产物的表面。表 1-1 显示了掺与未掺减水剂的水泥的化学结合水值（化学结合水反映了水泥的水化程度）。从表 1-1 可见，3 小时之前掺减水剂水泥的化学结合水量大于未掺减水剂者，这说明 3 小时之前掺减水剂水泥水化速度比未掺者快。如果减水剂是吸附在未水化水泥颗粒表面，那么掺减水剂的水泥水化应比未掺减水剂的慢。可见，外加剂主要被吸附在水化产物表面。因此，凡是水化快和产生的水化产物比表面积大的熟料矿物，吸附外加剂多，与外加剂的相容性就差。在水泥熟料矿物中，C_3A 水化最快，其水化产物具有比较大的比表面积，因此，对外加剂的吸附大。另外，C_3S 水化也很快，其水化产物水化硅酸钙凝胶(C-S-H)也有很大的比表面积,对外加剂的吸附量也比较大。因此,熟料中 C_3S 和 C_3A 含量高的水泥,表现在混凝土的工作性上往往为初始坍落度低或坍损大。

表 1-1　掺与未掺超塑化剂的水泥的化学结合水值

时　　间	化学结合水量/%	
	纯水泥	水泥 + 减水剂(萘系)
5min	1.41	1.54
10min	1.45	1.60
20min	1.59	1.82
40min	1.63	1.97
60min	1.68	1.91
3h	1.93	2.16
6h	2.59	2.54
18h	3.83	3.64
1d	4.40	4.11
3d	8.98	8.36
7d	9.91	9.16
28d	14.32	13.73

注:以纯水泥水化 28d 的水化程度 $\alpha=80\%$ 计。

熟料矿物的结晶形态及其固熔的不同微量的氧化物直接影响其反应活性,因此,即使矿物组成比例类似的熟料,混凝土的工作性也可能会有不同的表现。比如斜方晶系的 C_3A 和立方晶系的 C_3A 其反应活性有很大的差别,从而导致混凝土的工作性有很大的差别,在某些情况下,斜方晶系的 C_3A 由于其水化速度难以控制可能导致混凝土丧失工作性。由于熟料矿物的形态和其固熔矿物与熟料的烧成过程直接相关,属于水泥生产的问题,在此不做详细讨论。但作为混凝土工作者,有必要了解该影响因素,以便在工作中遇到类似的问题时能够与水泥生产企业做好沟通,针对性地解决问题。

2. 硫酸盐含量和类型

如前所述, C_3A 是影响到混凝土坍落度损失和水泥与外加剂相容性的关键因素,究其原因,是因为 C_3A 水化速度太快,其与水接触的 30 秒内就开始大量反应,导致混凝土急凝,丧失工作性,因此,需要加入调凝剂硫酸盐(石膏)以调节 C_3A 的水化,从而保证混凝土的工作性。在石膏存在与否的条件下, C_3A 水化反应分别如下:

(1)在无石膏时, C_3A 遇水即迅速反应,生成片状的水化铝酸四钙,混凝土工作性迅速丧失。

$$C_3A + C + nH =\!=\!= C_4AH_{11<n<15}(n \text{ 主要为 } 13)$$

（2）在石膏存在时，C_3A 与石膏反应生成钙矾石。如果石膏的活性与 C_3A 匹配，则生成凝胶状钙矾石，覆盖在 C_3A 表面，抑制其水化，混凝土工作性好。如果石膏活性不足，则生成针棒状钙矾石以及水化铝酸钙，造成混凝土流动性丧失；如果石膏活性过大，则产生条状次生石膏导致流动性丧失。

$$C_3A + 3C + 3S + 32H =\!=\!= C_3A \cdot 3(CS) \cdot H_{32}$$

因此，硫酸盐与 C_3A 反应活性的匹配是获得混凝土良好工作性的重要因素。C_3A 的反应活性取决于其本身的含量和其矿物形态。硫酸盐主要来源于粉磨水泥时外掺的石膏，另外水泥熟料和混合材以及配制混凝土时加入的外加剂也会带入硫酸盐。硫酸盐的反应活性，一方面决定于其含量，含量高则系统中硫酸盐的反应活性大；另一方面，不同类型的硫酸盐，其本身的活性也不一样，常见于水泥混凝土系统的硫酸盐，其活性顺序如下：硫酸碱（硫酸钠，硫酸钾）＞半水石膏＞石膏＞硬石膏。水泥在粉磨过程中如果磨温高，会导致部分石膏脱水形成半水石膏，增加了硫酸盐的活性。过多的半水石膏遇水形成二水石膏晶体，易导致混凝土假凝。

超塑化剂可改变石膏的溶解度和溶解速度，从而影响外加剂与水泥的相容性。例如，掺硬石膏的硅酸盐水泥与糖类和木质磺酸盐类超塑化剂同时用于混凝土中时，可能发生速凝，影响混凝土工作性。其原因在于这两类超塑化剂使硬石膏的溶解能力降低，减少了溶液中的 SO_4^{2-} 离子浓度，从而影响到硫酸盐对 C_3A 水化的调节作用。

3. 碱（可溶性碱）

水泥中的碱，部分固熔到熟料矿物中，部分以可溶性碱的形式存在。可溶性碱由于其对水泥水化的促进作用，对混凝土的工作性和强度都产生影响。

从工作性来看，可溶性碱由于其加快了水泥水化反应，从而导致混凝土需水量大、坍落度降低、坍落度的经时损失加快。王善拔教授在《关于水泥与超塑化剂相适应性的几个问题》中论述了碱对水泥与超塑化剂的相适应性问题，认为碱的存在使水泥标准稠度需水量增大、凝结快、早期强度提高而后期强度降低，碱的存在也使水泥的流动度减小。例如，某硅酸盐水泥 C_3A 含量为 5.69%，碱含量（R_2O）为 0.42%，而另两种普通水泥 C_3A 含量为 5.19%，但碱含量分别为 1.32% 和 2.00%，分别掺入 0.5% FDN，其流动度分别为 280mm、264mm 和 100mm，可见碱使水泥流动度减小，碱含量越高，流动度越小。

清华大学阎培渝教授等人研究了可溶性碱对水泥与减水剂的相容性，认为存在一个最佳可溶性碱含量，在此最佳可溶性碱含量下，水泥浆体的流动性最好,流动度经时损失也最小,也即混凝土的工作性好。水泥所含可溶性碱量仅占其总碱量的 11% 左右,低于最佳可溶性碱含量。当高效减水剂掺量小于其饱和掺量时,掺加适量的可溶性碱有助于提高水泥浆体的流动度,并减小流动度经时损失;当高效减水剂掺量大于其饱和掺量时,基本上可以不考虑可溶性碱对水泥浆体流动度的影响。高效减水剂掺量和水泥中的可溶性碱含量共同决定了水泥浆体的流动性。

关于碱含量的问题,不同学者有不同的观点。笔者认为,首先,水泥中的碱含量是水泥原材料中带来的,受原材料资源条件的限制,因此,要客观对待水泥中的碱含量,当然不排除某些水泥厂为提高水泥早期强度添加的早强型助磨剂可能带来的水泥碱含量增加。其二,从对混凝土性能的影响来看,影响混凝土工作性和强度的主要是可溶性碱,因此,要区别看待总碱量和可溶性碱的含量,必要时可检测水泥中的可溶性碱含量。其三,实际使用中,如果有碱－集料反应风险,需要控制混凝土中的碱含量,可优先考虑选购低碱水泥。

4. 水泥混合材种类和掺量

在水泥粉磨阶段加入的粉煤灰、矿渣、石灰石等混合材,与在混凝土配制过程中作为掺合料加入的矿粉、粉煤灰、石灰石微粉等,对混凝土性能的影响有着基本一致的规律,将在本章掺合料部分论述。但是,由于水泥厂添加的粉煤灰、矿渣等材料与混凝土用的掺合料在质量上有不同的要求,因此,对混凝土的性能影响也有差别。另外,由于混合材的易磨性不同,与熟料共同粉磨的过程中,增大了水泥颗粒分布的连续性,改善了水泥颗粒级配,从而减少需水量,有利于改善混凝土的流动性。从水化反应来讲,混合材的反应为潜在的水化反应和火山灰反应,其反应活性低于水泥熟料颗粒,因此,混合材取代水泥熟料降低了水化初期对水的消耗,也有利改善混凝土的流动性。常用的几种混合材对混凝土工作性的影响如下:

(1)矿渣或矿粉作为混合材加入到水泥中,有利于改善混凝土的流动性,减少坍落度损失。但是,与其他混合材相比,矿渣更容易导致泌水。

(2)粉煤灰:由于粉煤灰本身的品质差异很大,对混凝土的性能影响也不同。优质的粉煤灰,由于具有球形颗粒形貌,有滚珠效应,减少了颗粒间的摩擦,而且,由于球形颗粒的表面积与体积比值最小,使湿润颗粒表面的需水量最低,这样就导致浆体中用于流动的自由水较多,混凝土的坍落度增大。质量差的粉煤灰,比如含碳量超过 5% 的粉煤灰,由于碳对水和外加剂的吸附,导致混凝土坍落度低,也加大了坍落度损失。

(3)石灰石:石灰石作为一种最便宜的惰性填料,越来越多的被作为混合材添加到水泥中。仅从工作性的角度考虑,由于石灰石容易磨细,其颗粒形状好,需水量小,对改善混凝土的流动性和黏聚性有有利的影响。

（4）其他火山灰质材料：一般说来，火山灰质混合材具有较大的内比表面积。因此，导致混凝土需水量大，同样用水量的混凝土则坍落度低，坍落度损失大。有研究表明，沸石粉掺量每增加3%，混凝土的坍落度下降10mm。据报道，几种火山灰质混合材的内比表面积分别为：硅藻土135.7m²/g，凝灰岩84.6m²/g，赤页岩10.1m²/g，粉煤灰4.6m²/g。

5. 水泥细度和粒径分布

水泥越细，则标准稠度需水量越大，表现在混凝土中即为要达到相同的坍落度则用水量增大。有报道，水泥比表面积为300～400m²/kg时，若水泥粒径分布斜率和熟料反应活性不变，比表面积每增加100m²/kg，则导致水泥标准稠度需水量增加1.6%，其中水泥粉体空隙率增加和形成水膜的物理因素导致需水量增加0.8%，熟料反应面积增加导致化学反应加快引起的需水量增加为0.8%。

不仅水泥的综合比表面积，水泥的颗粒级配对水泥的需水量也有很大影响，从而影响到混凝土流动性。颗粒分布集中的水泥，由于其堆积体中空隙大，需水量增大，而连续级配的水泥，由于能形成紧密堆积，空隙率低，因此，需水量小，有助于提高混凝土的流动性。现代水泥的生产多使用闭路磨加高效选粉机的粉磨系统，水泥粉磨效率提高了，但水泥颗粒的分布也变得比开路磨窄，水泥的需水量增大，导致混凝土的工作性损失。

当然，对水泥细度的分析，还要结合水泥的组分加以判断。现代水泥多加了各种混合材料，而各种材料的易磨性不同，在共同粉磨过程中，其被磨细的程度也不一样，比如矿渣和水泥熟料共同粉磨的体系中，由于矿渣难磨，达到同样的综合比表面积时，熟料颗粒被磨得更细，导致水化反应加快，表现为混凝土需水量增大，坍落度损失大，工作性不好，当然也可能带来水化热集中等其他问题。在共同粉磨体系中，石灰石、粉煤灰等其他易磨材料通常被磨得更细，虽然有可能增加物理吸附的水量，但通常由于对级配的改善作用而改善混凝土的工作性。

6. 水泥的陈化时间

水泥的陈化时间关系到水泥的出厂温度，从而影响到混凝土工作性。陈化时间短的水泥，特别是在夏季，出厂温度高，容易导致混凝土需水量大，坍落度损失大。曾经有搅拌站使用陈化时间短的水泥，混凝土在运输途中即凝结硬化在罐车内。

（二）水泥对混凝土强度的影响

1. 抗压强度

对普通混凝土来讲（C60以下），其抗压强度依然符合Bolomy定律：

$$W/B = \alpha_a \times f_b / (f_{cu,0} + \alpha_a \times \alpha_b \times f_b)$$

式中　W/B——水胶比；

　　　α_a , α_b——回归系数；

　　　f_b——胶凝材料 28 天抗压强度；

　　　$f_{cu.0}$——混凝土设计强度。

可见,普通混凝土的抗压强度与胶凝材料主要是水泥的强度有直接的关系。虽然,随着外加剂技术的进步,配制同强度等级的混凝土其水胶比以前大幅下降,改变了传统混凝土强度对水泥强度的依赖,但是水泥强度依然是影响到混凝土强度的重要因素。

水泥的特征参数对混凝土 1 天和 28 天强度的影响可归纳如表 1-2 所示。

表 1-2　水泥的特征对混凝土 1d 和 28d 强度的影响

水泥因素	混凝土 1 天强度	混凝土 28 天强度
比表面积	↑↑	↑
C_3S	↑	↑
C_3A	↑	
石膏	存在最佳值	存在最佳值
可溶性碱	↑	↓

2. 抗折强度

随着建筑技术的发展,大跨度结构工程增多,对混凝土的抗折强度也提出了较高的要求,在混凝土抗压强度等级相同的情况下,水泥的抗压强度高,则混凝土的抗折强度也提高。

3. 混凝土耐久性

混凝土的耐久性是指硬化混凝土在使用过程中能够经受其内部化学变化、外部化学侵蚀、恶劣气候条件变化和外部物理作用而保持其正常使用性能的能力。提高混凝土耐久性的基本措施为:

(1)优化混凝土配合比设计,确保混凝土具有低的孔隙率和渗透性。

(2)对混凝土进行正确充分的养护。

(3)合理选择使用胶凝材料,比如选择低碱水泥、抗硫酸盐水泥、低热水泥等。

提高混凝土耐久性的措施以提高混凝土配制和施工技术为主,但是水泥性能也是其中一个重要因素。主要体现在以下几个方面:

(1)若水泥的标准稠度用水量低,与外加剂的相容性好,保水性好,则有利于提高混凝土结构的致密性,从而提高混凝土抵抗外部侵蚀的能力。

(2)水泥熟料的矿物组成影响到混凝土的耐久性,比如延迟性钙矾石引起的膨胀破坏与水泥的 C_3A 和硫酸盐比例有关、碱集料反应与碱含量有关等。

（3）使用环境对混凝土耐久性有特殊要求时，可选择相应的特种水泥。比如抗硫酸盐侵蚀时，可选用抗硫酸盐水泥；大体积工程可选用中热或低热水泥；有碱集料反应风险的情况下，可选用低碱水泥。

4. 混凝土体积稳定性

工程建设中，混凝土结构开裂现象十分普遍，是降低混凝土强度和耐久性，影响混凝土使用功能的主要原因之一。混凝土开裂有多种原因和表现，在此仅从化学缩减和水化放热两方面阐述水泥对混凝土开裂的影响。

（1）化学缩减导致的裂缝

水泥水化反应后，反应产物的体积小于反应前水泥矿物体积与水体积之和，称水化反应收缩，也叫化学缩减，是导致裂缝的因素之一。水泥的几种主要矿物的反应速度不同，水化反应的需水量不同，化学反应收缩量也不相同。如有研究表明，C_3A 水化反应生成钙矾石时，水化反应收缩为 7% ，而 C_3A 在水泥熟料中占 8% ~15% ，所以水化反应的浆体收缩量为 0.56% ~1.05% ，导致混凝土体积收缩 0.2% ~0.35% 。

（2）温度裂缝

混凝土硬化过程中，由于水泥水化放出较多的热量，混凝土又是热的不良导体，散热较慢，因此，如果混凝土体积比较大，又没有采取合理的措施，则易使混凝土内部和外部温差大，形成温度梯度，造成温度变形和温度应力，导致混凝土出现裂缝。

水泥熟料主要矿物的水化放热如下：

$$2C_3S + 6H \Longrightarrow C_3S_2H_3 + 3CH + 517J/g$$

$$2C_2S + 4H \Longrightarrow C_3S_2H_3 + CH + 260J/g$$

$$C_3A + 3CSH_2 + 25H \Longrightarrow C_3A \cdot 3(CS) \cdot H_{31} + 1147J/g$$

C_4AF 的反应与 C_3A 类似，但速度很慢，而且 C_4AF 在水泥熟料中所占比例也比较低，一般不造成温度裂缝问题。

由以上反应可见，C_3A 水化放热大，且其水化反应快，放热比较集中，C_3S 放热比 C_2S 大，其在熟料矿物中所占的比例也大，所以其放热量大且比较集中。因此，大体积混凝土工程中，除了其他的技术措施以外，也可选用中热硅酸盐水泥、低热硅酸盐水泥或低热矿渣硅酸盐水泥。GB 200—2003《中热硅酸盐水泥　低热硅酸盐水泥　低热矿渣硅酸盐水泥》要求，中热硅酸盐水泥熟料中 C_3S 不得超过 55% ，C_3A 不得超过 6% ，而低热硅酸盐水泥熟料中 C_3S 不得超过 40% 。低热矿渣硅酸盐水泥由于矿渣粉的掺入也降低了体系中的 C_3S 和 C_3A 的含量。

综上所述，水泥性能对混凝土的工作性、强度、耐久性和体积稳定性等性能

都有直接的影响,特别是水泥熟料的矿物组成,对混凝土各性能都有重要影响。笔者认为,如下两点需要特别说明:

(1)水泥熟料的矿物组成是由水泥厂的原材料资源状况、水泥厂工艺条件以及性能要求三方面协调的结果。因此,水泥熟料的矿物组成很难做到按需设计,但是,我们了解各矿物的性能特点,理解其对混凝土性能的影响,有助于在混凝土配制和施工过程中对混凝土的性能进行调整,满足设计和使用要求。

(2)水泥熟料的四大矿物都有各自不可取代的作用,就拿 C_3A 来讲,虽然它对外加剂的吸附大,对混凝土坍落度的损失有负面的作用,对混凝土后期强度基本没有贡献,但是它依然是水泥熟料的一个重要组成矿物。其一,它和 C_4AF 一起在熟料烧制阶段提供了具有一定黏度的液相,促进硅酸三钙的形成。其二,在水泥和混凝土的水化阶段,它与石膏相互作用,构成了可调节的水化体系,对混凝土的凝结硬化过程起着重要作用。其三,C_3A 对混凝土的早期强度有贡献。

二、水泥的质量控制

(一)技术要求

1. 国家标准对水泥品质的要求

国标 GB 175—2007《通用硅酸盐水泥》国家标准第 1 号修改单对水泥的技术要求做出了如下规定。

(1)强度要求

标准 GB175 对通用硅酸盐水泥的强度要求如表 1-3 所示。

表 1-3　通用硅酸盐水泥不同龄期的强度要求　　　　　　　MPa

水泥	强度等级	抗压强度		抗折强度	
		3d	28d	3d	28d
硅酸盐水泥	42.5	≥17	≥42.5	≥3.5	≥6.5
	42.5R	≥22		≥4	≥6.5
	52.5	≥23	≥52.5	≥4	≥7
	52.5R	≥27		≥5	≥7
	62.5	≥28	≥62.5	≥5	≥8
	62.5R	≥32		≥5.5	≥8
普通硅酸盐水泥	42.5	≥17	≥42.5	≥3.5	≥6.5
	42.5R	≥22		≥4	≥6.5
	52.5	≥23	≥52.5	≥4	≥7
	52.5R	≥27		≥5	≥7

续表

水泥	强度等级	抗压强度		抗折强度	
		3d	28d	3d	28d
矿渣硅酸盐水泥、粉煤灰硅酸盐水泥、火山灰质硅酸盐水泥、复合硅酸盐水泥	32.5	≥10	≥32.5	≥2.5	≥5.5
	32.5R	≥15		≥3.5	≥5.5
	42.5	≥15	≥42.5	≥3.5	≥6.5
	42.5R	≥19		≥4	≥6.5
	52.5	≥21	≥52.5	≥4	≥7
	52.5R	≥23		≥4.5	≥7

（2）化学指标

通用硅酸盐水泥的化学指标要求见表1-4。

表1-4　通用硅酸盐水泥的化学指标要求（质量分数）

水泥类型		不溶物/%，≤	SO_3/%，≤	烧失量/%，≤	MgO/%，≤	Cl^-/%，≤
硅酸盐水泥	P·I	0.75	3.5	3	5.0[a]	0.06[c]
	P·II	1.5	3.5	3.5		
普通硅酸盐水泥 P·O		—	3.5	5		
矿渣硅酸盐水泥	P·S·A	—	4	—	6.0[b]	
	P·S·B	—	4	—		
粉煤灰硅酸盐水泥 P·F		—	3.5	—	6.0[b]	
火山灰质硅酸盐水泥 P·P		—	3.5	—		
复合硅酸盐水泥 P·C		—	3.5	—		

注：(a) 如果水泥压蒸试验合格，则水泥中氧化镁的含量（质量分数）允许放宽至6.0%。
　　(b) 如果水泥氧化镁的含量（质量分数）大于6.0%，需进行水泥压蒸安定性试验并合格。
　　(c) 当有更低要求时，该指标由买卖双方确定。

（3）碱含量（选择性指标）

水泥中碱含量以 $Na_2O + 0.658K_2O$ 计算值表示。若使用活性集料，用户要求提供低碱水泥时，水泥中的碱含量应不大于0.60%或由买卖双方协商确定。

（4）细度（选择性指标）

硅酸盐水泥和普通硅酸盐水泥的细度以比表面积表示，其比表面积不小于300m^2/kg；矿渣硅酸盐水泥、粉煤灰硅酸盐水泥、火山灰质硅酸盐水泥和复合硅酸盐水泥的细度以筛余表示，其80μm方孔筛筛余不大于10%或45μm方孔筛筛余不大于30%。

（5）凝结时间

硅酸盐水泥的初凝时间不小于45min，终凝时间不大于390min。

普通硅酸盐水泥、矿渣硅酸盐水泥、粉煤灰硅酸盐水泥、火山灰质硅酸盐水泥、复合硅酸盐水泥的初凝时间不小于 45min,终凝时间不大于 600min。

值得说明的是,虽然标准中普通硅酸盐水泥和矿渣硅酸盐水泥、复合硅酸盐水泥在凝结时间的要求指标上相同,但不同类型的水泥,其凝结硬化的特点不一样,在实际使用中要考虑到水泥中掺入的混合材料对凝结特性的影响。我国中部某市曾有一搅拌站,夏季施工,发送到五个工地的混凝土都不凝结,造成很大的损失,查找原因时,各原材料性能指标都合格,其他原材料没有变,只有水泥从 P·O42.5 换成了 P·S42.5。这两种水泥的凝结时间都在正常范围内,但是由于水泥出厂检验的凝结时间是在标准条件下测试的,而商品混凝土生产中添加了复配缓凝组分的泵送剂,矿渣水泥具有凝结慢的特点,换用水泥后,减水剂中的缓凝组分需要做适当的调整,并经过试配才能用于生产。可见,出厂合格的水泥在使用中也可能出现问题,对水泥性能的了解需要到更细的层面,以调整和指导混凝土的生产和施工。

（6）安定性

要求沸煮法合格。

2. 从混凝土的角度看优质水泥

国标规定的技术要求是水泥基本性能和品质的保证,不是优质水泥的标准。水泥并不是一个最终产品,它是混凝土的一个组成材料,因此,其品质的优劣关键在于其使用性能,也就是作为混凝土组分材料的性能的表现。比如说水泥的细度,国家标准规定了细度的下限,但并不是越细的水泥品质越好,水泥细度增加虽然有利于提高早期强度,但是也带来了混凝土需水量大,开裂风险增大等弊端,过细的水泥甚至会发生长期强度的倒缩。

从混凝土的角度看,什么样的水泥是优质水泥呢?

吴笑梅、樊粤明等在"优质水泥的评价"一文中认为优质水泥应具备如下性能:

（1）颗粒分布及比表面积合理（45μm 方孔筛筛余为 10% ~ 16% ,80μm 方孔筛筛余为 1% ~2% ,比表面积为 360 ~ 380m^2/kg）,标准稠度用水量低（小于25%）,配制混凝土时需水量小;

（2）良好及稳定的外加剂相容性（饱和点小于 1.4%）;

（3）合理或较低的早强胶砂强度,较高的后期和远龄期胶砂强度;

（4）抗冲击性和耐磨性好;

（5）低收缩性;

（6）低水化热。

廉慧珍和韩素芳等在"现代混凝土需要什么样的水泥"一文中指出影响混凝土质量的水泥现状主要是水泥比表面积太大、早期强度太高而长期强度增长率低甚至倒缩、实际强度波动大不利于质量的均匀控制、出厂水泥温度太高等,并提出现代混凝土需要水泥具有良好的匀质性和稳定性、低的开裂敏感性、与外加剂良好的相容性、有利于混凝土结构长期性能的发展以及无损害混凝土结构耐久性的超量成分。

（二）检验方法

水泥性能指标的检验方法可依据表1-5的标准。

表1-5　水泥各性能指标测试方法

项目	测试方法及标准	方　法　提　要
烧失量	灼烧差减法，GB/T 176—2008 水泥化学分析方法	试样在(950±25)℃的高温炉中灼烧，去除水分和二氧化碳，同时将存在的易氧化元素氧化。通常矿渣硅酸盐水泥应对由硫化物的氧化引起的烧失量误差进行校正，其他元素存在的误差一般可忽略不计。
不溶物	盐酸-氢氧化钠处理法，GB/T 176—2008 水泥化学分析方法	试样先以盐酸溶液处理，尽量避免可溶性二氧化硅的析出，滤出的不溶残渣以氢氧化钠溶液处理，再以盐酸中和、过滤，残渣经灼烧后称量。
三氧化硫	基准法：硫酸钡重量法，GB/T 176—2008 水泥化学分析方法	在酸性溶液中，用氯化钡溶液沉淀硫酸盐，经过滤、灼烧后，以硫酸钡形式称量，测定结果以三氧化硫计。
	代用法：碘量法，GB/T 176—2008 水泥化学分析方法	试样先经磷酸处理，将硫化物分解除去，再加入氯化亚锡－磷酸溶液并加热，将硫酸盐的硫还原成等物质的量的硫化氢，收集于氨性硫酸锌溶液中，然后用碘量法进行测定。试样中除硫化物(S^{2-})和硫酸盐外，还有其他状态的硫存时，将给测定结果造成误差。
	代用法：离子交换法，GB/T 176—2008 水泥化学分析方法	在水介质中，用氢型阳离子交换树脂对水泥中的硫酸钙进行两次静态交换，生成等物质的量的氢离子，以酚酞为指示剂，用氢氧化钠标准溶液滴定。本方法只适用于掺加天然石膏并且不含氟、氯、磷的水泥中三氧化硫的测定。
	其他代用法：GB/T 176—2008 水泥化学分析方法	铬酸钡分光光度法，库仑滴定法
氧化镁	基准法：原子吸收光谱法，GB/T 176—2008 水泥化学分析方法	以氢氟酸-高氯酸分解或氢氧化钠熔融-盐酸分解试样的方法制备溶液，分取一定量的溶液，用锶盐消除硅、铝、钛等对镁的干扰，在空气-乙炔火焰中，于波长285.2nm处测定溶液的吸光度。
	代用法：EDTA 滴定差减法，GB/T 176—2008 水泥化学分析方法	在 pH＝10 的溶液中，以酒石酸钾钠、三乙醇胺为掩蔽剂，用酸性铬蓝 K-萘酚绿 B 混合指示剂，用 EDTA 标准溶液滴定。当试样中一氧化锰含量（质量分数）大于0.5%时，在盐酸羟胺存在下，测定钙、镁、锰总量，差减法测得氧化镁的含量。
碱含量	基准法：火焰光度法，GB/T 176—2008 水泥化学分析方法	以氢氟酸-硫酸蒸发处理除去硅，用热水浸取残渣，以氨水和碳酸铵分离铁、铝、钙、镁，用火焰光度计测定滤液中的钾、钠，计算得出碱含量。

项目	测试方法及标准	方　法　提　要
碱含量	代用法:原子吸收光谱法,GB/T 176—2008 水泥化学分析方法	用氢氟酸-高氯酸分解试样,以锶盐消除硅、铝、钛等的干扰,在空气-乙炔火焰中,分别于波长 766.5nm 和波长 589.0nm 处测定氧化钾和氧化钠的吸光度。
氯离子	基准法:硫氰酸铵容量法	本方法测定除氟以外的卤素含量,以氯离子(Cl^-)表示结果。试样用硝酸进行分解,同时消除硫化物的干扰,加入已知量的硝酸银标准溶液使氯离子以氯化银的形式沉淀。煮沸、过滤后,将滤液和洗涤液冷却至25℃以下,以铁(Ⅲ)盐为指示剂,用硫氰酸铵标准滴定溶液滴定过量的硝酸银。
	代用法:磷酸蒸馏-汞盐滴定法,GB/T 176—2008 水泥化学分析方法	用规定的蒸馏装置在 250～260℃ 温度条件下,以过氧化氢和磷酸分解试样,以净化空气做载体,蒸馏分离氯离子,用稀硝酸作吸收液,在 pH3.5 左右,以二苯偶氮碳酰肼为指示剂,用硝酸汞标准滴定溶液滴定。
	JC/T 420—2006 水泥原料中氯离子的化学分析方法	操作方法同 GB/T 176—2008 的代用法,只是测定结果的允许偏差不同。
标准稠度用水量	标准法(试杆法):GB/T 1346—2011 水泥标准稠度用水量、凝结时间、安定性检验方法	试杆法测试原理:水泥标准稠度净浆对标准试杆的沉入具有一定阻力。通过试验不同水量水泥净浆的穿透性,以确定水泥标准稠度净浆中所需加入的水量。结果确定以试杆沉入净浆距底板(6±1)mm 的水泥净浆为标准稠度净浆,其拌合水量为该水泥的标准稠度用水量 P,以水泥质量的百分比计。
	代用法(试锥法):GB/T 1346—2011 水泥标准稠度用水量、凝结时间、安定性检验方法	调整水量法:测试原理同试杆法,将试杆换为试锥。按经验找水,以试锥下沉深度(28±2)mm 的水泥净浆为标准稠度净浆,其拌合水量为该水泥的标准稠度用水量 P,以水泥质量的百分比计。
	代用法(试锥法):GB/T 1346—2011 水泥标准稠度用水量、凝结时间、安定性检验方法	不变水量法:测试原理同试杆法,将试杆换为试锥。拌合水为 142.5ml,测定试锥下沉深度 S(mm),水泥标准稠度需水量 $P=(33.4-0.185S)$,当 S 小于 13mm 时需改用调整水量法测定。
	GB/T 1346—2011 水泥标准稠度用水量、凝结时间、安定性检验方法	凝结时间以试针沉入水泥标准稠度净浆至一定深度所需的时间表示。
安定性	标准法:GB/T 1346—2011 水泥标准稠度用水量、凝结时间、安定性检验方法	雷氏法:观测由两个试针的相对位移所指示的水泥标准稠度净浆的体积膨胀程度来判定安定性是否合格。
	代用法:GB/T 1346—2011 水泥标准稠度用水量、凝结时间、安定性检验方法	试饼法:观测水泥标准稠度净浆试饼的外形变化程度来判断安定性是否合格。
压蒸安定性	GB/T 750—1992 水泥压蒸安定性试验方法	在饱和水蒸气条件下提高温度和压力使水泥中的方镁石在较短的时间内绝大部分水化,用试件的形变来判断水泥浆体的体积安定性。

项目	测试方法及标准	方　法　提　要
强度	GB/T 17671—1999 水泥胶砂强度检验方法（ISO 法）	本方法为测定 40mm×40mm×160mm 棱柱试体的水泥抗压强度和抗折强度。试体由按质量比 1:3:0.5 的水泥、中国 ISO 标准砂和水拌合，行星式搅拌机搅拌，振实台（或频率 2800～3000 次/min，振幅 0.75mm 的振动台）成型。成型后的试体连模一起在湿气中养护 24h，然后脱模在水中养护。至强度试验龄期时，取出试体，先进行抗折强度试验，折断后每截再进行抗压强度试验。
比表面积	GB/T 8074—2008 水泥比表面积测定方法　勃氏法	根据一定量的空气通过具有一定空隙和固定厚度的水泥层时，所受阻力不同而引起流速的变化来测定水泥的比表面积。在一定孔隙率的水泥层，空隙的大小和数量是颗粒尺寸的函数，同时也决定了通过料层的气流速度。
80μm 和 45μm 筛余	GB/T 1345—2005 水泥细度检验方法　筛析法	采用 45μm 方孔筛和 80μm 方孔筛对水泥试样进行筛析试验，用筛上筛余物的质量百分数来表示水泥样品的细度。

说明：

（1）关于化学分析

水泥的化学成分也可用 X 射线荧光分析（XRF）方法来测定。XRF 测试方法的原理为：当试样中的化学元素受到电子、质子、α 粒子和离子等加速粒子的激发或受到 X 射线管、放射性同位素源等发出的高能辐射的激发时，可放射特征 X 射线，称为元素的荧光 X 射线。当激发条件确定后，均匀样品中某元素的荧光 X 射线强度与样品中该元素质量分数的关系如下：

$$I_i = (Q_i \times C_i)/\mu_s$$

式中　I_i——待测元素的荧光 X 射线强度；

　　　Q_i——比例常数；

　　　C_i——待测元素的质量分数；

　　　μ_s——样品的质量吸收系数。

XRF 又可分为熔片法和压片法。对于在熔片法制样过程中会改变（挥发）的组分，比如氯离子含量，需采用压片法测定。

XRF 分析简单快捷，目前水泥厂多用来进行熟料和水泥的化学分析，不过设备的维护和校准需要专业人员进行。

商品混凝土搅拌站需要水泥的化学分析结果也可要求水泥供应商提供。

（2）关于碱含量

表 1-5 所列方法以及 XRF 分析，测得的都是总碱量。可溶性碱含量可通过对样品进行溶解、过滤，对滤液进行火焰光度法测钾、钠含量，计算得出可溶性碱

含量。

（3）关于水泥的细度和粒径分布

采用激光粒度仪分析水泥的细度和粒径分布，能得出各粒径的筛余数据，并计算综合比表面积，同时能显示粒径分布曲线，其结果更加直观和详细。

（4）与外加剂的相容性

水泥进场或更换水泥类型时，需检测其与外加剂的相容性，相容性的检测方法将在本章外加剂部分阐述。

（三）产品稳定性

水泥品质的波动不仅对混凝土生产造成很大的调整困难，而且由于品质的波动需要提高富余系数以保证混凝土的性能，因此也造成了浪费。

好的水泥不仅需要各项性能指标满足使用要求，而且需要水泥的品质具有一定的稳定性。水泥进场时，除按照程序进行验收、取样、复检以外，建议对一些关键指标建立跟踪曲线，以了解产品品质的稳定性。

第二节　掺合料质量控制

掺合料在混凝土中的使用，具有经济、技术、环境等多方面的效益和效果。

从经济上讲，由于多数掺合料相对于水泥的成本优势，其对水泥的取代，能够降低混凝土的单方造价。

从环境效益来看，掺合料多为工业废渣，其在混凝土中的应用，对节约能源和资源、实现经济的可持续发展也具有重大的意义。

从技术上的角度，掺合料的应用，能改善混凝土的流动性和黏聚性、减少水化集中放热、增加结构的致密性、改善混凝土的耐久性（抗硫酸盐侵蚀、碱集料反应等）。

目前常用于混凝土的掺合料主要有矿粉、粉煤灰、钢渣粉、硅灰、沸石粉等材料。

一、矿粉

1. 矿粉特点及其水化机理

（1）来源

矿粉是以高炉矿渣为主要原料磨制而成的一定细度的粉体，称作粒化高炉矿渣粉，简称矿粉。矿粉的性能取决于高炉矿渣的特性及其磨细程度，当然也与粉磨过程中添加的石膏和助磨剂有关。高炉矿渣由以下主要元素构成：硅、钙、镁、铝的氧化物，以及包括钠、钾、钛和锰等在内的微量元素；为了获得良好的水硬性能，必须把高炉矿渣从 1400℃ ~1500℃ 的高温快速冷却或淬冷，以最大限度降低其结晶组分,获得更多的非结晶体或玻璃体。

（2）化学组成

与其他掺合料相比,矿粉的化学成分与硅酸盐水泥熟料最接近,其典型化学成分为:

CaO：30% ~48%

SiO_2：31% ~41%

Al_2O_3：7% ~18%

MgO：4% ~13%

（3）矿渣的水硬性与火山灰性

由于其与硅酸盐水泥熟料相似的化学组成和部分相似的矿物组分,矿粉具有潜在的水硬性,能发生与熟料矿物类似的水化反应。同时矿粉也具有一定的火山灰性,即能与水泥熟料水化产生的副产物羟钙石发生二次水化反应,生成水化硅酸钙等产物。

合适的激发条件（比如温度、外掺石膏、碱等激发剂）能加速矿渣的反应。以下是几类常见的激发反应:

玻璃体矿渣 + 石灰 $\Longrightarrow$ CSH + C_4AHx

玻璃体矿渣 + xH + 石膏 $\Longrightarrow$ CSH + AH_3 + $C_6AS_3H_{32}$

玻璃体矿渣 + 碳酸钠 $\Longrightarrow$ CSH + C_4AHx + C_2ASH_2

由于矿粉的潜在水硬性及火山灰反应,消耗了副产物羟钙石,生成二次水化硅酸钙,填充了混凝土的孔隙,增加了结构的致密程度,从而提高混凝土后期强度,改善了混凝土的耐久性。

2. 矿粉对混凝土性能的影响

（1）对混凝土工作性的影响

矿粉作为掺合料添加到混凝土中有利于改善混凝土工作性,其主要机理为以下三个方面:

第一,矿粉一般比水泥颗粒更细,补充了混凝土中细粉料颗粒的不足,使混凝土的颗粒级配更加连续,从而改善了新拌混凝土的和易性。

第二,从矿粉的颗粒形状来看,矿粉颗粒属于多角型,其本身颗粒之间或者矿粉与水泥颗粒之间接触点面积小,同时,矿粉具有一定的斥水作用,对水和外加剂的吸附作用小,所以,矿粉有利于改善新拌混凝土的流动性,并且减少流动性的经时损失。

第三,与水泥熟料相比,矿粉的水化反应比水泥熟料的反应慢,从而减慢了新拌混凝土对水的消耗,提高了保坍性。

不足的是,与其他几种掺合料相比,矿粉更容易导致泌水。另外,矿粉也存在老化问题,如果矿粉存储时间长且储存条件不当,或者使用老化的矿渣磨制矿粉,则有可能导致混凝土工作性不好的问题。

(2)矿粉对混凝土凝结时间的影响

通常,添加矿粉的混凝土凝结时间会延长,特别是在冬季等环境温度较低的条件下。因此,矿粉掺量比较大的混凝土,要关注其凝结时间。

由于温度对矿粉的活性有激发作用,掺矿粉的混凝土,尤其是矿粉掺量大时,其凝结时间受温度的影响比较大。环境温度高时,掺矿粉混凝土与未掺矿粉混凝土的凝结时间差别缩小。

(3)矿粉对水化热的影响

掺加矿粉能减少水化热的集中释放,减小放热导致的温度梯度,适合在大体积混凝土和炎热季节施工的混凝土中使用。

(4)混凝土力学性能

掺加矿粉的混凝土,其早期强度发展比较缓慢,但后期强度较高,甚至超过不掺加矿粉的混凝土。

矿粉对混凝土强度的贡献取决于矿渣的活性,一般用强度活性指数来衡量。在下列情况下,高炉矿渣的活性增加:

质量系数 K 高: $K = (CaO + Al_2O_3 + MgO)/(SiO_2 + MnO + TiO_2)$

二氧化钛含量减少:二氧化钛是关系到矿渣或矿粉活性的一个关键的负面指标,国标要求,除了以钒钛磁铁矿为原料炼制生铁的矿渣以外,一般的矿渣要求二氧化钛含量不超过2%。

玻璃体含量增加:玻璃体是矿渣活性的主要来源,玻璃体含量高的矿渣或矿粉活性高,对混凝土的强度贡献大。

另外,矿粉细度、环境温度、合适的激发剂和激发剂用量等都影响到矿粉的强度活性,从而影响到混凝土的强度。

(5)混凝土耐久性

通常情况下,矿粉的掺加,有利于提高混凝土的耐久性,其主要改善为:

1)提高混凝土的抗渗性:矿渣的火山灰效应消耗氢氧钙石晶体,形成更多的 CSH 凝胶,增加了结构的致密性。

2)提高混凝土抗硫酸盐侵蚀能力,其主要机理为:

① 如上条所述,混凝土抗渗性提高;

② C_3A 更低;

③ 氢氧钙石更低。

3)提高对酸侵蚀的抵抗力

4)由于以下因素,矿渣的掺入降低了碱集料反应(ASR)的风险:

① 与水泥的碱结合从而使其不参与 ASR;

② 限制混凝土中的湿气(或水分)渗透,水分对于 ASR 是必须的;

③ 在有些情况下降低总碱含量。

3. 矿粉质量控制

（1）技术要求

GB/T 18046—2008《用于水泥和混凝土中的粒化高炉矿渣粉》规定了矿粉的质量要求。合格的矿粉需满足表 1-6 中的技术要求。

表 1-6　矿粉技术要求

项　　目		矿　粉　级　别		
		S105	S95	S75
密度(g/cm³)， ≥		2.8		
比表面积(m²/kg)， ≥		500	400	300
活性指数(%)， ≥	7d	95	75	55
	28d	105	95	75
流动度比(%)， ≥		95		
含水量(质量分数%)， ≤		1.0		
三氧化硫(质量分数%)， ≤		4.0		
氯离子(质量分数%)， ≤		0.06		
烧失量(%)， ≤		3.0		
玻璃体含量(质量分数%)， ≥		85		
放射性		合格		

（2）检验方法

矿粉各技术指标的测试方法列于表 1-7。

表 1-7　矿粉各技术指标的测试方法

项目	测试标准	说　　明
烧失量	灼烧差减法, GB/T 176—2008 水泥化学分析方法	试样在(950 ± 25)℃ 的高温炉中灼烧,去除水分和二氧化碳,同时将存在的易氧化元素氧化。灼烧时间 15 ~ 20min。矿粉的烧失量应对由硫化物氧化引起的误差进行校正,即: $X_{校正} = X_{测} + w_{02}$, $w_{02} = 0.8 \times (w_{灼SO_3} - w_{未灼SO_3})$,其中: $X_{校正}$ 为矿粉校正后的烧失量质量分数; $X_{测}$ 为矿粉试验测得的烧失量质量分数; w_{02} 为矿粉灼烧过程中吸收空气中氧气的质量分数; $w_{灼SO_3}$ 为矿粉灼烧后测得的 SO_3 质量分数; $w_{未灼SO_3}$ 为矿粉未经灼烧时测得的 SO_3 质量分数。
三氧化硫	基准法:硫酸钡重量法, GB/T 176—2008 水泥化学分析方法	在酸性溶液中,用氯化钡溶液沉淀硫酸盐,经过滤、灼烧后,以硫酸钡形式称量,测定结果以三氧化硫计。

项目	测试标准	说　明
氯离子	JC/T 420—2006 水泥原料中氯离子的化学分析方法	操作方法同 GB/T 176—2008 的代用法,只是测定结果的允许偏差不同。
密度	GB/T 208—1994 水泥密度测定方法	将样品倒入装有一定量液体介质的李氏瓶内,并使液体介质充分地浸透样品颗粒。根据阿基米德定律,样品的体积等于它所排开的液体体积,从而算出样品单位体积的质量,即为密度。为使测定的样品不产生水化反应,液体介质采用无水煤油。
比表面积	GB/T 8074—2008 水泥比表面积测定方法　勃氏法	根据一定量的空气通过具有一定空隙和固定厚度的粉体料层时,所受阻力不同而引起流速的变化来测定比表面积。在一定孔隙率的粉料层,空隙的大小和数量是颗粒尺寸的函数,同时也决定了通过料层的气流速度。
活性指数	GB/T 18046—2008 用于水泥和混凝土中的粒化高炉矿渣粉　附录 A	测定试验样品和对比样品的抗压强度,采用两种样品同龄期的抗压强度之比评价矿渣粉活性指数。
流动度比	GB/T 18046—2008 用于水泥和混凝土中的粒化高炉矿渣粉　附录 A	测定试验样品和对比样品的流动度,两者流动度之比评价矿渣粉流动度之比。
含水量	GB/T 18046—2008 用于水泥和混凝土中的粒化高炉矿渣粉　附录 B	将矿渣粉放入规定温度的烘干箱内烘至恒重,以烘干前和烘干后的质量之差与烘干前的质量之比确定矿渣粉的含水量。
玻璃体	GB/T 18046—2008 用于水泥和混凝土中的粒化高炉矿渣粉　附录 C	粒化高炉矿渣粉 X 射线衍射图中玻璃体部分的面积与底线上面积之比为玻璃体含量。
放射性	GB 6566—2010	放射性试验样品为矿渣粉和硅酸盐水泥按质量比 1∶1 混合制成。

二、粉煤灰

1. 粉煤灰的来源和特点

(1)来源

粉煤灰是火力发电厂的煤粉燃烧后的副产品。高质量的粉煤灰能够降低混凝土的需水量,并且有利于混凝土长期强度的发展。但是,由于煤品质的波动、煤粉燃烧条件和工艺的变动,粉煤灰的品质波动很大。

(2)化学组成与矿物组成

与水泥熟料矿物的化学成分相比,粉煤灰氧化钙的含量低。根据煤种的不同,粉煤灰可分为如下两类:

C类粉煤灰:褐煤或次烟煤煅烧副产品,通常其氧化钙含量高,也称高钙灰;

F类粉煤灰:无烟煤或烟煤煅烧副产品,通常其氧化钙含量低,也称低钙灰。

两种粉煤灰典型的化学组成如下表1-8。

表1-8 粉煤灰化学组成

组分	低钙灰（F类粉煤灰）	高钙灰（C类粉煤灰）
CaO	0.5 ~ 10	10 ~ 38
SiO_2	34 ~ 60	25 ~ 40
Al_2O_3	17 ~ 31	8 ~ 17
Fe_2O_3	2 ~ 25	5 ~ 10
MgO	1 ~ 5	1 ~ 3
SO_3	0.5 ~ 1	0.2 ~ 8
K_2O	0.5 ~ 4	0.5 ~ 1.5
Na_2O	0.1 ~ 1.0	0.2 ~ 6
LOI	0.5 ~ 8	0.5 ~ 8
C	0.5 ~ 7	0.5 ~ 7

从矿物组成来看,粉煤灰含有一部分玻璃体,一部分晶体矿物(活性或惰性的),另外还有一部分未燃尽的碳。

(3)粉煤灰的火山灰性

与水泥熟料矿物的化学成分相比,粉煤灰氧化钙的含量低,通常不足以靠自身的水化反应形成水化硅酸钙(CSH),但是能与水泥熟料矿物水化产生的羟钙石反应生成水化硅酸钙,即粉煤灰的火山灰效应。粉煤灰的火山灰效应,生成二次产物水化硅酸钙,填补了混凝土中的空隙,增加了结构的致密性,既有助于混凝土后期强度的增长,也提高了混凝土的耐久性。粉煤灰的反应如下:

水泥 + 水→CSH + CH + C_4AHx + 钙矾石 + 单硫型水化硫铝酸钙 + 水化铁铝酸盐

$$\Downarrow$$

CH + 粉煤灰(A,S)→CSH + C_4AHx

2. 粉煤灰对混凝土性能的影响

(1)对混凝土工作性的影响

优质粉煤灰中含碳量低,玻璃体含量高,由于其玻璃微珠的"滚珠"效应,有利于混凝土和易性的改善。如果粉煤灰的含碳量增加,则会增加混凝土的需水量,并且加大对外加剂的吸附,对混凝土的工作性有不利影响。下图是含碳量不同的粉煤灰的微观照片,可见含碳量高的粉煤灰中有海绵状的未燃尽碳,其中还包裹一些玻璃微珠。因此,对含碳量高的粉煤灰进行磨细处理,有助于释放一部分玻璃微珠,从而提升粉煤灰的品质。

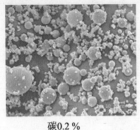 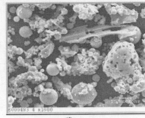 

碳0.2%　　　　　　　　碳3.5%　　　　　　　　碳12%

图 1-1　不同含碳量的粉煤灰的微观形貌

（2）对凝结时间的影响

粉煤灰中的游离钙有利于促进凝结,缩短凝结时间,但其中含有的五氧化二磷则延长凝结时间。

（3）混凝土力学性能

粉煤灰对强度的贡献,一部分来源于其改善颗粒级配带来的混凝土密实度提高,另外,其火山灰反应产生的二次水化硅酸钙也对混凝土后期强度的发展有帮助。细的粉煤灰或者玻璃体含量高的粉煤灰,对强度的贡献大。但总的说来,粉煤灰对强度的贡献不如矿粉,其 28 天强度活性指数多在 75% 到 80%,有些高钙灰其 28 天强度活性指数达到 93%。

如同水泥熟料中的可溶性碱一样,粉煤灰中含有的可溶性碱有利于提高混凝土早期强度,但对 28 天强度不利。

粉煤灰中含有的 CaO、Al_2O_3、玻璃体以及小于 10mm 的颗粒都有助于提高 28 天及更长龄期的强度。

（4）混凝土耐久性

高质量的粉煤灰,由于改善混凝土的和易性,从而有助于提高混凝土的均匀性和致密性,对耐久性有有利的影响。同时,粉煤灰的掺入,消耗了水泥熟料颗粒水化产生的副产物羟钙石,也有利于改善混凝土的耐久性。粉煤灰的掺入,能减小水化热的集中释放,减少温度裂缝,有助于提高大体积工程混凝土的体积稳定性和耐久性。

3. 粉煤灰质量控制

（1）技术要求

GB/T 1596—2005《用于水泥和混凝土中的粉煤灰》规定了粉煤灰的技术要求,如下表 1-9。

表 1-9　粉煤灰技术要求

项目	粉煤灰类别	技 术 要 求		
		Ⅰ级	Ⅱ级	Ⅲ级
细度(45μm 方孔筛筛余)/%，≤	F类、C类	12.0	25.0	45.0
需水量比/%≤	F类、C类	95	105	115
烧失量/%，≤	F类、C类	5.0	8.0	15.0
含水量/%，≤	F类、C类	1.0		
三氧化硫/%，≤	F类、C类	3.0		
游离氧化钙/%，≤	F类	1.0		
	C类	4.0		
安定性(雷氏夹沸煮后增加距离,mm)≤	C类	5.0		
放射性	F类、C类	合格		
碱含量($Na_2O + 0.658K_2O$)	F类、C类	当粉煤灰用于活性集料混凝土,要限制掺合料的碱含量时,由买卖双方协商确定。		
均匀性	F类、C类	以细度(45μm 方孔筛筛余)为考核依据,单一样品的细度不应超过前10个样品细度平均值的最大偏差,最大偏差范围由买卖双方协商确定。		

（2）检验方法

粉煤灰各技术要求的检验方法列于表 1-10。

表 1-10　粉煤灰各技术要求的检验方法

项目	测试标准	说　明
细度	GB/T 1596—2005 用于水泥和混凝土中的粉煤灰　附录A	利用气流作为筛分的动力和介质,通过旋转的喷嘴喷出的气流作用使筛网里的待测粉状物料呈流态化,并在整个系统负压的作用下,将细颗粒通过筛网抽走,从而达到筛分的目的。
需水量比	GB/T 1596—2005 用于水泥和混凝土中的粉煤灰　附录B	按照GB/T 2419测定试验胶砂和对比胶砂的流动度,以二者流动度达到 130～140mm 时的加水量之比确定粉煤灰的需水量比。
烧失量	灼烧差减法,GB/T 176—2008 水泥化学分析方法	试样在(950±25)℃的高温炉中灼烧,去除水分和二氧化碳,同时将存在的易氧化元素氧化。
三氧化硫	基准法:硫酸钡重量法,GB/T 176—2008 水泥化学分析方法	在酸性溶液中,用氯化钡溶液沉淀硫酸盐,经过滤、灼烧后,以硫酸钡形式称量,测定结果以三氧化硫计。

项目	测试标准	说　明
游离钙	代用法:甘油酒精法,GB/T 176—2008 水泥化学分析方法	在加热搅拌下,以硝酸锶为催化剂,使试样中的游离氧化钙与甘油作用生成弱碱性的甘油钙,以酚酞为指示剂,用苯甲酸-无水乙醇标准滴定溶液滴定。
	代用法:乙二醇法,GB/T 176—2008 水泥化学分析方法	在加热搅拌下,使试样中的游离氧化钙与乙二醇作用生成弱碱性的乙二醇钙,以酚酞为指示剂,用苯甲酸-无水乙醇标准滴定溶液滴定。
碱含量	火焰光度法,GB/T 176—2008 水泥化学分析方法	以氢氟酸-硫酸蒸发处理除去硅,用热水浸取残渣,以氨水和碳酸铵分离铁、铝、钙、镁,用火焰光度计测定滤液中的钾、钠,计算得出碱含量。
含水量	GB/T 1596—2005 用于水泥和混凝土中的粉煤灰 附录 C	将粉煤灰放入规定温度的烘干箱内烘至恒重,以烘干前和烘干后的质量之差与烘干前的质量之比确定粉煤灰的含水量。
安定性	标准法:雷氏法,GB/T 1346—2011 水泥标准稠度用水量、凝结时间、安定性检验方法	观测由两个试针的相对位移所指示的水泥标准稠度净浆的体积膨胀程度来判定安定性是否合格。试验样品由符合 GSB 14—1510 的对比样品和被检验的粉煤灰按 7∶3 质量比混合而成。
	代用法:试饼法,GB/T 1346—2011 水泥标准稠度用水量、凝结时间、安定性检验方法	观测水泥标准稠度净浆试饼的外形变化程度来判断安定性是否合格。试验样品由符合 GSB 14—1510 的对比样品和被检验的粉煤灰按 7∶3 质量比混合而成。
活性指数	GB/T 1596—2005 用于水泥和混凝土中的粉煤灰 附录 D	按照 GB/T 17671—1999 测定试验胶砂和对比胶砂的抗压强度,以二者抗压强度之比评价粉煤灰活性指数。
放射性	GB 6566—2010	
均匀性	GB/T 1596—2005 用于水泥和混凝土中的粉煤灰 附录 A	按照附录 A 的方法测细度,单一样品的细度不应超过前 10 个样品细度平均值的最大偏差。

三、其他掺合料

1. 钢渣

钢渣为炼钢排出的渣,依炉型分为转炉渣、平炉渣、电炉渣。排出量约为粗钢产量的 15% ~20% 。

钢渣主要由钙、铁、硅、镁和少量铝、锰、磷等的氧化物组成。主要的矿物相为硅酸三钙、硅酸二钙、钙镁橄榄石、钙镁蔷薇辉石、铁铝酸钙以及硅、镁、铁、锰、磷的氧化物形成的固熔体,还含有少量游离氧化钙以及金属铁、氟磷灰石等。

钢渣经磁选除铁,粉磨至一定的细度,可作为混合材或掺合料用于水泥、混凝土中。根据 GB/T 20491—2006《用于水泥和混凝土中的钢渣粉》,其技术要求和测试方法分别如表 1-11 和表 1-12 所示。

表 1-11 钢渣粉技术要求

项 目		钢渣级别	
		一级	二级
比表面积/(m²/kg), ≥		400	
密度/(g/cm³), ≥		2.8	
含水量(质量分数/%), ≤		1.0	
游离氧化钙/%,≤		3.0	
三氧化硫(质量分数/%),≤		4.0	
碱度系数,≥		1.8	
活性指数(%),≥	7d	65	55
	28d	80	65
流动度比(%), ≥		90	
安定性	沸煮法	合格	
	压蒸法	当钢渣中 MgO 含量大于13%时应检验合格	

表 1-12 钢渣粉各技术指标测定方法

项目	测试标准	方 法 说 明
比表面积	GB/T 8074—2008 水泥比表面积测定方法 勃氏法	根据一定量的空气通过具有一定空隙和固定厚度的粉体料层时,所受阻力不同而引起流速的变化来测定比表面积。在一定孔隙率的粉料层,空隙的大小和数量是颗粒尺寸的函数,同时也决定了通过料层的气流速度。
密度	GB/T 208—1994 水泥密度测定方法	将样品倒入装有一定量液体介质的李氏瓶内,并使液体介质充分地浸透样品颗粒。根据阿基米德定律,样品的体积等于它所排开的液体体积,从而算出样品单位体积的质量,即为密度。为使测定的样品不产生水化反应,液体介质采用无水煤油。
含水量	GB/T 18046—2008 用于水泥和混凝土中的粒化高炉矿渣粉附录 B	将钢渣粉放入规定温度的烘干箱内烘至恒重,以烘干前和烘干后的质量之差与烘干前的质量之比确定其含水量。
游离钙	YB/T 140—1998 水泥用钢渣化学分析方法	乙二醇与试样中的游离氧化钙作用生成可溶性的乙二醇钙,经离心分离后,溶液中加钙指示剂,用 EDTA 标准滴定溶液滴定。

项目	测试标准	方　法　说　明
三氧化硫	基准法:硫酸钡重量法,GB/T 176—2008 水泥化学分析方法	在酸性溶液中,用氯化钡溶液沉淀硫酸盐,经过滤、灼烧后,以硫酸钡形式称量,测定结果以三氧化硫计。
碱度系数	GB/T 20491—2006 用于水泥和混凝土的钢渣粉	碱度系数=氧化钙质量分数/(氧化硅质量分数+五氧化二磷质量分数)。
活性指数	GB/T 20491—2006 用于水泥和混凝土的钢渣粉　附录 A	测定试验样品和对比样品的抗压强度,采用两种样品同龄期的抗压强度之比评价钢渣粉活性指数。钢渣粉受检样品为对比样品和钢渣粉按质量比7:3混合而成。
流动度比	GB/T 20491—2006 用于水泥和混凝土的钢渣粉　附录 A	测定试验样品和对比样品的流动度,两者流动度之比评价钢渣粉流动度之比。钢渣粉受检样品为对比样品和钢渣粉按质量比7:3混合而成。
安定性	沸煮法:GB/T 1346—2011 水泥标准稠度用水量、凝结时间、安定性检验方法	按 GB/T 1346 检验合格。
	压蒸法:GB/T 750—1992 水泥压蒸安定性试验方法	在饱和水蒸气条件下提高温度和压力,用试件的形变来判断水泥浆体的体积安定性。

2. 磷渣粉

磷渣粉是以电炉法制黄磷时的废渣,经淬冷、粉磨制成的粉体材料。

JG/T 317—2011《混凝土用粒化电炉磷渣粉》规定磷渣粉的技术要求及各指标的测试方法如表 1-13 所示。

表 1-13　磷渣粉的技术要求及测试方法

项　　　目		技术指标	测　试　方　法
质量系数 K, ≥		1.10	各氧化物含量按 JCT1088 测定,质量系数 $K=(W_{CaO}+W_{MgO}+W_{Al_2O_3})/(W_{SiO_2}+W_{P_2O_5})$,$W$ 代表各氧化物质量分数
比表面积/(m²/kg), ≥		350	GB/T 8074—2008
活性指数/%, ≥	7d	50	JG/T 317—2011 附录 A
	28d	70	
流动度比/%, ≥		95	JG/T 317—2011 附录 A
含水量(质量分数/%), ≤		1.0	JG/T 317—2011 附录 B
五氧化二磷/%, ≤		3.5	JC/T 1088—2008
三氧化硫/%, ≤		3.5	GB/T 176—2008
烧失量/%, ≤		3.0	GB/T 176—2008

项　　目	技术指标	测　试　方　法
氯离子/% , ≤	0.06	JC/T 1088—2008
安定性(沸煮法)	合格	GB/T 1346,受检样品为磷渣粉30%等质量取代基准水泥或符合 GB 175 的硅酸盐水泥形成的复合胶凝材料,有争议时用基准水泥。
氟含量	必要时测	JC/T 1088—2008
放射性	合格	GB 6566—2010,受检样品为磷渣粉与符合 GB175 的硅酸盐水泥按 1∶1 质量比混匀。

3. 硅灰

硅灰,又叫硅粉或微硅粉,是在冶炼硅铁合金或工业硅时;通过烟道排出的硅蒸气氧化后,经收尘器收集得到的以无定形二氧化硅为主要成分的工业副产品。

硅灰在形成过程中,因相变的过程中受表面张力的作用,形成了非结晶相无定形圆球状颗粒,且表面较为光滑,有些则是多个圆球颗粒粘在一起的团聚体。它是一种比表面积很大,活性很高的火山灰物质。表 1-14 显示了几种混凝土原材料的细度,其中硅灰的比表面积在 20000 m^2/kg 以上,是水泥的 50 ~ 80 倍。表 1-15 列出了硅灰的典型化学组成,其主要成分为二氧化硅。从矿物组成来看,硅灰中的二氧化硅为无定形状态,是一种活性很高的火山灰物质。

表 1-14　几种材料的比表面积

材料	比表面积/(m^2/kg)
硅灰	20000 ~ 28000(BET)
矿粉	450 ~ 600(布莱恩)
粉煤灰	400 ~ 700(布莱恩)
通用水泥	350 ~ 450(布莱恩)

表 1-15　硅灰的化学成分

成分	SiO_2	Al_2O_3	Fe_2O_3	MgO	CaO	NaO	pH
平均值	75% ~96%	1.0% ±0.2%	0.9% ±0.3%	0.7% ±0.1%	0.3% ±0.1%	1.3% ±0.2%	中性

(1)硅灰对混凝土性能的影响

由于硅灰是一种极细的高活性的矿物掺合料,能够填充水泥颗粒间的孔隙,改善界面区的结构,同时与水化产物生成凝胶体,与碱性材料氧化镁反应生成凝胶体,使混凝土结构更致密,从而提高强度和耐久性,主要表现为:

1）具有保水、防止离析、泌水,能大幅降低混凝土泵送阻力;

2）显著提高混凝土抗压、抗折强度,是高强混凝土的必要成分;

3）提高抗渗、防腐、抗冲击及耐磨性能;

4）提高混凝土抗侵蚀能力,特别是在氯盐污染侵蚀、硫酸盐侵蚀、高湿度等恶劣环境下,可提高混凝土的耐久性,延长其使用寿命。

不足的是,由于硅灰细,其需水量大,在混凝土中使用时要作相应的减水剂调整,同时,要保证其在混凝土的有效分散。

(2)质量控制

关于硅灰的质量控制,目前尚无专用的国家标准,高强高性能混凝土用矿物外加剂标准（GB/T 18736—2002）中对硅灰的技术指标和测试方法要求如表 1-16 所列。

表 1-16　硅灰技术要求和测试方法

项 目	技术指标	测试方法
比表面积/（m^2/kg）,≥	15000	BET 氮吸附法
含水量（质量分数/%）,≤	3.0	GB/T 176
需水量比/%,≤	125	GB/T 18736 附录 C
烧失量/%,≤	6.0	GB/T 176
二氧化硅/%,≥	85.0	GB/T 18736 附录 A
氯离子/%,≤	0.02	JC/T 420
28d 活性指数/%,≥	85	GB/T 18736 附录 C
放射性	合格	GB 6566

4. 沸石粉

用天然斜发沸石岩或丝光沸石岩磨细制成的粉体材料。

JG/T 3048—1998《混凝土和砂浆用天然沸石粉》对沸石粉的技术要求及各指标的测试方法规定如表 1-17 所示。

表 1-17　沸石粉的技术要求及各指标的测试方法

项　　目	技术指标			测 试 方 法
	Ⅰ级	Ⅱ级	Ⅲ级	
吸铵值,mmol/100g,≥	130	100	90	JG/T 3048—1998 附录 A
细度（80μm 方孔筛余%）,≤	4	10	15	GB/T 1345—2005
沸石粉水泥胶砂需水量比%,≤	125.0	120.0	120.0	JG/T 3048—1998 附录 B
沸石粉水泥胶砂 28 天抗压强度比%,≥	75.0	70.0	62.0	JG/T 3048—1998 附录 C

5. 复合矿物掺合料

将上述两种或两种以上的掺合料按一定比例复合而成的粉体材料。常用矿粉与粉煤灰复合,或者矿粉、粉煤灰、硅灰三者复合。通常,复合掺合料能产生一加一大于二的"超叠加"效应。对复合掺合料质量控制,主要关注以下指标:细度、需水量比、流动度比、活性指数、安定性以及放射性,其测试方法可参考以上各掺合料的测试方法。

第三节 粗、细集料质量控制

普通混凝土中,集料的体积占到 60% 以上。集料是混凝土中承受荷载、抵抗侵蚀和增强混凝土体积稳定性重要的组成材料,也是价格最低廉的填充组分。普通混凝土中的集料分为粗集料和细集料。

粗集料是公称粒径大于 5mm 的集料。从来源看,粗集料有天然集料(卵石、碎石),也有人工集料(比如利用旧混凝土生产的循环集料);按密度分,粗集料又可分为普通集料、重集料(重晶石、磁铁矿、钢段)、轻集料(陶粒、浮石)。

混凝土中的细集料有天然砂、人工砂和混合砂。天然砂石指在自然条件下形成的公称粒径小于 5mm 的砂粒,比如河砂、山砂和海砂;人工砂石岩石经破碎筛分制成的粒径小于 5mm 的颗粒;混合砂是由天然砂和人工砂按照一定的比例搭配而成的细集料。

一、集料特性对混凝土性能的影响

集料的粒径及级配、清洁度、颗粒形状等对混凝土的工作性、强度、耐久性以及结构工程的外观等都有直接的影响。

1. 集料粒径和颗粒分布

(1)粗集料

粗集料中公称粒级的上限称为该粒级的最大粒径。粗集料的最大粒径增大,总表面积减少,单位用水量相应的减少,节约水泥。因而,在相同用水量和水胶比的条件下,增大最大粒径,可使混凝土拌合物的流动性增大。通常,在结构断面允许的条件下,尽量增大最大粒径达到节约水泥的目的。《混凝土结构工程施工质量验收规范》(GB 50204—2002,2011 年版)规定,粗集料最大粒径不得大于结构物最小尺寸 1/4 和钢筋最小净距的 3/4;对于混凝土实心板,允许采用最大粒径为 1/2 板厚,但最大粒径不得超过 50mm。

粗集料的颗粒级配分为连续粒级和单粒级。用连续级配粗集料拌制的水泥混凝土混合料不易产生离析现象,硬化后的混凝土较为密实;单粒级石子配制的混凝土拌合物易出现离析现象。单粒级的粗集料使用时通常将其组合成满足要求的连续粒级或者与连续粒级的粗集料搭配，以改善其级配的连续性。

（2）细集料

细集料按细度模数分为粗、中、细、特细四级。除特细砂外，砂的颗粒级配可按照公称直径 $630\mu m$ 筛孔的累计筛余百分数分为三个级配区，即Ⅰ区、Ⅱ区、Ⅲ区。其中：

Ⅰ区的砂为粗砂，比表面积较小，用此区的砂新拌制混凝土混合料工作性差，容易出现离析现象，一般选用较大砂率，并适当提高水泥用量，以满足混凝土和易性要求。

Ⅱ区的砂为中砂，适用于普通水泥混凝土、泵送混凝土。

Ⅲ区的砂为细砂，比表面积较大，单位水泥用量较多，配制混凝土时一般选用较小砂率。用此区的砂拌制的混凝土硬化过程中容易出现裂缝，养护较困难。

（3）清洁度

粗集料中含有的泥及泥块会增大混凝土的需水量，增大塑性收缩，降低混凝土强度，甚至影响耐久性。粗集料中的硫化物和硫酸盐或有机杂质等对混凝土的工作性、强度等也有不利影响。

混凝土中用细集料应采用颗粒洁净的天然砂、机制砂或混合砂。与粗集料一样，砂中含有的泥、泥块及其他有机杂质，对混凝土的工作性、强度、耐久性都会产生不利影响。

2. 颗粒形状

一般来讲，卵石由于其光滑的外形，有利于混凝土的工作性，而碎石在强度上表现比卵石稍好。集料中针、片状颗粒不仅易折断，也会增大集料的空隙率，对混凝土拌合物的工作性有不利影响。

3. 碱活性

对于长期处于潮湿环境的重要结构混凝土，所用集料包括砂、石要进行碱活性检验。经检验有潜在碱硅反应危害时，应放弃使用该集料或采取其他措施加以抑制。

集料对混凝土性能的影响简单归纳为如表1-18所示。

表1-18　集料对混凝土性能的影响

集料特性	对混凝土性能影响				
	工作性	强度	耐久性	外观	经济性
清洁度	清洁度差则需水量增大、塑性收缩增大。	强度损失（界面粘接差、需水量增大）。	降低（孔隙率大、开裂）。	瑕疵、颜色不均匀。	成本增加。

续表

集料特性	对混凝土性能影响				
	工作性	强度	耐久性	外观	经济性
集料级配	主要是砂的细度:细砂有利于改善工作性但砂太细则需水量高;粗砂易泌水适用于干硬性混凝土。	级配合理、结构致密则强度好,砂太细,影响强度。	级配合理、结构致密则耐久性好。	太粗抹面性不好。	相同强度情况下,使用 0/25 集料的混凝土比使用 0/12 或 0/16 集料的混凝土需要水泥少,成本低,砂太细则水泥和外加剂用量增加导致成本增加。
石子形状(卵石、碎石)	卵石流动性和可泵性优于碎石,多孔集料吸水率大对工作性不好。	一般碎石比卵石对强度好,但扁平状集料降低强度。	考虑碱集料反应风险。	扁平状不适合露石混凝土。	集料形状不同对设备的磨损不同(碎石比卵石大,硅质集料比石灰石大);水泥用量也稍有区别。
集料硬度	一般没影响。	特软的集料对强度不利。	一般没影响。	一般没影响。	一般没影响。

二、集料的质量控制

关于集料的质量控制,本书依据 JGJ 52—2006《普通混凝土用砂、石质量及检验方法标准》,对砂和石的技术要求和检验方法分述如下。

1. 粗集料技术要求及测试方法列于表 1-19,粗集料级配列于表 1-20。

表 1-19　粗集料技术要求及测试方法

项　　目		技术要求	测试方法提要
级配		符合表 1-20 的要求	JGJ 52:采用公称直径为符合 JGJ52 要求的方孔筛,对卵石或碎石按照筛孔大小顺序过筛,计算筛余与累计筛余,评定颗粒级配。
含泥量%（质量分数）	≥C60	≤0.5	采用浸泡、水洗、烘干的方法测定,含泥量为浸洗试验前后烘干试样的质量差占浸洗前烘干试样的质量百分数。
	C30~C55	≤1.0	
	≤C25	≤2.0	
泥块含量%（质量分数）	≥C60	≤0.2	制备好的试样,筛去公称粒径 5mm 以下的颗粒,对筛余采用浸泡、水洗、烘干的方法测定,泥块含量为公称粒径 5mm 以上筛余量与浸洗烘干后试样的质量差占筛余量的质量百分数。
	C30~C55	≤0.5	
	≤C25	≤0.7	

项 目		技术要求	测试方法提要
针片状颗粒含量%（质量分数）	≥C60	≤8	逐粒选出长度大于2.5倍平均粒度的针状与厚度小于0.4倍平均粒度的片状颗粒,计算其占试样量的质量百分数。
	C30～C55	≤15	
	≤C25	≤25	
碎石压碎值%	沉积岩 C60～C40	≤10	测定碎石或卵石抗压碎的能力,以推测其相应的强度,具体方法为将试样筛除公称粒径10.0mm以下及20.0mm以上的颗粒,并除去针片状颗粒,分两层装入压碎指标测定仪的圆筒中,颠实,在压力试验机上在160～300s内均匀加载到200KN,稳定5s,卸载。倒出筒中试样称重(m_0),并筛除2.5mm以下被压碎细粒,称筛余(m_1),压碎值为m_0和m_1的差值占m_0的百分数。
	沉积岩 ≤C35	≤16	
	变质岩或深沉的火成岩 C60～C40	≤12	
	变质岩或深沉的火成岩 ≤C35	≤20	
	喷出的火成岩 C60～C40	≤13	
	喷出的火成岩 ≤C35	≤30	
卵石压碎值%	C60～C40	≤12	
	≤C35	≤16	
坚固性%(5次循环损失)	混凝土用于严寒、干湿交替、腐蚀介质或水位变化区,混凝土要求抗疲劳、耐磨、抗冲击	≤8	将制备好的试样,在配制的硫酸钠溶液中,按照规定的时间和温度进行浸泡、烘干,循环5次,第5次浸泡后,将试样洗净硫酸钠再烘干至恒重,进行筛析,计算各粒级试样的损失率和总损失率,并观察大颗粒的裂缝、剥落等情况,评价坚固性。
	其他条件下的混凝土	≤12	
有害物质含量%	硫化物及硫酸盐%（折算成SO_3质量分数）	≤1.0	按要求将试样制成石粉,加蒸馏水及盐酸,煮沸、过滤,滤液煮沸,滴加氯化钡溶液,过滤,将沉淀及滤纸灼烧、称重,计算结果。
	卵石中有机物含量	合格	在制备好的试样中注入3%氢氧化钠溶液,摇动、静置,比较上部溶液与标准溶液的颜色,若比标准溶液浅则合格,接近则需将上部溶液倒入烧杯加热2～3h再比较,若比标准溶液深则需进行混凝土试验,比较卵石清洗与否混凝土强度的差别（强度比不低于0.95则该卵石可用）。
碱活性（潮湿环境的重要结构用混凝土）	存在碱-碳酸盐反应危害时不可用,否则应通过专门试验做评定		先用岩相法检验碱活性集料的品种、类型和数量,如含活性碳酸盐,则用岩石柱进行碱活性检验;如含活性二氧化硅,则用快速砂浆棒法和砂浆长度法进行碱活性检验。
	存在碱-硅反应危害时,混凝土中总碱量需≤3kg/m³,或采取抑制碱-集料反应的措施		
放射性（内外照指数）		≤1.0	GB 6566

表1-20 粗集料级配

级配情况	公称粒径/mm	累计筛余,按质量/% 方孔筛筛孔边长/mm											
		2.36	4.75	9.5	16	19	26.5	31.5	37.5	53	63	75	90
连续级配	5~10	95~100	80~100	0~15	0	—	—	—	—	—	—	—	—
	5~16	95~100	85~100	30~60	0~10	0	—	—	—	—	—	—	—
	5~20	95~100	90~100	40~80	—	0~10	0	—	—	—	—	—	—
	5~25	95~100	90~100	—	30~70	—	0~5	0	—	—	—	—	—
	5~31.5	95~100	90~100	70~90	—	15~45	—	0~5	0	—	—	—	—
	5~40		95~100	70~90	—	30~65	—	—	0~5	0	—	—	—
单粒级	10~20	—	95~100	85~100	—	0~15	0	—	—	—	—	—	—
	16~31.5	—	95~100	—	85~100	—	—	0~10	0	0	—	—	—
	20~40	—	—	95~100	—	80~100	—	—	0~10	—	0	—	—
	31.5~63	—	—	—	—	95~100	—	75~100	45~75	—	0~10	0	—
	40~80	—	—	—	—	—	—	—	70~100	—	30~60	0~10	0

2. 细集料技术要求及测定方法

细集料技术要求及测定方法列于表 1-21。

表 1-21　细集料技术要求及测试方法

项　　目		技术要求	测试方法提要
细度模数 $\mu_f^{(a)}$	粗砂	3.7～3.1	JGJ 52:待检砂先过 10.0mm 方孔筛,计算筛余。筛下的砂烘干(含泥量大于 5% 时应先水洗)至恒重,称取 500g,用标准套筛进行筛分析,计算筛余与累计筛余,并计算细度模数。
	中砂	3.0～2.3	
	细砂	2.2～1.6	
	特细砂	1.5～0.7	
含泥量% (质量分数)[b]	≥C60	≤2.0	采用浸泡、水洗、烘干的方法测定,含泥量为浸洗试验前后烘干试样的质量差占浸洗前烘干试样的质量百分数。(特细砂的含泥量采用虹吸管法)。
	C30～C55	≤3.0	
	≤C25	≤5.0	
泥块含量% (质量分数)[c]	≥C60	≤0.5	制备好的试样,筛去公称粒径 1.25mm 以下的颗粒,对筛余采用浸泡、水洗、烘干的方法测定,泥块含量为公称粒径 1.25mm 以上筛余量与浸洗烘干后试样的质量差占筛余量的质量百分数。
	C30～C55	≤1.0	
	≤C25	≤2.0	
石粉含量% (人工砂或混合砂)	MB＜1.4 (合格) ≥C60	≤5.0	待测砂样品经缩分、烘干、冷却后,筛除大于 2.5mm 的颗粒,称取 200g,加蒸馏水搅拌形成悬浮液,滴入亚甲基蓝溶液,观察悬浮液在滤纸上的色晕情况,记录色晕持续 5min 时加入的亚甲基蓝总体积,计算 MB 值。MB＜1.4 时判定以石粉为主,MB≥1.4 时则判定为以泥粉为主的石粉。
	MB＜1.4 (合格) C30～C55	≤7.0	
	MB＜1.4 (合格) ≤C25	≤10.0	
	MB≥1.4 (不合格) ≥C60	≤2.0	
	MB≥1.4 (不合格) C30～C55	≤3.0	
	MB≥1.4 (不合格) ≤C25	≤5.0	
坚固性% (5 次循环损失)	混凝土用于严寒、干湿交替、腐蚀介质或水位变化区,混凝土要求抗疲劳、耐磨、抗冲击	≤8	将制备好的试样,在配制的硫酸钠溶液中,按照规定的时间和温度进行浸泡、烘干,循环 5 次,第 5 次浸泡后,将试样洗净硫酸钠再烘干至恒重,进行筛析,计算各粒级试样的损失率和总损失率,评价坚固性。
	其他条件下的混凝土	≤10	
人工砂总压碎值%		＜30	待测砂样品经缩分、烘干、筛分成 5～2.5mm、2.5～1.25mm、1.25～63μm、0.630～315μm 四个单粒级,对每一粒级的砂进行加载试验,称量卸载后每一粒级下限筛的筛余量,计算各级压碎值和总压碎值。
有害物质含量% (质量分数)	云母[d]	≤2.0	对制备好的砂样品,在放大镜下观察,挑出云母,并称重,计算云母含量。

项　　目		技术要求	测试方法提要
有害物质含量%（质量分数）	轻物质	≤1.0	通过配制密度为 1950～2000kg/m³ 的重液,分离试样中的轻物质与砂,得出轻物质含量,为近似法。
	硫化物及硫酸盐（折成 SO_3）[e]	≤1.0	按要求将砂烘干冷却研磨至全部通过 80μm 方孔筛,称取 1g 样品,加蒸馏水及盐酸,煮沸、过滤,滤液煮沸,滴加氯化钡溶液,过滤,将沉淀及滤纸灼烧,至恒重,称重,计算结果。
	有机物	不深于标准色,否则需进行强度对比试验	比色法,用于近似单盘砂中有机物是否会影响混凝土质量。在制备好的试样（筛除 5.00mm 以上的颗粒）中注入氢氧化钠溶液,摇动后静置,观察上部溶液与配制的标准溶液的颜色,若试样上部溶液颜色浅于标准溶液颜色则判定合格,接近则须将上部溶液加热再比色,若上部溶液颜色深于标准溶液需进行砂浆强度对比试验,未洗除有机物的砂浆与洗除有机物的砂浆强度之比不小于 0.95 则此砂可用,否则不可用。
碱活性（潮湿环境的重要结构用混凝土）		存在危害时,混凝土中总碱量需≤3kg/m³,或采取抑制碱-集料反应措施	快速砂浆棒法和砂浆长度法进行碱活性检验。
氯离子%	钢筋混凝土用砂	≤0.06	称取一定量的试样,加水使氯盐溶解后,以铬酸钾为指示剂,以硝酸银标准溶液滴定,记录消耗的硝酸银体积,计算氯离子含量。
	预应力混凝土	≤0.02	
海砂中贝壳含量%（质量分数）[f]	≥C40	≤3.0	试样经缩分、烘干、冷却、过筛后,用盐酸反复清洗至无气体产生,洗净盐酸后进行烘干至恒重,试样经盐酸清洗前后的质量之差占试样清洗前的质量分数即为贝壳含量。
	C35～C30	≤5.0	
	C25～C15	≤8.0	
放射性（内外照指数）		≤1.0	GB 6566

注:(a)关于砂的颗粒级配,除特细砂外,可按公称直径630μm 筛孔的累积筛余分成三个级配区,且砂的颗粒级配需处于其中的某一区域。
　　(b)对于有抗冻、抗渗或其他特殊要求的小于或等于 C25 混凝土用天然砂,其含泥量不应大于3.0%。
　　(c)对于有抗冻、抗渗或其他特殊要求的小于或等于 C25 混凝土用天然砂,其泥块含量不应大于1.0%。
　　(d)对于有抗冻、抗渗要求的混凝土用砂,其云母含量不应大于1.0%。
　　(e)当砂中含有颗粒状硫化物或硫酸盐时,应进行专门检验,确认能满足混凝土耐久性要求方可使用。
　　(f)关于海砂,JGJ 206—2010《海砂混凝土应用技术规范》对其贝壳含量和其他质量要求有不同规定,具体指标可查阅该规范。

3. 集料的密度、含水率与吸水量

集料的密度包括表观密度和堆积密度,集料的含水率、集料的吸水性等指标关系到混凝土配方计算及其生产调整,特别是用水量的调整,因此,生产中对上述指标的测定也具有重要的意义。具体测试方法见标准:JGJ 52—2006《普通混凝土用砂、石质量及检验方法标准》。

第四节　外加剂质量控制

混凝土技术的进步,特别是高性能混凝土的实现,离不开外加剂的发展和应用。外加剂品种繁多,掺量很少,但是对新拌混凝土和硬化混凝土的性能影响很大。本节力求对外加剂的性能特点和使用范围进行分类说明,对外加剂的使用和质量控制提供建议。

一、外加剂的分类及性能特点

1. 外加剂的概念

我国现行标准 GB/T 8075—2005《混凝土外加剂定义、分类、命名与术语》中规定,混凝土外加剂是在混凝土搅拌之前或拌制过程中加入的,用于改善新拌混凝土和(或)硬化混凝土性能的材料。

混凝土外加剂定义中对掺入时间作了规定,从而将它和水泥制造过程中掺加的工艺外加剂以及那些对硬化混凝土进行处理的化学物质区别开来。

一般,混凝土化学外加剂的掺量不大于水泥质量的 5%,但特殊情况除外,比如国内广泛使用的防冻剂和膨胀剂掺量往往超过 5%,但习惯上仍将它们归入混凝土外加剂。混凝土中使用的矿粉、粉煤灰等习惯上叫矿物掺合料。

本章以下部分提到外加剂均指化学外加剂。

2. 外加剂的分类

混凝土外加剂按其主要功能分为四类:

——改善混凝土拌合物流变性能的外加剂,包括各种减水剂和泵送剂等。

——调节混凝土凝结时间、硬化性能的外加剂,包括缓凝剂、促凝剂和速凝剂等。

——改善混凝土耐久性的外加剂,包括引气剂、防水剂和阻锈剂等。

——改善混凝土其他性能的外加剂,包括膨胀剂、防冻剂、着色剂等。

各类外加剂的定义及主要组分如表 1-22 所示。

表1-22 各类外加剂定义及主要组分

类 型	定 义	主 要 组 分
普通减水剂	在混凝土坍落度基本相同的条件下,能减少拌合用水量(减水率不小于8%)的外加剂	木质素磺酸盐类(钙盐、钠盐、镁盐)
高效减水剂	在混凝土坍落度基本相同的条件下,能大幅度减少拌合用水量(减水率不小于14%)的外加剂	萘系、氨基、三聚氰胺、脂肪族、蒽系、改性木质素磺酸盐等
高性能减水剂	比高效减水剂具有更高减水率(减水率不小于25%)、更好坍落度保持性能、较少干燥收缩,且具有一定引气性能的减水剂	聚羧酸类
早强剂	加速混凝土早期强度发展的外加剂	无机盐类(硫酸盐、硝酸盐、氯盐);有机类(三乙醇胺、三异丙醇胺、甲醇、乙醇、乙酸钠、甲酸钙、草酸锂等);有机无机复合类
早强减水剂	兼具早强和减水功能的外加剂	早强剂与减水剂复合而成
缓凝剂	延长混凝土凝结时间的外加剂	羟基羧酸(柠檬酸、葡萄糖酸)、糖类及碳水化合物(糊精、纤维素衍生物)、可溶性磷酸盐和硼酸盐、锌盐等
缓凝减水剂	兼具缓凝和减水功能的外加剂	缓凝剂与减水剂复合而成
缓凝高效减水剂	兼具缓凝和高效减水功能的外加剂	缓凝剂与减水剂复合而成
促凝剂	能缩短混凝土凝结时间的外加剂	甲酸钙、铝酸钠、碳酸钠、高铝水泥、硫铝酸盐等
引气剂	在混凝土搅拌过程中能够引入大量均匀分布、稳定而封闭的微小气泡并且能保留在硬化混凝土中的外加剂	松香树脂类(松香热聚物、松香皂)、烷基和烷基芳烃磺酸盐类、皂苷类(三萜皂苷)
引气减水剂	兼具引气和减水功能的外加剂	引气剂和减水剂的复合
防水剂	能提高水泥砂浆、混凝土抗渗性能的外加剂	无机化合物(氯化铁、硅灰粉末、锆化物)、有机化合物(脂肪酸及其盐类、有机硅、石蜡、水溶性树脂乳液等)、有机无机混合类
阻锈剂	能抑制或减轻混凝土中钢筋或其他金属预埋件锈蚀的外加剂	亚硝酸钙,亚硝酸钠,胺类有机物
加气剂	混凝土制备过程中因发生化学反应,放出气体,使硬化混凝土中有大量均匀分布的气孔的外加剂	铝粉、双氧水等
膨胀剂	在混凝土硬化过程中因化学作用,能使混凝土产生一定体积膨胀的外加剂	硫铝酸钙类、硫铝酸钙－氧化钙类、氧化钙类

续表

类　型	定　　　　义	主　要　组　分
防冻剂	能使混凝土在负温下硬化,并在规定养护条件下达到预期性能的外加剂	强电解质无机盐类(氯盐、亚硝酸盐、硝酸盐)、水溶性有机化合物(乙二醇等)、有机无机复合类
着色剂	能制备具有彩色混凝土的外加剂	各种无机金属盐
速凝剂	能使混凝土迅速凝结硬化的外加剂	粉状:以铝酸盐、碳酸盐等为主要成分的无机盐混合物;液体:以铝酸盐、水玻璃等为主要成分,与其他无机盐复合而成的复合物
泵送剂	能改善混凝土拌合物泵送性能的外加剂	由减水剂、缓凝剂、引气剂等复合而成
保水剂	能减少混凝土或砂浆失水的外加剂	有机高分子材料,纤维素类
絮凝剂	在水中施工时,能增加混凝土黏稠性、抗水泥和集料分离的外加剂	聚丙烯酰胺
增稠剂	能增加混凝土拌合物黏度的外加剂	纤维素类
减缩剂	减少混凝土收缩的外加剂	聚醚,聚醇类有机物
保塑剂	在一定时间内,减少混凝土坍落度损失的外加剂	缓凝 + 引气

3. 外加剂的性能特点和适用范围

各品种外加剂对混凝土性能的影响及其适用范围如表 1-23 所示。

表 1-23　各类外加剂对混凝土性能的影响及其使用范围

外加剂类型	对混凝土性能的影响	使　用　范　围
普通减水剂	改善和易性,减少用水量;混凝土含气量有上升;由于减少用水量,降低了水胶比,提高了混凝土强度及密实性,耐久性相应有所提高;对收缩影响不明显。减水剂用法如下:提高和易性,不改变强度增长的混凝土,或者生产减水并具有同样和易性且强度较高的混凝土,或者生产强度相同、和易性相同及减少水泥用量的混凝土。	日最低气温 5℃ 以上施工的素混凝土、钢筋混凝土、预应力混凝土、高强高性能混凝土,木质素减水剂应先做水泥适应性试验,合格后方可使用。普通减水剂的引气量较大,并具有缓凝性,浇筑后需要较长时间才能形成一定的结构强度,因此不宜单独用于蒸养混凝土。
高效减水剂	减水率更高,改善和易性,减少用水量,对水泥混凝土的凝结时间影响较小,无显著的引气作用。	日最低气温 0℃ 以上施工的素凝土、钢筋混凝土、预应力混凝土、高强高性能混凝土,可用于蒸养混凝土。
高性能减水剂	比高效减水剂更高的减水率,有一定引气,显著改善和易性,大大减少用水量。聚羧酸高性能减水剂母液能实现早强、缓释等功能,但对集料的含泥敏感。	

外加剂类型	对混凝土性能的影响	使 用 范 围
早强剂	高混凝土早期强度。一般认为,加入 $CaCl_2$ 可以稍微提高和易性,明显地缩短混凝土的初、终凝时间。如果将 $CaCl_2$ 与引气剂复合作用,可改善和易性。硫酸钠对混凝土拌合物没有塑化作用,对凝结时间的影响因条件而异。三乙醇胺对混凝土拌合物稍有塑化作用,同时也能对混凝土拌合物的黏聚性有所改善。	蒸养混凝土及常温、低温和最低温度不低于负5℃环境中施工的有早强要求的混凝土。炎热环境条件下不宜用早强剂。含氯化钙的早强剂或早强减水剂可造成钢筋的锈蚀,只能用于不含钢筋或金属预埋件的混凝土的生产。
早强减水剂	掺入早强减水剂可以生产和易性更好的混凝土,便于在钢筋密聚区浇筑,而且还可以提供较高的早期强度;掺早强减水剂混凝土的耐久性,与其组成有关;一般收缩稍有增大。	
缓凝剂、缓凝减水剂、缓凝高效减水剂	延缓水泥的早期水化,并能降低早期水化热,缓凝减水剂还能减少混凝土用水量。凝结时间延缓程度取决于外加剂的品种、剂量、水泥的矿物成分品种及温度条件等因素。某些缓凝剂如柠檬酸、酒石酸钠等能增加混凝土的泌水、影响混凝土的工作性,在水泥用量低或水胶比大的混凝土中尤为显著,此时若仍希望使用该缓凝剂,则应与引气剂复合使用以抵消对工作性的影响;掺缓凝剂或缓凝减水剂的混凝土由于凝结时间延长,因此应特别注意混凝土养护,并适当考虑延长混凝土拆模时间。	日最低气温5℃以上施工的大体积混凝土、碾压混凝土、大面积浇筑的混凝土、避免冷缝产生的混凝土、需较长时间停放或长距离运输的混凝土、自流平免振混凝土、滑模施工或拉模施工的混凝土及其他需要延缓凝结时间的混凝土;炎热气候条件下施工的混凝土;柠檬酸及酒石酸钠等缓凝剂不宜单独用于水泥用量较低、水胶比较大的贫混凝土。
引气剂、引气减水剂	引气剂有助于改善新拌混凝土的和易性及黏聚性,特别是对水泥用量少或集料表面粗糙的混凝土效果更显著;引气剂可以提高硬化混凝土抗冻融能力,并可提高抗渗性;由于引气剂对和易性的改善,混凝土易于抹面,因此适用于有饰面要求的混凝土;引气剂一般会降低混凝土强度,特别是含气量高时,因此,对强度要求高的混凝土以及蒸养混凝土不宜使用。	抗冻混凝土、抗渗混凝土、抗硫酸盐混凝土、泌水严重的混凝土、贫混凝土、轻集料混凝土、人工集料混凝土、高性能混凝土以及有饰面要求的混凝土。不宜用于蒸养混凝土及预应力混凝土,必要时应经试验确定。
防冻剂	氯化钙、亚硝酸钙与氯化钠的混合物,对新拌混凝土起弱的塑化作用,其他盐类单独使用或作为复合防冻剂的组分,没有显示出可感觉到的塑化作用,因此,最好使这些盐类与减水剂、高效减水剂复合使用;一般的防冻剂不加大泌水,当使用强缓凝剂和塑化剂或使用 $NaNO_2$、尿素等一些促凝效果较弱的促凝剂时,泌水增大,在此情况下一般采用增加砂的用量,降低砂的细度模数,加入细的矿物外掺料等措施来降低泌水;从强度来看,有试验结果表明,掺入氯化钙、硝酸钙,对混凝土的抗压、抗张、抗弯强度有所提高;防冻剂对混凝土耐久性的影响是不一致的,含有减水剂或高效减水剂的防冻剂既可使混凝土致密性增大,也可降低碳化速度。	日最低气温0℃以下施工的混凝土。

外加剂类型	对混凝土性能的影响	使　用　范　围
防水剂	氯盐类防水剂会使钢筋锈蚀，收缩率大，后期防水效果不大；有机类防水剂防水性能较好，但使用时要注意对强度的影响。	工业及民用建筑的屋面、地下室、隧道、巷道、给排水池、水泵站等有防水抗渗要求的混凝土。
膨胀剂	通常掺膨胀剂的混凝土，需水量较高而泌水率下降，坍落度损失也比基准混凝土大；当膨胀剂掺量超过范围或没有内外部限制时，会对混凝土力学性能产生不利的影响；膨胀剂使用适当时，限制膨胀提高了基材的密实性，混凝土的渗透系数低于对应的硅酸盐水泥混凝土。	补偿收缩混凝土、填充用膨胀混凝土、自应力混凝土。
泵送剂	泵送剂能改善混凝土和易性，其某些组分如纤维素酯、淀粉和环氧乙烯是潜在的缓凝剂，可能延长混凝土凝结时间。	适用于工业与民用建筑及其他构筑物的泵送施工的混凝土；特别适用于大体积混凝土、高层建筑物和超高层建筑物；适用于滑模施工等，也适用于水下灌注桩混凝土。
促凝剂	对砂浆和混凝土的初凝时间缩短功效。	砂浆，混凝土施工，冬季施工，隧道施工。
阻锈剂	对混凝土性能几乎没有影响，和混凝土外加剂一起掺加。	海洋混凝土，海工混凝土，抗盐类混凝土。
加气剂	在混凝土中引入气泡，使混凝土自重减轻、并提高保温、隔热、隔音性能。	预制混凝土制品，砌块，硅酸盐制品，泡沫板，一般和稳泡剂一起使用。
着色剂	改变混凝土的颜色。	彩色混凝土，彩色混凝土路面，彩色混凝土装饰，彩色游泳池。
速凝剂	快速凝结硬化，后期混凝土强度有不同程度的降低。	可用于采用喷射法施工的喷射混凝土，也可用于需要速凝的其他混凝土。
保水剂	减少混凝土的泌水，提高混凝土的和易性。	一般复配在泵送剂里使用。
絮凝剂	影响混凝土的流动性，一般和减水剂一起使用。	水下混凝土，水工混凝土。
增稠剂	增加拌合物稠度。	一般在砂浆里面使用。
减缩剂	几乎不影响混凝土的性能，价格太高，特殊工程使用。	特殊混凝土工程。
保塑剂	提高混凝土的保塑性，减少流动性损失。	一般复配在泵送剂里使用。

4. 外加剂的选用原则

外加剂的品种选择应根据工程设计和施工要求、通过试验及技术经济比较确定。严禁使用对人体产生危害、对环境产生污染的外加剂。掺外加剂混凝土所用水泥，宜采用硅酸盐水泥、普通硅酸盐水泥、矿渣硅酸盐水泥、火山灰质硅酸盐水泥、粉煤灰硅酸盐水泥和复合硅酸盐水泥,并应检验外加剂与水泥的适应性,符合要求方可使用。不同品种外加剂复合使用时,应注意其相容性及对混凝土性能的影响,使用前应进行试验,满足要求方可使用。

二、外加剂质量控制

1. 质量控制原则

GB 50119—2003《混凝土外加剂应用技术规范》规定,外加剂的质量控制应遵循以下原则:

(1)选用的外加剂应有供货单位提供的下列技术文件:

——产品说明书,并应标明产品主要成分;

——出厂检验报告及合格证;

——掺外加剂混凝土性能检验报告。

(2)外加剂运到工地(或混凝土搅拌站)应立即取代表性样品进行检验,进货与工程试配时一致,方可入库、使用。若发现不一致,应停止使用。

(3)外加剂应按不同供货单位、不同品种、不同牌号分别存放,标识应清楚。

(4)粉状外加剂应防止受潮结块,如有结块,经性能检验合格后应粉碎至全部通过 0.63mm 筛后方可使用。液体外加剂应放置阴凉干燥处,防止日晒、受冻、污染、进水或蒸发,如有沉淀等现象,经性能检验合格后方可使用。

(5)外加剂配料控制系统标识应清楚、计量应准确,计量误差不应大于外加剂用量的 2%。

2. 技术要求及检验方法

外加剂的质量要求总的来讲,可分为以下几个方面,一是本身的匀质性要求,二是对混凝土性能的影响,另外对某些外加剂有特殊要求。

(1)匀质性要求及测试方法

根据 GB 8076—2008《混凝土外加剂》以及 GB/T 8077—2000《混凝土外加剂匀质性试验方法》,对商品混凝土中常用的各类减水剂、早强剂、缓凝剂、泵送剂及引气剂的匀质性要求及测试方法列表 1-24。

表 1-24 外加剂匀质性要求及其测试方法

项　　目	指　　标	测　试　方　法
氯离子含量/%	不超过生产厂控制值	GB 8076 附录 B 离子色谱法(仲裁以此法):样品溶液经阴离子色谱柱分离,溶液中的阴离子被分离同时被电导池检测,测定溶液中氯离子峰面积或峰高。GB/T 8077 电位滴定法:以银电极或氯电极为指示电极,以甘汞电极为参比电极,用硝酸银指示滴定终点,计算得出氯离子含量。

续表

项　目	指　标	测　试　方　法
总碱量/%	不超过生产厂控制值	GB/T 8077 火焰光度法:试样用约80℃的热水溶解,以氨水分离铁铝、以碳酸钙分离钙镁,滤液中的碱钾和钠,采用相应的滤光片,用火焰光度计进行测定。
含固量/%（液体外加剂）	S>25%时,应控制在0.95S~1.05S;	GB/T 8077:将已恒量的称量瓶内放入被测试样于一定的温度下烘至恒量。
	S≤25%时,应控制在0.90S~1.10S	
含水率/%（粉状外加剂）	W>5%时,应控制在0.90W~1.10W;	烘干法:称取外加剂试样放入烘干至恒重的称量瓶内,开盖放于105~110℃烘箱中恒温2小时,盖上瓶盖,冷却称重,计算含水率。
	W≤5%时,应控制在0.80W~1.20W	
密度/(g/cm³)	D>1.1时,应控制在D±0.03;	GB/T 8077 比重瓶法:将已校正容积值的比重瓶灌满被测溶液在恒温天平上称出其质量;液体比重天平法:在液体比重天平的一端挂有一标准体积与质量之测锤,浸没于液体之中获得浮力而使横梁失去平衡,然后在横梁的V型槽里放置各种定量骑码使横梁恢复平衡,所加骑码之读数再乘以0.9982g/ml即为被测溶液的密度值;精密密度计法:先以波美比重计测出溶液的密度,再参考波美比重计所测的数据,以精密密度计准确测出试样的密度值。
	D≤1.1时,应控制在D±0.02	
细度	应在生产厂控制范围内	GB/T 8077 筛析法:采用孔径为0.315mm的试验筛,称取烘干试样倒入筛内,用人工筛样,称量筛余物质量,计算筛余物的百分含量。
pH值	应在生产厂控制范围内	GB/T 8077 根据奈斯特方程,利用一对电极在不同pH值溶液中能产生不同电位差,这一对电极由测试电极(玻璃电极)和参比电极(饱和甘汞电极)组成,在25℃时每相差一个单位pH值时产生59.15mV的电位差,pH值可在仪器的刻度表上直接读出。
硫酸钠含量/%	不超过生产厂控制值	GB/T 8077 重量法:氯化钡溶液与外加剂试样中的硫酸盐生成溶解度极小的硫酸钡沉淀,称量经高温灼烧后的沉淀来计算硫酸钠的含量;离子交换法:采用重量法测定,试样加入氯化铵溶液沉淀处理过程中发现絮凝物而不易过滤时改用离子交换重量法。

注1:生产厂应在相关的技术资料中明示产品匀质性指标的控制值;
注2:对相同和不同批次之间的匀质性和等效性的其他要求,可由供需双方商定;
注3:表中的S、W和D分别为含固量、含水率和密度的生产厂控制值。

(2)混凝土性能要求及技测试方法

根据 GB 8076—2008《混凝土外加剂》,商品混凝土中掺加各类减水剂、早强剂、缓凝剂、泵送剂及引气剂时,混凝土性能应符合表1-25的要求,各技术要求对应的测试方法列于表1-26。

表1-25 添加外加剂的混凝土性能

项目	外加剂品种												
	高性能减水剂 HPWR			高效减水剂 HWR		普通减水剂 WR			引气减水剂 AEWR	泵送剂 PA	早强剂 Ac	缓凝剂 Re	引气剂 AE
	早强型 HPWR-A	标准型 HPWR-S	缓凝型 HPWR-R	标准型 HWR-S	缓凝型 HWR-R	早强型 WR-A	标准型 WR-S	缓凝型 WR-R					
减水率/%，不小于	25	25	25	14	14	8	8	8	10	12			6
泌水率比/%，不大于	50	60	70	90	100	95	100	100	70	70	100	100	70
含气量/%	≤6.0	≤6.0	≤6.0	≤3.0	≤4.5	≤4.0	≤4.0	≤5.5	≥3.0	≤5.5			≥3.0
凝结时间差 初凝 终凝	-90~+90	-90~+120	>+90	-90~+120	>+90	-90~+90	-90~+120	>+90	-90~+120		-90~+90	>+90	-90~+120
1h经时变化 坍落度 mm		≤80	≤60							≤80			
1h经时变化 含气量%									-1.5~+1.5			-1.5~+1.5	
抗压强度比%，不小于 1d	180	170		140		135					135		
抗压强度比%，不小于 3d	170	160	140	130		130	115		115		130		95
抗压强度比%，不小于 7d	145	150	140	125	125	110	115	110	110	115	110	100	95
抗压强度比%，不小于 28d	130	140	130	120	120	100	110	110	100	110	100	100	90
28d收缩率比%，不大于	110	110	110	135	135	135	135	135	135	135	135	135	135
相对耐久性（200次）%，不小于									80				80

注1：表中抗压强度比、收缩率比、相对耐久性比为强制性指标，其余为推荐指标；

注2：除含气量和相对耐久性外，表中所列数据为掺外加剂混凝土与基准混凝土的差值或比值；

注3：凝结时间差性能指标中"－"号表示提前，"＋"号表示延缓；

注4：相对耐久性（200次）性能指标中的不小于80表示将28天龄期的受检混凝土试块快速冻融循环200次后，动弹模量的保留值不小于80%；

注5：1h含气量经时变化中的"－"号表示前者含气量增加，"＋"号表示后者含气量减少；

注6：当用户对泵送剂等产品有特殊要求时，需要进行的补充试验项目、试验方法及指标，由供需双方协商确定。

表1-26　添加外加剂混凝土性能指标测试方法

项目	检验标准及方法	结果取舍与计算
减水率/%	GB 8076:基准混凝土和掺外加剂混凝土坍落度基本相同时,单位用水量之差与基准混凝土用水量的比值	$W_R = 100 \times (W_0 - W_1)/W_0$,其中:$W_R$ 为减水率(%),W_0 为基准混凝土单位用水量(kg/m³),W_1 为受检混凝土单位用水量(kg/m³)。W_R 以三批试验的算术平均值计,若三批试验的最大值或最小值与中间值之差超过中间值的15%则舍去最大值与最小值,取中间值为 W_R,若有两个测量值与中间值之差超过中间值的15%,则实验结果无效,应重做。
泌水率比/%	GB 8076—2008:掺外加剂混凝土和基准混凝土泌水率的比值	$R_B = 100 \times B_t/B_c$,其中 R_B 为泌水率比(%),B_t 为受检混凝土的泌水率(%),B_c 为基准混凝土的泌水率(%)。泌水率以三批试验的算术平均值计,若三批试验的最大值或最小值与中间值之差超过中间值的15%则舍去最大值与最小值,取中间值为改组试验的泌水率,若有两个测量值与中间值之差都超过中间值的15%,则实验结果无效,应重做。
含气量及其1h经时变化/%	GB/T 50080—2002:用气水混合式含气量测定仪测定,按仪器说明操作,但混凝土拌合物应一次装满并稍高于容器,用振动台振实15s~20s	1h含气量经时变化为混凝土出机测得的含气量 A_0 与静置1h后测定的含气量 A_{1h} 的差值。含气量以三个试验的算术平均值表示。若三批试验的最大值或最小值中有一个与中间值之差超过0.5%时则舍去最大值与最小值,取中间值,若有两个测量值与中间值之差均超过0.5%,则实验结果无效,应重做。
坍落度及其1h经时变化/%	按GB/T 50080—2002测定,但混凝土坍落度为(210±10)mm的混凝土,分两层装料,每层装入高度为坍落度筒高度的一半,每层用插捣棒插捣15次	坍落度1h经时变化为混凝土出机测得的坍落度与静置1h后测定的坍落度的差值。坍落度和1h坍落度均以三次试验结果的平均值表示,若三批试验的最大值或最小值中有一个与中间值之差超过10mm则舍去最大值与最小值,取中间值,若有两个测量值与中间值之差均超过10mm,则实验结果无效,应重做。
凝结时间差	GB/T 50080—2002采用贯入阻力仪测混凝土的凝结时间	凝结时间差分别为受检混凝土初、终凝时间与基准混凝土初、终凝时间的差值,单位为min。试验时,凝结时间取三批试验的算术平均值计,若三批试验的最大值或最小值中有一个与中间值之差超过30min则舍去最大值与最小值,取中间值为改组试验的凝结时间,若有两个测量值与中间值之差均超过30min,则实验结果无效,应重做。
抗压强度比/%	受检混凝土和基准混凝土强度按GB/T 50081试验和计算	抗压强度比以掺外加剂混凝土与基准混凝土同龄期抗压强度之比表示,试验结果取三批试验测定值的算术平均值。强度结果以三批试验的算术平均值计,若三批试验的最大值或最小值与中间值之差超过中间值的15%则舍去最大值与最小值,取中间值,若有两个测量值与中间值之差超过中间值的15%,则实验结果无效,应重做。

项目	检验标准及方法	结果取舍与计算
28d 收缩率比%	受检混凝土和基准混凝土收缩率按 GBJ 82 检验和计算。试件采用振动台成型，振动 15s ~ 20s	收缩率比以 28 天龄期时，受检混凝土与基准混凝土的收缩率的比值表示，取三个试样收缩率比的算术平均值。
相对耐久性（200 次）%	按 GBJ 82 进行冻融循环试验，试件采用振动台成型，振动 15s ~ 20s，标养 28 天进行快冻试验	受检混凝土在冻融 200 次后弹性模量要求不小于 80%，相对动弹性模量以三个试件的算术平均值表示。

（3）特殊要求

对于各类具有室内使用功能的建筑用、能释放氨的混凝土外加剂，国标 GB 18588—2001《混凝土外加剂释放氨的限量》规定：外加剂中氨的释放量（质量分数）不得超过 0.1%。其测试方法为从碱性溶液中蒸馏出氨，用过量硫酸标准溶液吸收，用甲基红 - 亚甲基蓝混合指示剂指示，用氢氧化钠标准滴定液滴定过量的硫酸，计算出氨的释放量，以 NH_3 的质量分数表示。

防水剂、防冻剂、膨胀剂、速凝剂等其他外加剂的质量控制可依据其相应的标准：

JC 474—2008 砂浆、混凝土防水剂

JC 475—2004 混凝土防冻剂

GB 23439—2009 混凝土膨胀剂

JC 477—2005 喷射混凝土用速凝剂

三、外加剂与胶凝材料的相容性

1. 概念

混凝土中外加剂与胶凝材料的相容性（Compatibility）是指将检验合格的化学外加剂掺入到以符合标准要求的水泥、矿物掺合料、砂石、水等配制的混凝土中，混凝土能够获得预期的性能的特征。

相容性不好则表现为混凝土初始坍落度小，坍落度损失快，离析、泌水，以及外加剂用量的增加等等。

关于相容性的提法，也有资料称适应性，比如水泥与外加剂的适应性，笔者认为，混凝土各组成材料拌合后即成为一个整体，各组分相互作用实现混凝土的各项性能指标，不存在谁去适应谁，也不存在谁好谁坏的问题，因此，本书采用相容性的提法。

2. 评价指标

对于商品混凝土而言，无论加入何种外加剂，都要求混凝土具有尽可能高的流动性，以利于混凝土的搅拌、成型；同时，为满足混凝土的可施工性，要求混凝

土坍落度(流动性)有较好的保持能力,即经时损失率要小;另外,从技术经济性的角度,希望外加剂能以尽量少的掺量获得期望的技术效果,即外加剂的饱和点问题。因此,通常评价外加剂与胶凝材料的相容性参数为:饱和掺量,初始流动性,流动性经时损失 3 个参数,同时在实验中要观察浆体的泌水离析等情况作为相容性好坏的参考。

3. 测试方法

相容性的测试方法有很多种,除了标准中的净浆流动度方法,Marsh 筒法,有些高校和研究机构也自创了一些方法,用于研究相容性问题。本书按照检测对象,分述为以下几种。

(1)混凝土检验法

进行混凝土试验来验证外加剂与胶凝材料的相容性是最直观的方法,但是该方法工作量大。

(2)净浆检验法

一是根据国标 GB/T 8077—2000《混凝土外加剂匀质性检验方法》,检测净浆的流动度和流动度损失,以此评价相容性,是水泥企业和混凝土搅拌站、外加剂厂等生产企业目前通用的方法。

另一种检测方法称为 Marsh 筒法。该方法由加拿大 Sherbrooke 大学提出,用于研究掺减水剂后水泥净浆的流动性。Marsh 筒的基本形状如下图,用不锈钢制造,要求内表面平整、光洁。其测试方法为:将水泥、水与外加剂在水泥净浆搅拌机内搅拌均匀后,倒入 Marsh 筒内,下部用一小块玻璃板控制浆体的流动,从搅拌至装样品需要约 5min,装样后,快速抽玻璃板的同时用秒表计时,记录浆体达到 200ml 容量瓶刻度线时的时间,即为浆体的 5 分钟 Marsh 时间。

上述两种测试方法比较如下:

1)两者的原理有所侧重,但基本一致,特别是 Marsh 筒法的高水胶比与混凝土的实际情况接近;

2)净浆流动度法应用历史长,在生产单位应用比较普遍;

3)用 Marsh 筒法测定饱和掺量点较净浆流动度法更为直观、便捷、可靠;

4)用 Marsh 筒法测定经时损失率比净浆流动度法敏感;

5)Marsh 时间随水泥中混合材掺量的变化与水泥标准稠度用水量和胶砂流动性的变化规律一致,较净浆流动度法具有更好的相关性;

图 1-2 Marsh 筒的基本形状

6)Marsh 时间与混凝土坍落度具有较好的相关性;

7）Marsh 筒法试验误差影响因素少,重复性误差小于净浆流动度法。

（3）砂浆检验法

由于采用净浆实验检验相容性时,常常与混凝土相关性不好,因此,有些机构采用砂浆的方法。砂浆法又可分为标准胶砂法和简化混凝土(即砂浆)法。

标准胶砂实验法

参照国标 GB/T 2419—2005《水泥胶砂流动度测定方法》,采用标准胶砂来衡量加了外加剂后浆体的流动性和流动性损失。该方法与混凝土的实际用料差距较大,相关性仍然不足,同时从试验量和实验材料上讲,标准胶砂的方法也不经济,因此,一般不推荐这种方法。

为了获得与混凝土较好的相关性,很多机构也尝试采用简化的混凝土实验方法,比如采用与混凝土相同的原材料,简单去掉其中的粗集料,配制砂浆做相容性实验。

也有单位在上述方法上进一步改进,将去掉的粗集料按一定的方法折合成其他粉料,包括砂、水泥、掺合料,由此从混凝土的配比换算出砂浆的配比,按照这样的配比,用与混凝土相同的材料(除掉粗集料)做砂浆实验来检验相容性。这种方法检验相容性问题,与混凝土有很好的相关性,与混凝土实验相比,工作量大为减少。

第二章　商品混凝土配合比

混凝土的配合比主要指的是制作混凝土时,达到其相应质量和功能所使用的原材料的种类及其比例。而混凝土配合比设计指的是使新拌混凝土具有适合施工的性能、强度,以及在硬化混凝土达到所要求的强度和耐久性的前提下,综合其经济成本决定材料的配合比。

各种混凝土由于各地原材料质量差异较大,技术人员水平参差不齐,部分技术人员对相关标准规范领悟不深,对材料之间性能及影响了解不透彻,因此也就造成了相同地区、相同原材料等条件下混凝土性能和成本的差异,有些差异还较大。目前,虽然国家各部门对混凝土质量加大监管力度,但阴阳配合比仍旧盛行,这里面也不能完全说是混凝土企业的问题,也可能是国家制定的相关标准规范没有能与时俱进和与"实"俱进。

混凝土配合比设计是混凝土企业技术人员必须掌握的关键技术,设计优良的配合比能为企业提高经济效益,减少质量事故,使企业竞争处于有利地位。随着现代混凝土的快速发展,为顺应不同建筑需要及施工环境的要求,传统的混凝土配合比设计理念受到挑战,配合比设计面临一些新问题,诸如配合比指标以抗压强度为主转变为以耐久性设计为主;矿物掺合料的类型及掺量的提高;各种外加剂的普遍应用;特殊混凝土的性能要求等等。本章主要对普通混凝土、自密实混凝土、高强混凝土、大体积混凝土及特殊混凝土的配合比设计进行讨论。

第一节　普通混凝土配合比设计

一、目前常用配合比设计方法

普通混凝土配合比设计方法是先计算再试配的方法,其计算准则基于逐级填充原理,即水与胶凝材料组成水泥浆,水泥浆填充砂的空隙组成砂浆,砂浆填充石子的空隙组成混凝土,设计原则基于假定容重法或绝对体积法。计算得到粗略配合比,再按照所确定的材料用量,制备混凝土试件标准养护到28d 龄期,测试试件的有关性能。试件的性能若符合要求,即采用这组配合比;若不满足要求,进一步调整配合比。

1. 绝对体积法

绝对体积法的基本原理是:认为混凝土材料的 $1m^3$ 体积等于胶凝材料、砂、石和水四种材料的绝对体积和含空气体积之和。即假定刚浇捣完毕的混凝土拌合物的体积,等于其各组成材料的绝对体积及混凝土拌合物中所含少量空气体积之和。

$$\frac{m_{c0}}{\rho_c} + \frac{m_{f0}}{\rho_f} + \frac{m_{g0}}{\rho_g} + \frac{m_{s0}}{\rho_s} + \frac{m_{w0}}{\rho_w} + 0.01\alpha = 1 \qquad (2\text{-}1)$$

式中　ρ_c——水泥密度(kg/m^3),可取 2900～3100kg/m^3;

　　　ρ_f——矿物掺合料密度(kg/m^3);

　　　ρ_g——粗集料的表观密度(kg/m^3);

　　　ρ_s——细集料的表观密度(kg/m^3);

　　　ρ_w——水的密度(kg/m^3),可取 1000kg/m^3;

　　　α——混凝土的含气量百分数,在不使用引气剂时,α 可取为1。

2. 假定容重法(假定表观密度法)

假定容重法的原理基于绝对体积法,所不同的是不以各种原材料的密度为依据,而完全借助于混凝土拌成物经振捣密实后测定的湿容重为依据。

如果原材料比较稳定,可先假设混凝土的表观密度为一定值,混凝土拌合物各组成材料的单位用量之和即为其表观密度。

$$m_{c0} + m_{f0} + m_{g0} + m_{s0} + m_{w0} = m_{cp} \qquad (2\text{-}2)$$

式中　m_{c0}——每立方米混凝土的水泥用量(kg);

　　　m_{f0}——每立方米混凝土的矿物掺合料用量(kg)

　　　m_{g0}——每立方米混凝土的粗集料用量(kg);

　　　m_{s0}——每立方米混凝土的细集料用量(kg);

　　　m_{w0}——每立方米混凝土的用水量(kg);

　　　m_{cp}——每立方米混凝土拌合物的假定质量(kg),其值可取2350～2450kg。

两种方法相比较,前者较繁,但适用范围广,理论较完整,有实用价值;后者简便易行,但要有充分的经验数据,需测定大量的混凝土湿容重。这两种方法都是以经验为基础的半定量设计方法,主要以满足强度和工作性能为主,配合比设计相对简单,也比较成熟。

二、配合比设计原则

混凝土配合比设计必须达到以下四项基本要求,即:

(1)满足结构设计的强度等级要求;

（2）满足混凝土施工所要求的和易性；

（3）满足工程所处环境对混凝土耐久性的要求；

（4）符合经济原则，即节约水泥以降低混凝土成本。

三、配合比设计目前存在的问题

1. 混凝土配合比在很大程度上决定了混凝土的性能：强度、工作性、耐久性和经济性。随着现代混凝土的快速发展，传统的混凝土配合比设计理念受到挑战，现代混凝土由于使用了复合超塑化剂和超细矿物质掺合料，配合比设计趋于复杂。混凝土配合比控制难度加大，配合比设计面临一些新问题，其中主要包括：

（1）从强度设计到耐久性设计的转变。

混凝土的应用领域不断拓广，应用环境各种各样，不同的环境对混凝土的耐久性要求不同。现代混凝土设计不再仅仅依靠强度指标，更多时候需要综合考虑耐久性设计要求。

（2）不同矿物掺合料的比例和掺量。

作为混凝土的第六组分，矿物掺合料对于配制现代高性能混凝土具有重要的意义，不同矿物掺合料的比例和掺量对混凝土质量影响很大，它的主要作用体现为改变混凝土拌合物性能、力学性能和耐久性能，同时降低生产成本、利用工业废渣、保护环境。目前应用的矿物掺合料主要有粉煤灰、磨细矿渣粉和硅灰。

（3）新型高效减水剂的普遍应用。

新型高效减水剂，特别是聚羧酸减水剂的应用，改变了混凝土综合性能。从流变学角度看，传统高强混凝土拌合物的黏度较高，而新型高效减水剂可以降低低水胶比混凝土的黏度。但是，用高效减水剂配置低强度等级混凝土时，很容易出现离析泌水现象。

2. 新版的《普通混凝土配合比设计规范》已经发行并于 2011 年年底实施，《普通混凝土配合比设计规程》JGJ 55—2011 强调混凝土配合比设计应满足耐久性的要求，从条款与内容上在一定程度上体现了现代混凝土的特征与要求，但有专家认为还存在以下问题：

（1）规范规定：混凝土强度等级不大于 C60 等级时，混凝土水胶比宜按下式计算

$$W/B = \frac{\alpha_a f_b}{f_{cu,0} + \alpha_a \alpha_b f_b} \tag{2-3}$$

刘娟红教授认为，新规范采用改进的保罗米公式来计算水胶比，尽管对公式

中的参数和系数作了修改,此公式仍是依据胶凝材料28天胶砂强度与混凝土28天配制强度的关系建立的混凝土水胶比计算公式。这样的混凝土配合比设计方法,首先要满足的是混凝土28天强度,但如果我们更多地从耐久性角度考虑,则可能在掺加较多矿物掺合料的前提下不选择28天龄期评定混凝土强度,如此新规范使用改进的保罗米公式就不再适合。其实对于一定等级的混凝土如果考虑耐久性要求,在特定胶凝材料组成下水胶比的范围并不大,可以进行选择,选择3~4个水胶比进行混凝土试配。也就是说混凝土的水胶比不一定是算出来的,可依据混凝土性能目标进行选择,经试配确定。

(2)规范将"最少水泥用量"改为"最少胶凝材料用量"。体现了现代混凝土的技术理念,但没有限定最高胶凝材料用量。胶凝材料用量过高,混凝土体积稳定性差,开裂的风险就越大。刘娟红教授认为应参考《混凝土结构耐久性设计规范》,规定胶凝材料用量上限。

(3)矿物掺合料掺加比例的规定考虑不周。规范规定了矿物掺合料最大掺量,并在条款说明中提出当采用超出表3.0.5-1和表3.0.5-2给出的矿物掺合料最大掺量时,全然否定不妥,通过对混凝土性能进行全面试验论证,证明结构混凝土安全性和耐久性能满足设计要求后,还是能够采用的。虽然为混凝土大比例掺加矿物掺合料留下了余地,但作为规范这样明文规定矿物掺合料最大掺加比例不利于绿色高性能混凝土技术的推广应用。其实混凝土矿物掺合料的掺加比例应根据使用环境和混凝土水胶比而定,例如北京近年来许多工程的大基础底板混凝土中矿物掺合料掺加比例都超过了新规范规定,混凝土性能良好,技术趋于成熟。至于预应力钢筋混凝土中掺合料掺加比例更低的要求,可能是考虑张拉时混凝土强度的需要,其实过早张拉导致混凝土追求高早强对于耐久性不利。

(4)混凝土浆骨比指标没有提及。其实浆骨比是保证硬化前后混凝土性能的核心因素。尤其对于混凝土体积稳定性更为重要。

(5)规范仍以集料干燥状态为基础设计配合比的理由不能令人信服。目前混凝土大量使用机制砂,且混凝土集料品种多,品质各异,尤其是吸水率差别大时以干燥状态设计混凝土配合比可能造成有效水胶比不同。此外使用干燥状态集料生产混凝土时,若集料吸水多,则同时也吸附了一定量的减水剂,造成混凝土坍落度损失大。有部分人认为以饱和面干状态集料为混凝土配合比设计基础为宜。

(6)由于混凝土矿物掺合料一般比水泥轻,且集料表观密度差别也可能较大,假定表观密度可能不准。现代六组分混凝土的配合比设计应采用体积法更合理。

(7)混凝土不是算出来的,而是配出来的,混凝土配合比设计可以编指南,定原则,但保留并修订设计规范其实没有必要。定的指标、限制越多、越具体,就越容易成为束缚混凝土技术人员的"绳索",阻碍混凝土技术的发展。标准规范条款应该更多以性能要求和导向为主。

四、普通混凝土配合比设计对原材料的要求

由于原材料质量控制难度加大,已严重影响了混凝土配合比的准确性。普通混凝土的原材料包括水泥、矿物掺合料、粗细集料、外加剂和水等。

随着水泥工业的发展,水泥的矿物组分和强度等性能发生了很大变化,水泥的早期强度、细度大幅提高,这样不利于混凝土的长期耐久性能。混凝土中掺入粉煤灰、矿渣粉、硅灰等矿物掺合料有利于改善混凝土的综合性能,但随着我国混凝土用量的逐年巨增,矿物掺合料的供应也越来越紧张,劣质矿物掺合料也会被用于生产混凝土,造成许多质量隐患。同样,砂石资源也越来越枯竭,砂石的质量也越来越不稳定,严重影响了混凝土的质量和行业的持续发展。所以,要保证混凝土配合比的准确性,首先要保证原材料的稳定。有了质量稳定的原材料,综合考虑各种技术要求,多做试配,综合比较,确定合理的配合比就容易了。

普通混凝土配合比设计对原材料的要求和质量控制应在《普通混凝土配合比设计规程》JGJ 55—2011 的基础上进行,应采用实际工程应用的原材料。

1. 水泥

水泥是最重要的混凝土组成材料,对混凝土质量和工艺性能有重要影响,应根据工程特点、所处环境以及设计、施工要求,选用适当品种和强度等级的水泥。

(1)选择水泥强度等级的确定原则是要与混凝土的设计强度等级相适应。

一般选用水泥强度等级为混凝土强度的 1.5 ~ 2.0 倍为宜,水泥强度过高时,水泥用量过少,可适当掺加粉煤灰,改善拌合物的和易性,提高混凝土的密实度;如混凝土强度比水泥高,可采用低水胶比,配以高效减水剂来达到高强的目的。

(2)选择适宜的水泥品种。

在普通气候环境中的混凝土,优先选用普通水泥,可以使用矿渣水泥、火山灰水泥、粉煤灰水泥、硅酸盐水泥;在干燥环境中的混凝土,优先选用普通水泥,可以使用矿渣水泥,不宜使用火山灰水泥、粉煤灰水泥;在高湿度环境中或永远处在水下的混凝土,优先选用矿渣水泥,可以使用普通水泥、火山灰水泥、粉煤灰水泥、复合硅酸盐水泥。

(3)水泥质量应符合相关规定并进行正确存储。

应采用质量稳定的大企业水泥并附有水泥生产厂家的化验室报告单,检查核对其生产制造厂名、品种、强度等级、出厂日期、出厂编号是否符合,做好记录,并按规定采取试样,进行有关项目的检验,水泥质量应符合国家现行标准的有关

规定。不同品种、强度等级及牌号的水泥应按批分别储存,不得受潮,不得混合使用不同品种水泥。超过规定储存期或质量明显下降的水泥,使用前应进行复检,按复检的结果使用。

2. 集料

集料包括粗集料(卵石,碎石)和细集料(砂等)。在混凝土中质量占到70% ~80%(体积60% ~70%),构成混凝土的骨架,其性能及质量对混凝土性能起到重要作用。

(1)粗集料

粗集料是混凝土的重要组成部分,选择时要考虑到以下方面:

1)级配要好,针片状含量要符合规定:粗集料的级配要合格,空隙率尽可能低,粗细、大小要适中,以使达到相同流动性时,水泥浆的用量低,混凝土自收缩变形和水化热低,体积稳定性好,对强度耐久性均好。

当石质强度相同时,碎石表面积比卵石大,它与水泥砂浆的黏结性比卵石强。施工中混凝土配制时通常采用碎石作为粗集料。但级配应选择在合理范围之内,混凝土用石应采用连续粒级,使混凝土具有更高的体积稳定性和耐久性,减少水泥净浆的发热、干缩等不良作用。当粒级级配不符合《普通混凝土用砂、石质量及检验方法标准》JGJ 52—2006 时,应采取措施并经试验证实能确保工程质量后,方允许使用。

粗集料的最大直径,不得大于混凝土结构截面最小尺寸的 1/4,并不得大于钢筋最小净距的 3/4;对于混凝土实心板不得大于板厚的 1/2,并不得超过50mm。泵送混凝土用的碎石不应大于输送管内径的 1/3,卵石不应大于输送管内径的 2/5。

粗集料中针、片状颗粒含量对混凝土强度的影响亦不可忽略。当混凝土设计强度≥C60 时,针、片状颗粒含量(按质量计)应不大于 8%;当混凝土设计强度在 C55 ~ C30 时,应不大于 15%;当混凝土设计强度≤C25 时,针、片状颗粒含量应不大于 25%。

2)物理性能要好:粗集料吸水率要 < 1.0%,宜选用粒形方正、表面粗糙的石灰石碎石或硬质砂岩碎石,表观密度 >2650kg/m^3,堆积密度≥1450kg/m^3,粒径一般≤20mm。

当混凝土强度等级≥C60 时,粗集料中的含泥量和泥块含量(按质量计)应分别≤0.5% 和≤0.2%;当混凝土强度等级在 C55 ~ C30 时,含泥量和泥块含量应分别≤1.0% 和≤0.5%;而当混凝土强度等级≤C25 时,粗集料中的含泥量和泥块含量应分别≤2.0% 和≤0.7%。

3)力学性能:JGJ 53—92 规定,岩石抗压强度应为混凝土强度的 1.5 倍,集料的弹性模量愈大,混凝土的弹性模量也相应增大,故宜选用弹性模量大的集料。

4)化学性能:应为无碱活性集料,含泥量 <1.0%,且不宜含有机物、硫化物和硫酸盐等杂质或满足《普通混凝土用砂、石质量及检验方法标准》JGJ 52—2006 要求。

(2)细集料

混凝土制备对细集料有较高的要求,对砂中粉细颗粒的含量及含泥量应严格控制。

1)细集料宜选用质地坚硬、干净且级配较好的天然中/粗河砂。

细砂由于细小颗粒含量较多,在水胶比相同的情况下,用细砂拌制混凝土要比粗砂多用水泥10%左右,而抗压强度却要下降10%以上,并且抗冻与抗磨性也较差。而用粗、中砂拌制混凝土可以提高其强度和拌合物的工作性能,通常选用细度模数在 3.0~2.3 之间的中砂。当天然砂的实际颗粒级配不符合要求时,宜采取相应的技术措施,并经试验证明能确保混凝土质量后,方允许使用。

2)配制混凝土时宜优先选用Ⅱ区砂。

当采用Ⅰ区砂时,应提高砂率,并保持足够的水泥用量,满足混凝土的和易性;当采用Ⅲ区砂时,宜适当降低砂率;当采用特细砂时,应符合相应的规定。配制泵送混凝土,宜选用中砂,通过 0.315mm 筛孔量不应小于 15%,通过 0.16mm 筛孔量不应少于 5%。

3)对细集料中含泥量、泥块含量和有害物质(指云母、煤、有机质、硫化物等)含量也必须进行严格控制。

当混凝土设计强度 ≥C60 时,含泥量和泥块含量按质量计应分别控制在 2.0% 和 0.5% 以内;当混凝土设计强度在 C55~C30 时,应控制在 3.0% 和 1.0% 以内;当混凝土强度 ≤C25 时,应分别控制在 5.0% 和 2.0% 以内。云母含量按质量计不宜大于 2.0%、煤等轻物质含量按质量计不宜大于 1.0%、硫化物及硫酸盐含量不宜大于 1.0%、有机质含量用比色法评价颜色不应深于标准色。

综上,混凝土配合比设计对集料的要求可以归纳为:

1)集料必须质地致密,具有足够的强度。

2)集料要求洁净,除去有害杂质。

3)集料的颗粒级配要适当。集料的外观形状也影响拌合物的和易性及混凝土的强度,表面粗糙的集料拌制的混凝土和易性较差,强度较高;而表面光滑的集料与水泥的粘结较差,拌制的混凝土和易性好,但强度稍低。此外,粗集料中如果针、片状颗粒过多,也会使混凝土强度降低。

4)砂的细度模数要适中并稳定,若细度模数变化大,会严重影响混凝土拌合物的需水量,同时混凝土拌合物和易性也会出现很大变化。

5)应分批检验粗集料和细集料的颗粒级配、含泥量及粗集料的针片状颗粒含量。按品种、规格分别贮存、堆放，不得混入有害杂质。对含有活性二氧化硅或其他活性成分及氯盐的集料，应进行专门检验，确认对混凝土无有害影响，并符合设计要求时，方可使用。集料使用前应测定含水量，并不得受冻结块。

3. 矿物掺合料

目前用比较多的矿物掺合料主要有粉煤灰、磨细矿渣粉、硅粉等。混凝土选用矿物掺合料的基本要求有：

1）售价低、具有一定的水化活性，能替代部分水泥，在保证混凝土强度、耐久性和其他性能的情况下，应多掺矿物掺合料，使混凝土的成本降低。

2）需水量比小（＜100%），颗粒级配合理能提高拌合物的流动性。

3）合理使用不同品种的掺合料。如：配制 C60 以下的流态混凝土时采用 Ⅱ 级粉煤灰或矿粉，C60 ~ C80 采用 Ⅰ 级粉煤灰或矿粉，100MPa 以上的高性能混凝土掺硅粉。

（1）粉煤灰

利用粉煤灰代替部分水泥，质量好的使得混凝土的和易性、可泵性、抗渗性和混凝土 28 天强度有较大的提高。

用于混凝土中的粉煤灰的质量，应符合现行国家标准《粉煤灰混凝土应用技术规程》（GBJ 146）、《粉煤灰在混凝土和砂浆中应用技术规程》（JGJ 28）、《用于水泥和混凝土中的粉煤灰》（GB/T 1596）的有关规定。

粉煤灰用于混凝土中根据等级，按下列规定应用：

1）Ⅰ级粉煤灰适用于钢筋混凝土和跨度小于 6m 的预应力钢筋混凝土。

2）Ⅱ级粉煤灰主要用于钢筋混凝土和无筋混凝土。

3）Ⅲ级粉煤灰主要用于无筋混凝土。对强度等级 C30 及以上的无筋粉煤灰混凝土，宜采用 Ⅰ、Ⅱ级粉煤灰。

4）预应力钢筋混凝土、钢筋混凝土及设计强度等级 C30 及以上的无筋混凝土的粉煤灰等级，如经试验论证，可采用比 1）、2）、3）条规定低一等级的粉煤灰。

粉煤灰使用时应注意的两个问题：

1）粉煤灰掺量。由于粉煤灰活性远不如水泥，因此在使用粉煤灰单掺时应充分考虑粉煤灰对混凝土强度的不利影响，根据粉煤灰的活性指标并参考其他技术指标来确定掺量。一般在混凝土配合比设计方面，粉煤灰宜采用超量取代法掺加，单掺掺量宜为 10% ~ 15%（保证混凝土强度的情况下，充分考虑耐久性）。

2）粉煤灰烧失量。烧失量过大，说明燃烧不充分，对于粉煤灰的质量是有害的。掺入后往往增加需水量，大大降低强度。粉煤灰烧失量应不大于 8%。

（2）矿粉

用于混凝土中的矿粉，应符合现行国家标准《用于水泥和混凝土中的粒化高炉矿渣粉》（GB/T 18046—2008）。

矿粉细度大小直接影响矿粉的增强效果，矿粉比表面积达到 $400m^2/kg$ 以上即可很好地满足配制≤C60混凝土的需求。在耐久性方面，矿粉可降低水泥浆体的水化热，对混凝土抗渗性有较大改善。

矿粉应用时应注意的几个问题：

1）使用球磨矿粉时应加强检测，严格控制矿粉的细度。

2）注意矿粉的掺量。一般情况下矿粉单掺时掺量宜控制在25%左右且不宜大于30%（保证混凝土强度的情况下，充分考虑耐久性），大体积混凝土可适当放宽，但应由试验来确定。

4. 外加剂

预拌混凝土所用的外加剂包括：引气剂、减水剂、早强剂、缓凝剂、泵送剂、防冻剂、膨胀剂、防水剂等。

混凝土用外加剂的质量除应符合《混凝土外加剂应用技术规范》（GB 50119）的相关规定外，还应符合国家现行的有关强制性标准条文的规定。

外加剂的选择原则：

（1）根据所配制的混凝土类型选择相应的外加剂品种；

（2）根据混凝土的原材料性能、配合比、强度等级以及对水泥的适应性等因素确定对外加剂的减水率和掺量的要求；

（3）根据工程类型、气候条件、运输距离、泵送高度等因素，确定对坍落度损失程度、凝结时间和早期强度的要求；

（4）满足其他特殊要求（如抗渗性、抗冻性、抗浸蚀性、耐磨性等）；

（5）最后，通过混凝土试配，经济性评估后才能应用外加剂。

外加剂进站时，必须具有质量说明书，并按不同厂家、品种分别存放在专用的储罐或仓库内，做好明显标记，在运输和存储时不得混入杂质。对所用的外加剂，必须按批检验其匀质性指标、pH 值和砂浆减水率，需要时还应检验其氯化物、硫酸盐等有害物质的含量，经验证确认对混凝土无有害影响时方可使用。严禁使用对人体产生危害、对环境产生污染的外加剂。掺外加剂混凝土所用水泥，应检验外加剂与水泥的适应性。鉴于预拌混凝土生产厂家计量系统的特点，不得直接使用粉状外加剂，应使用水性外加剂。

5. 拌合用水

水，是混凝土生产必不可少的原料之一，水含有害物质将影响混凝土的质量。

水的 pH 值要求不低于4，硫酸盐含量按 SO_2^- 离子计算不得超过水量的1%，用于混凝土的水，不允许含有油类、糖酸或其他污浊物，否则会影响水泥的正常凝结与硬化，甚至造成质量事故。

水质对混凝土的和易性、凝结时间、强度发展、耐久性及表面效果都有影响，根据《混凝土结构工程施工及验收规范》的要求，混凝土拌合用水宜采用饮用水。用其他水做混凝土拌合水时，其质量必须达到以下要求：

(1)pH 值 >4；

(2)硫酸盐含量(按 SO_4 计) <2700mg/L；

(3)氯盐含量(按 Cl 计) ≤300mg/L；

(4)盐类总含量 <5000mg/L。

但符合上述要求的海水配制的混凝土不能用于民用及公用建筑的内部结构及在炎热和干燥气候条件下施工的钢筋混凝土水工构筑物。

五、普通混凝土配合比设计步骤

1. 混凝土配合比设计前的准备工作

(1)了解配合比设计基本参数确定原则

水胶比、单位用水量和砂率是混凝土配合比设计的三个基本参数。混凝土配合比设计中确定三个参数的原则是：

1)在满足混凝土强度和耐久性的基础上，确定混凝土的水胶比；

2)在满足混凝土施工要求的和易性基础上，根据粗集料的种类和规格确定单位用水量；

3)砂率应以砂在集料中的数量填充石子空隙后略有富余的原则来确定。

混凝土配合比设计以计算 $1m^3$ 混凝土中各材料用量为基准，计算时集料以干燥状态为准。

(2)配合比设计前需要了解的基本资料

1)混凝土的强度等级、施工管理水平；

2)对混凝土耐久性要求；

3)原材料品种及其物理力学性质；

4)混凝土的部位、结构构造情况、施工条件等。

2. 初步配合比计算

(1)确定试配强度($f_{cu,0}$)

当混凝土的设计强度小于 C60 时，混凝土配制强度可按式(2-4)计算(JGJ 55—2011)：

$$f_{cu,0} \geqslant f_{cu,k} + 1.645\sigma \qquad (2-4)$$

式中　$f_{cu,0}$——混凝土配制强度(MPa)；

　　　$f_{cu,k}$——设计的混凝土强度标准值(MPa)；

　　　σ——混凝土强度标准差(MPa)。

当设计强度等级不小于 C60 时,配制强度可确定为:

$$f_{cu,0} \geq 1.15 f_{cu,k} \qquad (2-5)$$

当施工单位不具有近期的同一品种混凝土的强度资料时,σ 值可按表 2-1 取值(JGJ 55—2011)。

表 2-1　混凝土强度标准差(σ)

混凝土强度标准值	≤C20	C25 ~ C45	C50 ~ C55
σ(MPa)	4.0	5.0	6.0

(2)计算水胶比(W/B)

根据强度公式计算水胶比:

$$f_{cu,0} = \alpha_a f_b (B/W - \alpha_b) \qquad (2-6)$$

$$\frac{W}{B} = \frac{\alpha_a f_b}{f_{cu,0} + \alpha_a \alpha_b f_b} \qquad (2-7)$$

式中　W/B——混凝土水胶比;

　　　$f_{cu,0}$——混凝土试配强度(MPa);

　　　f_b——胶凝材料 28d 的实测强度(MPa);

　　α_a,α_b——回归系数,与集料品种、胶凝材料品种有关,其数值可通过试验求得。

《普通混凝土配合比设计规程》(JGJ 55—2011)提供的 α_a、α_b 经验值为:

采用碎石:$\alpha_a = 0.53$　$\alpha_b = 0.20$

采用卵石:$\alpha_a = 0.49$　$\alpha_b = 0.13$

(3)选定单位用水量(m_{w0})和外加剂用量(m_{a0})

1)用水量(m_{w0})

用水量根据施工要求的坍落度(参考表 2-2)和集料品种规格,参考表 2-3 选用。

表 2-2　塑性混凝土浇筑时的坍落度

结构种类	坍落度/mm
基础或地面等的垫层,无配筋的大体积结构或配筋稀疏的结构	10 ~ 30
板、梁或大型及中型截面的柱子等	35 ~ 50
配筋密列的结构(薄壁、斗仓、筒仓、细柱等)	55 ~ 70
配筋特密的结构	75 ~ 90

注:① 本表系采用机械振捣混凝土时的坍落度,采用人工捣实其值可适当增大;
　　② 需配制泵送混凝土时,应掺入外加剂,坍落度宜为 120 ~ 180mm。

表 2-3　塑性混凝土的用水量/（kg/m³）（JGJ 55—2011）

拌合物稠度		卵石最大粒径/mm				碎石最大粒径/mm			
项目	指标	10.0	20.0	31.5	40.0	16.0	20.0	31.5	40.0
坍落度/mm	10～30	190	170	160	150	200	185	175	165
	35～50	200	180	170	160	210	195	185	175
	55～70	210	190	180	170	220	205	195	185
	75～90	215	195	185	175	230	215	205	195

注：①本表用水量系采用中砂时的平均取值，采用细砂时，每立方米混凝土用水量可增加 5～10kg，
采用粗砂则可减少 5～10kg。
② 掺用各种外加剂或矿物掺合料时，用水量应相应调整。

2）外加剂用量（m_{a0}）

掺外加剂时，每立方米流动性或大流动性混凝土用水量（m_{w0}）可计算为

$$m_{w0} = m'_{w0}(1 - \beta) \tag{2-8}$$

式中　m_{w0}——满足实际坍落度要求的每立方米混凝土用水量（kg/m³）；

　　　m'_{w0}——未掺外加剂时推定的满足实际坍落度要求的每立方米混凝土用
水量（kg/m³），以表 2-3 中 90mm 坍落度的用水量为基础，按每增
大 20mm 坍落度相应增加 5kg/m³ 用水量来计算，当坍落度增大
到 180mm 以上时，随坍落度相应增加的用水量可减少；

　　　β——外加剂的减水率（%），应经混凝土试验确定。

则每立方米混凝土中外加剂用量（m_{a0}）应按式（2-9）计算：

$$m_{a0} = m_{b0}\beta_a \tag{2-9}$$

式中　m_{a0}——每立方米混凝土中外加剂用量（kg/m³）；

　　　m_{b0}——计算配合比每立方米混凝土中胶凝材料用量（kg/m³）；

　　　β_a——外加剂掺量（%），应经混凝土试验确定。

（4）计算胶凝材料（m_{b0}）、矿物掺合料（m_{f0}）和水泥用量（m_{c0}）

根据已确定的 W/B 和 m_{w0}，可求出 1m³ 混凝土中胶凝材料（m_{b0}）的用量：

$$m_{b0} = \frac{m_{w0}}{W/B} \tag{2-10}$$

则矿物掺合料用量（m_{f0}）为：

$$m_{f0} = m_{b0}\beta_f \tag{2-11}$$

其中 β_f 指矿物掺合料掺量（%）。

水泥用量(m_{c0})为:

$$m_{c0} = m_{b0} - m_{f0} \qquad (2\text{-}12)$$

(5)选择合理的砂率值(β_s)

合理砂率可通过试验、计算或查表求得。

试验是通过变化砂率检测混合物坍落度,能获得最大流动度的砂率为最佳砂率。也可根据集料种类、规格及混凝土的水胶比,参考表2-4选用。

表 2-4　混凝土的砂率/%

水胶比/W/B	卵石最大粒径/mm			碎石最大粒径/mm		
	10.0	20.0	40.0	16.0	20.0	40.0
0.40	26~32	25~31	24~30	30~35	29~34	27~32
0.50	30~35	29~34	28~33	33~38	32~37	30~35
0.60	33~38	32~37	31~36	36~41	35~40	33~38
0.70	36~41	35~40	34~39	39~44	38~43	36~41

注:①本表数值系中砂的选用砂率,对细砂或粗砂,可相应地减少或增大砂率;

②采用人工砂配制混凝土时,砂率可适当增大;

③只用一个单粒级粗集料配制混凝土时,砂率应适当增大。

(6)计算粗(m_{g0})、细集料(m_{s0})用量

1)重量法(假定表观密度法)应按下式计算:

$$\beta_s = \frac{m_{s0}}{m_{g0} + m_{s0}} \times 100\% \qquad (2\text{-}13)$$

$$m_{f0} + m_{c0} + m_{g0} + m_{s0} + m_{w0} = m_{cp} \qquad (2\text{-}14)$$

式中　m_{g0}——1m³ 混凝土的粗集料用量(kg/m³);

m_{s0}——1m³ 混凝土的细集料用量(kg/m³);

m_{cp}——1m³ 混凝土拌合物的假定质量(kg/m³),其值可取 2350 ~ 2450kg/m³。

2)当采用体积法(绝对体积法)时,应按式(2-15)计算:

$$\frac{m_{c0}}{\rho_c} + \frac{m_{f0}}{\rho_f} + \frac{m_{g0}}{\rho_g} + \frac{m_{s0}}{\rho_s} + \frac{m_{w0}}{\rho_w} + 0.01\alpha = 1 \qquad (2\text{-}15)$$

式中　ρ_c——水泥密度(kg/m³),可取 2900 ~ 3100kg/m³;

ρ_f——矿物掺合料密度(kg/m³);

ρ_g——粗集料的表观密度（kg/m^3）；

ρ_s——细集料的表观密度（kg/m^3）；

ρ_w——水的密度（kg/m^3），可取 $1000kg/m^3$；

α——混凝土的含气量百分数，在不使用引气型外加剂时，α 可取为 1。

通过以上计算，得出每立方米混凝土各种材料用量，即初步配合比计算完成。

3. 试配及试配调整

（1）试配要求

1）试配应采用工程中实际使用的原材料

取样时应具代表性，建议在输送过程中连续均衡取样；所制样品应能真正代表原材料，高度均匀；并日常收集原材料供应商检验、试验报告，建立企业自身对原材料检验的数据库，对于长期准确可靠的报告结果可直接用于配比计算，对定点供应的水泥应掌握其强度增长规律。

2）试配时的拌合方法

熟悉自身搅拌站的搅拌方法，据此制定与实际生产相吻合的试配搅拌方法。

3）应进行试拌，检查拌合物性能

当坍落度和工作性能不满足要求时，保证水胶比不变条件下相应调整用水量和砂率，直到符合要求。

4）试配后调整

① 通过检查试拌混凝土的坍落度和工作性，确定适宜的用水量。

② 通过检查试拌混凝土的工作性和凝结时间，确定适宜的外加剂用量及砂率。

③ 以混凝土强度检验结果，确定混凝土水胶比，以此为依据，计算各种胶凝材料用量。

④ 以实测的混凝土容重和试拌时确定的砂率为依据，分别计算粗、细集料的用量。

（2）试配调整

通过计算求得的各项材料用量（初步配合比），必须进行试验后加以检验并进行必要的调整。

1）调整和易性，确定基准配合比

按初步计算配合比称取材料进行试拌。混凝土拌合物搅拌均匀后测坍落度，并检查其黏聚性和保水性能的好坏。如实测坍落度小于或大于设计要求，可保持水胶比不变，增加或减少适量水泥浆；如出现黏聚性和保水性不良，可适当提高砂率；每次调整后再试拌，直到符合要求为止。

当试拌工作完成后，记录好各种材料调整后用量，并测定混凝土拌合物的实际表观密度。此满足和易性的配比为基准配合比。

2)检验强度和耐久性,确定试验室配合比

基准配合比能否满足强度要求,需进行强度检验。

各种配比制作两组强度试块,如有耐久性要求,应同时制作有关耐久性测试指标的试件,标准养护 28d 或试压快速检验法(较早龄期(3d 或 7d))进行强度测定。

混凝土试配时强度试验与校核方法主要有两种:

1)28d 龄期标准法:一般采用三个不同的配合比(一个基准,另两个水胶比较基准分别增加和减少 0.05,用水量与基准相同,砂率可分别增加和减小 1%),用标养 28d 强度与水胶比的关系定所需配合比。此方法能保证配制强度,满足工作性要求,使水泥用量最少。

2)较早龄期(3d 或 7d)试压和快速检验法:应考虑快测带来的误差,留足强度富裕;用固定产地原材料,同一施工工艺和管理水平,以专门试验和统计数据为依据,建立早期或快测强度与标养 28d 强度间的关系,得出配比。此方法通常能满足施工急需。

(3)配合比的确定

1)确定混凝土初步配合比

根据试验得出的各灰水比及其相对应的混凝土强度关系,用作图或计算法求出与混凝土配制强度($f_{\mathrm{cu},0}$)相对应的灰水比值,并按下列原则确定每立方米混凝土的材料用量:

用水量(W)——取基准配合比中的用水量,并根据制作强度试件时测得的坍落度或维勃稠度进行调整;

胶凝材料用量(C)——根据得到的用水量计算出胶凝材料用量(水泥和矿物掺合料用量);

粗、细集料用量(S、G)——取基准配合比中的粗、细集料用量,并按定出的灰水比进行调整。

至此,得出混凝土初步配合比。

2)确定混凝土正式配合比

在确定出初步配合比后,还应进行混凝土表观密度校正,其方法为:首先算出混凝土初步配合比的表观密度计算值($\rho_{\mathrm{c,c}}$);

再用初步配合比进行试拌混凝土,测得其表观密度实测值($\rho_{\mathrm{c,t}}$),然后按下式得出校正系数 δ,即:

$$\delta = \frac{\rho_{\mathrm{c,t}}}{\rho_{\mathrm{c,c}}} \tag{2-16}$$

当混凝土表观密度实测值与计算值之差的绝对值不超过计算值的 2% 时，则上述得出的初步配合比即可确定为混凝土的正式配合比设计值。若二者之差超过 2% 时，则须将初步配合比中每项材料用量均乘以校正系数得值，即为最终定出的混凝土正式配合比设计值。

六、普通混凝土配合比设计实例分析（等浆体体积法）

清华大学的廉慧珍教授针对当代混凝土的特点，提出了"当代混凝土配合比要素的选择和配合比计算方法的建议"。当代混凝土配合比选择的内容实际上是水胶比、浆骨比、砂石比和矿物掺合料在胶凝材料中的比例等四要素的确定，以及按照满足施工性要求的前提下紧密堆积原理的计算方法。对于有耐久性要求的混凝土，这四要素的原则都能以混凝土结构耐久性设计给出的"混凝土技术要求"为根据来确定。调整配合比时，应采用等浆体体积法，以保证混凝土的体积稳定性不变。

现行当代混凝土的特点是普遍掺入矿物掺合料和高效减水剂。混凝土中水、水泥、砂、石四种原材料中增加了矿物掺合料，因此传统的配合比三要素——水胶比、浆骨比、砂石比，就成为水胶比、浆骨比、砂石比和矿物掺合料用量四要素。配合比中需要求出的未知数由传统的 4 个变成 5 个。最后由各材料在满足施工要求的前提下紧密堆积的原理，用绝对体积法计算出各材料用量。不考虑外加剂占据混凝土的体积，则各组成材料的关系和性质及其作用和影响可用图 2-1 来描述。

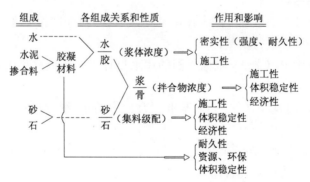

图 2-1　混凝土各组成材料的关系和性质及其作用和影响

由图 2-1 可看出，混凝土配合比四要素都影响拌合物与硬化混凝土性能，当决定混凝土强度和密实性的水胶比确定之后，所有要素都影响拌合物施工性能。施工是保证混凝土质量的最后的和最关键的环节，则考虑浆体浓度的因素、按拌合物的施工性能选择拌合物的砂石比与浆骨比，就是混凝土配合比选择的主要因素。其中浆骨比是保证硬化前后混凝土性能的核心因素。无论是改变水胶比,还是矿物掺合料用量,调整配合比时应使用等浆体体积法,以保持浆骨比不变。

1. 确定混凝土配合比的原则

(1)按具体工程提供的《混凝土技术要求》选择原材料和配合比。

(2)注重集料级配和粒形,按最大松堆密度法优化级配集料,但级配后空隙率应不大于42%。

(3)按最小浆骨比(即最小用水量或胶凝材料总量)原则,尽量减小浆骨比,根据混凝土强度等级和最小胶凝材料总量的原则确定浆骨(体积)比,按选定的浆骨比得到 $1m^3$ 混凝土拌合物浆体体积和集料体积;计算集料体积所使用的密度应当是饱和面干状态下所测定的。

(4)按施工性要求选择砂石比,按《混凝土技术要求》中的混凝土目标性能确定矿物掺合料掺量和水胶比。

(5)分别按绝对体积法用浆体体积计算胶凝材料总量和用水量;用集料体积计算砂、石用量。调整水胶比时,保持浆体体积不变。

(6)根据工程特点和技术要求选择合适的外加剂,用高效减水剂掺量调整拌合物的施工性。

(7)由于水泥接触水时就开始水化,拌合物的实际密实体积略小于各材料密度之和,则当未掺入引气剂时,可不考虑搅拌时掺入约1%的空气。

2. 混凝土配合比四要素的选择

(1)水胶比

对有耐久性要求的混凝土,按照结构设计和施工给出《混凝土技术要求》中的最低强度等级,按保证率95%确定配制强度;以最大水胶比作为初选水胶比,再依次减小 $0.05 \sim 0.1$ 百分点,取 $3 \sim 5$ 个水胶比试配,得出水胶比和强度的直线关系,找出上述配制强度所需要的水胶比,进行再次试配。或按无掺合料的普通混凝土强度－水胶比关系选择一个基准水胶比,掺入粉煤灰后再按等浆骨比调整水胶比。一般有耐久性要求的中等强度等级混凝土,掺用粉煤灰超过30%时(包括水泥中已含的混合材料),水胶比宜不超过0.44。

(2)浆骨(体积)比

在水胶比一定的情况下的用水量或胶凝材料总量,或集料总体积用量即反映浆骨比。对于泵送混凝土,可按表2-5选择,或按 GB/T 50746—2008《混凝土结构耐久性设计规范》对最小和最大胶凝材料的限定范围,由试配拌合物工作性确定,取尽量小的浆骨比值。水胶比一定时,浆骨比小的,强度会稍低、弹性模量会稍高、体积稳定性好、开裂风险低,反之则相反。

表 2-5　不同等级混凝土最大浆骨比

强度等级	浆体体积 m³/浆骨体积比	用水量/（kg/m³）
C30～C50（不含 C50）	≤0.32（1∶2）	≤175
C50～C60（含 C60）	≤0.35（1∶1.86）	≤160
C60 以上（不含 C60）	≤0.38（1∶1.63）	≤145

（3）砂石比

通常在配合比中的砂石比，以一定浆骨比（或集料总量）下的砂率表示。对级配良好的石子，砂率的选择以石子松堆空隙率与砂的松堆空隙率乘积为 0.16～0.2 为宜。一般泵送混凝土砂率不宜小于 36%，且不宜大于 45%。为此应充分重视石子的级配，以不同粒径的两级配或三级配后松堆空隙率不大于 42% 为宜。石子松堆空隙率越小，砂石比可越小。在水胶比和浆骨比一定的条件下，砂石比的变动主要可影响施工性和变形性质，对硬化后的强度也会有所影响（在一定范围内，砂率小的，强度稍低，弹性模量稍大，开裂敏感性较低，拌合物黏聚性稍差，反之则相反）。

（4）矿物掺合料掺量

矿物掺合料的掺量应视工程性质、环境和施工条件而选择。对于完全处于地下和水下的工程，尤其是大体积混凝土如基础底板、咬合桩或连续浇筑的地下连续墙、海水中的桥梁桩基、海底隧道底板或有表面处理的侧墙以及常年处于干燥环境（相对湿度 40% 以下）的构件等，当没有立即冻融作用时，矿物掺合料可以用到最大掺量（矿物掺合料占胶凝材料总量的最大掺量粉煤灰为 50%，磨细矿渣为 75%）；一年中环境相对湿度变化较大（冬季处在相对湿度为 50% 左右、夏季相对湿度 70% 以上），无化学腐蚀和冻融循环一般环境中，对断面小、保护层厚度小、强度等级低的构件（如厚度只有 10～15cm 的楼板），当水胶比较大时（如大于 0.5），粉煤灰掺量不宜大于 20%，矿渣掺量不宜大于 30%（均包括水泥中已含的混合材料）。不同环境下矿物掺合料的掺量选择见 GB/T 50746—2008 附录 B 和条文说明附录 B。如果采取延长湿养护时间或其他增强钢筋的混凝土保护层密实度措施，则可超过以上限制。

3. 混凝土配合比选择的步骤

（1）确认混凝土结构设计中《混凝土技术要求》提出的设计目标、条件及各项指标和参数：

混凝土结构构件类型、保护层最小厚度、所处环境、设计使用年限、耐久性指标（根据所处环境选择）、最低强度等级、最大水胶比、胶凝材料最小和最大用量、施工季节、混凝土内部最高温度（如果有要求）、集料最大粒径、拌合物坍落度、1h 坍落度最大损失（如果有）。

（2）根据上述条件选择原材料。

（3）确认原材料条件：

1）水泥：品种、密度、标准稠度用水量、已含矿物掺合料品种及含量、水化热、氯离子含量、细度、凝结时间。

2）石子：品种、饱和面状态的表观密度、松堆密度、石子最大粒径、级配的比例和级配后的空隙率。

3）砂子：筛除 5mm 以上颗粒后的细度模数、5mm 以上颗粒含量、饱和面状态的表观密度、自然堆积密度、空隙率、来源。

4）矿物掺合料：品种、密度、需水量比、烧失量、细度。

5）外加剂：品种、浓度（对液体）、其他相关指标（如减水剂的减水率、引气剂的引气量、碱含量、氯离子含量、钾钠含量等）。

（4）混凝土配合比各参数的确定。

1）各材料符号：

质量：水泥 C，矿渣 SL，粉煤灰 F，砂 S，石 G，水 W，胶凝材料 B，浆体 P，集料 A，水胶比 W/B；

胶凝材料的组成：水泥占胶凝材料的质量百分比 α_c，矿渣粉占胶凝材料的质量百分比 α_{SL}，粉煤灰占胶凝材料的质量百分比 α_F；

密度：水泥 ρ_C，矿渣 ρ_{SL}，粉煤灰 ρ_F，砂 ρ_S，石 ρ_G，水 ρ_W，胶凝材料密度 ρ_B；

体积：水泥 V_C，矿渣 V_{SL}，粉煤灰 V_F，砂 V_S，石 V_G，水 V_W，胶凝材料 V_B，集料体积 V_A，浆体体积 V_P，浆骨（体积）比 V_P/V_A。

2）按《混凝土技术要求》选取最低强度等级，并按保证率大于 95% 计算配制强度。

3）根据环境类别和作用等级、构件特点（例如构件尺寸）、施工季节和水泥品种，确定矿物掺合料掺量，根据矿物掺合料掺量，以《混凝土技术要求》的最大水胶比为限，调整水胶比（即水胶比随矿物掺合料掺量增大而减小）。

4）级配集料，得到最小的集料松堆空隙率。

5）根据集料级配、粒形和《混凝土技术要求》中的混凝土强度等级要求的最小和最大浆骨比，以浆体与集料绝对密实体积最小浆骨比的原则选定浆骨（体积）比，分别用浆体体积中的水胶比计算用水量和胶凝材料总量，用集料体积中砂石比计算粗细集料用量。

（5）混凝土配合比各参数及材料用量的计算。

按表 2-5 选定体积浆骨比：

$$V_P/V_A \qquad\qquad (2\text{-}17)$$

混凝土拌合物总体积为 1m^3，则由式（2-17）可知 V_A 和 V_P，按级配集料所用砂率和砂石表观密度计算砂石用量 S、G。

$$V_P = V_B + V_W \qquad (2\text{-}18)$$

参考 GB/T 50746—2008 条文说明附录 B,根据环境条件和构件尺寸确定胶凝材料组成:

$$B = C + F + SL \qquad (2\text{-}19)$$

计算各材料占胶凝材料的百分数:

$$\alpha_C、\alpha_F、\alpha_{SL} \qquad (2\text{-}20)$$

由式(2-19)和式(2-20)以及各自相应的密度,计算胶凝材料的密度:

$$\rho_B = \alpha_C\rho_C + \alpha_F\rho_F + \alpha_{SL}\rho_{SL} \qquad (2\text{-}21)$$

按《混凝土技术要求》选取试配用的最大水胶比(W/B),水的密度近似为 1,由式(2-20)、式(2-21)已知胶凝材料密度为 ρ_B,计算体积水胶比:

$$V_W/V_B = \rho_B(W/B)_1 \qquad (2\text{-}22)$$

由式(2-21)和式(2-22),计算胶凝材料用量 B 和用水量 W。

(6)试配和配合比的确定。

在所选用高效减水剂的推荐掺量的基础上,按混凝土的施工性调整为合适的掺量。

在《混凝土技术要求》最大水胶比的基础上,依次减小水胶比,选取 3~5 个值,计算各材料用量后进行试配,检测所指定性能指标值,从中选取符合目标值的水胶比,再次进行试配。

根据实测试配结果得出配合比的拌合物密度,对计算密度进行配合比的调整。

4. 混凝土配合比选择实例

(1)技术条件

某滨海城市地下水位为 -2m,地下水中硫酸根离子和氯离子含量具有对混凝土结构中等腐蚀程度;商住楼地下两层,底层车库墙体厚度为 350mm,设计使用年限为 70 年,保护层厚度为 50mm,设计强度等级为 C40/P8;混凝土浇筑季节最高气温 33℃,最低气温 21℃。要求施工期间每次连续浇筑 100m³,宽度不大于 0.1mm 的纵向裂缝不多于 3 条。混凝土最大水胶比为 0.45,最小胶凝材料用量 320kg/m³,最大 450kg/m³;集料最大粒径 25mm。混凝土坍落度 180~200mm,到达现场浇筑前坍落度应为 160~180mm。

(2)技术要点

确认《混凝土技术要求》提供的工程所处环境为 V - C 级,对处于地下的

350mm 墙体热天施工来说,应按大体积混凝土考虑,以控制温度应力产生的裂缝为重点。

(3)原材料选择

水泥:振兴 P·O42.5 级,已掺入粉煤灰 20%,水化热 262kJ/kg,密度 3.0g/cm^3,氯离子含量不大于 0.6%,标准稠度用水量 27%;

粉煤灰:0.045mm 筛筛余量 17%,烧失量 4.5%,需水量比 103%;

粗集料:5~10mm 和 10~25mm 以 2:8 级配后,表观密度 2.69g/cm^3,自然堆积密度 1620kg/m^3,空隙率 40%;

细集料:筛除 5mm 以上颗粒的河砂,表观密度 2600kg/m^3,松堆密度 1432kg/m^3,空隙率为 45%。

外加剂:略。

(4)混凝土配合比参数选择

水胶比:按技术要求最大值选用 W/B 为 0.44;

砂石比:按最紧密堆积原则,根据石子空隙率,选取砂率为 40%,则砂石比为 40:60;

浆骨比:选择浆骨比为 $V_P/V_A = 0.30$;

粉煤灰掺量:按 GB/T50746—2008《混凝土耐久性设计规范》条文说明附录 B,对 V–C 的环境作用有:下限:$\alpha_F/0.25 + \alpha_{SL}/0.4 = 1$,上限:$\alpha_F/0.5 + \alpha_{SL}/0.8 = 1$。

因拟掺入膨胀剂,为控制混凝土温升,不宜再掺入矿渣粉;则上述限定中,单掺粉煤灰的掺量限定范围为 25%~50%,鉴于 P·O42.5 水泥中已掺入粉煤灰 20%,现选择粉煤灰掺量 $\alpha_F = 30\%$。

(5)初步配合比计算

由材料条件知 $V_A = G/2.69 + S/2.6 = 0.68$,并 $S:G = 0.67$,则计算得 $G = 1080kg/m^3$,$S = 724kg/m^3$。

$$最大(W/B)_1 = 0.44 \tag{2-23}$$

$B = C + F$,则:

$$\rho_B = \alpha_C\rho_C + \alpha_F\rho_F = 0.7 \times 3.0 + 0.3 \times 2.3 = 2.79g/cm^3 \tag{2-24}$$

1m^3 中 $V_P/V_A = 30:70$,则 $V_P = 0.32m^3$。

$$V_B + V_W = V_P = 0.32 \tag{2-25}$$

$$V_W/V_B = \rho_B(W/B)_1 = 2.79 \times 0.44 = 1.23 \tag{2-26}$$

由式(2-25)、式(2-26)得:$W = 176kg/m^3$,$B = 400kg/m^3$,由设定的粉煤灰掺量为 30%,得知粉煤灰用量为 120kg/m^3。

（6）初试配合比

初试配合比，见表2-6。

表2-6　初试配合比

水	$(W/B)_1$	P·O42.5级水泥	粉煤灰	砂	石	高效减水剂
176	0.44	280	120(30%)	724	1080	略

（7）配合比的计算

按上述步骤另外分别计算出$(W/B)_2 = 0.42$、$(W/B)_3 = 0.40$的配合比，取得3组(W/B)-性能关系，从中优选出生产配合比。

5. 改变水胶比时计算混凝土配合比的等浆体体积法举例

按上述步骤另外分别计算出$(W/B)_2 = 0.42$、$(W/B)_3 = 0.40$的配合比，与$(W/B)_1 = 0.44$一起，共取得3组(W/B)-性能关系，以备优选生产配合比。

改变水胶比后浆体量发生变化，会影响到施工性，应按等浆体体积进行调整，如表2-7所示。调整说明：

（1）水胶比0.42时，浆量减小了9L，可能影响施工性，如增加9kg粉煤灰和4kg水，则浆体体积可增加到311L，可视为不变；

（2）水胶比0.40时，浆量减小了17L，如增加19kg粉煤灰和9kg水，则浆体量增加到320L，可视为不变；

（3）调整后质量水胶比不变，浆骨体积比不变，则砂石用量可不作调整，施工性不受影响；

（4）如果调整水胶比后浆骨比减小，则拌合物体积会不足，从而影响施工性，可按新调整的水胶比增加浆量（即同时增加水和水泥用量）、集料用量而不改变浆骨比；

（5）尽管浆骨比不变，而浆体浓度可能有变化，可视胶凝材料的需水性，调整减水剂用量。

6. 改变矿物掺合料掺量时计算配合比的等浆体体积法举例

如果已有一无掺合料的硅酸盐水泥混凝土的配合比，当掺合入粉煤灰后，需用等浆体体积法，保持原配比的浆骨比不变，以保持混凝土的体积稳定性。

表2-7　改变水胶比后按等浆浆体体积进行调整配合比的计算

原材料			胶凝材料 B	水 W	浆体数量	W/B	砂	石
密度/(g/cm³)			2.7	1	—	—	2.60	2.69
原配合比	$(W/B)_1$	用量/(kg/m³)	400	176	576	0.44	724	1080
		体积/(m³/m³)	0.148	0.176	0.324	—	0.278	0.401

续表

原材料			胶凝材料 B	水 W	浆体数量	W/B	砂	石
改变水胶比后的配合比	$(W/B)_2$	计算 用量/(kg/m³)	400	168	568	0.42	—	—
		计算 体积/(m³/m³)	0.148	0.168	0.316	—	—	—
		调整 用量/(kg/m³)	409	172	581	0.42	—	—
		调整 体积/(m³/m³)	0.151	0.172	0.323	—	—	—
	$(W/B)_3$	计算 用量/(kg/m³)	400	160	560	0.40	—	—
		计算 体积/(m³/m³)	0.148	0.160	0.308	—	—	—
		调整 用量/(kg/m³)	417	167	584	0.40	—	—
		调整 体积/(m³/m³)	0.156	0.167	0.323	—	—	—

假定混凝土原配合比如表中所示,掺入粉煤灰 30%,按粉煤灰特性,掺入粉煤灰的混凝土水胶比必须不大于 0.5。计算配合比步骤见表 2-8。

计算说明:

实测各原材料密度计算 1m³ 中原浆体体积 $V_P = V_C + V_W = 0.112 + 0.198 = 0.310m^3$。

掺入粉煤灰 30% 等量取代水泥后:粉煤灰用量为 $347 \times 0.3 = 104kg$,实测粉煤灰密度为 2.4g/cm³,则浆体体积为 104/2400 = 0.043m³。

水泥用量为 347 – 104 = 243kg,实测水泥密度为 3.1g/cm³,则体积为 243/3100 = 0.078m³。

浆体体积为:0.078 + 0.043 + 0.198 = 0.319m³。

要保持浆体体积仍为 0.310m³ 不变,需减水 0.01m³,用水量从 198kg/m³ 减为 188kg/m³,则水胶比应为 188/345 = 0.54;掺粉煤灰的混凝土水胶比应不大于 0.5,并随粉煤灰掺量的增加而降低,现掺量为 30% 时,按耐久性要求设水胶比为 0.44,用水量为 $347 \times 0.44 = 153kg$。浆体体积为 0.173 + 0.078 + 0.043 = 0.274m³,则浆体体积不足。

为保持原浆骨比,需增加浆体 0.036m³。按浆体中原比例调整,增加水 $(0.036/0.274) \times 0.153 = 0.02m^3$,增加水泥 $(0.036/0.274) \times 0.078 = 0.10m^3$,增加粉煤灰 $(0.036/0.274) \times 0.043 = 0.006m^3$。

表 2-8　等浆体体积法计算过程举例

原材料		C	W	FA(30%)	浆体数量	W/B	S	G
密度/(g/cm³)		3.10	1	2.4	—	—	2.61	2.67
原配合比	用量/(kg/m³)	347	198	0	545	0.57	681	1151
	体积/(m³/m³)	0.112	0.198	0	0.310	—	0.261	0.431

续表

原材料		C	W	FA(30%)	浆体数量	W/B	S	G
简单等量取代掺入粉煤灰	用量/(kg/m³)	243	198	104	545	0.57	681	1151
	体积/(m³/m³)	0.078	0.198	0.043	0.319	—	0.261	0.431
掺粉煤灰后保持浆骨比计算	用量/(kg/m³)	243	188	104	545	0.54	681	1151
	体积/(m³/m³)	0.078	0.188	0.043	0.310	—	0.261	0.431
按耐久性要求水胶比为0.44	用量/(kg/m³)	243	153	104	500	0.44	681	1151
	体积/(m³/m³)	0.078	0.153	0.043	0.274	—	0.261	0.431
	需增加体积/(m³/m³)	0.010	0.020	0.006	0.036	—	—	—
按保持原浆骨比调整	用量/(kg/m³)	273	173	118	564	0.44	681	1151
	体积/(m³/m³)	0.088	0.173	0.049	0.310	—	0.261	0.431

计算结果：

掺30%粉煤灰的混凝土配合比计算结果见表2-9。

表2-9 掺30%粉煤灰的混凝土配合比计算结果

材料		水泥	水	粉煤灰	浆体总量	水胶比	砂	石	拌合物表观密度
用量	质量/(kg/m³)	273	173	118	564	0.44	681	1151	2392
	体积/(m³/m³)	0.088	0.173	0.049	0.310	—	0.261	0.431	1

胶凝材料总用量从347kg/m³增加到387kg/m³，但因用水量减少，故浆体体积不变，即浆骨比保持不变。

无论是经过优选还是经过调整得出的配合比，都必须再经过试拌。

第二节 自密实混凝土配合比设计

自密实混凝土(Self Compacting Concrete 简称SCC)是指拌合物具有很高的流动性并且在浇筑过程中不离析、不泌水，能够不经振捣而充满模板和包裹钢筋的混凝土，可用于难以浇筑甚至无法浇筑的结构，属于高流动性混凝土的高端部分。故自密实混凝土的工作性能主要体现在：高流动度；抗离析，均匀性；自填充性，稳定性。

由于自密实混凝土良好的性能体现，其对原材料具有较高的敏感性，任何原材料性能的变化或波动，都会对自密实混凝土性能产生重要影响。同样也由于自密实混凝土的自身特点，普通混凝土的配合比设计方法就不再适合了。国内外研究学者基于不同的原理和控制参数从各方面探讨了自密实混凝土的设计理论和方法,并提出了多种配合比设计方法,至今暂未形成统一的计算方法。

一、常用的自密实混凝土配合比设计方法

到目前为止,有关自密实混凝土的配合比设计,国内外尚没有统一的配合比设计方法,目前常用的配合比设计方法主要有:固定砂石体积法、全计算法、改进全计算法、参数设计法、集料比表面积法、简易配合比设计方法等。

1. 固定砂石体积法

该方法由日本东京大学的冈村甫教授首先提出,是应用最早、最广泛的自密实混凝土配合比设计方法。他的主要观点是"首先对浆体和砂浆进行试验以检测超塑化剂、水泥、细集料和火山灰质掺合料之间的相容性,然后进行自密实高性能混凝土的配合比试验"。

这种方法的优点是避免了重复进行同样的混凝土质量控制试验,节省了时间和劳动力。而缺点是一方面是在自密实高性能混凝土配合比设计之前,要对砂浆和浆体进行质量控制,而许多混凝土预拌厂商并没有做这些试验所需的设备;此外,配合比设计方法和过程对于实际应用过于复杂。针对这种情况,冈村甫教授又提出了简单的自密实高性能混凝土配合比例,具体为:粗集料的用量固定为固体体积的 50%;细集料的用量固定为砂浆体积的 40%;体积水胶比取决于水泥的性质,假定为 0.9 到 1.0;超塑化剂的用量和最终的水胶比根据确保混凝土自密实能力的需要来决定。

固定砂石体积法在保证强度的基础上,体现了按工作性能要求设计自密实混凝土的原则。认为粗集料的体积含量和砂在砂浆中的体积含量是影响拌合物流动性的重要参数,这种认识将自密实混凝土从工作性能上与其他混凝土区别开来。

该方法应用中其简要计算步骤如下:

(1)设定每立方米混凝土中石子的松堆体积为 $0.5m^3 \sim 0.55m^3$,得到石子用量和砂浆含量;

(2)设定砂浆中砂体积含量为 $0.42 \sim 0.44$,得到砂用量和浆体含量;

(3)根据水胶比和胶凝材料中的掺合料比例计算得到用水量和胶凝材料总量,最后由胶凝材料总量计算出水泥和掺合料各自的用量。但水胶比和掺合料的用量如何确定没做具体规定。

2. 全计算法

该法是武汉工业大学的陈建奎教授最早提出来的,是作为高性能混凝土配合比设计的一种新方法。

其简要计算步骤主要为:首先确定试配强度;然后确定水胶比;接着计算其

用水量和胶凝材料用量;再计算砂率及粗、细集料的用量;最后确定外加剂的掺量。

该法是一种定量设计法,它推导出了高性能混凝土单方用水量和砂率的计算公式。直接将高性能混凝土配合比计算的全计算法用于计算自密实高性能混凝土时,算得的砂率和浆集比都偏低,采用该方法往往砂率较小而粗集料用量较多,可以节省胶凝材料,但对拌合物的流动性不利,难以满足自密实混凝土。

3. 改进的全计算法

改进的全计算法是结合固定砂石体积法的特点,对全计算法用于计算自密实混凝土配合比进行改进而提出的。其改进后计算的主要特点是:砂石计算不再采用全计算法中砂率计算公式而是引进了固定砂石体积含量计算法的方法,保留全计算法中用水量计算公式。将浆体体积与传统的水胶比定则联系起来,混凝土配合比的参数可全部定量按公式计算,计算公式和步骤简单,公式的物理意义明确。简要计算步骤为:

(1)确定自密实混凝土配制强度;

(2)确定自密实混凝土的水胶比;

(3)计算石子用量;

(4)计算砂用量;

(5)计算用水量;

(6)胶凝材料组成与用量的计算;

(7)由混凝土流动性、填充性、间隙通过性和抗离析性要求确定高效减水剂的用量。

4. 参数法

该方法是天津大学在总结以往成果的基础上,提出的一种新的自密实混凝土配合比设计方法。参数法中主要用 4 个参数来控制配合比中材料的质量,其中,粗集料系数 α 用于计算石子用量;砂拨开系数 β 用于计算砂用量;掺合料系数 γ 和水胶比 W/B 反映了胶凝材料净浆的组成。这是从自密实混凝土对原材料质量十分敏感这方面来控制配合比中的原材料质量,根据具体材料来具体确定某一参数的取值。但参数法中 α、β 两个参数的取值范围是根据其试验的原材料而设定的范围,可根据集料质量(如粒径、颗粒形态、级配、细度模数等)和水胶比的变化而变化,当原材料性能不一样时 α、β 两个参数的取值要进行适当的调整。它们同时还决定了砂率值、浆骨比和砂在砂浆中的体积含量,这比固定砂石体积含量法更符合实际情况。

高效减水剂的用量视拌合物的工作性而定,不参与配合比计算,但其中的含水量应在计算所得的用水量中予以扣除。

5. 简易配合比设计方法

简易配合比设计方法是由台湾国立云林科技大学的苏南教授提出的。这种方法新颖独特,简单易行。设计出的混凝土砂率较大而粗集料和胶凝材料用量较少,这有利于提高混凝土的流动性和穿越钢筋间隙的能力,而且节约成本。但在进行配合比设计时,由于粉煤灰等掺合料对混凝土 28d 抗压强度贡献很小,因而忽略它们的作用认为混凝土的强度全部由水泥提供,这一方面会产生误差,另一方面当需要配制高强度混凝土时势必会极大增加水泥用量和胶凝材料总量,集料用量相应减少,这对于混凝土的经济性和耐久性而言都是不利的,可见该方法只适于配制中低强度的自密实混凝土。

该方法的简要设计步骤可归纳为:

(1)选定密实因数 PF,计算粗、细集料用量;

(2)根据混凝土配制强度计算水泥用量;

(3)选定水胶比,计算水泥用水量;

(4)计算矿物掺合料用量;

(5)计算总用水量。

6. 集料比表面法

浙江大学在原材料基础上建立了集料比表面积计算方法及富余浆量计算模型,理论上研究原材料条件下自密实混凝土配合比设计,并提出自密实混凝土集料比表面法配合比设计步骤。该方法的创新之处是对集料比表面积和富余浆量理论进行了研究,结合集料的用量、孔隙率及比表面积建立了自密实混凝土富余浆量计算模型。但是,在实际算配合比时,程序较为繁琐。

确定的自密实混凝土配合比设计步骤如下:

(1)确定石子用量。单位石子绝对体积取 $0.28 \sim 0.35 m^3$;

(2)测定石子、砂子的表观密度、堆积密度并计算空隙率。计算砂率,砂的富余系数取 $1.20 \sim 1.25$;

(3)计算集料比表面积;

(4)计算集料的总表面积。石子的比表面积由石子的计算比表面积乘以比表面积修正系数,石子的比表面积修正系数取 $1.0 \sim 1.15$;

(5)确定自密实混凝土的配制强度;

(6)确定自密实混凝土的水胶比;

(7)根据石子和砂子的质量、表观密度、堆积密度、集料的总表面积及自然粘附于集料表面的水泥浆层厚度,计算浆体体积、填充体积、包裹体积;

(8)计算水泥浆富余系数。水泥浆富余系数建议取值范围为 $1.5 \sim 1.56$;

(9)确定胶凝材料用量。确定矿物掺合料掺量,结合水胶比,根据体积法计算可得胶凝材料用量;

（10）确定单位用水量。由胶凝材料用量和水胶比，可得自密实混凝土的单位用水量；

（11）确定高效减水剂用量。高效减水剂种类和用量根据外加剂与水泥相容性试验及水泥砂浆减水率试验确定。

该方法制作的自密实混凝土收缩性能、抗氯离子渗透性能、抗碳化性能均较优，并且有良好的抗渗性能。该方法考虑到了集料的性能，计算所得的配合比较合理，而且可以降低成本。

二、自密实混凝土配合比设计对原材料的要求

1. 水泥

水泥品种的选择一般决定于对自密实混凝土强度、耐久性等的要求。考虑到自密实混凝土的工作性能要求，且其坍落度经时损失小，应优先选择 C_3A 和碱含量小、标准稠度需水量低的水泥。一般水泥用量为 $350 \sim 450 kg/m^3$。水泥用量超过 $500 kg/m^3$ 会增大收缩；低于 $350 kg/m^3$ 则必须同时使用其他粉料，如微硅粉、粉煤灰等。

2. 集料

集料的选择对于自密实混凝土的物理力学性能和耐久性也是非常重要的。选择时必须注意集料的品种、尺寸、级配等。且应选择质地坚硬、密实、洁净的集料。粗集料的最大粒径，当使用卵石时为 25mm，使用碎石时为 20mm。针状、片状的集料含量不宜大于 5%。自密实混凝土的砂率较大，宜选用级配良好的中砂或粗砂，细度模数控制在 $2.6 \sim 3.2$。砂中所含粒径小于 0.125mm 的细粉对自密实混凝土的流变性能非常重要，一般要求不低于 10%。

3. 矿物掺合料

矿物掺合料是自密实混凝土中不可缺少的组分，主要有：粉煤灰、磨细矿渣、硅灰等。前两者较常用。粉煤灰作为一种工业废料，资源丰富、价格低廉，掺加粉煤灰不但能代替部分水泥，节省工程造价，还可以降低初期水化热，减少干缩，改善新拌混凝土的和易性，增加混凝土的后期强度，且由于其为火山灰质掺合料，能够改善自密实混凝土的流动性，有利于硬化混凝土的耐久性。磨细矿渣可改善和保持自密实混凝土的工作性，有利于硬化混凝土的耐久性。国外硅灰使用很普遍，用于改善自密实混凝土的流变性能和抗离析能力，提高硬化混凝土的强度和耐久性。高强混凝土都必须掺加硅灰，但因价格较高，国内只是少量采用，如果与矿渣、粉煤灰复合掺加，掺量少，性能好，经济效益将十分显著。

4. 外加剂（高效减水剂）

自密实混凝土的高流动性、高稳定性、间隙通过能力和填充性都需要以外加剂的手段来实现，对外加剂的主要要求为：与水泥的相容性好；减水率大；缓凝、

保塑。宜采用减水率为20%以上的高效减水剂,如今,所有的大流动性混凝土基本上都使用聚羧酸系外加剂,聚羧酸系列高效减水剂最佳,能够提供强大的减水作用,减水率高达40%,具有特别优良的流动性,超强的黏聚性,高度的自密实性,良好的工作性保持能力,能够增强早期强度的发展。同时,为防止混凝土的离析,还需掺入增粘剂,目前用于自密实混凝土的主要有纤维素类聚合物、丙烯酸类聚合物、生物聚合物、乙二醇类聚合物及无机增粘剂等,用于增加混凝土黏度,提高离析能力。

5. 浆骨比

自密实混凝土需要一定的胶结料浆体含量,一般为33%~40%,另外易采用较小的粗集料体积含量,以减少粗大颗粒在狭窄空间内频繁接触发生堆集堵塞的概率。但对混凝土而言,过小的粗集料体积含量会产生较大的收缩,因此,确定最佳浆骨比是配合比设计的关键。

6. 砂率

减小砂浆与粗集料之间的相互分离作用,还可通过增加混凝土砂率的办法加以实现,但砂率值过大会影响自密实混凝土的弹性模量和抗压强度,一般宜控制在40%~45%。

7. 掺合料用量

可以按净浆和砂浆流动度试验确定不同种类掺合料的具体用量,也可根据实际情况和经验选取合理值,可大于胶凝材料总量的30%。

8. 水胶比

自密实混凝土的水胶比按照混凝土强度、耐久性来选择确定,一般在0.4以下,且用水量不宜超过200kg/m³。

三、自密实混凝土配合比设计实例分析

某混凝土公司对自密实高性能混凝土的技术性能进行研究中,研究目标预达到:

(1)研制一种高工作性能的易于泵送施工、不用振捣而自行密实的混凝土。

(2)混凝土的高工作性能能保持较长时间,以满足远距离运输后的施工需要。

(3)混凝土硬化后具有理想的力学性能和耐久性。

(4)采用较常规的原材料和生产工艺,并经济合理,便于推广应用。

1. 材料选择

(1)水泥:鹿泉长城矿渣32.5,3d强度为19.1MPa,28d强度为36.4MPa;

(2)集料:正定中砂,细度模数2.6,含泥量1.2%;鹿泉碎石5~10mm,10~20mm,含泥量<0.5%,针片状含量<7.6%;

（3）掺合料:西柏坡电厂粉煤灰,其技术指标见表 2-10;

表 2-10　粉煤灰技术指标

种类	级别	活性指数/%		胶砂流动度比
		7d	28d	
粉煤灰	Ⅰ级	89.0	109.0	110

（4）外加剂:采用大新外加剂厂生产的 RCMG-5 高效泵送剂,建议掺量 2.0%~3.5%。为了确定合理掺量,通过改变掺量进行试配,试验结果见表 2-11。

表 2-11　外加剂技术指标

外加剂掺量/%	坍落度/mm	扩展度/mm		7d 强度 /MPa	28d 强度 /MPa	56d 强度 /MPa
		初始	90min			
2.5	255	590	560	33.6	43.2	47.2
3.0	270	640	630	32.8	44.5	48.0
3.5	270	650	590	30.9	41.3	46.8

从试验结果可以看出:改变外加剂掺量对混凝土抗压强度没有显著影响,但能有效改变混凝土拌合物的保塑性能,当掺量在 3.0% 时,混凝土坍落度、扩展度在 90min 内基本保持不变,故外加剂掺量为 3.0% 效果最佳。

2. 混凝土配合比设计

（1）正交试验

试验选用 L9(3^4) 正交表。其因素与水平的安排见表 2-12;L9(3^4) 正交表见表 2-13;试验结果见表 2-14;L9(3^4) 正交设计计算表见表 2-15。通过 L9(3^4) 正交计算表可知各因素对混凝土拌合物性能及力学性能的影响顺序为:

1) 坍落度为 A > B > C > D（主次）,最优配合比 A1B2C2D1（或 A2B2C2D3）。

2) 扩展度为 A > C > D > B（主次）,最优配合比 A1C2D3B3。

3) 中边差为 B > D > A > C（主次）,最优配合比 B1D1A1C1（或 B2D1A1C1）。

4) 7d 强度为 A > B > C > D（主次）,最优配合比 A1B1C2D2。

5) 28d 强度为 A > B > D > C（主次）,最优配合比 A1B2D1C2。

6) 56d 强度为 A > C > B > D（主次）,最优配合比 A1C2B1D1。

表 2-12　正交设计

因素	水平		
	1	2	3
A:水胶比	0.37	0.40	0.43
B:砂率%	42	45	48

续表

因素	水平		
	1	2	3
C:矿渣粉掺量%	25	30	35
D:碎石比例	3:7	4:6	5:5

表 2-13 正交试验

试验序号	因素水平				水泥	砂子	石子	水	矿渣粉	外加剂
	A	B	C	D						
1	1	1	1	1	405	711	983	200	135	16.2
2	1	2	2	2	378	762	932	200	162	16.2
3	1	3	3	3	351	813	880	200	189	16.2
4	2	1	2	3	350	729	1006	200	150	15.0
5	2	2	3	1	325	780	955	200	175	15.0
6	2	3	1	2	375	833	902	200	125	15.0
7	3	1	3	2	302	744	1027	200	163	14.0
8	3	2	1	3	349	797	974	200	116	14.0
9	3	3	2	1	325	850	921	200	140	14.0

表 2-14 正交设计试验结果

试验序号	A	B	C	D	拌合物性能			抗压强度/MPa		
					坍落度/mm	扩展度/mm	中边差/mm	7d	28d	56d
1	1	1	1	1	270	610	15	27.5	38.1	41.2
2	1	2	2	2	275	630	25	28.6	39.5	40.0
3	1	3	3	3	270	635	35	24.5	36.1	38.5
4	2	1	2	3	275	605	30	27.3	33.3	39.5
5	2	2	3	1	275	590	30	26.3	35.2	36.8
6	2	3	1	2	265	590	30	23.2	31.9	35.2
7	3	1	3	2	260	615	40	24.7	26.1	31.8
8	3	2	1	3	265	610	30	23.1	29.3	30.4
9	3	3	2	1	265	615	30	20.8	26.8	33.9

表 2-15　正交设计计算表

试验序号	A	B	C	D	试验序号	A	B	C	D
1	1	1	1	1	1	1	1	1	1
2	1	2	2	2	2	1	2	2	2
3	1	3	3	3	3	1	3	3	3
4	2	1	2	3	4	2	1	2	3
5	2	2	3	1	5	2	2	3	1
6	2	3	1	2	6	2	3	1	2
7	3	1	3	2	7	3	1	3	2
8	3	2	1	3	8	3	2	1	3
9	3	3	2	1	9	3	3	2	1
坍落度 /mm	1	815	805	800	810	7d 强度	1	80.6	79.5	73.8	74.6
	2	815	815	815	800		2	76.8	78.0	76.7	76.5
	3	790	800	805	810		3	68.6	68.5	75.5	74.9
	R	25	15	15	10		R	12.0	11.0	2.9	1.9
扩展度 /mm	1	1875	1830	1810	1815	28d 强度	1	113.7	97.5	99.3	100.1
	2	1785	1830	1850	1835		2	100.4	104.0	99.6	97.5
	3	1840	1840	1840	1850		3	82.2	94.8	97.4	98.7
	R	90	10	40	35		R	31.5	9.2	2.2	2.6
中边差 /mm	1	75	85	75	75	56d 强度	1	119.7	112.5	106.8	111.9
	2	90	85	85	95		2	111.5	107.2	113.4	107.0
	3	100	95	105	95		3	96.1	107.6	107.1	108.4
	R	25	10	30	20		R	23.6	5.3	6.6	4.9

表 2-16　自密实混凝土优化配比及实测结果

W/C	砂率 /%	掺量 /%	比例	坍落度/mm		扩展度/mm		中边差 /mm	扩展速度 /s	抗压强度/MPa		匀质性		
				0min	90min	0min	90min			免振 28d	振捣 28d	上	中	下
0.33	41	33	3 : 7	270	260	625	610	18	16	53.2	51.8	1	1.04	1.01
0.33	44	35	3 : 7	275	270	630	625	16	20	55.4	52.9	1	0.98	1.03
0.35	46	33	3 : 7	275	265	635	605	20	13	47.6	47.8	1	1.02	1.04
0.37	46	30	3 : 7	265	255	600	580	14	15	45.3	44.6	1	0.96	1.05
0.38	48	32	3 : 7	270	255	615	605	21	16	41.5	42.7	1	1.01	1.05

由上述影响顺序及最优配合比可以作出综合评价：

1）水胶比和砂率对自密实高性能混凝土的坍落度和28d强度影响较显著，

而超细矿渣粉对于后期强度有一定幅度的提高,而且其长期强度的发展程度仍较大。

2)水胶比、矿渣粉掺量及碎石比例对混凝土拌合物的扩展度影响较显著,砂率的变化对其影响甚微。

3)砂率和碎石比例的变化对中边差有显著影响。

4)水胶比最好控制在 0.40 以下,砂率在 40% ~ 50%,超细矿渣粉掺量在 30% 左右,碎石比例 3:7 较好。

(2)优化配比

通过正交试验分析,得出自密实高性能混凝土的配合比方案。为了进一步研究其各项性能指标,在上述试验的基础上,又进行了特定配合比研究。主要考虑拌合物的坍落度(包括 90min 后)、扩展度(包括 90min 后)、扩展速度、匀质性和抗压强度等几个方面。其中扩展速度采用 L-800 型自密实混凝土流变性能测定仪测定,以流过 400mm 处所经时间 t400(s)为准,匀质性采用混凝土抗离析仪测定,以圆筒法测定 1h 后拌合物粗集料分布情况为准。经过大量试验,其测试结果见表 2-16(自密实混凝土优化配比及实测结果)。

分析数据可知:当混凝土拌合物的工作性能控制在坍落度 ≥240mm,扩展度 ≥550mm,扩展速度 ≤20s,中边差 ≤25mm,用抗离析仪测定的粗集料之差控制在 ±10% 时,其流动性、抗离析性和间隙通过性能都已很好,且振捣前后抗压强度基本一致。这说明优化的配合比其自密实性能已达到最佳状态,不需要再机械振捣。

3. 耐久性研究

自密实高性能混凝土在配制过程中掺入了较多的活性掺合料,同时流动性较大,硬化后对混凝土的耐久性是否有影响值得研究。主要从混凝土抗渗性、抗冻性、碳化、收缩四个方面加以考虑。

(1)混凝土抗渗性

混凝土的抗渗性是耐久性的首道防线,抗渗性好,反映了结构致密。采用不振捣方法制作的抗渗试件,标养 28d 后进行抗渗试验,水压从 0.1MPa 开始,隔 8h 增压 0.1MPa,逐级加至 2.0MPa,加压结束,劈开试件测试渗水高度,其结果见表 2-17。从表中可以看出自密实高性能混凝土具有较好的抗渗性能。

表 2-17 抗渗试件

试件编号	2.0MPa 水压时渗水高度/mm
1	26
2	18
3	32

续表

试件编号	2.0MPa 水压时渗水高度/mm
4	39
5	25
6	31

（2）混凝土抗冻性

采用不振捣方法制作的抗冻试件，标养 28d 后进行冻融试验，饱水试件放在 -20℃ 冰箱内冻 4h，然后放入 20℃ 水中融化 4h，作为一次冻融循环。连续做 50 次，其试验结果见表 2-18。从表中可以看出，自密实高性能混凝土的强度损失和质量损失均明显低于规定要求的 25% 和 5%，说明它具有良好的抗冻性。

表 2-18　抗冻试件

循环次数	抗压强度/MPa		强度损失/%	质量/kg		质量损失/%
	冻融后	相当龄期		冻融前	冻融后	
50	43.2	44.5	3	2.572	2.550	0.9
	43.5	45.3	4	2.394	2.368	1.1
	41.5	44.2	6	2.640	2.619	0.8

（3）混凝土的碳化

由于掺入了较多的超细矿渣粉，因此需对混凝土的抗碳化能力加以研究。碳化试验试件成型采用不振捣成型方法，尺寸为 100mm × 100mm × 300mm，碳化箱内二氧化碳浓度 20% ±3%，湿度 70% ±5%，温度 20℃ ±5℃。试件标养 28d 后放入碳化箱进行碳化试验，其结果如表 2-19。从试验结果看，自密实高性能混凝土具有较好的抗碳化性能。

表 2-19　碳化深度

编号	碳化龄期/d			
	3	7	14	28
1($W/C=0.33$)	0	1.0	1.5	2.8
2($W/C=0.33$)	0	0.8	1.6	2.5
3($W/C=0.35$)	0	1.2	1.8	3.2

（4）混凝土的收缩

采用不振捣成型方法制作试件，其尺寸为 100mm × 100mm × 515mm，试件带模养护 2d（掺有矿渣粉，有缓凝作用），拆模后立即粘好测头，放至标养室养护，试件在 3d 龄期时从标养室取出移到恒温恒湿室（温度 20℃ ±2℃，湿度 60% ±5%），测定其初始长度,以后按下列规定时间间隔测量其变形,其变形读数见表 2-20。

表 2-20　自密实高性能混凝土的收缩性能

编号	收缩值/1×10^{-6}m					
	1d	3d	7d	28d	56d	90d
1($W/C = 0.33$)	20	62	72	96	118	129
2($W/C = 0.33$)	17	65	70	91	116	124
3($W/C = 0.35$)	17	58	66	84	93	102

从收缩试验结果看:自密实高性能混凝土由于矿渣粉和外加剂的双重作用,其收缩较小,且随着龄期的增长,收缩逐渐趋于稳定。

综上,通过采用正交试验的设计方法从水胶比、砂率、掺合料掺量、碎石比例等几个方面得出了自密实高性能混凝土配合比设计的参数。进而通过优化配合比,使得配制的自密实高性能混凝土具备良好的力学性能和硬化后的耐久性能。其配合比需满足以下条件:

1)水胶比≤0.40;

2)砂率控制在 40% ~50%;

3)超细矿渣粉掺量 30% 左右;

4)碎石比例 3∶7。

自密实高性能混凝土工作性能指标必须满足:

1)坍落度≥240mm;

2)扩展度≥550mm;

3)扩展速度≤20s;

4)中边差≤25mm;

5)粗集料之差控制在 ±10% 以内。

本配合比设计满足研究目标,配制的自密实高性能混凝土具备良好的力学性能和硬化后的耐久性能。

第三节　高强混凝土配合比设计

通常把强度等级为 C60 及其以上的混凝土称为高强混凝土。它是用水泥、砂、石原材料外加减水剂或同时外加粉煤灰、矿粉、矿渣、硅粉等混合料,经常规工艺生产而获得具有较高强度的混凝土。

随着城市化的发展,建筑环境条件的复杂多变,建筑逐渐向高层、大跨度、结构多样化发展,因此使用的混凝土往往会优先选用高强度、耐久性好的高强混凝土。在土木工程中,高强度混凝土的应用越来越普遍。混凝土结构的质量与混凝土配合比密切相关。而且随着混凝土技术的不断发展,高效减水剂和高活性的混凝土掺合料不断得到开发与应用,并满足工程结构向大跨度、高层、超高层及超大型发展的需要,混凝土强度、性能不断提高。越来越多的大跨桥梁、高层建筑、地下、水下建筑工程的修建和使用,要求混凝土具有高强、高体积稳定性、高弹性模量、高密实度、低渗透性、耐化学腐蚀性及高耐久性并具有高工作性等特性,使高强和高性能化的混凝土已逐渐成为主要的工程结构材料。高强高性能混凝土是重点保证耐久性、工作性、各种力学性能、适用性、体积稳定性和经济合理性的一种新材料,在工程建设中将占据主要地位。

目前,国内外的混凝土技术研究人员对单掺和双掺矿物掺合料的高强高性能混凝土的原材料、性能、配合比设计开展了许多研究,但对高强高性能混凝土配合比设计方法的研究仍处于探索发展阶段。从已有的研究成果来看,配合比设计方法主要分为以经验为基础的半定量设计方法和全定量设计方法两大类。因此,加强高强高性能混凝土配合比设计的试验研究具有十分重要的意义。

一、高强混凝土配合比设计对原材料的要求

高强混凝土在强度等力学性能、耐久性能及体积稳定性方面都比普通混凝土优越,其对水泥、矿物掺合料、集料及化学外加剂等组成原材料也有比较高的要求。且混凝土组分的多样化和性能要求的多样化,使得按经验、查表和试配为主的混凝土配合比设计方法已不再适应高强混凝土的使用和发展。在配制高强度混凝土时应对水泥、集料和外加剂等原材料进行严格选择控制。

1. 水泥

高强混凝土的配制对水泥的选取应遵循几个原则:微观上水泥本身的颗粒级配良好,宏观上水泥的强度发展良好,且需水量小,与外加剂适应性好,配制的混凝土黏性小。一般配制 C60 以上的高强混凝土,会优先选用 52.5 号或更高强度等级的硅酸盐水泥,若原材料中掺有优质的矿物掺合料及高品质的超塑化剂,也可以选用 52.5 号的普通硅酸盐水泥。选用水泥时除了要考虑配制普通混凝土时的因素之外,更需要注意水泥质量的稳定性和其与高效减水剂的相容性。旋窑生产的水泥质量稳定。水泥的质量越稳定,强度波动越小。建议对未用过的水泥厂要进行认真调研。

另外,水泥的细度对混凝土的质量也有很大的影响,现今配制高强混凝土的水泥细度一般在 $3000 \sim 4000 \mathrm{cm}^2/\mathrm{g}$。由于高强混凝土的水泥用量比较大,水化热也会相应的增加,这样易导致混凝土内部温升而产生裂缝,所以必要时需采用低水化热的水泥或在强度允许的条件下掺优质矿物掺合料大量替代部分水泥。

2. 集料

混凝土中的集料由于所占的体积相当大,所以集料的质量对混凝土的技术性能和生产成本均有一定的影响,在配制高强混凝土时,必须对集料认真检验,严格选材。

(1)粗集料

粗集料的强度、颗粒形状、级配、杂质的含量、吸水率等与高强混凝土的强度有着重要的影响。高强度的集料才能配制出高强度的混凝土。应选取质地坚硬、洁净的碎石,一般碎石比卵石效果好。粗集料的颗粒形状、表面特征对高强混凝土的粘结性能有较大的影响。应选取近似立方体的碎石,其表面粗糙且多棱角,针片状总含量不超过8%。表面粗糙、粒径适中的粗集料能提高混凝土的粘结性能,进而提高混凝土的抗压强度。

级配是粗集料的一项重要技术指标,对混凝土的和易性及强度有着很大的影响。例如配制 C50 混凝土最大粒径最好不超过 31.5mm,因为 C50 混凝土一般水泥用量在 $440\sim500\mathrm{kg/m^3}$,水泥浆较富余,由于大粒径集料比同质量的小粒径集料表面积小,与砂浆的粘结面积相应要小,粘结力要低,且混凝土的均质性差,所以大粒径集料不易配制出高强度混凝土。集料的级配要符合要求且集料空隙要小,通常采用二种规格的石子进行掺配。如 5~31.5mm,连续级配采用 5~16mm 和 16~31.5mm 两种规格的碎石进行掺配。5~25mm 连续级配采用 5~16mm 和 10~25mm 二种规格进行掺配。掺配时符合级配要求的范围内,可能有多种掺配方案,建议选取其中体积密度较大者使用。粗集料中的泥土、石粉的含量要严格控制,其含量大不但影响混凝土拌合物的和易性,而且会降低混凝土的强度,影响混凝土的耐久性,引起混凝土的收缩裂缝等。

(2)细集料

砂的质量对高强混凝土拌合物的和易性影响比粗集料要大。应优先选取级配良好比较洁净的江砂或河砂。江砂或河砂含泥量少,砂中石英颗粒含量较多,级配一般都能符合要求。砂的细度模数宜控制在 2.5 以上,细度模数小于 2.5 时,拌制的混凝土拌合物太过于黏稠,施工中难于振捣,且由于砂细,在满足相同和易性要求时,易增大水泥用量。这样会增加混凝土成本且影响混凝土的技术性能。砂也不宜太粗,细度模数在 3.3 以上时,容易引起新拌混凝土在运输浇筑过程中离析及保水性能差,从而影响混凝土的内在质量及外观质量。细度模数为 2.7~2.8 的砂能够达到最佳工作性能和抗压强度。C50 泵送混凝土细度模数控制在 2.6~2.8 最佳,普通混凝土控制在 3.3 以下。另外还要注意砂中杂质的含量,比如云母、泥的含量不宜过高,应满足相关标准要求。

3. 超细矿物掺合料

超细矿物掺合料是专门用于配制高强、超高强混凝土的特种矿物掺合料,能够等量取代部分水泥。使用矿物掺合料,混凝土的力学性能、耐久性能及微观结构都可以得到不同程度的改善,矿物掺合料成为高强混凝土不可缺少的重要组分。配制高强混凝土应用最多的矿物掺合料主要有硅灰、粉煤灰和磨细矿渣等。硅灰的掺加效果最好,但成本较高。20世纪80年代用硅灰配制高强混凝土得到了迅速发展,然而试验室和施工现场的经验显示含有硅灰的混凝土有使塑性收缩裂缝增多的趋势,因此往往需要对含硅灰的新拌混凝土及时进行表面处理措施,以防水分的快速蒸发。

粉煤灰作为最常用的矿物掺合料,一般将其掺入混凝土中,其早期强度低,后期强度会增大。高强混凝土中使用的粉煤灰一般是经过加工后的超细粉煤灰,掺有粉煤灰的高强混凝土的强度会受粉煤灰质量、置换率及混凝土配合比的影响。磨细矿渣也是性能比较优异的矿物掺合料,其细度对高强混凝土的强度影响很大,据研究,细度大,强度相应的会高。

4. 外加剂

外加剂在高强混凝土的研究中起着举足轻重的作用。因高强混凝土的水泥用量比较大,水胶比低,强度要求高,混凝土拌合物较黏稠,给混凝土的施工提出了更高的要求,外加剂的选择尤为重要。配制高强混凝土,必须掺加高效减水剂。高效减水剂不但要具有较高的减水率,还要能够与水泥相容。配制高强混凝土,必须首先进行高效减水剂的试掺工作,包括选择不同的水泥品种与减水剂的相容性试验、减水剂的掺量和掺加方法等试验。

选用外加剂需要着重从以下几个方面考虑:延缓混凝土的初凝时间;提高混凝土的早期强度;增加后期强度;减少混凝土坍落度的损失;与水泥的相容性;外加剂的稳定性。通常选用高效减水剂、高效缓凝减水剂、高效早强减水剂。

二、高强混凝土配合比的确定

1. 高强混凝土配合比设计与普通混凝土的区别

高强混凝土的配合比设计在普通混凝土配合比设计的基础上有别于普通混凝土的配合比设计。

(1)高强混凝土的抗压强度标准值远远大于普通混凝土,其原材料质量要求严格,且需要采取一定的技术措施配制。

(2)当混凝土强度等级≥C60时,水胶比与混凝土强度的线性关系较差,分散性较大,高强混凝土的水胶比计算与普通混凝土有所不同。高强混凝土一般水胶比<0.35,强度80MPa的混凝土水胶比<0.30,100MPa混凝土<0.26;更高强度的混凝土水胶比约0.22。

(3)普通混凝土配合比设计的基本原则是砂子填充石子空隙,水泥浆填充砂子空隙,可以在采用水胶比控制强度的基础上调整砂率和用水量来控制混凝土稠度。但高强混凝土的水胶比较小,水泥浆本身比较干稠,采用增大用水量,即水泥浆体积的办法来改善稠度是不经济也是不可能的。

（4）高强混凝土的水泥用量相对较多,配合比设计时设法降低水泥用量的潜力也大,这样不但有明显的经济价值,还可改善混凝土各项技术性能,特别对提高混凝土耐久性和长期性能有利。

（5）高强混凝土拌合物因水胶比较小而干稠,须用高效减水剂改善和易性,并需要强力搅拌才能使其均匀和充分发挥水泥活性。

2. 高强混凝土配合比的确定

如何对高性能混凝土配合比进行设计呢?

高强混凝土配合比的确定可在普通混凝土配合比的确定基础之上简单描述为:按强度及耐久性要求确定水胶比;按黏聚性要求确定砂率;按流动性要求确定单位用水量;按经验确定外加剂掺量及掺合料用量;按以上确定参数计算初步配合比;然后进行试拌,适当调节各原材料用量。

（1）砂率

由于高强混凝土的水胶比低,水泥用量相对较多,砂率也偏小,因而其中水泥有相当一部分仅起微细填料作用。由此在配合比设计时,节约水泥的有效措施是尽量改善粗细集料级配以减少其空隙率和增加单方混凝土中的粗集料用量,同时采用外掺增强剂和强制搅拌工艺提高水泥石强度并相应减少水泥用量。据研究,试配高强碎石混凝土的经验,$1 m^3$ 混凝土用松散碎石堆积密度以 $0.9 \sim 0.95 kg/m^3$ 为宜,当水胶比为 $0.25 \sim 0.40$ 时,适宜砂率为 $0.28 \sim 0.32$。

在普通混凝土中,砂率对强度影响很少,对黏聚性影响十分显著,随着砂率增大,黏聚性变好。因此,在确定混凝土配合比时,没有考虑砂率对强度的影响,只是按施工操作要求的黏聚性确定砂率。在高强混凝土中,砂率对混凝土强度影响较大,试验表明,砂率减少,强度增加,砂率每减少 1%,强度约增加 1%;而砂率对黏聚性影响较小,原因是高强混凝土的水胶比较小,水泥用量大,且掺入大量的掺合料,其本身黏聚性就很好。

（2）集料

集料含量对普通混凝土强度影响很小,而对高强混凝土影响较为显著。试验表明,胶凝材料集料每减少 0.01,强度增加 $3.5\% \sim 5\%$,水胶比愈小,强度增长率越大。而水胶比对强度的影响程度为水胶比每减 0.02,强度增加 $6.5\% \sim 9\%$。

（3）单位用水量

在高强混凝土中,用水量的大小对强度影响较为显著,当水胶比一定时,用水量愈少,强度愈高。试验表明,其影响程度与集料含量对强度影响一致,当每立方米混凝土减少 5kg 水时,强度增加 $3.5\% \sim 5\%$,但是,用水量受到外加剂的种类及掺量、混合料的种类及掺量、坍落度损失要求制约。

（4）外加剂

在高性能混凝土中,常加的有高效减水剂和缓凝剂。减水剂掺量的大小与减水剂种类、投放时间、水胶比、水泥与集料种类、数量及环境温度等因素有关，很难预先确定准确的掺量。掺量太小，减水效果不显著；太多，超过减水剂饱和点，不但流动性不再增加，混凝土还会产生离析，影响质量，同时还增加成本。缓凝剂也有类似情况，掺量适中，有利于减少坍落度损失，保证混凝土的泵送性能；掺量太小，作用不大；太多，凝结时间过长，影响后续施工操作，同时会使混凝土长时间疏松不硬，强度严重下降。

三、高强混凝土配合比设计实例分析

（一）实例一（C60）

1. 工程概况

百度城工程位于威海青岛南路与海峰路交叉口处，总建筑面积 59042.7 平方米，地下二层，地上框架三十一层，三栋单体高层由空中连廊连为整体，排列错落有致，百余米的地标高度。地下室总面积约为 14300 平方米。其中地下二层为人防工程，平战结合，平时为车库，战时为六级人防物资库，地下室工程量较大，是本工程的一个重点。本工程地下室超长、厚度较大，在施工过程中如何使地下室外墙不开裂和不渗水，是本工程施工技术和质量的重点难点。该工程地下室及地上八层剪力墙、柱、梁混凝土全部为 C60，用量 8921 立方米，局部有 C65 混凝土，是威海施工高强度等级混凝土最多的单体工程之一。

2. 原材料选择

（1）水泥

选用质量稳定、强度等级不低于 42.5 级的硅酸盐水泥或普通硅酸盐水泥。从矿物组成上宜选 C_3S 高，C_3A 低，含碱量低的水泥。C_3A 含量高时，易造成掺加高效减水剂的拌合物出现坍落度迅速损失的现象。需水量低，可以在降低水胶比时获得更大的流动性。综上因素，工程选择了烟台三菱 P·I52.5 水泥，技术指标见表 2-21。

表 2-21　水泥 P·I52.5 技术指标

标准稠度用水量/%	安定性	抗折强度		抗压强度	
26.3	合格	3d	28d	3d	28d
		6.5	9.6	30.3	56.6

（2）粗集料

应选用质地坚硬，级配良好的石灰岩、花岗岩、辉绿岩等碎石，最大粒径不宜大于 25mm，为了避免混凝土的破坏首先在集料中引发，集料的强度要高出混凝土强度的 1.5 倍，或集料的压碎指标 $Q_A < 10\%$，针片状颗粒不大于 5%，不得混有风化颗粒，含泥量不大于 1%，粗集料的吸水率越低，质量密度越高，配制的混凝土

强度就越高。威海市场上供应的石子粒径都大于25mm,甚至30mm以上,而且针片状含量较多,空隙率大,为达到技术质量要求,要求石子厂家重新更换筛网进行特殊加工。采用威海永光采石厂粒径5~25mm的碎石,技术指标见表2-22。

表2-22　5~25mm碎石技术指标

含泥量/%	泥块含量/%	压碎指标/%	吸水率/%	针片状颗粒含量/%	表观密度/(kg/m³)
0.1	0	8.7	2.3	3	2709

（3）细集料

应选用质地坚硬、级配良好的河砂,其细度模数不宜小于2.6。中粗砂可以减少混凝土拌合物的需水量,可以获得更大的流动性和更高的强度,含泥量不大于1.5%,且不允许有泥块存在。采用威海乳山细度模数为2.9的河砂,技术指标见表2-23。

表2-23　河砂技术指标

含泥量/%	泥块含量/%	坚固性/%	堆积密度/(kg/m³)
1.3	0	6.7	1450

（4）掺合料

1）粉煤灰

用于高强高性能混凝土掺合料的粉煤灰一般应选用Ⅰ级灰。对于强度较低的高强高性能混凝土,通过试验也可选用Ⅱ级灰。应尽可能选用需水量小且烧失量低的粉煤灰。采用威海华能Ⅱ级粉煤灰,技术指标见表2-24。

表2-24　Ⅱ级粉煤灰技术指标

细度(0.045mm筛)/%	烧失量/%	需水量比/%	SO₃/%	含水率/%
18.3	3.91	101	0.69	0.2

2）矿渣

矿渣微粉取代混凝土中部分水泥后,可以降低混凝土的单方用水量,提高混凝土的强度与耐久性。采用莱钢鲁碧S95矿粉,技术指标见表2-25。

表2-25　S95级矿粉技术指标

比表面积/(m²/kg)	密度/(g/cm³)	含水量/%	氯离子/%	SO₃/%	流动度比/%	活性指数	
						7d	28d
429	2.90	0.5	0.03	2.3	98	81	101

（5）外加剂

低水胶比是配制高强度等级混凝土的关键所在,如何减少拌合用水,并且能够获得更大的流动性,使硬化的混凝土更加密实,需要增加泵送剂的减水率,通过试验确定,减水率控制在28%。采用鲁南外加剂生产的 JFA-5 高效减水剂,技术指标见表2-26。

表2-26　JFA-5 高效减水剂技术指标

含固量/%	减水率/%	密度/(g/ml)	水泥净浆流动/mm	pH 值
46	29	1.26	240	8.0

3. 试验技术途径

本试验采用"硅酸盐水泥 + 活性矿物掺合料 + 高效减水剂"的技术路线。混凝土是由三相复合而成的,也即集料、水泥浆与界面过渡层所组成。在高强高性能混凝土中,界面过渡层是相对薄弱环节,如何改善和提高界面过渡层的性能,是提高高强高性能混凝土的强度、抗渗性与耐久性的技术关键。混凝土的破坏在集料界面及水泥石(界面过渡层)处发生,从微观的角度看,过渡层的特点是 $Ca(OH)_2$ 粗大的结晶的富集与定向排列。由于泌水,在集料下面会产生宽 $50 \sim 100\mu m$ 的空隙,对混凝土的强度、抗渗性和耐久性有不良影响。因此,高强高性能混凝土必须使集料下面的空隙越少越好。这样就必须降低混凝土的单方用水量,提高水泥浆体的黏度,从这个角度来看,矿物质超细粉和高效减水剂就成为必要的组分。

掺入活性掺合料后,又可以改善水泥石凝胶物质的组成,特别是可以减少和消除 $Ca(OH)_2$。因为活性矿物中的 SiO_2 可以和 $Ca(OH)_2$ 及高碱性水化硅钙产生火山灰反应,生成强度更高、稳定性更优的低碱性水化硅酸钙,而且凝胶物质的数量得到大幅增加,水泥石与集料的界面结构也得到大幅改善。

4. 配合比试验

高强高性能混凝土配合比设计应根据混凝土结构工程要求,保证施工要求的工作性、结构混凝土强度与耐久性。

级配主要影响集料的空隙率,从理论上说,空隙率越小,填充所用的浆体越少,即混凝土中浆体量富余越多,混凝土的匀质性得到提高,从而获得更高的强度。集料级配试验结果见表2-27。当集料的级配达到空隙率较低时有利于提高混凝土的强度,选用砂率38%时较为适宜。

表2-27　集料级配试验结果

序号	粗细集料搭配比例(砂率/%)	松散堆积密度/(kg/m³)	紧密堆积密度/(kg/m³)	表观密度/(kg/m³)	松散空隙率/%	紧密空隙率/%
1	36%	1430	1640	2698	47	39
2	37%	1460	1650	2698	46	39

续表

序号	粗细集料搭配比例(砂率/%)	松散堆积密度/(kg/m³)	紧密堆积密度/(kg/m³)	表观密度/(kg/m³)	松散空隙率/%	紧密空隙率/%
3	38%	1580	1690	2698	41	37
4	39%	1510	1670	2697	44	38
5	40%	1500	1660	2397	45	38

粗、细集料很好填充后的空隙率,选择适宜的胶结料用量,充分填充、填实该空隙。为了达到最佳的密实效果,胶凝材料选用三种:水泥、粉煤灰和矿粉,用比水泥颗粒更细的粉煤灰去填充水泥颗粒形成的空隙,再用比粉煤灰更细的矿粉去填充粉煤灰形成的空隙,增加浆体流动性。而且与水泥水化产物氢氧化钙进一步水化,生成的硅酸盐凝胶能够产生微膨胀效应,使混凝土更加密实。

试配试验对比如下:

依据《普通混凝土配合比设计规程》(JGJ 55—2011)及《高性能混凝土应用技术规程》(CECS207:2006)对混凝土配合比进行设计,水泥用量不应大于550kg/m³;水泥和矿物掺合料的总量不应大于600kg/m³。采用绝对体积法,配制强度设定69.0MPa(σ取5.5MPa),控制水胶比为0.30~0.32之间,外加剂掺量为胶凝材料的3.0%,进行试验确定最佳配合比,混凝土配合比试验结果见表2-28。

表2-28 混凝土配合比试配结果(原材料单位:kg/m³)

编号	P·I 52.5	中砂	碎石	矿渣微粉	粉煤灰	水	JFA-5	水胶比	坍落度/mm	扩展度/mm	和易性	混凝土抗压强度/MPa		
												3d	7d	28d
1	550	646	1055	0	0	176	16.5	0.32	175	470×490	差	56.8	64.1	68.6
2	468	646	1055	82	0	175	16.5	0.32	190	490×500	一般	52.9	62.6	69.5
3	468	646	1055	55	27	172	16.5	0.31	190	500×500	一般	51.7	61.3	70.9 *
4	440	646	1055	55	55	172	16.5	0.31	200	510×520	好	48.9	59.3	73.3
5	440	646	1055	27	83	168	16.5	0.31	195	510×500	一般	47.2	57.2	65.9
6	413	646	1055	83	55	165	16.5	0.30	220	540×530	优	43.2	53.7	76.9
7	413	646	1055	110	27	172	16.5	0.31	195	520×500	好	43.6	53.9	74.9
8	385	646	1055	165	0	172	16.5	0.31	180	490××495	差	41.2	55.1	71.0
9	385	646	1055	0	165	170	16.5	0.31	200	510×500	一般	35.6	48.6	63.6
10	385	646	1055	83	82	163	16.5	0.30	220	530×520	优	41.5	51.6	75.6
11	385	646	1055	110	55	170	16.5	0.31	210	520×520	好	42.3	52.3	73.6

通过以上数据分析,我们最终确定选用编号 6 组方案作为施工配合比。

5. 施工注意事项

(1)混凝土的组分较多,对混凝土性能影响的因素较为复杂,搅拌过程中必须对外加剂掺量及用水量进行严格控制。

(2)为严格控制水胶比,采用混凝土搅拌运输车运输过程中,装料前应反转倒清罐体内的积水、积浆;因其流动性能好,应保持罐体按一定转速旋转,防止粗集料下沉,保持混凝土均匀性。

(3)混凝土水胶比小,黏性较大,导致泵送阻力大,宜采用固定高压泵和合理配置高压低压泵管,而且混凝土泵送时速度不宜过快。

(4)混凝土泵送浇注施工,宜选用高频振捣器振动成型。

(5)高水泥、掺合料用量,在约束状态下混凝土极易因温度收缩、自收缩和干燥收缩引起早期裂缝产生,必须加强早期养护。

(6)针对本工程通过运用 PVC 管打孔,用麻袋挂贴于剪力墙的两面,自动循环水保持墙面湿润的方式,成功解决了剪力墙不易养护的难题。

6. 结语

(1)高强混凝土的早期强度高,后期强度增长率一般不及普通混凝土,不能用普通混凝土的龄期 - 强度关系式推算高强混凝土的后期强度。

(2)采用"复掺"技术,能够减小混凝土拌合物摩擦阻力,改善和易性,同时可大幅度减少水泥用量,降低水化热,有效抑制混凝土早期收缩裂缝的产生。

(3)采用"复掺"技术,能够充分填充胶凝材料的孔隙,进一步进行二次水化,有效改善混凝土的界面结构,提高混凝土的密实性、强度和耐久性。

(二)实例二(C90)

1. C90 高强高性能混凝土的技术要求

C90 高强高性能混凝土是在严酷环境下使用的,要求易于泵送、浇筑、捣实,不离析,能长期保持高强、高韧性与体积稳定性,且使用寿命长。且必须具有工程设计和施工所要求的优异的综合技术特性,具体如下:

(1)具有高抗渗性和高抗介质侵蚀能力。高抗渗性是高耐久性的关键。

(2)具有高体积稳定性,即低干缩、低徐变、低温度应变率和高弹性模量。

(3)高强、超早强,即满足工程结构或构件较高要求的承载能力。

(4)具有良好的施工性,即满足施工要求的高流动性、高黏聚性、坍落度损失小,泵送后易于振捣,甚至免振达到自密实。

(5)经济合理,应利于节约资源、能源及环境保护。

2. C90 高强高性能混凝土的研制技术途径

C90 高强高性能混凝土作为一种新型高技术混凝土,它的研制要求我们必须从原材料、配合比、施工工艺与质量控制等方面综合考虑。首先必须优先选用优质原材料。其次在配合比研制时,在满足设计要求的情况下,尽可能降低水泥用量并限制水泥浆体的体积;根据工程的具体情况掺用一种及一种以上矿物质超细粉掺合料;在满足流动度的前提下,通过优选高效减水剂的品种与剂量,尽可能降低混凝土的水胶比。第三是正确选择施工方法,合理设计施工工艺并强化质量控制意识与措施,以保证 C90 高强高性能混凝土满足工程结构的需要。

　　3. 原材料的优选

　　(1)原材料的影响

　　采用基准混凝土(试样 1)与对比组混凝土(试样 2,3,4,5,6)的水泥用量相同,坍落度基本相同的试验方案,分别研究减水剂,缓凝剂,复合超细粉和集料粒径等因素对混凝土强度的影响。试验方案及试验结果见表 2-29。

表 2-29　混凝土配合比及性能指标

试样	混凝土配合比/$(kg \cdot m^{-3})$				减水剂/%	D_{max}/mm	缓凝剂/%	超细粉/%	坍落度/mm	抗压强度/MPa	
	C	S	G	W						7d	28d
1	650	614	921	230	0	10.0	0	0	60	64.3	75.6
2	650	641	962	140	5	31.5	0	0	230	77.5	89.1
3	650	641	962	140	5	10.0	0	0	210	95.6	106.2
4	650	641	962	140	5	10.0	0.02	0	225	103.4	113.6
5	585	641	962	140	5	10.0	0	10	220	99.1	116.9
6	585	641	962	140	5	10.0	0.02	10	230	112.5	121.0

　　(2)试验结果分析

　　分析表 2-29 试验结果,可以得出如下结论:

　　1)试样 3 掺加了高效减水剂,集料粒径较小为 10mm,28d 强度达到了 100MPa,说明高效减水剂和较小的集料粒径是制备高强混凝土的必备条件。

　　2)试样 2 与试样 3 对比,粗集料的最大粒径 D_{max} 增加,水泥浆与集料的粘结面积减小,因此,28d 强度降低 19%。

　　3)试样 1 未掺加高效减水剂,尽管用水量较多,但混凝土拌合物的坍落度仅为 60mm,类似于普通塑性混凝土。由于 W/C 较低,混凝土拌合物黏度很大,无法与普通塑性混凝土一样易于密实成型,实际上无法完成现场施工。

　　4)试样 4 与试样 3 对比,由于掺加了缓凝剂葡萄糖酸钠缓凝剂,调整了水泥的水化过程,使水泥的水化产物分布比较均匀,从而改善了混凝土的内部结构,因此,混凝土 28d 强度提高了约 7%。

　　5)试样 5 与试样 3 对比,掺加 10% 的复合超细粉(等量取代水泥),混凝土拌合物的和易性有所改善,28d 强度提高 10%。

6）试样 6 与试样 3 对比，在同时掺加缓凝剂和复合超细粉时，混凝土拌合物的和易性有较大改善，混凝土强度提高 11.4%。

上述试验研究表明：掺加减水剂、缓凝剂、复合超细粉和采用较小的集料粒径是获得高强混凝土的有效技术途径。

4. C90 高性能混凝土配合比设计

（1）原材料的确定

1）水泥采用赛马牌 P·O52.5，各项指标检验合格。

2）细集料选用细度模数为 2.9 的二区中砂，表观密度为 2600kg/m³，堆积密度为 1480kg/m³，紧密密度为 1530kg/m³，含泥量为 0.1%，泥块含量为 0，云母含量 0；轻物质含量 0；硫化物及硫酸盐含量 0；有机质含量 0。

3）粗集料选用 5～20mm 连续级配碎石，表观密度 2710kg/m³，堆积密度为 1510kg/m³，紧密密度为 1550kg/m³，空隙率为 46%，含泥量为 0，针片状含量为 2.0%，吸水率为 0.2%，压碎值指标为 6%。采用花岗岩破碎，母材强度符合要求。

4）外加剂：本设计选用自配缓凝高效减水剂，减水率可达 25% 以上，保坍性好，具有增稠、减缩、低引气等特点。与所用水泥有较好的适应性，坍落度经时损失小，能满足设计要求。

5）掺合料

本设计选用 I 级粉煤灰、磨细矿渣与硅灰复合掺用，充分发挥了这三种材料的填充效应，火山灰效应和微集料效应等方面的相互促进相互补充作用，进而起到超叠加效应。比单掺有更好的效果。掺合料的主要性能指标如表 2-30 所示，及其他性能指标均满足技术要求。

表 2-30　掺合料主要性能指标

掺合料种类	密度/(kg/m³)	比表面积/(m²/kg)	活性指数/%		需水比/%
			7d	28d	
I 级粉煤灰	2100	650	88	95	87
磨细矿渣	2300	760	105	120	95
硅灰	2200	17500	—	112	112

（2）原材料参数的确定

1）砂率的确定

砂率的大小主要影响混凝土拌合物的流动性能，同时砂石混合空隙率的大小决定了胶凝材料浆体能否既充分又经济的包裹，填隙集料的表面。因此，本试验根据砂石混合空隙率和砂率的关系，测定砂石混合空隙率，确定最佳砂率。先根据石子、砂级配情况初选几个砂率，然后将不同砂率换算成砂石比，将不同砂石比的砂石混合，分三次装入 15～20 升的钢桶中，每次用圆头捣棒各插捣 30 次

（或在振动台上振至材料不再下沉为止），刮平表面后，称量并计算捣实堆积密度 ρ_0，再测出砂石混合料的视密度 ρ。计算砂石混合料的空隙率 A ＝（1 －ρ_0/ρ）×100％，选取具有最小空隙率的砂率 β_s。一般 A ＝18％ ~23％。本实验砂石率在 34％ ~56％ 进行混合，砂石混合表观密度为 2650kg/m³。可以根据最小砂石混合最小空隙率确定出最佳砂率，初步定为 42％。

2）外加剂掺量的确定

在配制高强高性能混凝土时，减水剂和缓凝剂是必不可少的成分，必须根据选定的水泥做水泥与外加剂适应性实验，为了在低水胶比条件下获得良好的流动性和保坍性，确定外加剂的最佳掺量是十分必要的。具体做法如下，估选水胶比 0.25，掺入不同掺量缓凝高效减水剂（掺量变化在根据具体的复合外加剂定），按标准方法测定水泥净浆的初始流动度和 1h 后的损失，做外加剂掺量和流动度的关系图，选择最佳掺量，如图 2-2 所示，外加剂掺量达到 1.8％ 时为饱和掺量。如果条件容许，为了确定掺合料与外加剂的合理掺量，还可以与预期混凝土配合比相同的水泥砂浆进行掺量试验，外加剂掺量为 1.8％ 时，砂浆的抗压强度最大。根据实验数据综合分析，确定外加剂的最佳掺量为 1.8％。

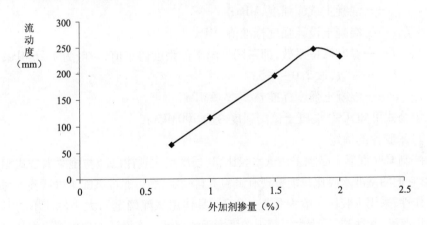

图 2-2　不同外加剂掺量下的初始流动度

3）矿物掺合料掺量的确定

经验表明：硅粉、磨细矿渣和天然沸石粉可等量替代水泥。保持混凝土的单位用水量和坍落度不变，混凝土中以 5％ ~7％ 的硅粉置换相应的水泥，强度提高 10％ 左右；以 5％ ~10％ 的天然沸石粉置换相应的水泥，强度提高 10％ 左右；以 25％ 的磨细矿渣置换相应的水泥，强度也能提高 1％ 左右；而粉煤灰应采用超量取代法掺入，超量取代系数 K ＝1.2 ~1.4，也即以 1.2 ~1.4kg 的粉煤灰取代 1.0kg 水泥，才能使 28d 强度与其准混凝土相同。当超细矿物质掺合料的掺入增加了胶凝材料的绝对体积时,应相应减少砂的用量。超细矿物质掺合料若以复合形式掺加时,效果会更好。矿物掺合料有助于提高硬化混凝土强度,同时影响混凝土拌合物和易性。

本试验选定硅粉掺量6%,磨细矿渣掺量25%,与粉煤灰复合,粉煤灰掺量变化为10%~30%,做复合矿物掺合料与水泥净浆流动性实验,找出矿物掺合料掺量与流动性之间的关系,确定最佳粉煤灰掺量为15%。

(3)C90混凝土配合比设计

1)试配强度的确定

混凝土试配强度必须超过设计强度标准值,以满足强度保证率的需要,我国现行行业标准普通混凝土配合比设计规程中规定了普通混凝土强度的保证率为95%时,混凝土的试配强度$f_{cu,\rho}$与混凝土的设计强度标准值$f_{cu,k}$之间的关系为$f_{cu,\rho} = f_{cu,k} + 1.645\sigma$,而对高强混凝土没有规定,按日本规范规定,配制高强混凝土的试配强度公式(2-27)为:

$$f_{cu,\rho} = (f_{cu,k} + T) + K\sigma \tag{2-27}$$

式中　$f_{cu,\rho}$——混凝土试配强度,MPa;

　　　$f_{cu,k}$——混凝土设计强度标准值,MPa;

　　　T——温度修正系数,即不同气温下的强度修正值,一般为4~6MPa;

　　　K——常数,取2.0~2.5;

　　　σ——混凝土强度标准差,取3.5MPa。

由公式可知,C90混凝土试配强度应在100MPa。

2)水胶比的确定

配制C90混凝土必须采用低水胶比,其强度变化规律已经与鲍罗米公式相差较远,它们的基准水胶比只能按现有试验资料确定,然后通过试配予以调整。为保证工作性,采用水胶比一般为0.23~0.28(具体由试配确定),太小保证不了混凝土的坍落度,无法施工,太大混凝土的强度无法保证。本设计估选水胶比为0.25。

3)用水量的确定

硬化后混凝土的强度通常与用水量成反比,因此,在施工和易性允许的条件下,混凝土的单位用水量应尽可能小。对于高强混凝土由于其集料最大粒径波动范围很小,为10~25mm,坍落度波动范围也很小为180~210mm,每立方米混凝土单位用水量的取用见表2-31。

表2-31　混凝土单位用水量的取用

试配强度/MPa	50~60	65	75	90	105	120
最大用水量/(kg/m³)	165~175	160	150	140	130	120

根据试配强度,应选取用水量在 130~140kg/m³,考虑和易性等因素,本设计选取用水量为 140kg/m³。

4)水泥用量的确定

由上述得到的水胶比 W/C 和单位用水量 W,可计算出水泥用量 $m_c = W/(W/C)$。但应注意当水泥用量超过某一最佳值后,在等流动性下,混凝土强度将不会再提高。根据规范要求,高强混凝土的胶凝材用量不大于 600kg/m³。

本设计单方水泥用量 $m_c = W/(W/C) = 140/(0.25) = 560(kg)$

5)计算砂石用量

高强混凝土的表观密度一般为 2410~2450kg/m³。假定该混凝土的表观密度为2430kg/m³。砂率选定为42%。那么,由式2-28、式2-29得到

$$\frac{m_{s0}}{m_{s0} + m_{g0}} = 42\% \qquad (2-28)$$

$$m_{s0} + m_{g0} = 2430 - 560 - 140 = 1730kg \qquad (2-29)$$

解得,$m_{s0} = 727kg$,$m_{g0} = 1003kg$。

6)计算超细掺合料用量

本文选定硅粉掺量6%;磨细矿渣掺量25%;粉煤灰掺量为15%,超量取代系数 $K = 1.3$。水泥的实际掺量为54%。

则每方混凝土需:

硅灰量为:$m_{sf} = 560 \times 0.06 = 34(kg)$;

需磨细矿渣量为:$m_{sgf} = 560 \times 0.25 = 140(kg)$;

需粉煤灰量为 $m_f = 560 \times 0.15 \times 1.3 = 109(kg)$;

需水泥量为:$m_{cf} = 560 \times 0.54 = 302(kg)$。

7)确定最终砂子用量

计算粉煤灰超出水泥部分的体积并且扣除等体积砂子用量,得出最终砂子用量。设粉煤灰的密度为2100kg/m³,硅灰的密度为2200kg/m³,磨细矿渣的密度为2300kg/m³,已知水泥的密度为3100kg/m³,砂子的表观密度为2600kg/m³。

由式2-30知,

$$m_{s0f} = m_{s0} - \left(\frac{m_{cf}}{3100} + \frac{m_f}{2100} + \frac{m_{sgf}}{2300} + \frac{m_{sf}}{2200} - \frac{m_c}{3100} \right) \times 2600 = 610 \qquad (2-30)$$

所以砂子的最终用量为610kg。

8)缓凝高效减水剂的用量

选取缓凝减水剂的掺量为1.8%,按胶凝材料总量计算缓凝减水剂的用量为 $(34 + 109 + 140 + 302) \times 0.018 = 10.53kg$。

表 2-32　混凝土最终配合比/(kg/m^3)

水泥	矿粉	粉煤灰	硅灰	水	砂子	石子	缓凝减水剂
302	140	109	34	140	610	1003	10.53

综上所述,C90 高性能混凝土初步配合比见表 2-32。

5. C90 高性能混凝土的性能

(1)拌合物性能

C90 高性能混凝土拌合物由于水泥用量和掺合料用量较大,总量每立方米达 580kg,所以黏聚性较大,但流动性仍很好,混凝土的坍落度最大值达 210mm,可满足泵送施工的要求,拌合物的保塑性较好,经过 0.5～1h 后坍落度损失不大,仍可操作。C90 高性能混凝土具有好的可操作性,可确保工程质量。

(2)硬化混凝土的物理力学性能

1)混凝土强度的发展

C90 高性能混凝土的早期强度发展较快,3d 可达 28d 强度的 70% 左右,7d 强度为 28d 强度的 85% 左右,28d 强度达到设计强度,60d 和 90d 强度均有不同程度的增长。但是 C90 混凝土由于强度很高,两个端面的不平行性,试件的初始缺陷分布的不均匀性,以及实验误差,强度的离散性较大。

2)劈拉强度

用 $10cm \times 10cm \times 10cm$ 试件测其劈拉强度,经计算 C90 混凝土的劈拉强度约为 6.13MPa,为抗压强度的 1/15.6,比普通混凝土的拉压比 1/10 低的多,说明了高强度混凝土的脆性比普通混凝土的高的多。

3)静力弹性模量

用尺寸为 $10cm \times 10cm \times 30cm$ 的试件测定高强混凝土应力应变曲线,根据 $0.2f_c \sim 0.4f_c$ 线段之间的应力与相对应的应变计算所得的平均值,即为弹性模量,C90 混凝土的弹性模量 E_c 约为 42000MPa,该值较高,说明混凝土强度越高,E_c 值也越大。

(3)C90 混凝土的收缩

收缩是混凝土在凝结硬化过程中自发的,不可避免地要产生体积的变形。C90 混凝土由于强度较高,收缩变形及自收缩变形更为显著。这是因为水胶比越低,随着时间的推移,混凝土相对湿度下降越快,相对湿度值越低,也即自干燥程度越大。而混凝土的自收缩则是由于混凝土的自干燥引起的,所以高强度的混凝土自收缩较大,再加之其他收缩变形,高强混凝土总收缩值很大,180 天的收缩量可达到 $(1229 \sim 1579) \times 10^{-6}$。

高强混凝土的收缩绝大部分发生在早期,3 天龄期的收缩达到 180 天龄期收缩的一半以上。

掺加 UEA 膨胀剂可以一定程度上补偿高强混凝土的收缩。实验表明,在水养护的条件下,高强混凝土和普通混凝土一样会产生湿涨,即使不掺加膨胀剂,也会有不同程度的膨胀。

6. 结论

(1)通过净浆流动度确定各掺合料的比例,采用 HPC 简易法设计 C90 高性能混凝土配合比为:585(水泥302,矿粉140,粉煤灰109,硅灰34)∶140∶610∶1003∶10.53。

(2)采用上述配比制得混凝土由于水泥用量和掺合料用量较大,所以黏聚性较大,但流动性仍很好,可满足泵送施工的要求,具有好的可操作性,可确保工程质量。

(3)C90 高性能混凝土的早期强度发展较快,3d 可达 28d 强度的70%左右,7d 强度为 28d 强度的85%左右。经计算 C90 混凝土的劈拉强度约为6.13MPa,说明了高强度混凝土的脆性比普通混凝土的高的多。

(4)C90 混凝土的弹性模量 E_c 约为42000MPa,该值较高,说明混凝土强度越高,E_c 值也越大。

(5)高强混凝土的收缩绝大部分发生在早期,掺加 UEA 膨胀剂可以一定程度上补偿高强混凝土的收缩。

第四节　大体积混凝土配合比设计

大体积混凝土一般指一次浇筑量大于 $1000m^3$,或最小断面尺寸大于 1m 以上的混凝土结构,且其尺寸已经大到必须采用相应的技术措施妥善处理温度差值,合理解决温度应力并控制裂缝开展的混凝土结构。

大体积混凝土具有不同于普通混凝土的特点,由于其特殊的性能及施工需求,对原材料的选择和配合比的设计十分重要,下面主要介绍大体积混凝土的特点,对原材料的要求及其配合比设计。

一、大体积混凝土的特点及其与普通混凝土的区别

1. 大体积混凝土的特点

大体积混凝土的特点有以下几个方面:其结构厚实,混凝土量大,工程条件复杂(一般都是地下现浇钢筋混凝土结构),施工技术要求高,水泥水化热较大(预计超过 25 度),易使结构物产生温度变形。大体积混凝土除了最小断面和内外温度有一定的规定外,对平面尺寸也有一定限制。因为平面尺寸过大,约束作用所产生的温度力也愈大,如采取控制温度措施不当,温度应力超过混凝土所能承受的拉力极限值时,则易产生裂缝。

现代建筑中时常涉及到的如高层建筑的深基础地板、大型设备基础、水利大坝、反应堆体及其他重力底座结构物等都是大体积混凝土。它的最主要特点就是以大区段为单位进行浇筑施工,每个施工区段的体积比较厚大,一般实体最小尺寸大于或等于1m,它的表面系数比较小,水泥水化热释放比较集中,由此而带来的问题是水泥水化热引起结构物内部温升比较快。混凝土内外温差较大时,会使混凝土产生温度裂缝,影响结构安全和正常使用。所以必须从根本上分析它,来保证施工的质量。美国混凝土学会(ACI)规定:"任何就地浇筑的大体积混凝土,其尺寸之大,必须要求解决水化热及随之引起的体积变形问题,以最大限度减少开裂"。

2. 大体积混凝土与普通混凝土的区别

大体积混凝土与普通混凝土的表面区别是厚度不同,实质区别是大体积混凝土中水泥水化要产生热量,且其内部热量不如表面热量散失的快,易造成内外温差过大,所产生的温度应力可能会使混凝土开裂,同时混凝土的收缩也比较大,应针对大体积混凝土的需要采取一些措施。

判断是否属于大体积混凝土需要在考虑厚度因素的同时,还要考虑水泥品种、强度等级、每立方米水泥用量等因素。目前比较准确的方法是通过计算水泥水化热引起的混凝土的温升值与环境温度的差值大小来判断。一般来说,差值小于25℃时,其所产生的温度应力将会小于混凝土本身的抗拉强度,不会造成混凝土的开裂,当温差大于25℃时,其所产生的温度应力有可能会大于混凝土本身的抗拉强度而造成混凝土的开裂,此种情况就可以判断为该混凝土属于大体积混凝土。

需要注意的是,不能以截面尺寸来简单的判断是否为大体积混凝土,因为在实际施工中,有些混凝土虽然厚度达到了1m,但也未必属于大体积混凝土的范围,而有些混凝土的厚度虽然未达到1m,但其水化热较大,若不按大体积混凝土的技术标准施工,则易造成结构裂缝的出现。

另外,从配合比设计上说,大体积混凝土主要是采用大粒径碎石,大粒径碎石表面积相对小,可以减少水泥用量。从施工上来说,大体积混凝土结构内部一般要设置散热系统,一般是在结构内布设水管,像电热丝那样可以分几层布置。通过水流带出内部的水化热。在拌制混凝土的时候,大体积混凝土的集料温度应尽可能的低些,主要是从水化热和收缩变形上考虑的。

鉴于大体积混凝土的特点和施工中易出现的问题,混凝土原材料的选择和配合比的确定对大体积混凝土的施工十分重要,由于大体积混凝土的特殊性,温控防裂常常是其配合比设计中首先要考虑的问题。故合理的选择原材料和进行配合比设计可以有效地降低混凝土浇筑块体因水泥水化热而引起的升温,达到降低温度应力和防止混凝土开裂的作用。

二、大体积混凝土配合比设计对原材料的要求

1. 水泥

配制混凝土所用的水泥,首先应符合现行的国家标准。当采用特殊品种的水泥时,其性能指标必须符合有关标准的要求。水泥质量要稳定,批量要足够用,保证水泥的安定性合格,应在试验室检验强度等级符合《通用硅酸盐水泥》GB 175—2007 的 28 天强度指标要求,按试验室检验的强度等级及时调整混凝土的配合比。

硅酸盐水泥及普通硅酸盐水泥水化热较高,特别是应用到大体积混凝土中,大量水泥水化热不易散发,在混凝土内部温度过高,与混凝土表面产生较大的温度差,应尽量选用水化热低、凝结时间长的水泥,优先采用中热硅酸盐水泥、低热矿渣硅酸盐水泥、矿渣硅酸盐水泥、粉煤灰硅酸盐水泥、火山灰质硅酸盐水泥等配制大体积混凝土。影响水泥水化热的主要成分是 C_3A,有经验的水泥厂对同一强度等级的水泥有几个配合比,根据实际工程特点,可提前和水泥生产厂家协商,采用 C_3A 含量较低的配合比订单生产,是一种比较好的方法。例如,一般认为,当混凝土的强度等级为 C20 及以上时,宜采用 32.5MPa 的矿渣硅酸盐水泥,也可用 42.5MPa 水泥,但在用量上要加强控制。

但是,水化热低的矿渣水泥的析水性大于其他水泥,易在浇筑层表面有大量水析出。这种析水现象不仅影响施工速度,同时也会影响施工质量。由于析出的水聚集在上下两浇筑层表面间,使混凝土的水胶比得到改变,而在掏水时又带走了一些砂浆,便形成了一层含水量多的夹层,破坏了混凝土的粘结力和整体性。混凝土泌水性的大小不仅与用水量有关(用水量多,泌水性大),而且还与温度的高低有关,水完全析出的时间随温度的提高而缩短;此外,还与水泥的成分和细度有关。所以,在选用矿渣水泥时应注意其泌水性,并应在混凝土中掺入减水剂以降低用水量。在施工中,应及时配出析水或拌制一些干硬性混凝土均匀浇筑在析水处,用振捣器振实后,再继续浇筑上一层混凝土。

对大体积混凝土所用的水泥,应进行水化热测定,水泥水化热的测定按现行国家标准《水泥水化热试验方法(直接法)》(GB/T 2022—1980)配制,混凝土所用的水泥 7d 的水化热宜不大于 250kJ/kg。

2. 集料

(1)粗集料

粗集料种类应按基础设计的要求确定,宜采用连续级配碎石,粒径 5 ~ 25mm,含泥量不大于 1%。或选用连续级配的 5 ~ 31.5mm 花岗岩碎石,针片状含量≤10%,含泥量≤1%,泥块含量≤0.5%,其他性能指标符合《普通混凝土用砂、石质量及检验方法标准》JGJ 52—2006 的规定。选用粒径相对较大、级配

良好的石子配制的混凝土,和易性较好,抗压强度较高,同时可以减少用水量及水泥用量,从而使水泥水化热减少,降低混凝土本身的温升。

采用高炉重矿渣碎石作为粗集料时,其质量应符合现行标准《混凝土用高炉重矿渣碎石技术条件》(YBJ20584)的规定,且含粉尘(粒径小于0.08mm)量不应大于1.5%。

(2)细集料

细集料宜采用中砂,细度模数2.4~2.8,含泥量≤1%,泥块含量≤0.5%。其他性能指标符合《普通混凝土用砂、石质量及检验方法标准》JGJ 52—2006的规定。选用平均粒径较大的中、粗砂拌制的混凝土比采用细砂拌制的混凝土可减少用水量10%左右,同时相应减少水泥用量,使水泥水化热减少,降低混凝土温升,并可减少混凝土构件的收缩。

3. 矿物掺合料

大体积混凝土在保证混凝土强度及坍落度要求的前提下,应适当提高矿物掺合料的掺量,以降低单方混凝土的水泥用量。研究表明,采用一定量的具有较强减水性能的掺合料是优化大体积混凝土配合比设计的一个新思路,它对大体积混凝土来说是十分重要的。减水性能好的掺合料具有降低水泥的放热量和改善混凝土的抗裂性能,减轻温控防裂负担的作用。应用较多的矿物掺合料是粉煤灰。由于大体积混凝土一般为泵送施工,为了改善混凝土的和易性便于泵送的同时减少水化热,掺加适量的粉煤灰是必要的。当混凝土掺入粉煤灰时,其质量应符合现行国家标准《用于水泥和混凝土中的粉煤灰》(GB/T 1596—2005)的规定;其应用应符合部标《粉煤灰在混凝土和砂浆中应用技术规程》(JGJ 28—86)的规定。

按照规范要求,采用矿渣硅酸盐水泥拌制大体积粉煤灰混凝土时,其粉煤灰取代水泥的限量为25%以下。粉煤灰对水化热、改善混凝土和易性有利,但掺加粉煤灰的混凝土早期极限抗拉强度均有所降低,对混凝土抗渗、抗裂不利,因此粉煤灰的掺量控制在水泥用量的10%以内较好,也可采用外掺法,即不减少配合比中的水泥用量。控制45μm筛余量≤18%,需水量比≤105%,其他指标不得大于规范Ⅱ级粉煤灰的技术要求,实际生产上大多选用施工附近电厂的粉煤灰,并且逐车检验,以确保性能稳定并满足配比要求。按配合比要求计算出每立方米混凝土所掺加粉煤灰量,并通过试验确定配合比。当使用其他材料作为混合料时,其质量和使用方法应符合有关标准的要求。

4. 外加剂

配合比设计一般根据某种外加剂在其他工程上的使用经验,减水剂可降低水化热峰值,对混凝土收缩有补偿功能,可提高混凝土的抗裂性。具体外加剂的用量及使用性能,商品混凝土站在浇筑前应将复试报告送达施工单位。施工前按供应量一次性储备好材料,并抽样做适应性试验,检测外加剂减水率、密度及含气量,与说明书检测数据结果比对,如有差异,应及时调整配合比,一般按厂家提供的配合比对混凝土收缩补偿功能更有利。

混凝土中掺用的外加剂的品种和掺量,应通过实验确定,所用外加剂的质量应符合现行《混凝土外加剂》(GB 8076—1997)的要求,混凝土外加剂的应用,应符合现行国家标准《混凝土外加剂应用技术规范》(GB 50119—2003)的规定;要特别注意外加剂对收缩的影响。新型外加剂,不经工程试点取得成熟资料,应慎重使用。

三、大体积混凝土配合比的确定

大体积混凝土的配合比设计应在普通混凝土配合比设计的基础上根据其特殊性质进行适当设计,以满足施工要求。

1. 大体积混凝土配合比的确定,在保证基础工程设计所规定的强度、耐久性要求和满足施工工艺要求的工艺特性的前提下,应遵循合理使用材料,减少水泥用量和降低混凝土的绝热升温的原则。

2. 大体积混凝土配合比应通过计算和试配确定,对泵送混凝土尚应进行试泵送;混凝土配合比设计方法应按现行的《普通混凝土配合比设计规程》(JGJ 55—2011)执行;混凝土的强度应符合国家现行的《混凝土强度检验评定标准》的有关规定。在确定混凝土配合比时,尚应根据混凝土的绝热温升值,温度及裂缝控制的要求提出必要的砂、石料和板或用水的降温,入模温度控制的技术措施。

3. 大体积混凝土的配合比设计要求:一般基础大体积混凝土的强度等级多为 C30~C55、抗渗等级为 S10。在大体积混凝土中掺加复合防水剂,将泵送混凝土的坍落度控制在(12±2)cm 范围内。混凝土配合比设计要求:

(1)强度等级的设计:混凝土强度等级的设计依据可利用混凝土 60 天或 90 天后期强度进行设计。

(2)水胶比的选择:从工程的防开裂的角度出发,水胶比一般控制在 0.35 左右较为合理,由于现场大面积施工要满足泵送的需要,坍落度有一定的要求,坍落度选择为 10~14cm(一般大体积混凝土多用于基础工程坍落度不需要太大,浇筑时坍落度一般应低于 160mm±20mm),水泥用量宜控制在 230~450kg/m³,拌合水用量不宜大于 190kg/m³,控制混凝土中的水胶比不大于 0.55。且拌合物泌水量宜小于 10L/m³。

(3)砂率的选择:砂率宜为 38%~45%,一般控制在 40% 左右,既可保证混凝土的泵送性能,又对混凝土的抗裂较为有利。

(4)水泥的选择:选择水泥的原则是,水泥的水化热尽量比较低,水泥的强度发展时间较长,后期强度等级要满足使用要求。大体积混凝土多采用搅拌站供应的商品混凝土,因此要求搅拌站根据施工现场提出的技术要求,做好混凝土的试配。配合比应以试配来确定。按照国家现行《混凝土结构工程施工及验收规范》、《普通混凝土配合比设计规程》及《粉煤灰混凝土应用技术规范》中的有关技术要求进行设计配合比。

(5)矿物掺合料的掺量:应根据工程的具体情况和耐久性要求确定矿物掺合料的掺量,粉煤灰掺量一般不宜超过水泥用量的40%,矿渣粉的掺量不宜超过水泥用量的50%,两种掺合料的总量不宜大于混凝土中水泥用量的50%;粉煤灰采用外掺法时仅在砂料中扣除同体积的砂量。

(6)减水剂的选择:在大体积混凝土配合比优化设计时,可通过掺入缓凝型高效减水剂,来减少水的用量,从而达到减少水泥用量,实现降低水化热目的;另一方面由于缓凝作用,可以延缓水泥的水化放热速度和热峰值出现时间,推迟大体积混凝土的凝结硬化速度,防止在大体积混凝土早期抗拉强度较低情况下,产生裂缝。缓凝型高效减水剂的掺量一般为水泥和胶凝材料掺量的 0.8% ~1.2%。

四、大体积混凝土配合比设计实例分析

(一)实例一

大体积混凝土在工业与民用高层建筑中筏板基础上的应用最为多见,混凝土等级一般在 C20 ~ C40。在确保大体积混凝土强度、施工和易性、混凝土质量的前提下,降低混凝土中水化热和混凝土内部最高温升,混凝土行业某公司近几年进行了大量的大体积泵送混凝土配合比试配和工程应用,通过采取措施将单方水泥用量降到最低,将掺合料用量提高到最大程度,调整混凝土砂率来满足大体积混凝土的施工工作性等,并对以往的工程应用做了总结。

1. 工程目标要求

本工程应用主要有以下基本要求:

(1)试配常规混凝土等级 C20、C30、C40 混凝土;

(2)试验龄期为 28d、56d,标准养护;

(3)复合掺合料为既掺粉煤灰又掺磨细矿渣粉;

(4)每 $1m^3$ 混凝土胶凝材料总量进行控制,C20 混凝土按 $310kg/m^3$、C30 混凝土按 $390kg/m^3$、C40 混凝土按 $465kg/m^3$ 左右;

(5)混凝土坍落度按 $180 ~ 220mm$ 控制。

2. 试验用原材料及检测结果

(1)水泥:P·O42.5 级,28d 抗压为 50.5MPa。

(2)中砂:实测级配为Ⅱ区中砂,细度模数为 2.7,含泥量为 3%,泥块含泥为 1%。

（3）粗集料:C20 混凝土选用卵石,连续粒级 5～40mm,级配合格,含泥量为 1%;C30～C40 混凝土选用花岗岩碎石,5～31.5mm 连续粒级,二级配为 5～20: 16～31.5＝60:40,实测级配合格,针片状颗粒含量为 2%,压碎指标为 7%。

（4）掺合料:采用复合掺合料,Ⅱ级粉煤灰 0.045mm 筛细度为 12%,需水量 比为 82%,烧失量为 1.2%;S75 级磨细矿渣粉,比表面积为 395m²/kg,流动度比 为 102%,7d 活性指数 70%,28d 活性指数 94%。

（5）外加剂:天津雍阳减水剂厂产液体 YNB 型泵送剂。

3. 试验结果

试验配合比见表 2-33,砂率基本相同,表 2-35 的 C30 混凝土砂率有些差别 （适应钢筋较密的混凝土结构）。试验结果分别见表 2-34 和表 2-36。

表 2-33　C20、C30、C40 混凝土配合比

序号	混凝土等级	P·O42.5	配合比及材料用量/(kg/m³)						砂率	胶凝材料/(kg/m³)	W/B
			Ⅱ级粉煤灰	S75 矿渣粉	中砂	石	水	泵送剂			
			/%								
1		186	74	62	750	1140	180	4.2	40	322	0.56
			42.2								
2	C20	140	84	70	760	1150	180	3.8	40	294	0.61
			52.3								
3		108	100	81	760	1155	180	3.8	40	289	0.62
			62.6								
4		222	93	74	755	1085	185	5.8	41	389	0.48
			42.9								
5	C30	173	105	87	765	1095	185	5.5	41	365	0.51
			52.6								
6		130	120	98	770	1100	185	5.2	41	348	0.53
			62.6								
7		279	112	93	715	1020	190	8.2	41	484	0.39
			42.3								
8	C40	216	130	108	725	1035	190	7.7	41	454	0.42
			52.4								
9		162	145	121	730	1045	190	7.3	41	428	0.43
			62.1								

说明:C20 混凝土用的是卵石,C30、C40 混凝土用的碎石。

表 2-34　C20、C30、C40 混凝土性能检测结果

序号	混凝土等级	实测坍落度/mm	平均混凝土强度/MPa					
			28d	达设计强度/%	42d	达设计强度/%	56d	达设计强度/%
1		205	30.3	152	34.5	173.0	36.6	183
2	C20	210	28.7	143	32.2	161	35.4	177
3		205	25.7	129	29.0	145	31.7	159
4		190	39.1	130	44.0	147	42.7	142
5	C30	200	39.7	132	44.2	147	44.1	147
6		180	35.8	119	39.5	132	39.4	131
7		200	43.5	109	48.4	121	48.4	121
8	C40	215	45.0	112	47.1	118	48.5	121
9		195	42.2	106	46.9	117	45.7	114

说明:① 上述试验进行重复试验两次,其结果基本相同;

② 28d 强度达到了设计强度的106% ~152%,42d 强度达到了设计强度的117% ~173%,56d 达到了设计强度的114% ~183%。每增加14d 平均强度提高10% ~20%(即4MPa 左右),但 C30、C40 混凝土 56d 强度的提高低于 C20 混凝土,其中 C40 混凝土的强度提高的更少,还出现了强度倒缩现象。56d 龄期强度的增长没有 28d 和 42d 龄期强度的增长速度快。

表 2-35　砂率变化的 C30 混凝土配合比

序号	混凝土等级	P·O42.5	配合比及材料用量/(kg/m³)						砂率	胶凝材料/(kg/m³)	W/B
			II级粉煤灰	S75 矿渣粉	中砂	石	水	泵送剂			
			/%								
1		210	110	130	290	100	180	8.1	44	450	0.40
			53.3								
2	C20	240	120	90	805	980	180	8.1	45	450	0.40
			46.7								
3		260	140	75	850	915	180	8.6	48	475	0.38
			45.2								

表 2-36　砂率变化的 C30 混凝土性能检测结果

序号	混凝土等级	实测坍落度/mm	平均混凝土强度/MPa					
			28d	达设计强度/%	42d	达设计强度/%	56d	达设计强度/%
1		250	12.6	42.0	28.4	95	32.1	107
2	C30	280	13.7	46.0	28.4	95	38.8	129
3		280	13.5	46.0	27.4	41	35.3	118

说明:由于混凝土坍落度、砂率较大,28d 强度未达到设计强度,56d 达到了设计强度的107% ~129%。

表2-34和表2-36的试验结果可作为优选大体积混凝土时参考。该公司通过试验和近几年来大体积混凝土工程应用实践体会到,大体积混凝土配合比试验和工程实际差别较大,大体积混凝土不同于普通混凝土的试配,普通混凝土试配和工程实际情况较为接近,而大体积混凝土所用的试模和工程结构混凝土的体积相差较大,混凝土结构最小尺寸都要在1m以上(模拟大体积混凝土结构尺寸试验除外)。试配时,小试件的水化热很小,不能很好地代表混凝土工程结构实体的水化热;实体大体积混凝土强度的发展都是在较高温度、高湿度的条件下进行的,试配的大体积混凝土强度是在标准养护条件下产生的,因此说,试配标养28d龄期强度不能较好地代表实体大体积混凝土的强度,只能作参考。

为此,可认为,试配大体积混凝土配合比时的标准养护龄期是关键,不能以标养28d作为大体积混凝土配合比试配龄期,应根据混凝土工程结构厚度和混凝土强度等级的不同,适当延长标准养护龄期,或按等效养护龄期℃·d设计。

且由经验得知:大体积混凝土水化热一般3d左右可释放出总热量的50%左右,3~5d混凝土中心温度可达最高峰值,5~7d开始下降,所以说,大体积混凝土28d左右,混凝土温度变化基本平稳了,混凝土强度的发展峰值也基本平稳了,28d后混凝土强度即使再增长,也不会太高,在2~3MPa。

在进行大体积混凝土配合比试配时,其标准养护龄期应模拟工程实际,以标准养护的℃·d相当龄期设计,即根据不同的混凝土等级、混凝土厚度,预计混凝土中心最高温度来确定混凝土配合比试配龄期,每1m³混凝土最小水泥用量或胶凝材料总量。

通过实践总结,得出表2-37,供参考。近几年来,该单位在多项工程上生产大体积混凝土,都取得了较好的技术经济效果。

表2-37 不同强度等级和厚度大体积混凝土的龄期设计

混凝土等级	每立方米混凝土水泥用量/(kg/m³)	混凝土厚度/m	预计混凝土中心最高温度/℃	混凝土试配或验收龄期/d	等效养护/(℃·d)	实体混凝土结构达到设计强度龄期/d
C20~C30	160~200	1~2	35~45	28	600~800	20
C30~C40	200~220	2~3	45~55	42	1000~1200	24
C40~C50	220~260	3~4	55~65	60	1200~1800	28
C50以上	260~300	4以上	65~75	90	1800~2000	32

注:① 混凝土等级高,每立方米混凝土水泥用量相应的也会高,混凝土中心温度及水化热也会提高,亦应提高配合比试配标养(或验收)龄期;
② 混凝土越厚,混凝土中心最高温度相对地也越高,亦应提高配合比试配(或验收)龄期;
③ 混凝土等级、水泥用量、混凝土中心最高温度和试配(验收)龄期,应该存在一个相对应的关系,应协调处理,以确保大体积混凝土工程质量。

综上，一般大体积混凝土在地下部份的筏板基础较多，相对水泥用量较少，掺合料用量较多，尽量减少水泥用量，但也应有个范围，根据混凝土耐久性要求，每 $1m^3$ 混凝土水泥用量或掺合料最大用量，应符合混凝土耐久性要求，进行大体积混凝土配合比试配时，应适当延长标准养护龄期，以 42d、60d 或 90d 标养龄期的℃·d 相当于实体工程 28d 左右龄期的强度发展，进行试配。

上述只是经验值参考，尚须进一步试验，以臻完善。

（二）实例二

本实例工程位于宁夏银川市丽景街，此酒店工程基础底板混凝土设计强度等级为 C55，抗渗等级为 P8。混凝土施工采用泵送预拌混凝土，底板混凝土平均厚度为 1.5m，最厚部位为 2.5m，其中，最大一块浇筑方量为 $2900m^3$。

结合该工程的具体情况，主要解决混凝土后期强度的充分利用、混凝土原材料的选择、混凝土配合比的设计、混凝土生产过程中的保温和施工过程中保湿养护，以及混凝土内部温度的监测等技术问题。

1. 原材料的选用

（1）水泥

根据宁夏地区各水泥厂家水泥质量特性，采用宁夏青铜峡水泥股份有限公司生产的"青铜峡"牌 P·O42.5 级水泥，该水泥 C_3A 含量较低、水化热较低，并且与泵送剂适应性好，其性能见表 2-38 所示。

表 2-38 P·O42.5 水泥的各项性能指标

细度	凝结时间/min		安定性	抗折强度/MPa		抗压强度/MPa	
比表面积/(m²/kg)	初凝	终凝		3d	28d	3d	28d
358	146	215	合格	5.0	8.9	26.8	48.1

（2）复合矿物掺合料

为了保证胶凝材料与集料的胶结强度，提高混凝土的和易性和密实性，降低水泥用量，降低混凝土的水化热和收缩率造成的不利影响，试验采用多组分复合矿物掺合料，即矿渣微粉、粉煤灰和硅灰的"三掺"技术应用。复合矿物掺合料与水泥水化产物中的氢氧化合物发生化学反应，生成水化硅酸钙，大大改善了混凝土的集料界面性能，另外，复合矿物掺合料的使用，填充了水泥、集料彼此之间的空隙，达到"微集料"作用，并改善了混凝土拌合物的流动性和易性，提高了水泥浆与集料界面的密实程度。

1）粉煤灰

选用灵武热电厂生成的Ⅰ级风选粉煤灰，其粉煤灰的各项技术性能见表 2-39 所示。

表 2-39　粉煤灰的各项性能指标

烧失量 /%	0.045 筛 筛余量/%	SiO_2 /%	Al_2O_3 /%	CaO /%	MgO /%	Fe_2O_3 /%	SO_3 /%	需水比 /%
3.68	6.9	55.7	28.2	2.3	2.2	8.0	0.73	93

2）矿渣微粉

选用平罗高强矿渣微粉厂生产的 S95 级矿粉,其各项技术性能见表 2-40 所示。

表 2-40　矿渣微粉的主要技术性能

密度 /（g/cm^3）	比表面积 /（m^2/kg）	碱含量 /%	氯离子含量 /%	需水量比 /%	活性指数/%		
					3d	7d	28d
2.80	426	0.52	0.018	95	76	85	102

3）硅灰

选用银川市俊逸工贸公司生产的加密硅灰,各项性能技术性能见表 2-41。

表 2-41　硅灰的主要技术性能

SiO_2 /%	Al_2O_3 /%	Fe_2O_3 /%	CaO /%	MgO /%	烧失量 /%	活性指数 /%（28d）	比表面积 /（m^2/kg）
88.0	1.45	2.22	0.57	1.03	2.60	98.0	14335.0

（3）外加剂

1）泵送剂

选用宁夏科进砼业有限公司生产的复合聚羧酸高效减水剂泵送剂,含有一定缓凝、引气组分,可大幅度降低水胶比,是复合矿物掺合料使用的最有效的技术保障措施,该泵送剂主要应用于 C50 以上强度的混凝土,效果显著,其各项技术性能如表 2-42 所示。

表 2-42　泵送剂的主要技术性能

检验项目	减水率/%	抗压强度比/%			坍落度保留值/mm		压力泌水 率比/%
		3d	7d	28d	30min	60min	
检验结果	31.6	162	154	139	198	192	55.7

2）抗裂防水剂

选用宁夏科进砼业有限公司生产的 HEA 抗裂防水剂。

（4）砂

选用青铜峡水洗砂,无碱集料反应危害,含泥量 2.0%,泥块含量 0.4%,细度模数 2.8,表观密度 2660kg/m^3,堆积密度 1510kg/m^3;适用于配制高强度等级混凝土。

（5）碎石

选用开山石料厂生产的 5~25mm 的连续级配破碎石灰石，碱活性低，压碎指标值 8.7%，针片状颗粒含量 9.3%，含泥量 0.2%，泥块含量无，表观密度 2740kg/m³，堆积密度 1520kg/m³。

2. 配合比设计

混凝土配合比设计以耐久性、经济性为原则，通过控制胶凝材料总量，采用提高复合矿物掺合料掺量，降低水泥用量，同时降低水胶比的配料方法，来有效降低大体积混凝土的绝对温升值和混凝土浇筑后的内外温差及降温速度。

掺入优质粉煤灰可以提高混凝土的和易性，与泵送剂共同产生减水效果的叠加效果；掺入适量硅灰可将填充在新拌浆体的孔隙之中的填充水置换出来成为自由水，而高效减水剂可减少表层水的数量，两者结合，可实现拌合物在低水胶比下也能获得较大的流动性；硅灰表面是圆形光滑颗粒，在新拌浆体中起"滚珠"润滑作用，增大流动性和泵送性，硅灰在常温下能与水泥水化时析出的氢氧化钙发生二次反应，生成低碱性水化硅酸钙和水化铝酸钙，并且由于高比表面积在胶结料中起到微孔填充作用，大大提高了混凝土强度和密实性；掺入 S95 级矿渣微粉可等量替代水泥的掺量，实现降低混凝土早期水化热，保证混凝土的后期强度。

由于加大掺入复合矿物掺合料掺量会导致矿物掺合料表面吸附水膜的氢氧化钙浓度降低而不利于水化的进行，甚至会造成混凝土强度低，表层不耐磨等缺陷，所以必须降低混凝土水胶比，减少拌合用水，使颗粒吸附水膜减薄，使溶液量饱和并析出晶体，颗粒间距接近，产生水化胶体构成结晶体并产生粘结强度，应用聚羧酸高效减水剂复合的泵送剂，使降低水胶比成为可能；因此，降低水胶比和加大复合矿物掺合料掺量是本次试验研究的根本措施。

表 2-43 是 C55 大体积混凝土配合比，表 2-44 是对应各配合比混凝土的性能指标，根据混凝土水化热，耐久性及强度等技术要求，选定 06 号混凝土配合比作为施工配合比。

表 2-43　C55 大体积混凝土配合比/（kg/m³）

序号	水	水泥	粉煤灰	矿粉	硅灰	砂	碎石	泵送剂	抗裂剂
01	162	425	60	75	0	665	1010	15.5	25.5
02	167	425	50	75	50	660	1015	15.0	25.5
03	162	425	50	45	42	665	1010	15.2	25.5
04	162	425	60	55	20	665	1010	14.8	25.5
05	156	390	70	80	25	680	1000	13.6	23.4

续表

序号	水	水泥	粉煤灰	矿粉	硅灰	砂	碎石	泵送剂	抗裂剂
06	156	390	60	80	39	680	1000	13.8	23.4
07	156	390	60	55	55	670	1005	14.3	23.4
08	156	390	80	90	0	680	1000	14.5	23.4

表 2-44　C55 大体积混凝土主要物理性能指标

序号	坍落度/mm	1h 后坍落度/mm	7d 抗压强度/MPa	28d 抗压强度/MPa	56d 抗压强度/MPa
01	215	180	53.1	66.5	70.5
02	190	165	54.5	69.3	74.6
03	210	200	56.6	67.4	72.0
04	200	190	48.2	60.3	65.8
05	200	180	48.2	60.3	67.0
06	215	205	53.3	66.8	73.5
07	190	160	50.5	64.7	69.4
08	210	180	48.7	58.8	62.1

3. 混凝土生产及施工过程质量保证措施

大体积混凝土质量保证措施主要从原材料质量控制、混凝土配合比控制及早期混凝土养护三个方面入手。

首先要求混凝土搅拌站确保使用合格的原材料,加强对原材料的检测频率,防止不合格原材料的使用对混凝土实体造成损失。

其次在配合比的控制管理方面,在每次开盘前要求搅拌站对设备进行巡检,并对计量称重系统进行校准,准确测定砂石料的含水率,开出施工配合比供搅拌站进行生产,对含水率波动较大的砂石料应先堆场均化后再使用,防止砂石料因为水分的自然渗透导致混凝土的质量波动。

为降低混凝土的入模温度,搅拌站不得将砂石料露天存放,应在砂石料仓上建设遮阳棚,并不得使用新鲜水泥。

混凝土浇筑完成后,振捣抹压完毕后必须及时覆膜,待到终凝后,覆盖棉毯或草帘二至三层,并及时浇水蓄水养护,养护不得少于 14 天。

在保温养护过程中,应保持混凝土覆盖保湿材料表面的湿润,不得缺水。保温养护是大体积混凝土施工的关键环节,其目的主要是降低大体积混凝土浇筑实体的内外温差值以降低混凝土实体的自约束应力;其次是降低大体积混凝土浇筑实体的降温速度,充分利用混凝土的抗拉强度,以提高混凝土实体承受外约束力的抗裂能力,达到控制温度裂缝的目的。同时,在养护过程中保持良好的湿度条件,使混凝土在良好的环境下养护。

4. 混凝土的测温结果

按照制定的测温方案,对最大一块混凝土实体结构进行了温度监测,为了准确测出混凝土内部与表面的实际温差,每个监测点分别在混凝土的层面、中心和底层布设了温度传感器,同时监测了气温的变化,可以评价外保温措施的实际效果,控制内部温差。图 2 – 3 是其中一个点的温度监测过程,温度监测从混凝土入模开始,持续约 14 天。温度监测结果表明,混凝土的中心部位最高温度在第三天左右出现,为 72.6℃,混凝土内部最大温差为 23.4℃,在第五天出现,其余区域的混凝土里表温差均在 25℃ 以内,符合规范的要求。温度监测结束后对混凝土进行了详细的检查,没有发现裂缝。

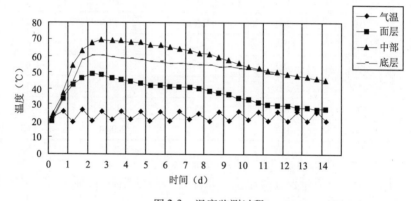

图 2-3　温度监测过程

5. 结论

(1)大体积高强混凝土的配合比设计,应从降低水化热、控制温差的角度出发,并且要保证混凝土的强度等级要求,关键是选用复合矿物掺合料,降低水泥用量,延长混凝土的龄期,掺加缓凝型外加剂,延迟水泥水化热的释放时间,混凝土浇筑完毕后应及时覆盖保温,浇水养护,防止内外温差产生裂缝。

(2)综合考虑此工程 C55 强度等级要求和降低水化热的预期目标,掺入粉煤灰比例占胶凝材料的 11.0%,矿渣微粉比例占胶凝材料的 14.0%,矿渣微粉等量替代水泥用量,可大幅度降低混凝土早期水化热,并可保证混凝土后期强度。由于矿渣微粉的掺入增加了混凝土的黏性,造成了泵送困难,掺入一定量粉煤灰可有效解决此问题,降低混凝土太大的黏聚性,降低混凝土水化热。

(3)掺入水泥用量的 7% ~10% 的硅灰,是最为适宜的比例,可提高混凝土的抗压抗折强度,降低水泥用量,增加混凝土的流动性,降低水胶比,最终实现了低水胶比、高复合矿物掺合料掺量的配料方法。

(4)复合矿物掺料的应用,可带来减水、缓凝、增强抗拉、密实耐久等作用,与高减水率的聚羧酸减水剂配合,实现了"多掺"技术的超叠加效应。

（5）复合矿物掺合料的应用，实现了"低碳水泥""绿色混凝土"的生产，本研究成功控制了大体积混凝土裂缝出现和发展的过程，确保了工程质量，创造了很大的经济效益和社会效益。

五、结语

大体积混凝土工程的温控施工核心，需要从大体积混凝土施工的各个环节控制混凝土浇筑块体内部温度及其变化，以达到控制混凝土浇筑块体浇筑裂缝的目的，尤其是前期的配合比设计也尤为重要。大体积混凝土配合比选择时应考虑施工用混凝土配合比在满足设计要求及施工工艺要求的前提下，应尽量减少水泥用量，以降低混凝土的绝热温升，这样就可以使混凝土浇筑后的里外温差和降温速度控制的难度降低，也可以降低养护的费用。同时用降低水泥量、掺加矿物掺合料的方法来降低混凝土的绝热温升值，这是大体积混凝土配合比选择时所具有的特殊性。

大体积混凝土工程施工过程中，既要做好混凝土配合比的确定，又要选择好原材料，在做好大体积混凝土工程施工过程中温度控制的同时，才能有效保证大体积混凝土的工程质量要求。

第五节　特殊混凝土配合比设计

随着建筑业的高速发展，各方对混凝土的质量和性能的要求也不断提高。而普通混凝土则存在着这样那样的不足，为了克服这些不足逐渐开发出了许多特种性能混凝土。

特种混凝土是根据工程环境的要求对混凝土的性质提出特殊的要求，如轻集料混凝土、道路混凝土、水工混凝土、纤维混凝土、耐热混凝土、耐酸混凝土及防辐射混凝土等。每种混凝土都与传统混凝土相比，其拌合物的配合比设计，都有其自身的特点。这些特种混凝土的定义其实存在交叉之处，又难以完全重合。进行不同混凝土的配合比设计时，必须把混凝土的某些性能突出，并以普遍原则或规律指导不同混凝土配合比的设计。在这里简单的对轻集料混凝土、透水混凝土和防辐射混凝土的配合比设计做简要概述。

一、轻集料混凝土配合比设计

以天然多孔轻集料或人造陶粒作粗集料（轻粗集料），天然砂或轻砂作细集料（轻细集料），用硅酸盐水泥、水和外加剂（或不掺外加剂）按配合比要求配制而成的堆积密度不大于 $1900kg/m^3$ 的混凝土，通常被称作轻集料混凝土。若粗、细集料均是轻质材料，又称全轻集料混凝土。若粗集料为轻质，细集料全部或部分采用普通砂,则称砂轻混凝土。

轻集料混凝土具有轻质、高强、密度小、保温性好、隔音好和抗震性好等特点,适用于高层、大跨度建筑以及高抗震区等,主要被用来生产砌块、生产屋面隔热层和大板等。这种新技术已经被广泛应用于各种建筑,并具有良好的效果。

轻集料混凝土按其在建筑工程中的用途不同分为保温轻集料混凝土、结构保温轻集料混凝土和结构轻集料混凝土;按其所用轻集料的品种分为工业废料轻集料混凝土、天然轻集料混凝土和人造轻集料混凝土;按所用细集料品种分为全轻混凝土、砂轻混凝土和无砂轻集料混凝土。

(一)轻集料混凝土的主要组成材料

1. 水泥

一般采用硅酸盐水泥、普通水泥、矿渣水泥、火山灰水泥及粉煤灰水泥。水泥强度等级的确定可参考普通混凝土配合比设计对水泥的要求。

2. 轻集料

轻粗集料,粒径在 5mm 以上,堆积密度小于 1000kg/m³;轻细集料,粒径不大于 5mm,堆积密度小于 1200kg/m³。

粗集料的最大粒径对轻集料混凝土的工作性、强度和耐久性影响最大。标准规定结构轻集料混凝土用的粗集料最大粒径不宜大于 20mm;保温及结构保温轻集料混凝土用的粗集料最大粒径不宜大于 30mm,颗粒级配要符合标准要求。

轻集料按原料来源分为三类:

(1)工业废料轻集料,如粉煤灰陶粒、膨胀矿渣珠、自燃煤矸石、煤渣及其轻砂;

(2)天然轻集料,如浮石、火山渣及其轻砂;

(3)人造轻集料,如页岩陶粒、黏土陶粒、膨胀珍珠岩集料及其轻砂。

3. 水

要求同普通混凝土。

(二)轻集料混凝土的配合比设计

1. 配合比设计要点

(1)应满足表观密度的要求;

(2)满足应考虑的特殊性能;

(3)用水量和有效水胶比的确定:每立方米轻集料混凝土的总用水量减去 1 小时后吸水量(附加用水量)的净用水量称为有效用水量,其与水泥的比值称为有效水胶比。有效水胶比的选择不能超过工程所处环境的最大允许水胶比。

2. 配合比设计步骤

轻集料混凝土的配合比设计可参考《轻集料混凝土技术规程》JGJ 51—2002。轻集料混凝土的配合比设计基本和普通混凝土一样,但需要特别考虑其集料本身的强度和外表密度较小、吸水率非常大等特殊因素。

单位用水量、单位粗集料溶剂根据坍落度、强度、耐久性制定的水胶比以及使用的外加剂种类等来确定。

（1）强度等级和用量

用于拌制轻集料混凝土的水泥强度等级应随混凝土强度的增高相应提高，水泥强度等级和用量的选用可参考表2-45。

表 2-45　不同强度等级轻集料混凝土的水泥等级和用量

序号	轻集料混凝土强度等级	水泥用量/（kg/m³）	水泥强度等级
1	C5.0	200	
2	C7.5	200～250	
3	C10	200～320	
4	C15	250～350	32.5
5	C20	280～380	
6	C25	330～400	
7	C30	340～450	
8	C40	420～500	
9	C50	410～530	42.5
10	C60	430～550	

注：表中：下限值适用于圆球型（如粉煤灰陶粒等）和普通型（如页岩陶粒等）的粗集料。上线适用于碎石型（浮石等）粗集料和全轻混凝土。

（2）用水量和水胶比

净用水量根据混凝土施工条件和稠度要求可按表2-46选用，再根据表2-47选择附加水量。若缺乏轻砂吸水率时，可增加10kg左右的水作为轻砂吸水率的附加水，在试拌时可根据工作性再做适当调整。

表 2-46　轻集料混凝土的净用水量

轻集料混凝土用途	稠度		净用水量/（kg/m³）
	维勃稠度/s	坍落度/mm	
预制构件及制品： （1）振动加压成型 （2）振动台成型 （3）振捣棒或平板振动器振实	10～20		45～140
	5～10	0～10	140～180
		30～80	165～215
现浇混凝土： （1）机械振捣 （2）人工振捣或钢筋密集		50～100	180～225
		≥80	200～230

表 2-47　附加用水量计算

项　　　目	附　加　水　量
粗集料预湿,细集料为普砂	$m_{wa} = 0$
粗集料不预湿,细集料为普砂	$m_{wa} = m_a \times w_a$
粗集料预湿,细集料为轻砂	$m_{wa} = m_s \times w_s$
粗集料不预湿,细集料为轻砂	$m_{wa} = m'_a \times w_a + m_s \times w_s$

注:①w_a、w_s 根本为粗、细集料的吸水率;②当轻集料含水时,必须在附加水量中扣除自然含水量。

水胶比应根据轻集料混凝土的设计要求和混凝土所处的环境条件所规定的最大水胶比选用,见表 2-48。

表 2-48　轻集料混凝土的最大水胶比和最小水泥用量

混凝土所处的环境条件	最大水胶比	最小水泥用量/（kg/m^3）	
		配筋混凝土	素混凝土
不受风雪影响的混凝土	不固定	270	250
受风雪影响的混凝土;位于水中及水位升降范围内的混凝土和潮湿环境中的混凝土	0.50	325	300
寒冷地区位于升降范围内的混凝土和受水压或除冰盐作用的混凝土	0.45	375	350
严寒和寒冷地区位于水位升降范围内的和受硫酸盐、除冰盐等腐蚀的混凝土	0.40	400	375

注:① 严寒地区指最寒冷月份的月平均温度低于 $-15℃$,寒冷地区指最寒冷月份的月平均温度处于 $-5℃ \sim -15℃$。
　　② 水泥用量不包括掺合料。
　　③ 寒冷和严寒地区用的轻混凝土应掺入引气剂,其含气量宜为 5% ~ 8%。

（3）砂率

砂率主要根据粗集料的粒型和砂的品种来决定,不同用途的轻集料混凝土砂率也有所不同,见表 2-49。

表 2-49　轻集料混凝土的砂率

轻集料混凝土用途	细集料品种	砂率/%
预制构件	轻砂	35 ~ 50
	普通砂	30 ~ 40
现浇混凝土	轻砂	
	普通砂	35 ~ 45

注:① 当普通砂和轻砂混合使用时,砂率宜取中间值。②当采用圆球型轻集料时,砂率宜取表中下限值,采用碎石型时,宜取上限值。

当采用松散体积法设计配合比时,粗细集料松散状态的总体积可按表2-50选用。

表2-50　粗细集料总体积

轻粗集料粒型	细集料品种	粗细集料总体积/m³
圆球型	轻砂	1.25~1.50
	普通砂	1.10~1.40
普通型	轻砂	1.30~1.60
	普通砂	1.10~1.50
碎石型	轻砂	1.35~1.65
	普通砂	1.10~1.60

松散体积法是假定 $1m^3$ 轻集料混凝土中所用的粗细集料的松散体积之和为粗细集料的总体积。

(4)干表观密度

根据计算出来的材料用量估算混凝土的干表观密度,并与设计要求的干表观密度进行比较,如误差大于2%,则按式(2-31)重新调整和计算配合比。

$$\rho = 1.15m_c + m_a + m_s \qquad (2-31)$$

其中:ρ 为轻集料混凝土的干表观密度。

3. 轻集料混凝土的试配,并进行配合比调整。

(三)实例分析

某工程现浇素混凝土楼面,轻集料棍凝土设计强度等级为C10,施工要求混凝土坍落度,50~100mm,施工单位无历史统计资料。

1. 原材料情况如下:

水泥:32.5级普通硅酸盐水泥;

轻粗集料:页岩陶粒,其堆积密度为 $620kg/m^3$,一小时吸水率为4.0%;

砂:普通中砂,堆积密度为 $1450kg/m^3$。

试配强度为C10,干表观密度≤ $1400kg/m^3$ 的轻集料混凝土,现场采用机械振捣,使用部位为楼面,不受风雪影响。

2. 试配步骤如下:

根据轻粗细集料品种确定混凝土为砂轻混凝土,可以用松散体积法试配。

(1)计算混凝土的试配强度:$10 + 1.645 \times 4.0 = 16.6$(MPa);

(2)根据表2-45、表2-48、表2-49分别选择水泥用量为250kg和砂率为35%;

(3)根据表2-50选择粗细集料总体积为 $1.20m^3$;

(4)计算细集料用量:$V_s = 1.20 \times 35\% = 0.42$(m³),$m_s = 0.42 \times 1450 = 609$(kg);

115

（5）计算粗集料用量：$V_a = 1.20 - 0.42 = 0.78(m^3)$，$m_a = 0.78 \times 620 = 484(kg)$。

（6）根据坍落度要求和混凝土用途选择净用水量为185kg，再根据粗集料的预湿处理方法和细集料的品种选择附加水。

如果砂为轻砂，并缺乏轻砂吸水率的数据，在选择净用水量时应增加10kg水，作为考虑轻砂吸水率的附加水。如果缺乏粗集料一小时吸水率时，建议对轻粗集料进行预湿处理。预湿时间可按外界气温和来料的自然含水状态确定，应于施工提前半天或一天对轻粗集料进行淋水或泡水预湿，然后过滤水分进行投料。

该试配方案中总用水量为 $185 + 484 \times 4.0\% = 204(kg)$。

（7）核算混凝土干表观密度

根据式（2-31），$\rho = 1.15 \times 250 + 484 + 609 = 1380.5(kg/m^3) \leqslant 1400(kg/m^3)$。符合设计要求的干密度要求。

（8）计算试模溶剂和试配用料量

试模体积：$0.15 \times 0.15 \times 0.15 \times 2 \times 3 = 0.02025(m^3)$；

试配用料体积：$0.02025 \times 1.05 = 0.0213(m^3)$；

试配材料质量：

水泥：$250 \times 0.0213 = 5.32(kg)$；

陶粒：$484 \times 0.0213 = 10.31(kg)$；

砂：$609 \times 0.0213 = 12.97(kg)$；

水量：$204 \times 0.0213 = 4.35(kg)$。

试拌用水量符合和易性要求，测得湿表观密度为1578kg/m³，一般湿表观密度比干表观密度多150~200kg/m³，这样干表观密度大约为1378~1428kg/m³，符合要求。

（9）试配的三组配合比，其中水泥用量为250kg/m³的28天的抗压强度和干表观密度符合设计要求。水泥用量为225kg/m³和275kg/m³的抗压强度和干表观密度与设计要求相差较大。

调整配合比：

校正系数为：$1578/(250 + 484 + 609 + 205) = 1.02$；

水泥：$250 \times 1.02 = 255(kg)$；

陶粒：$484 \times 1.02 = 494(kg)$；

砂：$609 \times 1.02 = 621(kg)$；

水量：$204 \times 1.02 = 208(kg)$。

二、透水混凝土配合比设计

透水混凝土又称多孔混凝土，其是由集料、水泥和水拌制而成的一种多孔轻质混凝土,它不含细集料,由粗集料表面包覆一薄层水泥浆相互粘结而形成孔穴均匀分布的蜂窝状结构,具有透气、透水和质量轻的特点,也可称排水混凝土。

透水混凝土在美国从 20 世纪 70～80 年代就开始研究和应用,不少国家都在大量推广,如德国预期要在短期内 90% 的道路改造成透水混凝土,改变过去破坏城市生态的地面铺设,使透水混凝土路面取得广泛的社会效益。

(一)透水混凝土的原材料

透水混凝土的原材料主要有水泥、外加剂、增强料和集料等。

1. 水泥

水泥应采用强度等级不低于 42.5 级的硅酸盐水泥或普通硅酸盐水泥,每 $1m^3$ 透水混凝土中,单位水泥用量应在 $260～320kg/m^3$,水泥的物理性能和化学成分应符合《通用硅酸盐水泥》GB 175—2007 的规定。

2. 外加剂应符合现行国家标准《混凝土外加剂》GB 8076 的规定。

3. 为保证透水混凝土集料颗粒之间的连接性,可采用增强料,每 $1m^3$ 透水混凝土中增强料的掺加量不小于 20kg,材料指标应符合表 2-51 要求。

表 2-51 增强料的技术指标

聚合物乳液	含固量/%	延伸率/%	极限拉伸强度/MPa
	40～50	≥150	≥1.0
活性 SiO_2		活性 SiO_2 应大于85%	

4. 透水混凝土采用的集料,必须采用质地坚硬、耐久、洁净、密实的碎石料,碎石的性能指标应符合现行国家标准《建设用卵石、碎石》GB/T 14685 中的二级要求。

同时,透水混凝土级配碎石层应符合以下规定:集料压碎值不大于 26%;最大粒径不宜大于 26.5mm;集料中小于等于 0.075mm 的颗粒含量不超过 3%;有效空隙率大于等于 15%;集料级配应符合表 2-52 要求。

表 2-52 透水级配碎石基层集料级配表

筛孔尺寸/mm	26.5	19	13.2	9.5	4.75	2.36	0.075
通过质量百分率/%	100	85～95	65～80	55～70	55～70	0～2.5	0～2

(二)混凝土的配合比设计

影响透水混凝土性能的因素主要有原材料性能、配合比、成型方法和养护条件等。其中强度和透水性是对立的,确定配合比参数时须综合考虑。

1. 水胶比既影响透水混凝土的强度又影响其透水性。水泥浆过于干稠,混凝土拌合物和易性太差,水泥浆不能充分包裹集料表面,不利于提高混凝土的强度;反之,若水胶比过大,稀水泥浆可能将透水孔隙部分全部堵死,既不利于透水,又不利于强度的提高。最佳水胶比介于 0.25～0.35。

2. 骨灰比的大小影响集料颗粒表面包裹的水泥浆薄厚程度以及孔隙率的多少。当水泥用量一定时,增大骨灰比,集料颗粒表面水泥浆厚度减薄,孔隙率增加,透水性提高,但强度却降低了;反之,则透水性降低,强度提高。考虑较小粒径集料的表面积较大,为保持水泥浆体的合理厚度,小粒径集料的骨灰比应适当小一些。通常采用的骨灰比在 5.6～7.0。

3. $1m^3$ 透水混凝土所用集料总量取集料的紧堆密度。

4. 根据集料的体积空隙率及胶凝材料在集料内的填充率为 25%～50%,确定水泥用量。

(三)实例分析

如某高速路建设工程工地试验室 C15 透水混凝土的配合比设计,使用部位为垫层(透水)。

1. 原材料选用

粗集料:当地某料场(9.5～26.5mm)碎石。

水:饮用水。

水泥:当地水泥有限责任公司生产 42.5 级普通硅酸盐水泥。

2. C15 透水混凝土配合比设计

根据透水混凝土透水所要求孔隙率和结构特征,可以认为 $1m^3$ 混凝土外观体积有集料堆积而成。因此,配合比设计的原则是将集料颗粒表面用一层薄水泥浆包裹(约 1.0mm),并将集料互相粘结起来,形成一个整体,具有一定的强度,而不需要将集料之间的孔隙填充密实。$1m^3$ 透水混凝土透水的质量应为集料的紧密堆积密度和单方水泥用量及水用量之和。

(1)原材料的选择及用量

1)透水混凝土原材料的选择主要是水泥强度等级、粗集料的类型、粒径及级配。因此,透水混凝土应采用高强度等级水泥及较大幅度级配的卵石集料配制。$1m^3$ 混凝土所用的集料总量取集料的紧密堆积密度的数值,经取样试验碎石的紧密堆积密度为 $1685kg/m^3$。

2)水泥用量可在保证最佳用水量的前提下,适当增加用量,可有效地提高无砂混凝土的强度。通常水泥用量在 260～320kg/m^3 范围内。

3)粗集料:9.5～26.5mm 碎石。

(2)水胶比的选择

水胶比既影响无砂混凝土强度,又影响其透水性。一般无砂混凝土的水胶比介于 0.25～0.40 之间,如果水泥浆在集料颗粒表面包裹均匀、没有水泥浆下滴现象,则说明水胶比比较合适。

3. 混凝土配合比试配,调整及确定。

进行配合比试配,根据拌合混凝土进行观察,水泥浆在集料颗粒表面包裹均匀、没有水泥浆下滴现象,并将集料互相粘结起来,形成一个整体。试验结果见表2-53,经试拌、考虑原材料用量及28d抗压强度结果最终配合比确定为:水泥:水:集料 = 310:102:1685(kg/m³)。

表2-53 相同的骨灰比不同水胶比的试验结果

试样编号	设计强度/MPa	配合比 ($C:W:S$)	各项材料用量/(kg/m³)			28d 抗压强度/MPa
			水泥	水	碎石	
1	C15	1:0.36:5.4	283	102	1539	19.5
2	C15	1:0.33:5.4	310	102	1685	23.8
3	C15	1:0.31:5.4	329	102	1777	27.6

三、防辐射混凝土配合比设计

防辐射混凝土是一种能够有效防护对人体有害射线辐射的新型混凝土,又称屏蔽混凝土、防射线混凝土等。其容重较大,对 γ 射线、X 射线或中子辐射具有屏蔽能力,不易被放射线穿透的混凝土。常用作铅、钢等昂贵防射线材料的代用品,或用于原子能反应堆、粒子加速器,以及工业、农业和科研部门的放射性同位素设备的防护。

(一)防辐射混凝土的要求

1. 防 γ 射线要求混凝土的容重大。

2. 防护快中子射线时,要求混凝土中含轻元素。最好含有较多的水(因为水中有轻元素氢)、石蜡等慢化剂。

3. 防护慢速中子射线时,要求混凝土中含硼。

4. 要求混凝土热导率大、热膨胀和干燥收缩小。

根据以上要求可知,防护 γ 射线和中子射线对混凝土的要求是不同的。前者要求容重大,后者要求含水多(含水约在 200kg/m³)及含一定的轻元素。当需同时防护两种射线时,可将混凝土制成容重大、保持一定的含水量和轻元素的防辐射混凝土。如采用保水性能好的水泥,或使用含结合水多的重集料或掺加硼等外加剂,也可在重混凝土(如钢筋集料混凝土)的外表层涂以石蜡或另加防护水层。因此,制备防辐射混凝土时应对原材料进行有针对性的选择。

(二)防辐射混凝土原材料要求

防辐射混凝土对原材料要求比较特殊,胶凝材料一般采用水化热较低的硅酸盐水泥,或高铝水泥、钡水泥、镁氧水泥等特种水泥。用重晶石、磁铁矿、褐铁矿、废铁块等作集料。加入含有硼、镉、锂等的物质,可以减弱中子流的穿透强度。

1. 水泥

防辐射混凝土所用水泥原则上应采用相对密度较大的水泥,以增加水泥硬化后的防辐射能力。因为所有的水泥水化产物都含结晶水,能起到一定的吸收快速中子的作用。

具体水泥品种的选择应是工程的需要,一般的工程可以采用硅酸盐水泥、普通硅酸盐水泥。体积较大的混凝土结构应选择水化热较小的水泥。对于有耐热要求的混凝土结构物,如核反应堆的防护构筑物,则应选择耐热性能较好的水泥,如矾土水泥。

对设计防护要求更高的水泥,也可选用一些专用特种水泥,如含重金属硅酸盐(硅酸钡、硅酸锶)水泥及含铁较高的高铁硅酸盐水泥。

2. 集料

选择合适的集料是配制防辐射混凝土的关键,原则上防辐射混凝土的集料应是一种高密度的材料。

(1)常用集料的品种

常用的集料品种主要有重晶石,其主要成分是 $BaSO_4$;铁矿石类集料铁质或钢质集料,常用的有废钢铁、各种钢球、钢锻、铁砂、铁屑等;含硼集料。

(2)集料的粒径

粗集料的最大粒径 $D \leqslant 40mm$。同时要满足钢筋间距、构建截面尺寸的要求;细集料的平均粒径应为 $1.0 \sim 2mm$。

3. 掺合料

为了进一步加强防辐射混凝土的抗射线能力,在施工时还可以掺加一些有特殊作用的掺合料。目前主要有硼和锂化合物的粉粒料。

(三)防辐射混凝土的配合比设计

防辐射混凝土配合比设计在基准混凝土配合比设计的基础上应注意,在设计防辐射混凝土配合比设计时,为了得到需要的防辐射性能以及混凝土本身应该具有的强度和耐久性,必须要在进行实际配比测试后再决定其最终配合比。

如果使用的是密度较大的集料,则集料发生分离的危险性会提高,需要将坍落度设计的比较小一点,可设计为到达目的地时应达到150mm以下。

当在原子能设施上使用时,混凝土将面临高温考验,必须事先确认高温中的强度、静弹性系数、形状尺寸和密度等在允许范围之内。

(四)实例分析

某地医院放疗中心建筑面积 $1220.95m^2$,底板厚600mm,混凝土量 $198m^3$;壁板厚分2030mm、1200mm、1250mm三种,混凝土量 $600m^3$;顶板厚分1000mm及1800mm两种,混凝土量 $600m^3$。混凝土浇筑总量为 $1398m^3$,强度等级为 C20。

该工程楼内安装 1 台钴 Co60 直线加速器,为减少对人体的危害,设备周围及上顶板、下面筏板基础均采用普通混凝土进行防护,属屏蔽混凝土,混凝土采用泵送。

1. 原材料

强度等级 32.5 的普通水泥,密度 3.08g/cm³,水泥活性 46.8MPa;某地河砂,细度模数 2.4,含泥量 < 4.7%;某地产粒径 5~40mm 连续粒级碎石,堆积密度 1452kg/m³,表观密度 2435kg/m³,含泥量 0,压碎指标 8.6%;高效减水剂(缓凝型),掺量 1.0%,微膨胀剂,掺量 10%。

2. 配合比设计

经计算确定水胶比为 0.64;在满足泵送工艺要求的坍落度情况下,用水量为 185kg/m³,水泥用量 289kg/m³。

由于本工程混凝土除需满足施工强度及和易性要求外,还应具有吸收 γ 射线所需的干密度,故在计算过程中,混凝土的计算干密度按 2500kg/m³ 考虑。确定砂 912kg/m³,石子 1114kg/m³。高效缓凝减水剂掺量为水泥用量的 1%,即 2.89kg/m³;微膨胀剂 10%,采用内掺法,即 31.8kg/m³,水泥实际用量为 257.2kg/m³。

经综合各种因素进行对比试验,确定混凝土施工配合比为:水泥 315kg/m³,水 190kg/m³,砂 918kg/m³,石 1077kg/m³,高效缓凝减水剂为 2.36kg/m³,微膨胀剂为 31.5kg/m³。混凝土坍落度为 150mm。

混凝土坍落度经时损失率经测试(室内测试),损失度 10.8%,基本满足泵送要求。初凝时间为 6h32min,终凝时间为 9h12min,满足要求。

参考文献

[1]王宝民,涂妮. 国内外混凝土配合比设计方法研究进展[J]. 商品混凝土,2010,(12)

[2]特别策划:混凝土配合比设计[J]. 商品混凝土,2011,(10)

[3]钟佳墙,梁新利,尹文等. 浅谈商品混凝土配合比设计和生产控制要点[J]. 商品混凝土,2010,(12)

[4]李品坚. 混凝土原材料的选用和质量控制[J]. 广东建材水泥与混凝土,2007,(10)

[5]《普通混凝土配合比设计规程》JGJ 55—2011. 中华人民共和国住房和城乡建设部

[6]廉慧珍,李玉琳. 关于混凝土配合比选择方法的讨论——关于当代混凝土配合比要素的选择和配合比计算方法的建议之二[J]. 混凝土,2009,(5)

［7］刘娟红，宋少民.绿色高性能混凝土技术与工程应用［M］.中国电力出版社，2010

［8］余志武，潘志宏，谢友均等.浅谈自密实高性能混凝土配合比的计算方法［J］.混凝土，2004，（1）

［9］陈春珍，张金喜，陈炜林等.自密实混凝土配合比设计方法适用性的研究［J］.混凝土，2009，（12）

［10］郭雯，张宁宁.自密实混凝土配合比设计方法研究［J］.山西建筑，2010，36（4）

［11］汶向前，王稷良，单俊鸿等.自密实混凝土配合比设计方法的对比试验研究［J］.混凝土，2011，（12）

［12］陈建奎.混凝土配合比设计新法——权计算法（PPT），2011.1

［13］刘福战.自密实高性能混凝土技术性能研究［J］.商品混凝土，2011，（2）

［14］赵峥.高强混凝土配合比设计及其龄期强度规律研究［J］.混凝土，2011，（10）

［15］刘静，王元纲，黄凯健.高性能混凝土配合比设计的全计算方法相关参数优化［J］.混凝土与水泥制品，2011，（8）

［16］姚武.高强混凝土的原材料选择［J］.工程综合技术，2000，（1）

［17］戴鹏飞.高强混凝土配合比设计浅析［J］.北方交通，2008，（3）

［18］周刚.关于高强混凝土配合比设计［J］.建材研究与应用，2002，（5）

［19］卢进亮.高强混凝土配合比确定方法的探讨［J］.广西大学学报（自然科学版），2000，25（1）

［20］万建成.C60高强高性能混凝土的配制与应用［J］.商品混凝土，2010，（9）

［21］陈强.C90高性能混凝土配合比设计［J］.商品混凝土，2011，（12）

［22］江昔平，王社良，段述信等.大体积混凝土优化时应注意的一些关键问题［J］.混凝土，2009，（1）

［23］陈继锋.监理对大体积混凝土原材料的控制［J］.工业技术，2009，（16）

［24］刘斌，韩志强，范贵军等.大体积混凝土的配合比设计及原材料的质量要求［J］.科技信息，2010，（18）

［25］李占文.大体积混凝土配合比及原材料的选择［J］.工程施工，2010，（3）

［26］王爱勤，张承志.大体积混凝土配合比设计中一些问题的思考［J］.水利发电，2003，29（4）

［27］梁蜜达.配合比优化设计在大体积混凝土中的应用［J］.新型建筑材料，2010，（8）

［28］王玉瑛，郝文明，杜守明.大体积混凝土配合比的试验［J］.商品混凝土，2011，（4）

[29]孙志强,李佳奇. C55 大体积混凝土中应用复合矿物掺合料的配合比设计研究[J]. 商品混凝土,2011,(12)

[30]小林一辅(日). 混凝土实用手册[M]. 中国电力出版社,2010

[31]刘燚. 轻集料混凝土的配合比设计[J]. 商品混凝土,2008,(2),

[32]孟宏睿,陈丽红,薛丽皎. 透水混凝土的配制[J]. 建筑技术,2005,36(1)

[33]孟宏睿,徐建国,陈丽红. 无砂透水混凝土的试验研究[J]. 混凝土与水泥制品,2004,(2)

[34]王智,钱觉时,张朝辉. 多孔混凝土配合比设计方法初探[J]. 重庆建筑大学学报,2008,30(3)

[35]程建民,赵德胜,王怀军. 大体积防辐射混凝土配合比设计与施工质量控制[J]. 建筑技术,32(5)

第三章　商品混凝土常见质量问题及其防治

第一节　混凝土强度不足

混凝土施工的强度是当前建筑业界最重视的一个环节,建筑质量的优劣决定于混凝土的强度和操作技术,因此,混凝土强度是工程建设最为重要的关键问题。评定混凝土强度,采用的是标准试件的混凝土强度,即按照标准方法制作的边长为 150mm 标准尺寸的立方体试件,在温度为 20℃±3℃、相对湿度为 90% 以上的环境或水中的标准条件下,养护至 28 天时按标准试验方法测得的混凝土立方体抗压强度。

混凝土强度不足是指施工阶段中混凝土的强度未达到设计标准所要求的数据值。所造成的后果是混凝土抗渗性能降低,耐久性降低,构件出现裂缝和变形,承载能力下降,严重者会影响到建筑物正常使用甚至造成安全事故。鉴于混凝土强度不足造成的危害,弄清造成混凝土强度不足的原因及采取何种措施进行控制是非常必要的。现仅从原材料、配合比、施工工艺等方面分析、控制混凝土的强度。

一、混凝土强度不足的原因

1. 原材料质量存在问题

混凝土是由水泥、砂、石、水、外加剂、掺合料按一定比例拌合而成的,原材料质量的好坏与否直接影响到混凝土的强度。

(1)水泥质量不合格

水泥质量不好是造成混凝土强度不足的关键因素。水泥质量不好主要包括强度低和安定性不合格两个方面。

1)安定性不合格:一般是由于熟料中所含的游离氧化钙、氧化镁过多或掺入的石膏过多。在水泥硬化后,它还会继续与固态的水化铝酸钙反应生成高硫型水化硫铝酸钙,体积约增大 1.5 倍也会引起混凝土开裂。这些开裂大大降低了混凝土的强度。

2)水泥强度低:一是水泥出厂质量差,粉磨较粗的水泥,水化进行较慢,而且水化不完全,所以强度低;二是水泥存储时混放或储存时间较长或保管条件差,造成活性降低,水泥结块,从而影响强度。

3)选择水泥品种有误:如对有抗渗要求的混凝土,优先用普通硅酸盐水泥、火山灰质硅酸盐水泥,不得使用矿渣硅酸盐水泥。

(2)集料质量不良

1)集料中的不良成分含量较高:粗集料中含较多的石粉、黏土等成分,一是会影响集料与水泥的粘结;二是加大集料的表面积,增加用水量;三是黏土颗粒体积不稳定,干缩湿胀,对混凝土有一定破坏作用。细集料中含有硫化物、硫酸盐及腐烂的植物等有机物(主要是鞣酸及其衍生物),对水泥水化产生不利影响,而使混凝土强度降低。

2)集料的形状、粒径选择和自身强度有问题:粗集料中针、片状颗粒的用量若过多或粒径较小时,也会使混凝土强度降低。

(3)拌合水和外加剂质量不合格

拌合水有机杂质较高的沼泽水,pH 值大于 4 的酸性水,工业含油污废水,都可造成混凝土物理力学性能下降。不合格外加剂的使用或外加剂用量不当可造成混凝土强度不足,甚至不凝结事故发生。

2.执行配合比不当

(1)随意配比

1)合理的配合比应是由工地向试验室申请配比,试验室根据工程特点、施工条件等因素,通过试验确定的。但是,目前许多工地却不顾这些特定的条件,仅根据混凝土强度等级指标,随意套用配合比,造成许多强度不足的事故。

2)水胶比控制不当,直接影响混凝土强度。

(2)原材料计量把关不严

水泥、砂、石、水用量不准均会造成强度不足。

3.现场施工工艺不规范

混凝土搅拌、浇筑、振捣不得当,模板使用后不及时修复造成严重漏浆,运输中发生混凝土离析,运输工具漏浆,混凝土养护不当都可造成强度偏低。

二、混凝土的强度控制

1.原材料的控制

(1)水泥

1)对所用水泥应分批检验其安定性和强度。其检验方法应符合现行国家标准《水泥细度检验方法(筛析法)》、《水泥胶砂强度检验方法(ISO 法)》等规定。

2)配制混凝土用的水泥应符合现行国家标准《通用硅酸盐水泥》和《快硬硅酸盐水泥》等的规定;当采用其他水泥时,应根据工程特点,所处环境以及设计、施工的要求,选用适当品种和强度等级的水泥。

3)水泥应按不同品种,强度等级及日期分批分别存储在专用的仓罐或水泥库内。对存储时间超三个月或质量明显降低的水泥,应在使用前对其质量复验,并按复验结果使用或弃用。

目前世界各国水泥品种多达 200 余种,我国也有 80 多种。由于品种不同,其性能差异很大,水泥品种选用不当,所制成的混凝土结构质量差别也就很大,往往造成混凝土强度质量达不到设计要求。因此,在工程设计与施工中应根据工程特点和所处的环境条件,选择不同品种的水泥。如在干燥的环境中宜选用强度增长较快的普通硅酸盐水泥;在厚大体积的混凝土中,宜选用水化热较低的矿渣硅酸盐水泥和火山灰质硅酸盐水泥。

(2)集料

1)进入施工现场的集料应附有质量证明书,根据需要应按批检验其颗粒级配,含泥量及粗集料的针、片状颗粒含量。

2)粗集料最大粒径应不得大于混凝土结构截面的最小尺寸的 1/4,并不得大于钢筋最小净距的 3/4;对于混凝土实心板,其最大粒径不宜大于板厚的 1/2,并不得超过 50mm;泵送用的细集料,对 0.315mm 筛孔的通过量不应小于 15%,对 0.16mm 筛孔的通过量不应小于 5%;

3)集料在生产、运输、存储过程中,严禁混入对混凝土性能有害的成分;现场堆放要按品种、规格堆放,不准混放,要保持洁净。

(3)水和外加剂

1)拌制混凝土用水应符合标准 JGJ 63—2006《混凝土用水标准》的规定:即不能用海水,含有机物较高的沼泽水、油污水、pH 值大于 4 的酸性水等。

2)混凝土外加剂的选用,应符合现行国家标准《混凝土外加剂》的规定;应根据混凝土的性能、施工工艺及气候条件,结合原材料性能、配合比以及水泥的适应性等因素,通过试验确定其品种和掺量。

2. 严格执行配合比制度

(1)严格控制配比

1)混凝土配合比、水胶比除应按国家现行标准的规定,通过设计计算和试配确定外,不得随意改变,不得仅根据混凝土强度等级的指标,随意套用配合比。

2)当配合比的确定采用早期推定混凝土强度时,其试验方法应按国家现行标准进行。混凝土配合比使用过程中,应根据混凝土质量的动态信息及时调整。

(2)监控计量设备和器具

1)对进场的材料特别是水泥要分批检验其质量;

2)施工过程中混凝土各组成材料计量的偏差应控制在 ±2% ~ ±3% 之间;

3)施工中应每班不小于一次测定集料的含水率,当含水率有显著变化时,

应增加测定次数,依据检测结果及时调整水用量和集料用量;

4)计量磅秤每班使用前应进行零点核对。

3. 规范施工工艺

（1）搅拌

1)混凝土搅拌应按有关施工工艺标准的要求在最短时间内按序加料,拌制均匀,颜色一致,不得有离析和泌水现象的拌合物;

2)每一工作班不少于一次的在搅拌地点和浇筑地分别取样检测稠度和坍落度,评定时应以浇筑地点的测值为准。

（2）运输

1)应控制混凝土运至浇筑地点时间不宜过长,不离析,不分层,组成成分不发生变化。

2)运送混凝土容器和管道应不吸水、不漏浆。容器和管道在冬季应有保温措施,夏季最高气温超40℃时,应有隔热措施。

（3）浇筑

1)在浇筑前,应检查和控制模板的平整和板缝,减少漏浆现象;

2)浇筑高度大于3m时,应采用串筒、溜管或振动溜管浇筑;

3)混凝土应振捣成型,根据施工对象及混凝土拌合物性质应选择适当的振捣器,并确定振捣时间。

（4）养护

1)在养护工序中,应控制混凝土处在有利于硬化及强度增长的温度和湿度环境中,使硬化后的混凝土具有必要的强度和耐久性。

2)对洒水养护要控制水中有害成分。自然养护时,应每天记录最高、最低气温及气候变化,防止冬季受冻,夏季暴晒脱水,并记录养护方式和制度。且应养护到具有一定强度后方可撤除养护。

混凝土强度控制应从多方面入手,严格执行规范,做到设计与施工密切配合,加大主动控制力度,以保证建筑物的安全使用,满足使用要求的各种功能,确保建筑物具有足够的耐久性,保证企业的信誉和发展。

三、混凝土强度不足事故的处理方法

1. 检测、鉴定实际强度

当试块试压结果不合格,估计结构中的混凝土实际强度可能达到设计要求时,可用非破损检验方法,或钻孔取样等方法测定混凝土实际强度,作为事故处理的依据。

2. 分析验算

当混凝土实际强度与设计要求相差不多时,一般通过分析验算,挖掘设计潜

力。多数可不作专门加固处理。因为混凝土强度不足对受弯构件正截面强度影响较小,所以经常采用这种方法处理;必要时在验算的基础上,做载荷试验,进一步证实结构安全可靠,不必处理。装配式框架梁柱节点核心区混凝土强度不足,可能导致抗震安全度不足,只要根据抗震规范验算后,在相当于设计震级的作用下,强度满足要求,结构裂缝和变形不经修理或经一般修理仍可继续使用,则不必采用专门措施处理。需要指出:分析验算后得出不处理的结论,必须经设计签证同意方有效。同时还应强调指出,这种处理方法实际上是挖设计潜力,一般不应提倡。

3. 利用混凝土后期强度

混凝土强度随龄期增加而提高,在干燥环境下 3 个月的强度可达 28d 的 1.2 倍左右,一年可达 1.35 ~ 1.75 倍。如果混凝土实际强度比设计要求低得不多,结构加荷时间又比较晚,可以采用加强养护办法,利用混凝土后期强度的原则处理强度不足事故。

4. 减少结构荷载

由于混凝土强度不足造成结构承载能力明显下降,又不便采用加固补强方法处理时,通常采用减少结构荷载的方法处理。例如,采用高效轻质的保温材料代替白灰炉渣或水泥炉渣等措施,减轻建筑物自重,又如降低建筑物的总高度等。

5. 结构加固

柱混凝土强度不足时,可采用外包钢筋混凝土或外包钢加固,也可采用螺旋筋约束柱法加固。梁混凝土强度低导致抗剪能力不足时,可采用外包钢筋混凝土及粘贴钢板方法加固。当梁混凝土强度严重不足,导致正截面强度达不到规范要求时,可采用钢筋混凝土加高梁,也可采用预应力拉杆补强体系加固等。

6. 拆除重建

由于原材料质量问题严重和混凝土配合比错误,造成混凝土不凝结或强度低下时,通常都采用拆除重建。中心受压或小偏心受压柱混凝土强度不足时,对承载力影响较大,如不宜用加固方法处理时,也多用此法处理。

第二节　商品混凝土生产与施工坍落度控制

一、坍落度指标的重要意义

坍落度损失的定义:混凝土拌合物经过一定时间后逐渐变稠而黏聚性增大,流动度逐渐降低的现象。坍落度损失是所有混凝土的一种正常现象,混凝土的坍落度损失快慢取决于水化时间、温度、水泥组成以及所掺的外加剂等因素。

商品混凝土本身是一种半成品,新拌出来的混凝土是否满足设计强度要求,我们当时是无法测定的,因而混凝土质量好坏的信息反馈是十分滞后的,但是混凝土质量有什么异常,均会首先从坍落度这个指标上反映出来,因此,我们唯一有效监控混凝土质量的指标就是坍落度。混凝土坍落度是一项综合性的定量指标,泵送混凝土的流动性、保水性和黏聚性是混凝土定性的表现,可以说,混凝土坍落度是混凝土内在质量的外在表现。坍落度不正常,波动太大还会影响到泵送施工,进而影响到施工质量。因此,对泵送混凝土坍落度的控制就更显得重要,只有确保泵送混凝土施工通畅,才能确保混凝土工程质量。

坍落度损失是坍落度控制的主要任务,其不仅直接影响到外加剂的使用效果,还大大制约了搅拌站的服务半径以及泵送的高度和距离,处理不当就会使卸料困难甚至泵送时发生堵管,给施工生产带来很多不便,另外,坍落度损失过大还会造成浇注困难,导致混凝土中产生蜂窝、孔洞等缺陷,严重影响工程质量。坍落度损失问题已困扰工程界多年,但并未从根本上解决问题。

二、坍落度损失的机理

日本的服部健一教授对混凝土坍落度损失的机理曾进行过深入细致的研究,他认为水泥颗粒的物理凝聚是造成混凝土坍落度损失的主要因素。水泥加水拌合后,产生絮凝结构,其结构内部束缚大量自由水,使混凝土拌合物显得比较干涩。如果设法拆开这种絮凝结构,就可以使浆体的流动性变好。此外,混凝土本身水化消耗的水、水分蒸发损失的水,也是造成坍落度损失的重要原因。服部健一教授的观点也是当前对混凝土坍落度损失原因的最通常解释。

1. 混凝土坍落度损失物理机理

(1)用水量的影响

水泥完全水化大约需本身质量的23%的水,标准稠度用水量一般在25%~28%之间,但实际上混凝土拌合时加入的水量远大于此数,其中相当大一部分是由于改善浆体的流动性。新拌混凝土中水的存在有3种形式,即结合水、吸附水和自由水。结合水是由于化学反应被固定在水化产物中的水,吸附水则受到强烈的固体表面力场的作用,它们都成为固相的一部分,不能改善混凝土的流动性。对混凝土的流动性真正起作用的是自由水。在水泥水化过程中,自由水的不断减少导致坍落度损失。自由水减少的原因大致有以下几个方面。

1)水泥水化。水泥水化是消耗水的反应,如 $1gC_3A$ 完全水化生成钙矾石需要 $1.73g$ 水。另外,水泥水化使体系的固相表面积增大也会吸附更多的水。临近终凝时,结合水可以达到总用水量的4%~5%,吸附水则可以达到15%~20%。结合水和吸附水的增加,必然引起自由水的减少。

2)水分损失。在施工过程中,混凝土中水分损失的主要原因是蒸发,水分蒸发的快慢与温度、湿度、风速及水的黏度等因素有关。

3）集料吸水。集料的吸水一般被认为只发生于轻集料和多孔集料,事实上,普通集料也具有吸水的特性。

（2）含气量的影响

新拌混凝土是固—液—气三相组成的体系,其中空气的含量约为 1% ~ 3%。空气以球形微细气泡的形式存在,吸附在固体颗粒的表面,如同摩擦很小且颇具弹性的细集料,起到了"滚珠"或"轴承"的作用,减小了颗粒之间的摩擦阻力,使新拌混凝土容易流动。根据资料介绍,空气含量每增加 1%,对坍落度的影响相当于增加用水量 3.0% ~ 3.5%。

（3）高效减水剂的影响

高效减水剂的加入可以明显改善混凝土的坍落度损失,其作用机理主要有以下两方面。

1）高效减水剂是一种表面活性剂,当高效减水剂掺入水泥混凝土中后,通过搅拌,水泥颗粒表面吸附高效减水剂分子,使得水泥粒子的 Zeta 电位提高。带电粒子之间存在静电斥力,阻止了带电水泥颗粒的凝聚,使得被包裹在水泥颗粒之间的自由水被释放出来,从而增大了混凝土拌合物的坍落度。

2）水泥水化过程中,由于物理、化学分散,液相中的粒子增多,分散的粒子由于布朗运动、重力、机械搅拌等,粒子表面吸附的高效减水剂减少,使得水泥颗粒之间 Zeta 电位降低,相互间作用位能下降,产生凝聚,引起混凝土的坍落度损失。

2. 化学机理

水泥水化产生水化产物,使新拌混凝土黏度增大是引起混凝土坍落度损失的主要原因。随着水泥水化产生 $Ca(OH)_2$、CSH 等水化产物的进行,固相颗粒不断增加,颗粒之间的相斥力下降,降到一定程度后,网状结构形成,并随着数量的增加,内摩擦阻力相应增大表现为坍落度损失。

三、坍落度损失的影响因素

1. 水泥因素

水泥影响混凝土坍落度损失的主要因素如下：

（1）比表面积（细度）及颗粒形状。

（2）石膏的种类及掺量、形态、研磨温度、溶解性。

水泥调凝所用的石膏种类及其数量对坍落度经时损失的影响很大。石膏的种类不同,溶解度和溶解速度差异很大,因而对水泥浆体液相组成影响极大。有研究表明,应尽量避免用硬石膏和氟石膏代替或部分代替二水石膏作水泥调凝剂。

（3）碱含量：高碱、低碱、缺硫。

水泥中的碱对水泥早期水化速度有明显的影响，所以水泥的含碱量也是影响坍落度经时损失的重要因素。水泥中含碱量越高，早期水化速度越快，浆体流动度经时损失必然越大。

（4）C_3A 含量。

水泥熟料中 C_3A 和 C_4AF 的含量对混凝土坍落度损失影响很大。水泥熟料中的四大矿物对外加剂，特别是减水剂的吸附作用是不同的。C_3A 由于水化速度最快，迅速形成的水化产物具有高比表面积，结果使掺入的减水剂大量被吸附在其水化产物的表面上，而水泥中占最大量的 C_3S 就显得吸附量不足，因此水泥中的铝相含量过高时，在减水剂掺量相同的条件下混凝土的减水率会降低，浆体流动度减少。如果要得到相同的流动度，就不得不增加减水剂的掺量。此外，如果熟料中铝相含量高，初期水化产物增加，混凝土坍落度的经时损失理应增大，尤其当水泥中掺加的石膏量不足或石膏的溶解性不好时，不能保证迅速生成大量的凝胶态钙矾石来覆盖熟料中铝相表面，对水化的抑制作用不足，会增大坍落度的经时损失。

（5）掺合料

一定细度的矿物细粉，特别是粉煤灰，由于具有球形颗粒形貌，有滚珠效应，减少了颗粒间的摩擦。而且，球形颗粒的表面积与体积比值最小，使湿润颗粒表面的需水量最低，这样就导致浆体中用于流动的自由水较多，混凝土的坍落度增大。张学亮指出，粉煤灰对坍落度的改善，存在一个最佳值。张雄等通过实验也证实了掺有矿渣的水泥浆达到相同流动性时，减水剂掺量可减少。尚建丽等比较了各种混合材对水泥浆体流动度的影响，指出矿渣对流动度的改善也有一个最佳加入量。

2. 集料因素

如集料的细度、集料含泥量等。

混凝土所用粗细集料的含泥量和泥块含量超标，碎石针片状颗粒含量超标等都会造成混凝土坍落度损失加快。如果粗集料吸水率大，尤其是所用碎石，在夏季高温季节经高温暴晒后，一旦投入到搅拌机内它会在短时间内大量吸水，造成混凝土短时间内（30min）坍落度损失加快。

3. 外加剂因素

（1）减水剂：众所周知低温下混凝土强度增长比较缓慢。而为了缩短施工工期，很多商品混凝土搅拌站和现场搅拌施工中，都掺加了早强剂。而硫酸类及含硫酸盐的复合早强剂的应用相对较为广泛，而硫酸盐类早强剂中的硫酸钠含量对混凝土坍落度及坍落度经时损失影响很大。

（2）缓凝剂：缓凝剂品种、用量对混凝土坍落度及坍落度经时损失影响很大。

（3）引气剂：引气剂品种、用量、气泡形状及稳定性对混凝土坍落度及坍落度经时损失影响很大。

4.施工及环境因素

（1）环境温度直接影响水泥的水化速度，温度较高时水泥水化加速，也加快了坍落度损失。炎热的夏季气温大于25℃或30℃以上时，相对于20℃时的混凝土坍落度损失要加快50%以上，当气温低于+5℃时，混凝土坍落度损失又很小或不损失。

（2）水泥用量、施工配合比、施工湿度、外加剂的掺加方式、混凝土搅拌及运输方式等都对混凝土坍落度损失有一定的影响。

（3）混凝土静态比动态坍落度损失快。动态时，混凝土不断受到搅拌，使泵送剂中的减水成分与水泥不能充分反应，阻碍了水泥水化进度，从而使坍落度损失小；静态时，减水成分与水泥接触充分，加速了水泥水化进程，因此混凝土坍落度损失加快。

四、坍落度损失控制方法

1.掺缓凝剂、引气剂

在掺高效减水剂的混凝土中再掺入缓凝剂，使水泥的水化延缓，混凝土在浇注前不因水化产物较多地吸附高效减水剂降低塑化效应和形成空间网状结构，减少坍落度损失。若再掺入引气剂，可以使水泥浆体中产生许多微小的气泡，对水泥有较好的分散作用，不易形成网架结构，从而减小混凝土的坍落度损失。在减水剂中复合缓凝组分，是降低坍落度损失最经典的办法。

2.改变减水剂掺加方式

减水剂的掺加方式主要有先掺法、同掺法和后掺法。先掺法是指减水剂粉剂与水泥混合以后再加水搅拌；同掺法是指将减水剂配成一定浓度的溶液，随水一同掺入；后掺法是指混凝土先加水搅拌，过一定时间再加入减水剂。目前常用的掺加方法是先掺法（粉剂）和同掺法（溶剂），某些搅拌楼由于计量条件的制约只能用同掺法。在控制坍落度损失方面，有实际意义的是后掺法和多次后掺法。

（1）后掺法

减水剂的掺加方式对其作用效果影响很大，主要是因为 C_3A 遇水前后对减水剂的吸附能力不同造成的。一般说来，采用后掺法达到相同的流化效果只需先掺法和同掺法剂量的60%~70%。

（2）多次后掺法

新拌混凝土的坍落度损失，是由于水泥的水化和液相中减水剂的浓度降低引起的。如果适当地补充减水剂，就可以恢复坍落度；通过反复地掺加减水剂，可使混凝土坍落度在较长时间内保持在一定的范围内,并且对硬化混凝土的物理力学性能几乎没有影响。

（3）缓释法

缓释法是多次后掺法的改进,采用具有缓释性能的减水剂,一次掺加、缓慢释放,使体系中减水剂的浓度得到持续的增长。缓释法的关键是研制具有缓释性能的减水剂。

3.新型减水剂

最近几年立足于降低坍落度损失开发的新型减水剂主要有反应性高分子和接枝共聚物,它们都属于聚羧酸系高效减水剂。

（1）反应性高分子减水剂

反应性高分子的特点是不溶于水,但能溶于碱。也就是说能与混凝土中的碱反应,缓慢释放出减水剂分子,逐渐提高液相中减水剂的浓度,使水泥颗粒表面的吸附量维持在一定的数值。

（2）接枝共聚物型减水剂

接枝共聚物型减水剂的分子骨架由官能基和烷基主链组成,其中官能基以羧基和磺基为主,而羧基又以悬挂状的接枝链为主要成分。这种物质在中性溶液中是稳定的,但当液相的 pH 值为 12～13 时,随着时间的延长,接枝部分慢慢地被切断,对水泥颗粒释放出具有分散性的多羧酸。因此,接枝共聚物能够维持 ζ 电位,控制坍落度损失。

4.选用 C_3A 含量低的水泥

这对降低混凝土的坍落度损失也很重要。

5.掺保塑剂

保塑剂是以无机材料为载体,保塑成分加入后,能有效延缓水泥颗粒的早期水化,同时还有一定的引气效果,在混凝土内部形成封闭稳定的微小气泡,增加混凝土的流动度,而且气泡大部分能稳定存在。在混凝土搅拌均匀快要出机时加入保塑剂,效果最好。若加入太早,混凝土在搅拌过程中保塑剂颗粒将过早破坏,造成坍落度骤然增大,坍落度损失快,因此一定要掌握好时间。

6.掺适量粉煤灰

混凝土中掺入适量的粉煤灰,可以改善基材的化学组分,有效地控制坍落度损失,可延长混凝土运输距离和时间,对商品混凝土有着重要的技术经济作用。

7.确定合理的配合比

根据现有原材料情况下,通过试验确定合理混凝土配合比,在降低混凝土坍落度经时损失起重要作用。尤其是在砂的含泥量较高或是过细情况下,单一要求通过调整外加剂来解决混凝土坍落度经时损失问题是不现实的。

五、坍落度损失夏天控制方法

在夏天,由于气温高(28℃以上),水分蒸发快,会使水泥水化加速和混凝土的初凝时间提早,从而造成混凝土拌合物坍落度损失过大或短期内完全丧失流动性,这一类问题在混凝土生产行业中会经常遇到,所以,在夏天如何控制好混凝土拌合物的坍落度损失,使其保持良好的工作性能满足施工要求,是混凝土生产行业质量管理工作中重要一环。

1. 降低散装水泥的使用温度

夏季的散装水泥温度一般在50℃以上,当水泥厂销量大时,水泥到厂温度可达90℃,在高温情况下,配制的混凝土必定使用水量增大,坍落度损失加快,混凝土的凝结,硬化过程收缩增大。保证控制水泥在使用时不能超过40℃,同时,在使用上还要尽量避免水泥的即进即用,让水泥有一定的降温时间,这样才能有效地控制混凝土配制时温度不会过高。

2. 混凝土双掺技术的应用

是指外加剂和掺合料同时参与混凝土生产应用的技术方法。选择需水量比小的粉煤灰。

3. 对粗集料进行预湿润,对混凝土实行内养护

夏天要特别注意堆场中集料的干燥情况和温度变化。最好的办法是专人负责对集料进行适当洒水湿润降温,使集料长期保持一定的湿润度,这对改善混凝土坍落度损失是非常有效的,其效果请看图3-1。

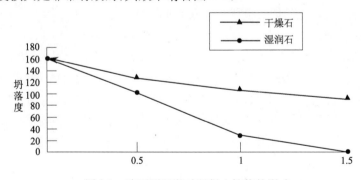

图3-1 碎石预湿润对混凝土性能的影响

4. 选择水泥

品种进行调整,矿渣水泥比较好。

5. 选用与水泥相适应的外加剂,必要时采用分掺

高效减水剂的减水作用随时间延长而降低,这是坍损的主要原因。高效减水剂掺量太大,损失大。

6.合理组织生产,计划好运输距离和时间。

六、坍落度突然变小原因及处理方法

坍落度突然变小原因及处理方法见表3-1。

表3-1　坍落度突然变小原因及处理方法

序号	产生的原因	解决方案
1	砂含水率减少。由于大部分厂家砂均为露天堆放,表层及堆放时间过久的砂含水率会偏低,造成坍落度变小。	及时测准砂含水率,增加用水量,相应减少砂用量。
2	砂偏细。砂表面积相对增大,砂用水量增多,导致坍落度变小。	适当减少砂率。
3	碎石中石粉含量偏高。尤其是使用拉铲上料的工艺,时间一长后,石粉会逐渐积累在料堆下方。若上料不及时,拉上来的石粉就偏多,石粉吸走大量水,造成坍落度变小。	定期将石粉偏多的碎石清理掉。
4	水泥温度偏高。尤其是大方量混凝土施工时,由于水泥用量较大存放时间较短,水泥温度偏高。由于刚生产出的水泥活性较高,再加上偏高的温度加速了水化,造成坍落度变小。	首先要求水泥厂要有一定储量,生产出水泥要按规定停放一段时间。其次,若在生产中遇到该问题,可适当掺些缓凝剂。
5	外加剂浓度发生变化。由于下雨、洗机等。水进入外加剂罐,使外加剂浓度降低,影响减水效果,造成坍落度变小。	首先,外加剂罐要做好防水渗入。其次,如在施工中发现外加剂浓度已变小,则及时增加掺量。
6	计量出错。在排除了上述可能性后,立即检查计量系统,若计量体系失控,如外加剂少加,水泥、粉煤灰、集料多加,均会造成坍落度变小。	若确实为计量失控,则已拌混凝土作废。待计量系统正常,并经检定合格后方可生产。
7	冬施水温偏高。冬季施工时拌合水水温若过高,尤其是先与水泥相遇,会使水化过快造成坍落度变小,甚至出现假凝。	一般气温 0~5℃时,水温控制在20℃~30℃即可。-5℃~-10℃时,水温控制在30℃~40℃即可,当水温大于40℃时,应使水与集料拌合,再投入水泥。

七、坍落度突然变大原因及处理方法

坍落度突然变大原因及处理方法见表3-2。

表3-2　坍落度突然变大原因及处理方法

序号	产生的原因	解决方案
1	砂含水率增大。由于大部分厂家砂均为露天堆放,里层及料堆底部砂含水率偏高,造成坍落度增大。	及时测准砂含水率,减少用水量,相应增加砂用量。
2	遇到砂偏粗,由于砂表面积相对减少,砂用水量减少,导致坍落度增大。	适当增加砂率。
3	计量失控。水、外加剂多加或水泥、粉煤灰、集料少加均会造成坍落度增大。	若确定为计量失控,已拌混凝土作废。待计量系统正常,并经检定后方可生产。

续表

序号	产生的原因	解决方案
4	降雨。砂含水率不断增大,若不及时调整,会造成坍落度增大。	连续测定砂含水率,根据情况减少用水量,增加砂用量,并加强坍落度测试,雨大时一车一测,及时调整。
5	冬季施工时,集料中混入冰块和雪造成坍落度增大。	根据情况减少用水量增加砂率。

八、总结

通过以上技术措施可以在一定程度上减小混凝土的坍落度损失。但是影响混凝土坍落度经时损失的因素十分复杂,已知因素已有数十种,我国水泥生产企业上万家,生产原料、工艺又有诸多差别,实际应用证明,目前还没有一种能够在各种影响因素下都能适应的外加剂,甚至最新研制的聚羧酸系复合产品也一样。只有根据不同影响因素,采用不同措施才是解决坍落度损失的根本办法。

第三节 混凝土凝结时间异常

混凝土的凝结时间异常通常表现为缓凝、速凝和假凝三种,速凝和假凝会导致混凝土浇筑困难,缓凝会导致混凝土拆模时间延长、早期强度低,严重时28d强度达不到设计要求,酿成质量事故。本节将对混凝土发生异常凝结的原因进行简要分析,并提出具体预防措施。

一、混凝土异常凝结原因分析

1. 速凝、假凝

（1）判断依据

速凝表现为混凝土凝结迅速出现"整体抱团"现象。

水泥和水接触后浆体很快凝成一种很粗糙的、和易性差的混合物,并在大量放热的情况下很快凝固,其危害比假凝更大。

假凝表现为混凝土出机后 5～10min 失去流动性,出现"扒锅"或"粘底"现象。

水泥和水接触后几分钟内就发生凝固,且没有明显的温度上升现象。

（2）原因分析

1）水泥厂按工艺设计生料配比经 2 磨 1 烧变为熟料,根据水泥性能所需用硬石膏、磷石膏、氟石膏、天然半水石膏等作水泥调凝剂,这些物质导致速凝、假凝。

2)水泥生产煅烧过程中回转窑温度过高导致二水石膏脱水成半水石膏或无水石膏。

3)立窑水泥煅烧过程不充分、不均匀,熟料含有还原熟料。

4)使用早强型水泥比如 R 标志的水泥。

5)使用超过水泥用量 0.06% 的三乙醇胺早强剂,水泥初凝时间不合格。

6)使用木钙、糖钙、多羟基碳水化合物、羟基羧酸类有机物等外加剂以及含有这类成分的复合外加剂。

7)试验环境温度高于 35℃,混凝土出机机口温度高于 35℃时也会出现这种现象。

2. 缓凝

(1)判断依据

工程施工要求混凝土凝结时间一般为 6~10h(特殊要求混凝土除外)。桩基、承台、墩身、隧道混凝土及混凝土砌体等超过 24h 甚至几天不凝结。

(2)原因分析

1)人为因素

① 搅拌站人员未按混凝土外加剂厂家外加剂使用说明要求,盲目多掺外加剂(一般掺量为 0.8%~1%)。

② 按混凝土配合比要求,将水泥误当粉煤灰使用。

③ 工作疏忽导致外加剂混淆使用,如将缓凝剂当早强剂使用。

④ 混凝土浇筑过程中,施工人员看混凝土发干流动性小,擅自给混凝土加水。

2)机械因素

① 计量器具未按照要求自检、送检,长期使用产生较大误差。

② 盛放混凝土外加剂的料仓要使用塑料或防腐漆,杜绝外加剂与铁器直接接触。

③ 放料口传感器失灵,或放料口长期磨损计量不准误差较大。

3)水泥因素

① 水泥自身凝结时间长。水泥生料配比不合理或水泥煅烧过程中温度控制不够,导致煅烧后水泥有效成分少,主要靠调凝石膏来调整凝结时间。

② 水泥厂或施工单位不注重水泥存放,将水泥长期露天放置导致水泥吸潮结块。

③ 水泥厂家根据季节性温度对水泥凝结时间的影响适当调整水泥,比如夏季温度高,水泥凝结时间快,厂家会适当降低 C_3A 含量,冬季温度低,水泥凝结时间短,会适当提高 C_3A 含量。

④ 水泥工艺流程的重大改变,水泥性能不稳定。

⑤ 水泥生料来源变迁,矿物含量根据实际情况改变工艺流程。

⑥ 水泥厂家大量加粉煤灰作为外掺料提高水泥产量。

4)粉煤灰因素

粉煤灰颜色一般为灰色,颜色越黑含碳量越高,发黄含钙比较高。

① 粉煤灰掺量过高,一般Ⅰ级粉煤灰需水量为90%,可减少用水量并代替一部分水泥使用,改善工作性能,但过量使用粉煤灰,凝结时间长,强度低。

② 粉煤灰厂家为提高粉煤灰产量掺合磨细矿渣等以次充好。

5)矿粉因素

矿粉以玻璃体结构为主,主要化学成分为 SiO_2、Al_2O_3,这些活性物质与水泥中 C_3S 和 C_2S 反应填充混凝土孔隙。超掺矿粉会使混凝土凝结时间变长。

6)砂、石料因素

砂、石料含泥量和泥块含量对混凝土凝结时间影响较大,除此还有如下情况:

① 冬季施工应特别注意含水率高的砂料有冻结现象,无形中加大了含水量。

② 砂质量问题,砂厂在砂中掺合大量的土、碎石等提高砂量,而土对外加剂的影响非常大。

③ 砂、石料中含泥量和泥块含量偏高。

7)外加剂因素

① 外加剂种类繁多,工地上不注意外加剂标志,误用外加剂。

② 外加剂对运输、储存、使用掺量有严格要求,未按外加剂厂家说明使用。

③ 外加剂有一定适应性,调试过程中混凝土满足各项指标要求,但在大批量生产供货过程中,由于原材料的不稳定,会在凝结时间上有一定的误差。

④ 外加剂配方不合理的产品,自身凝结时间长,导致混凝土凝结时间过长。

⑤ 外加剂复配过程中,缓凝组分含量高。

8)其他因素

① 环境因素。南北方地理位置的差异及温湿度上有很大的差异。其次水质差别较大,北方水呈碱性,南方水呈酸性(特殊情况除外),施工单位应该严格按照《铁路工程水质分析规程》检验水的各项指标以减少对水泥及外加剂的影响。

② 地理差异。北方水泥由北方地质特点所决定,凝结时间一般比较短,而南方水泥凝结时间一般比较长。这是由于各生产厂家所处的地理位置,地质差别导致水泥生料组分的不同,导致凝结时间差别。另外东北水泥由于其地处严寒地区,一般抗冻组分含量高。

二、混凝土异常凝结解决方案

1. 混凝土 3d 未凝结,应迅速通知相关人员,果断处理,清除旧混凝土后重新浇筑,以免后续施工造成更大的损失。

2. 对于速凝混凝土应该加强混凝土的养护。

3. 分析产生异常原因,检查混凝土配合比是否合理,检查搅拌站仪器设备是否存在较大误差,人员是否操作不当,原材料(水泥、粉煤灰、外加剂等)是否合格等。

三、混凝土异常凝结预防措施

1. 搅拌站、各工地试验室以及从事混凝土相关操作人员都应进行岗前培训,了解混凝土及外加剂相关知识,严格按照混凝土配合比以及外加剂使用说明进行操作。

2. 仪器设备按要求进行周期性校准及自检和送检工作,以避免由于仪器设备的误差导致混凝土异常状态的出现。

3. 严格把好原材料质量关,严格使用按合同要求和设计好的配合比所使用的原材进行供货,杜绝以次充好。

4. 根据施工所处的地理位置、水质、温湿度、地质的酸碱度及化学物质的含量,进行合理的配合比设计,并要求外加剂厂家按施工实际情况设计符合要求的产品。

第四节　混凝土表观缺陷

一、混凝土气泡问题分析与改善措施

为保证泵送混凝土的可泵性及耐久性,通常会加入适量的引气剂(引气剂可改善新拌混凝土拌合物的和易性和硬化混凝土的耐久性),但过大的引气量(有害气泡过多时)对混凝土的强度会有直接影响。

混凝土中气泡的分布情况,即气孔的大小、气泡的数量以及气泡的分布等都对混凝土的和易性、强度和耐久性将有明显影响。

案例 1

2009 年年底,有搅拌站反映混凝土搅拌后气泡很多,含气量偏高,工地拆模后表面有很多气孔,形成麻面,严重影响外观,怀疑外加剂中引气剂超量,要求外加剂厂协助排查原因。接到投诉后外加剂厂马上对近期发货进行检查,经试验,近几次发货性能相当,混凝土含气量均在 2.0% 左右,外加剂厂将此情况向客户通报后又从客户处取回生产用原材料进行试验,发现原来是该站刚进的一批粉

煤灰导致了这一事故的发生。

可能该粉煤灰在粉磨过程中掺入的某些材料具有引气作用,在混凝土搅拌过程引入尺寸较大(0.5mm 以上)的气泡,施工时无法将气泡完全排出,混凝土硬化后在表面留下气孔,产生麻面现象。最后通过减少粉煤灰用量,并适当调整外加剂,使混凝土含气量保持在合理范围。

案例 2

2010 年 9 月份,有搅拌站反映混凝土搅拌后气泡很多,含气量偏高,工地拆模后表面有很多气孔,但这次原因的主角变成了水泥。经试验发现,不掺粉煤灰时也有较多气泡,近几次外加剂送货及以前使用正常的留样在试配时均有这种现象,更换为以前留样的水泥后则没有这种情况。原因可能在水泥粉磨工艺上,一些水泥厂在水泥粉磨过程中为提高粉磨效率会添加助磨剂,助磨剂种类很多,有的助磨剂可能会有引气效果,在混凝土搅拌时引入尺寸较大的有害气泡,在振捣过程中易聚集在混凝土表面,形成小孔,影响混凝土强度及外观。

(一)混凝土中气泡类型

混凝土中产生的气泡,100nm 以上的称之为大害泡,100～50nm 的叫中害泡,50～20nm 的叫低害泡或无害泡,20nm 以下的称有益气泡。

应注意的是,混凝土中含气量适当,微小气泡在分布均匀且密闭独立条件下,在混凝土施工过程中有一定的稳定性。从混凝土结构理论上来讲,直径如此小的气泡形成的空隙属于毛细孔范围或称无害孔、少害孔,它不但不会降低强度,还会大大提高混凝土的耐久性。

通常可通过试块破坏后进行观察:①气泡间距宜大于 5 倍气泡直径以上;②大气泡量不宜过多及集中;③试块中气泡分布不宜连成直线,且单一直线上的大气泡量不宜过多。

(二)气泡对混凝土结构的危害

当混凝土含气量超过4%,且出现过多大气泡时,则会对混凝土产生一定的危害:

(1)降低混凝土结构的强度

由于气泡较大会减少混凝土断面体积,致使混凝土内部不密实,从而降低混凝土的强度。

混凝土应用技术规范中规定,当混凝土含气量每增加 1% 时,28d 抗压强度下降5%。含气量大时,每增加 1% 的引气量,抗压强度可能会降低 4%～6%。在低强度混凝土中,含气量在 3%～6% 时,对强度影响较小。当遇到引气量值超过 6% 以上情况时,抗压强度势必受到较大影响。

(2)降低混凝土的耐腐蚀性能

由于混凝土表面出现了大量的气泡,减少了钢筋保护层的有效厚度,加速了混凝土表面碳化进程,从而影响其抗腐蚀性能。

(3)严重影响混凝土的外观

大气泡会致使混凝土表面出现蜂窝麻面,影响其外观。

(三)气泡产生原因

混凝土中产生气泡的原因比较复杂,一般主要包括:

1. 原材料方面

(1)气泡与水泥品种有非常密切的关系

在水泥生产过程中使用助磨剂(外掺专用助磨剂,厂家非常多,质量差异非常大,通常含有较多表面活性剂)的作用下,通常会产生气泡过多的情况,且水泥中碱含量过高,水泥细度太细,含气量也会增加。

另外,在水泥用量较少的低强度等级混凝土拌合过程中,由于水化反应耗费的水较少,使得薄膜结合水、自由水相对较多,从而导致气泡形成的几率明显增大(混凝土中水泡蒸发后成为气泡)。这便是用水量较大、水胶比较高的混凝土易产生气泡的原因。

建议:不同品牌的水泥,产生的气泡量会有明显不同。优先选择低碱、不掺助磨剂、适应性强、有一定品牌、规模较大、质量稳定且试配中气泡较少的水泥品种。

(2)外加剂类型和掺量对气泡的形成有很大影响

如混凝土中含有大泡特别多,通常可能是同减水剂中的较差引气成分有关。一般减水剂(特别是聚羧酸类减水剂和木质素磺酸盐类减水剂)中或泵送剂中可能会掺入一定引气成分的引气剂,减水剂用量增加,气泡也会增加;另外,当加入的外加剂为松香类引气剂时,所产生的气泡比其他类型的外加剂要稍多一些。

建议:让减水剂复配厂取消减水剂中的引气组分。进行减水剂复配时,在选择复配材料时,不宜采用已发酵或长时间存放的原材料,如纸厂或糖厂的废液等(通常有较明显的异味或臭味)。

(3)粗细集料对气泡的产生也有一定影响

根据粒料级配密实原理,在施工过程中,材料级配不合理,粗集料偏多、大小不当,碎石中针片状颗粒含量过多,以及生产过程中实际使用砂率比试验室提供的砂率偏小,这样细粒料不足以填充粗粒料空隙,导致粒料不密实,形成自由空隙,为气泡的产生提供了条件。

砂的粒径范围在 0.3~0.6mm 时,混凝土含气量最大,而小于 0.3mm 或大于 0.6mm 时,混凝土含气量会显著下降。

2. 施工方面

(1)搅拌时间对混凝土内部产生气泡会有不同影响

如果搅拌不匀,外加剂多的部位所产生的气泡就会多(同样水胶比)。但过分搅拌又会使混凝土内部形成气泡越来越多,从而产生负面影响。

(2)脱模剂使用不当会影响气泡的产生

由于有些施工单位沿用了老的脱模剂,常常使用的是机械厂回收下来的废机油,这种废机油对气泡具有极强的吸附性,混凝土内存在气泡一经与之接触,便会吸附在模板上而成型于混凝土结构的表面。还有一种脱模剂,即使是水性脱模剂,但对混凝土产生的气泡仍然有吸附作用,使混凝土内的气泡无法随机械振捣而随着模板的接触面逐步上升,从而无法排出混凝土内部所产生出来的气泡。应慎重选择脱模剂。

(3)振捣情况影响气泡的产生

由于施工中振捣的环境不一,振捣手的操作对混凝土表面出现气泡的多少也有着根本的不同。作为混凝土结构,振捣越好混凝土的内部结构就会越密实,从分层振捣的高度和振捣时间两个方面来解释,分层的高度即每次下料的高度越高,则混凝土内部的气泡就越不容易往上排出。但振捣的时间越长(超振)或越短(欠振)以及有未振捣到的地方(漏振)时混凝土的表面气泡缺陷就会越来越多。超振会使混凝土内部的微小气泡在机械作用下出现破灭重组,由小变大。欠振和漏振都会使混凝土出现不密实而导致的混凝土自然空洞或空气型的不规则大气泡。

(四)混凝土表面有害气泡的排查方案及改善措施

针对混凝土表面出现的有害气泡,需采用一定的排查手段,找出其原因并加以改善。CTF增效剂中不含任何引气组分,但在不同的减水剂或泵送剂、水泥的共同作用下,可能会出现气泡较多的情况,通过技术手段一般气泡也是可以控制的。

1.原材料方面

(1)检验所用水泥的品种、性能和强度等级,有多家水泥供应商的,优先使用产生气泡少、含碱量低的水泥,水泥强度等级应与混凝土配合比强度相适应。

(2)检查所使用的外加剂。目前这方面的品牌很多,不能一概而论。但对于实际生产,最简便易行的办法就是多做几组试件,选取化学成分品质优良的外加剂用于生产。

减水剂中含引气成分的,试用不同的减水剂比较选用,可通知减水剂生产企业,取消加入带引气成分的引气剂或控制其引气量,一般混凝土中使用的外加剂引气量控制在4%以内,高强混凝土(如C50,C60)控制在3%以内。

需使用引气剂时,应选择引气气泡小、分布均匀稳定的引气剂,尽量少用含松香类型的引气剂,这类引气剂掺入后产生的气泡较大。

(3)检查集料性能。把好材料关,严格控制集料粒径和针片状颗粒含量,备料时要认真筛选,剔除不合格材料。选择合理级配,使粗集料和细集料比率适中。

(4)在 CTF 混凝土增效剂中会掺入抑制有害气泡的消泡剂,需经过试验并配合减水剂厂进行调试。消泡剂可以提高混凝土密实度、均匀度,提高抗渗性能,进而提高其强度。(消泡剂原理见附件)

2. 施工方面

(1)重视搅拌时间。特别强调的是:有的商品混凝土从出厂到施工现场需要很长的运输时间,这时由于可能坍损较大,有的厂家技术员会利用外加剂进行二次调配,在这种情况下一定要加强混凝土的搅拌均匀。但不是长时间的搅拌,在《建筑工程常用材料试验手册》中有明确规定"引气剂减水剂混凝土,必须采用机械搅拌,搅拌的时间不宜大于 5min 和小于 3min"。搅拌的时间越长,产生的气泡也会越大。

(2)检查使用的模板和脱模剂。模板应保持光洁,脱模剂要涂抹均匀但不宜涂的太多太厚。

西安建筑科技大学的张洁博教授曾研究论证,从模板的脱模剂上来消除混凝土表面的气泡会起到很好的效果。目前,在市场上已经有很多单位研制出了具有消泡化学成分的脱模剂,这种消泡型的脱模剂在使用后,当混凝土产生的气泡与模板表面脱模剂中所含的消泡剂相遇后,消泡剂会立即破灭或由大变小,由小变微,使混凝土表面起到极其平滑致密的效果。

(3)注意振捣过程,严防出现混凝土的欠振、漏振和超振现象。

在混凝土的施工过程中,应分层布料,分层振捣。分层的厚度以不大于50cm 为宜,否则气泡不易从混凝土内部往上排出。同时要选择适宜的振捣设备,最佳的振捣时间,合理的振捣半径和频率。

(4)气温低、水泥用量大、用水量大等因素都会直接影响引气量,应针对现场具体情况进行分析和调整。

只要分析清楚气泡的成因,找出相宜的办法,混凝土的表面气泡问题是可以消除的。值得注意的是,气泡的产生往往不是单一的原因造成的,解决的办法也不是一成不变的,应该具体问题具体分析。另外,在消除气泡问题的同时要综合考虑其他技术指标,不能片面强调某一方面,否则将会顾此失彼,得不偿失。

附:

消泡剂原理

消泡剂是一种比稳泡剂更容易被吸附的物质,它可以使已被吸附于气—液表面活性物质被顶替下来,因而使之不容易形成稳定的膜。消泡剂进入液膜后,降低液体的黏度,使液膜失去弹性,加速液体渗出,最终使液膜变薄破裂,因而可以减少混凝土体系中气泡,特别是一些大气泡的含量。

消泡作用可以分为两种类型:一种是破泡作用,能使已经形成的气泡破灭,破坏气泡稳定存在的条件,使稳定存在的气泡变为不稳定的气泡并使之进一步变大析出。第二种是抑泡作用,与破泡作用的不同之处在于它不仅能使已经生成的泡破灭,在掺入抑泡作用的消泡剂后能较长时间保持破泡作用,而且在一定程度上还能防止气泡或泡沫的产生。

二、混凝土构件的表观缺陷及防治措施

在混凝土构件施工中,由于施工工艺不当或施工管理不善等原因,构件表观会经常出现砂线、砂斑、麻面(露石、气泡、粘皮)、缺棱、掉角、松顶等缺陷,在一定程度上影响了工程耐久性和观感质量。本节结合工作实践,对如何消除和减少这一质量通病以保证工程耐久性和表观质量,提出几点防治意见。

(一)砂线、砂斑

混凝土表面泌水或轻微漏浆造成的表面砂纸样缺陷。砂未能被水泥浆充分胶结而外露,采用木板轻刮可脱落。片状的(宽度大于 10mm)称为砂斑,线状的称为砂线。

1. 产生原因

选用的水泥泌水率较高,泌出的水未能及时排除,使积聚在表面的水沿着模板与混凝土之间缝隙流下而形成砂线、砂斑;配合比设计或施工中砂率过大;模板拼接不严,止浆不实,或振捣时振捣棒碰及模板而漏浆。

2. 防治措施

尽量选用泌水率较小的水泥品种;混凝土试配时砂率不宜过大,施工时严格按配合比下料,控制砂含量;严格控制粗集料(碎石)中的石粉含量;出现泌水时应及时排除(可采用海绵吸干),尤其应保证模板边不积水;模板拼缝止浆密实,混凝土振捣时不漏浆,不过振,避免振捣棒碰及模板。

(二)麻面

混凝土表面局部出现缺浆和许多小凹坑、麻点形成粗糙面,但无钢筋外露现象。

主要包括俗称的"露石"、"粘皮"、"气泡"等缺陷。

1. 产生原因

模板表面粗糙不干净,粘有干硬水泥浆等杂物,脱模剂涂刷不匀或选用脱模剂不当,拆模时混凝土表面粘结模板而引起麻面;模板拼缝不严、止浆条未及时更换、止浆不实而使混凝土浇筑时局部漏浆;混凝土振捣不密实,出现漏振而使气泡未能排出,一部分气泡留在模板表面,形成麻点;混凝土浇筑时分层厚度控

制不好,每一层的下料高度过大,造成振捣时无法最大限度地将气泡排出,尤其是碰到仰斜面位置,下料时混凝土面往往高出斜面顶许多,在振捣力的作用下,料内残余气体受挤压上升,游离至模板仰斜面位置受阻后汇集成堆,因而形成大量气泡。

2. 防治措施

模板表面应清除干净,脱模剂应涂刷均匀,不得漏刷;模板拼缝止浆应严密,不得有漏浆现象;混凝土施工时应分层下料,分层厚度不宜过大(一般不大于40cm)且逐层振捣密实,严防漏振,并在适当部位开孔,让气泡充分排除。

(三)蜂窝、空洞、露筋

混凝土表面无水泥浆,露出石子深度大于5mm,但不大于保护层或50mm的缺陷称为蜂窝;深度大于保护层或50mm的洞穴、严重蜂窝称为空洞;混凝土内部钢筋没有被混凝土所包裹而外露于表面称为露筋。

1. 混凝土表面露筋

露筋产生原因主要是钢筋垫块设置不合理、垫块绑扎固定不稳,致使混凝土振捣时垫块发生位移,钢筋紧贴模板,拆模后发生露筋;或因混凝土断面钢筋过密,遇大集料不能被砂浆包裹,卡在钢筋上水泥浆不能充满钢筋周围,使钢筋密集处产生露筋。对于露筋部位首先将外露钢筋上的混凝土渣和铁锈清理干净,然后用水冲洗湿润,用1:2~2.5水泥砂浆,适量掺入108胶进行抹压平整;如露筋较深,应将薄弱混凝土全部凿掉,冲刷干净润湿,用高一强度等级的细石混凝土捣实,覆膜养护。

2. 麻面

麻面是指混凝土表面呈现出无数绿豆般大小的不规则小凹点。直径通常不大于5mm。主要原因是混凝土和易性差,混凝土浇筑后有的地方砂浆少石子多,形成蜂窝;或因混凝土入模后振捣质量差或漏振,气泡未完全排出,造成蜂窝麻面等。只有控制混凝土拌合质量,按规范要求振捣,才可有效控制麻面产生。混凝土表面的麻点,对结构无大影响,通常不做处理,如需处理,可采用1:2~2.5的水泥砂浆,必要时掺拌一定比例白水泥调色或添加108胶增强粘结力;然后用刮刀将砂浆大力压入麻点,随即刮平;修补完成后,用麻袋或塑料布遮盖进行保湿养护即可。

3. 蜂窝

蜂窝是指混凝土表面无水泥浆,集料间有空隙存在,形成数量或多或少的窟窿,大小如蜂窝,形状不规则,露出石子深度大于5mm,深度不露主筋,可能露箍筋。起因主要是模板漏浆严重;混凝土坍落度偏小,加上欠振或漏振形成;混凝土搅拌与振捣不足,使混凝土不均匀,不密实。可延长混凝土拌制时间,混凝土分层厚度不得超过30cm,振捣工人必须按振捣要求精心振捣,特别加强模板边角和结合部位的振捣都能有效控制蜂窝产生。修补方法可参考麻面处理方法。

（四）缺棱、掉角

1. 产生原因

拆模时操作不当、撞击而使棱角碰掉，或吊运时操作不当而碰掉；过早拆模；棱角部位振捣不密实，或砂浆多石子少，因强度低而造成掉角。

2. 防治措施

拆模时不能用力过猛，采用千斤顶和吊机配合拆模时，千斤顶一定要顶开模板与混凝土面有一定宽度后，才能用吊机吊模；混凝土拆模时间不能过早，一般侧模应保证其具有 1.2MPa 以上强度才能拆模，冬季施工时宜适当延长拆模时间；混凝土振捣时应对边角振捣密实，分灰均匀，保证边角的强度。

（五）松顶

混凝土构件顶部粗糙、松散、强度局部较低。

1. 产生原因

混凝土浇注顶部时，缺少 2 次振捣和 2 次抹面压光，造成表面粗糙、不平整、松散；有顶盖构件，由于顶盖拆模时间不合理，拆模后缺少 2 次抹面压光处理；养护不够。

2. 防治措施

当混凝土浇注至顶部时，应进行 2 次振捣和 2 次抹面压光；有顶盖构件应在混凝土初凝后才能拆除顶盖，拆模后应及时进行抹面压光，并注意混凝土养生。

（六）混凝土表面色差

施工中许多因素都会引起混凝土表面颜色发生色差，比如原材料的种类不同、施工配合比、拌合控制、混凝土的振捣情况、脱模剂的使用、模板表面处理情况等。为此，施工应采用同一种水泥、掺合料、集料，严禁不同品牌、不同强度等级的水泥混在一起使用，一旦胶凝材料的品种或用量发生变化，都可能会产生色差。

混凝土拌合质量控制也尤为重要，往往施工单位对集料含水率测定不规范或因集料级配不均匀，使得拌制出的混凝土坍落度或大或小，在浇筑过程中混凝土易发生离析，再振捣不均匀等，造成某些部位集料集中或砂浆过于丰富，待混凝土硬化后，表面颜色不一致。施工中，应严格控制后盘混凝土的拌制质量，确保混凝土的和易性；振动棒振捣应严格执行分层分段振捣，快插慢拔，气振和附着式振动都应注意振动时间控制。使用了不合格的脱模剂；或脱模剂使用不当，用量过大时，既浪费又会引起混凝土表面缓凝，还会污染已经浇筑好的混凝土表面；或为节约成本，不使用脱模剂，采用机油和柴油进行调和勾兑，现场计量控制不准,更有甚者采用废机油,极易造成混凝土表面产生色差。

对于颜色不均匀的混凝土表面可考虑的处理方式是污染后尽快采用细砂纸打磨或采用稀释的酸性溶液进行清洗,然后再将处理后的表面用水彻底冲洗,最后用干水泥饰面。混凝土结构中伸出预埋的钢筋以及扎丝,暴露在外面一段时间后,遇到雨水侵蚀,产生锈迹,极易污染混凝土表面;可能是由于模板表面打磨不彻底,锈斑浸入脱模剂中,从而污染了混凝土面而产生锈迹。

（七）结束语

混凝土表观缺陷主要是工艺通病造成,而工艺通病往往与施工管理有关,只有严格控制施工工艺,狠抓工程管理,做到分工明确,责任落实,才能有效地避免和减少混凝土构件表观质量缺陷。

第五节　混凝土裂缝

一、钢筋混凝土现浇楼板裂缝原因分析及防治措施

由于钢筋混凝土现浇楼板对房屋的整体性、抗不均匀沉降性、抗渗性和抗震性等均较好,故逐渐代替了传统的预制板。但由于各种原因,钢筋混凝土现浇楼板极易产生大小不一的裂缝,钢筋混凝土现浇楼板的裂缝问题是目前备受关注的工程问题。严重的裂缝会影响到楼板的承载力,降低楼板的耐久性,并给用户造成恐慌感。从微观概念上说,混凝土的裂缝难以避免。在当前技术经济条件下,对所有的裂缝都进行严格限制不太现实。裂缝虽然难以避免,但其有害程度可以控制。大量的工程实例表明,从现浇楼板浇筑完毕到大约三个月的时间内(即本节"早期"的含义),是裂缝出现和发展的关键阶段。在这个阶段,楼板质量如果能得到很好的控制,出现裂缝的概率就比较小,而且即便开裂,裂缝的发展也较为平缓。反之,则裂缝比较严重。

（一）案例

某住宅楼为六层混合结构,采用350mm沉管灌注桩基础,每层三梯六户,呈一字形布置,建筑物总宽度13.14m,总长度达71.04m,建筑面积为4740m^2,整栋住宅未设置伸缩缝。该工程大多数墙体转角处均设置构造柱,每层均设置圈梁,平面尺寸从1.8m×2.4m到8.4m×4.5m变化较大,墙体厚度均匀,整体性良好。该工程于1991年1月开工,1992年5月通过验收,同年9~10月便有住户反映楼板开裂问题。检查发现除顶层外,其他各层墙体未见明显开裂,而钢筋混凝土楼板普遍开裂,并以平行建筑物短边方向为主,裂缝宽度大多数在0.2~0.6mm之间,开裂位置及走向如图3-2所示。

原因分析如下:

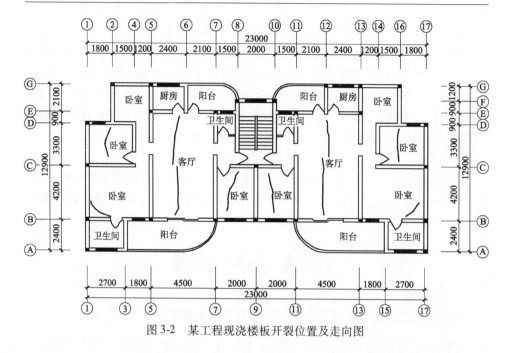

图 3-2　某工程现浇楼板开裂位置及走向图

　　针对上述问题,对该楼裂缝及质量问题进行了鉴定。结果指出:混凝土施工质量不均匀,部分裂缝两侧混凝土振捣不密实。受检楼板支座负筋间距均大于设计要求。以该楼的 402 房 B～C、①～⑤轴板为例,设计要求的楼板厚度 h = 120mm、板筋保护层厚度 15mm。现场检测结果为:近⑤轴处板厚 h = 77mm,板支座负筋保护层厚度为 33～21mm,平均值 27.6mm。近①轴处楼板厚度 h = 70mm,板支座负筋保护层厚度范围值为 44～31mm,平均值 34.6mm,近跨中楼板厚度仅 49mm。近⑤轴处板支座负筋间距设计值为 200mm,实测值 229mm。近①轴处板支座负筋间距设计值 180mm,实测值为 245mm。经核算,该板承载力严重不足,仅为设计要求的 40%,必须进行加固处理。

　　在该工程施工过程中,施工单位未严格按照施工操作规程进行施工。混凝土楼板厚度严重不足,支座处负钢筋普遍下沉。保护层远远超过构造要求,导致混凝土楼板设计的有效高度减少,这些都是造成楼板开裂的主要原因。此外,该栋楼总长度 71.04m,原设计在缺乏地方经验的情况下,既没有可靠的结构及构造措施,又不设置伸缩缝,已明显不符合设计规范的要求:现浇框架结构在室内或土中环境里,不设置伸缩缝的最大间距为 55m。这也是造成楼板开裂的一个原因。

　　(二)钢筋混凝土现浇楼板裂缝产生的部位及形状特征

　　从处理过的房屋楼板中发现现浇混凝土楼板的裂缝位置、形态特征大致有以下几种(见图 3-3):

1. 裂缝在板角,并与板边缘约成 45°角,斜向发展;
2. 在板的跨中,近似直线形发展;
3. 在板的边缘 300mm 的范围内平行于支座;
4. 不规则裂缝。

还有一类裂缝出现在板内预埋件、电管线埋设的部位。

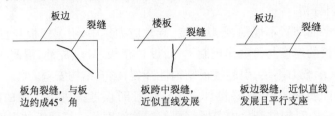

图 3-3　现浇混凝土楼板裂缝位置及形态示意图

（三）现浇混凝土楼板产生裂缝的原因分析及预防措施

现浇混凝土楼板产生裂缝的因素很多,根据成因最常见的裂缝可分为四类。混凝土收缩引起的裂缝,简称收缩裂缝;温度变化引起的裂缝,简称温度裂缝;荷载作用引起的裂缝,简称荷载裂缝;施工原因造成的裂缝。

1. 收缩裂缝

混凝土在凝结硬化过程中,表层和内部水分散失,引起失水收缩,同时集料与胶合料之间也产生不均匀的沉缩变形。在混凝土楼板表面养护不良的部位出现龟裂。混凝土配比中,水胶比过大,水泥用量大,外掺剂保水性差,粗集料少,振捣不良,环境气温高,养护不良等都能产生收缩裂缝。

2. 温度裂缝

混凝土由于温度变化产生的温差应力,当应力超过混凝土抗拉强度时产生的变形裂缝。通常发生在靠近内外墙角的 45°斜裂缝。

3. 荷载裂缝

当施工荷载（包括自重荷载）超过抗裂荷载时,形成的垂直于楼板受力方向的裂缝。荷载裂缝为下宽上窄的贯通裂缝。

4. 施工原因造成的裂缝

（1）楼板钢筋马凳设置不合理,工人踩踏造成的楼板钢筋骨架高度小,上部负弯矩钢筋保护层过大。导致混凝土楼板因有效高度减少,而形成的垂直于受力钢筋方向的裂缝。

（2）预埋管线密集、重叠,使混凝土截面受到削弱,而形成的沿管线方向的裂缝。

（3）施工缝的位置设置不合理,而形成的沿施工缝的裂缝。

（4）混凝土养护不及时,缺乏足够的保湿养护时间,而形成的收缩裂缝。

（5）混凝土没有达到一定的强度，就进行材料堆放，而形成的荷载裂缝。

（6）模板支撑不牢或拆模过早，由自重引起的裂缝。

总的来说现浇混凝土楼板产生裂缝可以从结构设计、混凝土材料性能和施工条件三方面来归类分析。

1. 设计方面原因分析及预防措施

（1）原因分析

1）建筑平面布置不规则，形状突变，导致应力集中，引起楼板开裂。

2）现浇板的厚度与跨度比控制不当，设计楼板厚度、配筋、混凝土强度等不足，导致楼板承载力不足，引起楼板结构性开裂，影响结构安全。

3）板的配筋率偏小，有些设计人员在设计时仅考虑内力作用的配筋率，而忽视了温度应力对构件产生内力所需要配置的温度筋。屋面板的温度应力不可忽视，尤其是无可靠保温隔热层的屋面板受温度影响较大，若设计中未加考虑，板往往开裂。

4）楼板钢筋之间或钢筋与预埋件之间的排列考虑不周和布置不当，致使楼板上皮钢筋极容易被抬高至接近或甚至超出板面标高位置，如按楼板的设计厚度施工，则造成楼板钢筋的混凝土保护层厚度不足，导致楼板表面出现如图 3-4 所示的沿板上皮钢筋走向的收缩裂缝。

5）钢筋直径和间距大，容易出现裂缝。

6）为适应抗震要求，一般建筑大多采用框剪结构形式，这种结构刚度颇大，使用坚固耐久、安全可靠。但在楼板配筋及管线设计中，往往存在以下问题：

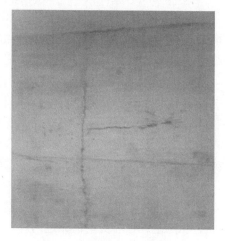

图 3-4　现浇混凝土楼板沿钢筋走向的收缩裂缝

① 设计中对多跨连续板边跨的板边往往简化处理为简支，由此而产生的误差在构造上予以配置构造钢筋补强，但所配置的构造钢筋有的往往存在直径过细，间距过大。

② 楼板配筋设计中，仅在楼板轴线承重梁处配置了负弯筋，这些钢筋在楼板挠度应变产生负弯矩时起抗力作用，刚性较大；而在楼板中间的配筋设计仅计算支撑平板的正压力负荷，数量较少，所以就显得相对薄弱，容易出现裂缝。

③ 对楼板来说，约束最大的位置在四个转角处，因为转角处梁或墙的刚度最大，它对楼板形成的约束也最大，同时沿外墙转角处因受外界气温影响，也是楼板收缩变形最大的部位；一般来说，板内配筋都按平行于板的两条相邻边设

置,使得转角处夹角平分线方向的抗拉能力最薄弱,沿外墙转角处的楼板容易出现 45°斜向放射状裂缝。

④ 楼板内设计的水电管线有不少采用 PVC 塑料管,PVC 塑料管与混凝土的线膨胀系数不一致,在未采取任何措施的情况下,很容易沿水电管线方向出现裂缝。

(2)预防措施

1)建筑物平面布置宜规则,避免平面形状突变,特殊条件下应采取在不规则处设置梁、暗梁或双层双向钢筋网片进行加强。

2)适当加大板厚,现浇板厚度不宜低于 100mm,相邻现浇板厚不宜相差太大。现浇板配筋应按照"细筋密布"原则进行设计,一侧的受拉钢筋的最小配筋率不小于 0.2%。靠近山墙部位的板块宜配置双层双向钢筋网片。墙阳角处增设放射性钢筋。在温度、收缩应力较大的现浇板区域内,应配置双层双向钢筋网片。

3)屋面设置保温隔热层,保温层厚度应根据材料的参数进行热工计算来确定。屋面板设计中应进行裂缝控制计算,计算的裂缝宽度控制不大于 0.2mm,屋面板筋宜采用双层双向钢筋。

4)施工前要综合会审施工图,查清钢筋和预埋管线的配置层次、直径、走向、数量等与楼板设计厚度的关系,从设计方面消除因管线预埋交叉布放后尺寸过大进而造成楼板钢筋保护层不足的因素。

5)在同样配筋率的情况下,尽量减小钢筋直径和间距;可按间距 150mm 以内、布直径 12mm 以内的钢筋进行控制。

6)在板角部位配置与对角线平行的角部加强钢筋,即辐射筋,可在板角部位增设辐射筋,使现浇板产生裂缝的应力方向与辐射筋的方向相一致,从而有效改善和控制裂缝的产生。

在现浇板的四大角,于板负筋的上表面,放射性布置长度大于 1.2m 的钢筋(图 3-5)。

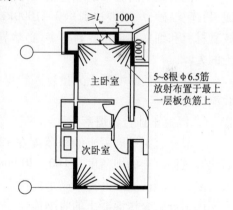

图 3-5 板角部放射钢筋布置示意图

7)加设温度收缩钢筋,防止现浇楼板长斜裂缝、长直裂缝及不规则裂缝出现,不论单向板还是双向板,必须杜绝板中部单层配筋的作法(图 3-6)。

2. 材料方面原因分析及预防措施

(1)原因分析

1)混凝土具有干缩变形的性质,即干燥收缩引起混凝土开裂,而混凝土的干缩变形值与水泥用量及集料的弹性模量、水胶比等因素有关。一般来说水泥用量大,含石量小,水胶比大,则干缩值也大,易引起开裂。

2)混凝土细集料如采用粉砂会使配制的混凝土收缩大,抗拉强度低,也容易引起塑性收缩而产生裂缝。

3)对于泵送混凝土而言,混凝土现浇楼板裂缝的原因更复杂一些。

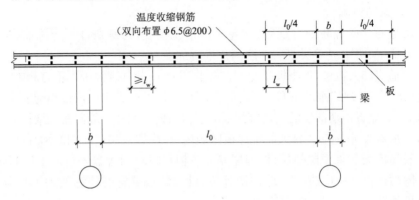

图 3-6　板温度收缩钢筋示意图

① 富浆含量

要使混凝土满足泵送工艺的要求,混凝土中的胶凝材料和细集料含量(水泥、粉煤灰、砂)一般要达到 $900 \sim 1000 \mathrm{kg/m^3}$ 才适宜泵送,这比非泵送混凝土的胶凝材料和细集料含量要高得多,必然导致泵送混凝土的收缩值比非泵送混凝土的大。

而且有些商品混凝土大量掺入粉煤灰,采用低价位、低性能的外加剂,导致收缩增加。

② 混凝土拌合物坍落度大

一般适宜泵送混凝土的坍落度在 $120 \sim 200 \mathrm{mm}$ 之间,通常取 $120 \sim 160 \mathrm{mm}$;高层泵送混凝土的坍落度在 $160 \sim 200 \mathrm{mm}$ 左右,这比非泵送混凝土的 $40 \sim 60 \mathrm{mm}$ 大得多。大坍落度必然需要高水泥用量、大用水量或较多的外加剂掺量,这三种不利因素导致泵送混凝土的收缩值比非泵送混凝土收缩值显著增加。

③ 较小的粗集料粒径及较少的粗集料用量

泵送混凝土为满足泵送要求,粗集料最大粒径比非泵送混凝土相对较小,在混凝土组成材料中,粗集料是抑制混凝土收缩的组分,因此,较小的粗集料粒径及较少的粗集料用量对混凝土收缩的抑制是不利的。

④ 水泥细度过细

水泥细度过细也是引起收缩增大的因素。

由于上述四种不利因素的影响造成了泵送混凝土比非泵送混凝土有更大的

收缩性。另外,商品混凝土站为了保证泵送混凝土在作业时间内具有良好的可泵性,常掺入缓凝型高效减水剂或泵送剂,使混凝土早期强度变低,抵抗混凝土收缩变形的能力下降,裂缝就更易于发生。

(2)预防措施

根据混凝土强度等级和质量检验以及混凝土和易性的要求确定配合比;严格控制水胶比和水泥用量,选用级配良好的石子和砂;施工单位现场搅拌混凝土或商品混凝土须严格控制好混凝土坍落度,不符合要求不能使用;不得采用粉砂作为细集料,以减少收缩量,提高混凝土的抗裂强度;当确有需要时,可在混凝土中加入纤维等抗裂材料以补偿混凝土收缩。

3. 施工方面的原因分析及预防措施

(1)原因分析

1)养护不当是造成现浇混凝土板裂缝的主要原因,过早养护会影响混凝土的胶结能力。混凝土楼板浇筑完毕后,施工单位未养护或养护不及时,会造成混凝土板表面游离水分蒸发过快,水泥因缺乏必要的水化水,而产生急剧的体积收缩,此时混凝土早期强度低,产生开裂。特别是夏、冬两季,因昼夜温差大,养护不当最易产生温差裂缝。

混凝土凝结及工作温度的变化都会引起楼板收缩或伸长,如果收缩引起的应力大于楼板的抗拉强度,楼板就会出现裂缝。施工时水胶比或工作温差越大,这种现象就越严重。单向板(特别是楼梯间屋面等狭长形板)或长短边比例较大的双向板,往往出现垂直于长边的裂缝,这主要是由于混凝土的收缩引起。

因房屋的主体施工多发生在春季或夏季,昼夜温差较大,混凝土终凝前变化剧烈,易产生裂缝。在现浇楼板的施工中,由于楼板混凝土一次浇筑面积过大,表面积与空气接触面积也大,水化热使板面温度很高,如养护时覆盖保湿措施不当,就会加快混凝土表面的水分蒸发,加速混凝土收缩速度,使板内拉应力大于混凝土的抗拉强度,产生裂缝。另外,室内外温差变化较大,也可引起一定的裂缝,事实上许多裂缝往往是混凝土收缩及温度变化综合引发的。

目前设计中钢筋混凝土楼板大多采用井式楼盖的布置形式,由于楼板受周边梁的约束,梁的截面刚度远大于楼板的刚度,在水平方向上楼板的收缩变形大于梁,从而使板内出现拉应力。另外,在外界气温影响下,随着热胀冷缩的反复作用,产生的温差应力也会在外纵墙与山墙的交界附近的楼板角部产生较大的主拉应力,混凝土收缩应力和墙的温差应力的叠加,当板内拉应力超过了混凝土的抗拉强度,楼板就会产生裂缝。设计上板内配筋都按平行于板的四边的布置形式,板转角处对角线方向的抗拉能力最薄弱。这就是此种裂缝均出现在板的转角处,并呈45°斜向放射状的原因。

2)施工中在混凝土未达到规定强度时过早拆模,或者在混凝土未达到终凝时间就上荷载等,都可直接造成混凝土楼板的弹塑性变形,致使混凝土早期强度低或低强度时承受弯、压、拉应力,导致楼板产生内伤或断裂。

按现行混凝土结构工程施工与验收规范规定:一般跨度的楼板在其混凝土强度大于75%的设计强度后方可拆模,当施工荷载产生的效应大于板的承受能力时,必须经过验算,加设临时支撑。有些项目为赶进度盲目快上,施工过程中过早拆模,施工荷载大大超过楼板的承受能力,导致楼板出现早期裂缝。另外,拆模时间可根据浇注楼板时试验室制作的试块强度确定,但应请设计单位验算批准,如果施工荷载大于使用荷载,可以请设计单位加大设计荷载,重新配置板的钢筋。

3)混凝土浇捣后过分抹平压光,使混凝土的细集料过多地浮到表面,形成含水量很大的水泥浆层,水泥浆中的 $Ca(OH)_2$ 与空气中的 CO_2 作用生成 $CaCO_3$,引起表面体积碳化收缩,导致混凝土板面龟裂。

4)钢筋绑扎时,现场施工人员行走不注意保护,加之负弯矩钢筋未设置马凳支撑或马凳间距不足,则易把板面负筋踩弯,致使板有效高度减小,造成支座处板的抗负弯矩,承载力下降,导致板面出现裂缝。

现行混凝土结构设计规范对楼板支座负筋给出了最小构造配筋是 Φ6@200。从设计配筋上来看,这一规定是可行的,但从实际工程来看,采用 Φ6 钢筋强度不够。在施工中楼板支座的负弯矩钢筋常被施工人员踩踏下沉,致使负弯矩钢筋有效高度太低而发挥不了构造钢筋的作用;有时由于施工单位为了迎合发展商的进度要求,在楼板混凝土还没有达到强度时,就上人操作甚至堆载,使楼板产生过大的变形,导致裂缝的产生。

5)保护层偏大产生裂缝。由于板负筋骨架刚度较小,施工单位又未采取确保有效高度 h_0 的措施,加上人为的踩踏,导致板内负筋下塌,板负筋的保护层达不到规范要求,因此过厚的混凝土极易被拉裂。

6)混凝土养护期间,混凝土板表面的施工荷载超过模板支撑设计荷载,致使支撑刚度和稳定性不足,支撑变形过大引起混凝土开裂。

7)混凝土现浇板中预埋管线,特别是多根管线的集散处使混凝土截面削弱较多,从而引起应力集中,容易导致板面裂缝的发生。

按规定,供电套管应敷设在楼板上下钢筋之间,若设在板底钢筋下面,会使板底筋上抬,减小楼板的有效高度。正常情况下,允许楼板有一定的工作裂缝(裂缝宽度小于 0.3mm)。由于套管(一般是塑料套管)在楼板钢筋的混凝土保护层内,裂缝就可能先沿套管集中出现,随着荷载的增加,裂缝继续扩展,直至上下贯穿。如果局部位置的管线较多,则应加大楼板厚度。

8)任意打凿洞口

设计时未考虑通烟(气)道孔洞的开洞影响和相应的隔墙荷载,施工时未按图预留给、排水管孔洞,也未设置附加钢筋。安装水管时打凿楼板,往往会导致楼板出现裂缝,特别是卫生间和厨房,临时增设通气道或烟囱道,往往需要开凿较大的洞口,打断多根板底钢筋和支座钢筋,洞边还要砌砖墙,这样既降低楼板的强度又增加其荷载,楼板就很容易产生裂缝。通气(烟)道洞口一般设在墙角,所以经常出现板角斜向裂缝,因此,设计时要按构造要求注明洞口位置,并设附加钢筋,如果洞口较大,还应考虑墙体荷载,加设翻口梁或次梁。

9)模板施工的影响

模板支撑的刚度不够、梁板支撑刚度差异或模板挠度过大,在荷载作用下变形沉陷产生裂缝;有些项目为赶工期,混凝土尚未达到规定强度就过早地拆除底模和支撑,楼面荷载造成楼板超值挠曲而产生通长裂缝。

10)对于泵送混凝土而言,施工方面造成裂缝的原因更多:

① 单位用水量大和现场随意加水:满足水泥水化所需的水量不超过水泥用量的25%,其余的水仅为改善混凝土工作性能的需要,在密实成型后,多余的水分要蒸发掉,并在混凝土内部留下孔隙,使表面形成弱化层。失水产生毛细管收缩应力,加大在混凝土表面出现裂缝的可能性,因此,用水量大往往使混凝土收缩增大。

② 振捣时间过长,有时达到了 2~3min,导致混凝土下沉,浆体上浮,混凝土失水干燥后,毛细孔收缩及沉缩作用引起混凝土楼板龟裂。

③ 用插入式振动棒赶料。现场楼板施工泵送混凝土一般采用接管式,混凝土浇筑人员为了减少接拆管次数,往往集中在某处泵送相当多数量的混凝土,然后用插入式振动棒进行振捣,使混凝土流动、摊铺,而不是用布料器布料或用铁耙将混凝土料堆放并摊铺均匀。因此,在混凝土楼板施工中,常常会出现将插入式振动棒直接放在混凝土管道出料口处,这就造成了该区域石子大量沉积,浆体外流。从而,在楼板上就会出现某些区域集料聚集,某些区域浆体聚集,在浆体聚集区就会出现大量的混凝土收缩裂缝。

(2)预防措施

1)楼板混凝土浇筑完毕后,应及时用薄膜、麻袋覆盖,防止强风和暴晒,采用浇水等方法进行养护。在盛夏季节更要加强养护,并适当延长养护时间。积极推广混凝土养护剂以确保质量。

2)混凝土楼板浇捣时,要保证有不少于二层的模板支撑(严禁拆除底模加支撑)。现浇板底模拆除时的混凝土强度应符合《混凝土结构工程施工质量验收规范》(GB 50204—2002)第 4.3 条的规定。在混凝土强度未达到 1.2MPa前,不能踩踏,不得在楼板上倾倒、堆放施工材料。

3)混凝土楼板浇筑完毕后,表面刮抹应限制到最小程度,建议采用二次压光工艺,混凝土初凝时上面一层泌出的水(稀浆)应予抹去,不得在表面撒干水泥刮抹。

4）板的负弯矩筋应设置通长钢筋马凳支撑，马凳间距不大于1m，浇筑混凝土时应设跳板并安排专人护筋，避免踩弯板面负钢筋。

5）设计模板支撑体系时，要保证其具有足够的刚度和稳定性，且要求地基、基础牢固；需堆放于混凝土板表面的施工荷载要尽量分散放置，以控制施工面载不超过设计荷载。确需施工荷载大于设计荷载时，则应根据计算另增支撑。

6）混凝土现浇板中预埋管线应避免集中布置；预埋管线直径较粗时，管线必须设置在板厚的中心位置；管线应尽量避免立体交叉穿越，确需交叉时应采用布置线盒的方法处理，预埋管线处应采取增设钢筋网等加强措施。

预埋于楼板内的水、电管线，一般应沿楼板的短向铺设；同时应在沿预埋水、电管线上另行铺设不少于400mm宽的钢丝网片作为补强措施。

（四）裂缝处理方法

裂缝处理前，应根据裂缝情况，综合分析裂缝性质及发生的原因，并采取相应的措施。裂缝的处理，除保证结构原有承载力外，尚应保证结构的整体性及防水、抗渗性能。对于裂缝的处理，现场一般应在设计指导下，参照以下方法进行：

1. 表面龟裂或裂缝较细（小于0.1mm）时，可将裂缝用水冲净后，用净水泥浆抹补。

2. 裂缝宽度在0.1~0.2mm时，沿混凝土表面用钢丝刷打毛100mm宽，再涂抹2~3mm厚的环氧树脂水泥。

3. 稳定性裂缝宽在0.2~0.3mm时，将裂缝处凿成V形口，在干燥条件下，分两次涂刷环氧树脂水泥，再抹环氧树脂砂浆，使表面与原混凝土面平齐。

4. 对于宽度大于0.3mm的通长、贯通的裂缝，采用结构胶粘扁钢加固补强，板缝用高压灌缝胶高压灌胶。

5. 对重大结构性裂缝的加固补强处理，需由设计单位提出方案，经建设单位组织专家论证后方可实施。

二、混凝土剪力墙裂缝成因及对策

钢筋混凝土剪力墙的裂缝一般可分为表面不规则裂缝和贯穿性裂缝。表面不规则裂缝一般出现在混凝土浇筑后不久，分布于墙体表面，此种裂缝既宽又密，但深度一般不大，多因养护不足而产生，对结构构件影响一般不大，且易于治理。竖向贯穿性裂缝一般发生在混凝土浇筑后若干天后（一般拆模后不久），由下而上，走向与楼面接近垂直，有的通至楼面板底但不穿过楼层，缝宽一般为0.1~0.3mm，个别可达0.4~0.5mm甚至更宽，缝深一般较大，最深者可贯穿墙体。因养护不好引起的表面不规则裂缝通常不至于带来多少影响，且易于处理。

（一）墙板裂缝的产生原因

剪力墙裂缝原因主要有：混凝土收缩裂缝；强约束裂缝，建筑体形引起裂缝；外力作用的裂缝。

1. 混凝土收缩

（1）干缩（混凝土的收缩应力过大）

混凝土的收缩应力过大引起的收缩裂缝主要与水泥用量、集料、构件长度及外加剂等因素有关。

1）水泥用量

目前，随着我国高层建筑的不断发展，各种高强度混凝土也得到了广泛的应用，C50、C60 乃至 C80 混凝土设计强度等级已屡见不鲜，与此相应的是水泥用量的增大、水胶比的减小。而水胶比是影响混凝土收缩的最主要因素。例如，当水胶比小于 0.35 时，体内相对湿度很快降至 80% 以下，自收缩引起的体积减小在 8% 左右，收缩值相当可观。

2）集料

预拌混凝土为了满足运输、泵送的要求，增加了细集料用量，使得集料的表面积增大，相应包裹在集料上的水泥等胶凝材料变少，减弱了混凝土之间的连接能力，增大了混凝土的塑性收缩。

3）构件长度

现代建筑的跨度、构件长度均有较大提高，显然对于相同的混凝土收缩率而言，收缩的绝对值增大。如未采取相应措施，则极易产生裂缝。

4）外加剂

外加剂在混凝土中掺量少，作用大。目前使用的混凝土中普遍掺有减水剂、缓凝剂、早强剂、防水剂等多种外加剂。近期研究表明，有近一半外加剂会造成混凝土收缩率大于基准混凝土，混凝土收缩率的增大自然增大了裂缝的出现概率。外加剂对混凝土性能影响极大，可能是导致混凝土开裂的重要原因。

混凝土在制备过程中，水泥和掺合料与水拌合后体积膨胀，但在入模成型后，随着混凝土水化作用的发生，混凝土中的部分水分被吸收、部分水分被蒸发，体积有一定的缩小。混凝土体积收缩，使混凝土产生内应力，当收缩快和收缩大时混凝土就会产生裂缝。

（2）混凝土内部温度变化产生收缩裂缝

与墙连体的部分框架柱，断面边长都大于 1m，属大体积混凝土，水化热高，若采取措施不当，表面混凝土就会产生裂缝。对于框架柱与外墙连体的节点来讲，大体积混凝土的框架柱可视为一个较大的热源体，而与之连体的墙体薄，且与外界空气接触面较大,散热快。当框架柱混凝土内大量发热膨胀时,墙体已开始降温收缩,由于连结在一起的两个构件之间产生温差,变形不同步协调,在柱子附近和墙中间出现裂缝是符合规律的。

2. 强约束引起裂缝

约束是对结构构件活动和变形的制约,约束分为内部约束和外部约束。内部约束主要有:混凝土墙内配筋对混凝土收缩变形的约束;墙体内收缩变形小的部分对收缩变形大的部分的约束;墙体内暗柱、暗梁对墙板收缩变形的约束;长度大的混凝土墙,墙端与墙中收缩变形的相互约束。外部约束主要是超静定结构的多余联系,如墙体以下的基础和底板,墙体顶上的楼板或梁,墙体两端的附墙柱或电梯井筒等。当墙体混凝土收缩变形产生内应力,若外约束很强,产生的内应力不能造成约束变形时,则墙体混凝土出现开裂,尤其是早期混凝土容易开裂,因为混凝土早期抗拉强度较低。墙体的最大外约束应力一般都产生在外约束的边缘,即墙体与柱、筒体、基础、底板、梁等交接处。但实际裂缝并非在墙与约束体的交接处,而是离开 0.3~0.5m,其理由是裂缝由约束产生,反过来约束又能推迟裂缝的出现和限制裂缝的扩展,这就是人们常说的"模箍作用"。

3. 建筑物的形体及结构构件断面对墙体裂缝的影响

框架柱断面大,墙板厚度小,柱墙连接断面变化大,不利于防止墙体裂缝,其原因除了柱墙混凝土水化热产生温差收缩变化和大柱子给墙板增加约束造成墙体裂缝以外,还因框架柱是高层建筑主要传力构件,基础以上的所有荷重全部由柱子、筒体传给基础、基岩,当地基出现沉降或基础压缩下沉时,墙体在基础边缘部位产生剪力,导致裂缝出现。经观察,凡矩形、方形、梯形等直线段比较多的平面形状,墙体产生裂缝较多,而曲线、弧线和折线较多的建筑物墙体裂缝却极少。因为直线是两点间的最短距离,直线墙收缩变形的内约束较大,直线方向无伸展的余地。而曲线、弧线、折线有一定的伸展余地,内约束力比直线墙小。

4. 外力作用引起墙体裂缝

墙两侧模板未同时拆除,先拆一边,未拆的一边模板支撑给新浇混凝土墙一个侧向压力,若模板支撑较紧,则混凝土墙产生裂缝。

(二)控制对策

1. 原材料的控制

由于在剪力墙中配筋很多、很密,为了保证混凝土在结构中的最紧密填充,应当控制石子的最大粒径和粗细集料级配。如石子粒径较大石子容易卡在钢筋中间或钢筋与模板之间。由于砂浆的收缩比混凝土的收缩大,从而导致在拆模后一段时间在钢筋的下方会产生裂缝。

砂石料的含泥量必须严格控制,当砂石料含泥量超过规定,不仅增加了混凝土的收缩,同时又降低了混凝土的抗拉强度,容易引起裂缝。由于墙板结构施工中的水化热及收缩很可观,所以应尽可能选用低水化热、低收缩的水泥。一些施工单位为了追求较快的施工进度,盲目使用高早强水泥,但是高早强,必然导致高收缩及水化热峰的提前出现,这对控制墙板裂缝是很不利的。

2. 从施工组织来控制

对于 ±0.000m 以上的墙体,出现裂缝的可能是较小的,容易出现的裂缝是冷缝和分层缝。这些都是由于施工组织不合理造成的。在施工中应防止侧模的偏移,开始浇筑时应加强对墙根部的振捣,以防止产生烂根现象。混凝土的运输应均匀连续,防止产生冷缝或施工缝。

采用科学合理的施工组织设计,根据混凝土的凝结时间对混凝土的浇筑施工及混凝土搅拌站的混凝土供应做合理的协调,使上层混凝土在下层混凝土浇筑后 3~5h 内浇筑(不是控制在下层混凝土的初凝之前)。混凝土的初凝时间并不是混凝土不致出现冷缝的终凝时间,实际上在此时浇筑混凝土,上下层混凝土的结合已经很弱,如在混凝土接近初凝之时,对混凝土进行振动,同样也会在新旧混凝土之间形成一层薄弱层,影响结构的整体性,形成冷缝。

为防止产生分层缝,在浇筑上层混凝土时,捣棒应插入下层混凝土 5~10cm,以利于两层混凝土充分结合。同样,分层缝的出现也将使混凝土的整体性能降低。

对于箱型基础中底板上长墙的裂缝往往是难以避免的,这种裂缝可通过设置温度钢筋来克服,通过配置一定数量的温度钢筋,并采用细而密的构造钢筋,使构造钢筋起温度钢筋的作用。同时在底板上外墙混凝土浇筑时,应注意分段施工,合理分段,避免长度过长,应设置温度伸缩缝或后浇缝。

对墙体的养护效果往往不很理想,在拆除模板后刷上一层养护剂可防止混凝土内部水分的过度挥发,并应进行充分的浇水养护,以保证水泥的充分水化。

3. 从结构设计来控制

为防止墙板结构的裂缝,在结构设计方面主要应考虑好温度钢筋的设计(水平筋),充分利用构造钢筋的作用以减小墙板结构的温度应力和收缩应力。

由于引起墙板裂缝的主要因素是水化热及降温引起的拉应力,所以必须尽可能减少入模温度,应分层散热浇灌,预防激烈的温、湿度变化,为混凝土创造充分应力松弛的条件。应避免结构突变(或断面突变),产生应力集中,导致应力集中裂缝。当不能避免断面突变时,如在孔洞和变断面的转角部位,由于温度收缩作用,也会引起应力集中,此时应做局部处理,做成逐渐变化的过渡形式,同时加配钢筋。

在剪力墙中部设置暗梁(或设置顶部暗圈梁)。这样贯穿性裂缝只能裂到梁底,而不至裂到楼面板底,可有效减小有害裂缝的长度。

4. 配筋对控制裂缝的作用

钢筋会约束收缩,但不能阻止收缩,它对钢筋混凝土收缩的约束作用会在混凝土中产生拉应力,在钢筋内引起压应力。增加钢筋数量会减少收缩,但会增加混凝土的拉应力,如果钢筋很多,约束可能会很大,也足以引起混凝土开裂。

钢筋混凝土中配筋率对混凝土中自约束有很大的影响。"适当"的构造配筋能够提高混凝土的极限拉伸,对控制混凝土的温度收缩裂缝及收缩裂缝有积极的作用。在墙板结构中,采取增配构造钢筋的措施使构造钢筋起到温度筋的作用,能有效地提高混凝土的抗裂性能。

构造筋的配筋原则应做到"细一点、密一点"。即配筋应尽可能采用小直径,小间距设计。提高混凝土结构的含钢率或减小钢筋直径都可提高材料的抗裂性能,减小钢筋直径、加密间距要比提高含钢率效果明显一些。采用直径 8 ~ 14mm 的钢筋和 100 ~ 150mm 间距是比较合理的。结构全截面的配筋率不宜小于 0.3%,应在 0.3% ~ 0.5%。受力筋如能满足变形的构造要求则不再增加温度筋;构造筋不能起到抗约束作用的,应适当增加温度筋。

5. 留置后浇带

即先浇筑后浇带两侧混凝土,约两个月后当混凝土收缩变形趋于稳定时,再浇筑留缝部位,从而避免因收缩应力而出现裂缝。

6. 混凝土中掺加膨胀剂

微膨胀剂由于在一定程度上补偿了收缩应力,能有效减少混凝土收缩裂缝。

7. 裂缝补强治理措施

当裂缝不能自我愈合,且长期存在会给结构构件带来耐久性、安全性和建筑使用功能等方面的影响而必须给予治理时,可待裂缝发展稳定后,针对不同大小的裂缝采取相应的有关治理措施。实践证明,只要从设计、材料、施工及环境等方面进行分析,并采取控制裂缝的各种措施,实施综合治理,高层建筑混凝土剪力墙的裂缝是可以控制的。

三、混凝土剪力墙的裂缝控制

混凝土剪力墙的裂缝控制,包括了墙体一类混凝土的直立薄壁结构,如水池池壁等的裂缝控制。剪力墙是最容易开裂的混凝土构筑物,控制开裂的难度很大。一些施工单位反映,有些剪力墙一拆模就发现大量纵向裂缝,有些两三天后就接二连三地出现裂缝。有些似乎好一些,但一两个星期后,或一两个月后,也会连续地出现裂缝。有些工程变换防裂措施,仍然开裂;后来增加配筋与增加膨胀剂双管齐下,拆模后仍然出现裂缝。

泵送混凝土现浇楼面板的早期开裂一度十分严重,工程实践逐渐探索出一套有效的防裂方法,只要比较严格地按照这一工艺方法施工养护,混凝土的早期开裂就会得到有效的控制。剪力墙防裂的难度比楼面板大,是由其结构特点决定的,但防裂的原理是一样的。

（一）混凝土剪力墙为什么容易开裂

根据工程实践,混凝土的收缩开裂,源于混凝土失水形成的毛细孔隙缺陷。控制混凝土失水,就可以有效控制混凝土的开裂;减少混凝土失水,就可以减少混凝土的开裂。因此,我们必须树立"混凝土配合比的拌合用水在混凝土浇筑成型后不可以损失"的观念。混凝土剪力墙之所以容易开裂,因为它是直立薄壁结构。直立薄壁结构很容易失水,养护的难度加大。不少的施工单位为了赶工期,降低成本,加快模板周转,剪力墙浇筑后的第二天即拆模,拆模后只按常规派人浇水养护。浇到剪力墙的水当即流走,剪力墙只能润湿很短时间,绝大部分时间都处于失水状态,故其容易开裂。厚大结构的混凝土与薄壁结构的混凝土失水后的状态是不同的。混凝土的失水都是从表面开始,表面水蒸发或流失后,内部接近表面的水来补充。如果混凝土一直处于失水状态,向表面迁移补充的内部水,逐渐退缩至混凝土深处。这种迁移的速度与混凝土充水空间的大小及气候环境有关。对于足够厚大的混凝土,根据不同的失水程度,如图3-7所示,混凝土内部大致可以划分为三大区域:第Ⅰ区域,是混凝土拌合水基本能保持原始位置的状态,不造成损失,不发生迁移的区域。这一区域距离混凝土的外表面较远。由于拌合水不损失、不迁移,混凝土的充水空间被水化产物完全填充,混凝土实现高抗渗。由于没有形成连通的毛细孔隙缺陷,这一区域混凝土的内应力很小,成为高抗渗防裂区。第Ⅱ区域,是混凝土部分失水的区域。这一区域接近混凝土外表层。外表层失水后,这一区域的水向外迁移补充,从而造成这一区域的混凝土部分失水,抗渗性能开始降低。由于存在连通的毛细孔隙缺陷,这一区域混凝土的内应力增加,开裂倾向增加。第Ⅲ区域,是混凝土严重失水区域。这一区域就是混凝土的外层。混凝土浇筑成型后,如果湿养护不及时不充分,在不利气候环境下,外层混凝土大量蒸发失水,失水通道形成连通的毛细孔隙缺陷,产生毛细作用力,宏观上形成混凝土面层很大的收缩力。于是,收缩开裂就从混凝土的面层开始。

从图3-7也可以看出,对于厚大结构的混凝土,表面失水后,于内部仍然存在高抗渗防裂区,尽管外层混凝土已经开裂,整体结构还是具有较好的抗渗防漏功能。因此,对于较厚地下室底板,只要认真做好接缝防水,即使存在表面裂缝,仍然可以保障其防水能力,但必须采取有效措施防止混凝土表面继续失水。至于地下室底板由于裂缝直接贯穿而出现的渗漏,表明混凝土失水已经十分严重,贯穿的裂缝周围存在大量连通的毛细孔隙缺陷,已经不存在高抗渗防裂区了。

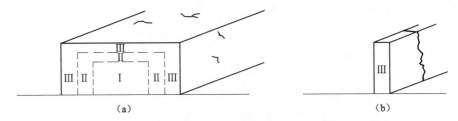

图 3-7　不同厚度的混凝土构件失水后内部性能区域的划分

（a）厚大结构的混凝土；（b）直立薄壁结构的混凝土

Ⅰ区—不失水区域，混凝土高抗渗防裂区；

Ⅱ区—部分失水区域，混凝土的抗渗性能降低，开裂倾向增加；

Ⅲ区—严重失水区域，混凝土抗渗性能很差或完全丧失抗渗能力，宏观收缩力大，混凝土开裂。

混凝土现浇楼面板也是暴露面大的薄壁构件，也容易开裂。但现浇楼面板的暴露面只有一面，且是向上的，容易蓄水和覆盖保湿，容易控制混凝土失水。即使浇水养护，只要增加浇水次数，并且采取措施防止浇淋的水流失，增加养护水在板面滞留的时间，也可以减少拌合水的损失。

因此，楼面板的防裂控制相对容易。剪力墙是直立的薄壁结构，浇水养护，因为养护水不能在混凝土表面滞留，混凝土两面失水，失水面积是同面积楼面板的两倍，剪力墙中心的拌合水很快向两侧面迁移，使剪力墙的Ⅰ区、Ⅱ区水分很快消失，只剩下Ⅲ区了（图 1b）。这时剪力墙从外到内形成了连通的毛细孔隙缺陷，在剪力墙内积蓄着内应力。相对于同样是直立结构的柱子而言，剪力墙都是"超长"的。如果同条件下单位长度剪力墙积蓄的内应力是相等的，剪力墙越长，其宏观收缩力越大。在约束条件下，剪力墙的开裂也就很难避免了。

（二）剪力墙防裂的新思路

随着商品混凝土的推广，流态混凝土和泵送混凝土得到广泛应用。随着混凝土配制技术的进步，混凝土构筑物的裂缝也增多，裂缝控制的难度加大。为此，美国混凝土协会重新定义了大体积混凝土："任意体量的混凝土，其尺寸大到足以必须采取措施减小由于体积变形引起的裂缝，统称为大体积混凝土"。根据这一新的定义，混凝土现浇楼面板及剪力墙等大面积薄壁构件被列入大体积混凝土的范畴。也可能因为这一定义，学术界有这样的观点，认为温度变形已成为包括薄壁构件在内的混凝土构筑物开裂的主因。

"尺寸大到足以必须采取措施减小由于体积变形引起的裂缝"，定义要求人们对大尺寸混凝土的裂缝控制必须重视，必须采取措施。但如果把薄壁一类构件开裂的主因看作是温度变形的作用，则值得商榷。剪力墙一类的薄壁构件，水化热很低，内外温差一般不会超过 25℃，没有达到可能引起温度变形开裂的理论温差，实际工程中也缺乏有力的事实支持。控制泵送混凝土现浇楼面板早期开裂的成功经验表明,对这类薄壁构件,控制失水是主要的,保温是次要的。冬天气候干燥,南方地区浇筑的混凝土路面板,冷空气到来时,很容易开裂,人们很自然认为是温差开裂。如果预先覆盖保湿,则可以防裂。覆盖保湿的关键作用是防止了混凝土失水。当然覆盖也有保温作用,但不是主要作用。有时冷空气携雨造访,没有覆盖,也不开裂,表明保温不是主要作用。曾有楼面板覆盖后出现了裂缝,发现覆盖物是干的,掀开覆盖物,板面也是干的。覆盖物也没有衔接。覆盖而不保湿,不能有效防止混凝土失水,虽有一定的保温作用,但不能防裂。

混凝土保温在一定场合下则显得十分重要。当混凝土内外温差太大,成为温度突变时,这时温差引起的温度应力则不容忽视。例如厚大结构的混凝土,内部水化热峰值高,在采取有效措施降低水化热峰值的同时,也要保温,减小内外温差。

当气温较低(≤5℃或≤10℃)时,对薄壁构件等混凝土构筑物保温养护也是必要的。这时的保温作用主要是为了使混凝土获得正常硬化的温度环境。在保温养护环境下,防止拌合水损失,仍然是混凝土防裂的关键措施。南方地区气温一般在10℃以上,一般不需要采取特别的保温措施。以往观念认为,是混凝土的收缩造成了混凝土的收缩开裂。"大部分结构构件(板墙梁等构件)均属薄壁结构,泵送混凝土浇筑的构件收缩量很大,因此经常出现收缩裂缝"。

"环境温度越高,风速越大,收缩越大,高空浇灌容易引起开裂",实际上,这些容易引起收缩开裂的气候环境或地域环境,是因为混凝土在这样的环境下失水加快,失水量加大,故开裂性增大。如果有效控制拌合水的损失,这样的环境下一样可以有效控制混凝土的收缩开裂。

近年有专家学者提倡对剪力墙采用"水幕"养护。在拆模后的剪力墙顶部布管,沿管开孔。通水后,水均匀从管道孔中渗流出来,从剪力墙的顶部慢慢渗流至底部,在剪力墙两侧形成"水幕墙",从而达到防裂目的。这是一种很好的防裂方法,客观地说,水幕墙的防裂作用主要还是防止了混凝土拌合水的损失。

有施工单位反映,对剪力墙的养护是很充分的,工作是很到位的,但拆模后还是发现裂缝,或数天后陆续出现裂缝,为什么呢?

养护工作是否真的很到位,应以完美湿养护的三个原则来判别。实际工程中确实也存在较多对养护比较重视而仍然开裂的实例。对这一现象,如果仅从养护保湿的角度来分析,有时确实很难解释清楚。但如果从不允许拌合水损失的角度来分析,就比较好解释了。剪力墙的失水方式比楼面板复杂。楼面板的失水方式主要为蒸发失水,控制其失水也比较容易。剪力墙的失水方式除了蒸发失水外,还有模板吸水和重力失水等失水方式。并且与楼面板不同,在模板拆除前其失水的主要方式是模板吸水和重力失水,蒸发失水是次要的。这并不是说这一阶段防止蒸发失水不重要,同样要做好防蒸发失水的工作。只是此时混凝土的蒸发面很小,模板吸水的面则很大。如果采用吸水性模板,润湿不充分,吸水量是很大的。重力失水是作者针对剪力墙可能严重存在的一种失水方式提出来的。重力失水就是混凝土在振动成型后,由于重力作用,拌合水不能保持在原来位置,从混凝土中析出,顺着模板缝隙渗流损失的一种失水方式。模板吸水和重力失水造成混凝土开裂的原理和蒸发失水造成开裂的原理是一样的。表面水损失后,内部水迁移过来补充,如此连续下去,就会形成失水通道,形成连通的毛细孔隙缺陷,首先使混凝土的抗渗性能降低,同时产生内应力,内应力积蓄到一定程度就会造成混凝土的开裂。对剪力墙来说,这三种失水方式都是重要的,都不能忽视。混凝土浇筑成型后,至硬化前,其失水方式以模板吸水和重力失水为主;拆除模板后,则主要为蒸发失水。此时剪力墙完全暴露在大气中,双面失水。如果由于模板吸水和重力失水,在拆模之前剪力墙就已经存在可见与不可见裂缝,那么拆模之时发现裂缝,或拆模之后继续失水,数天后连续出现裂缝,就是很自然的事了。混凝土配合比的拌合用水是混凝土的重要组成部分,浇筑成型后不可以损失。

分析混凝土在不同的构件、不同的使用场合和不同的环境条件,可能存在不同的失水方式,针对不同的失水方式采取相应的防失水措施,是我们在混凝土防裂施工中的总思路和防裂总原则。

(三)混凝土剪力墙的防裂施工

以上分析了剪力墙容易开裂的原因,拓展了防裂的思路,给出了防裂的总原则。混凝土在正常硬化温度和不失水的条件下,水化产物得以完全填充其充水空间,使混凝土实现高抗渗。高抗渗的混凝土,其不可见裂缝和不可见孔隙缺陷都得到了有效的控制,最大限度地减小了由这些缺陷生成的内应力,从而最大限度地控制了混凝土的收缩开裂。所以,防止失水的防裂方法,就是高抗渗的防裂方法。

以高抗渗防裂对剪力墙进行裂缝控制,首先配合比要合理。能够实现高抗渗的混凝土,其充水空间足够小,有利于防止重力失水。减小水胶比,有利于减小混凝土的充水空间。各地原材料不同,环境条件不同,配合比也可能不同。但合理配合比应遵循的设计原则是,完美湿养护条件下混凝土 3d ~ 7d 应能实现高抗渗(表3-3)。

表 3-3   用于剪力墙混凝土的推荐配合比(C20 ~ C40)

强度等级	胶凝材料用量/(kg/m³)	掺合料掺量/%	水胶比	减水剂掺量/%	用水量/(kg/m³)	砂的细度模数	砂率/%	坍落度/mm		3 ~ 7d 抗渗等级
								非泵送	泵送	
C20 ~ 40	330 ~ 450	≥25	≤0.50	≤0.54	≤175	2.3 ~ 2.9	≤40	≤120	≤150	≥P30

注:1. 减水剂掺量以萘系干粉计;
    2. 胶凝材料用量接近下限,砂率应偏低,坍落度应偏低;
    3. 砂的细度模数偏低,砂率也应偏低,胶凝材料用量应适当增加。

对于 C20～C40 的剪力墙混凝土,胶凝材料用量建议 330～450kg/m³ 为宜。胶凝材料用量偏低,对砂率和坍落度控制应严格。胶凝材料用量也不宜太高。用量太高,由于失水形成的毛细孔数量大,剪力墙一般为长墙结构,则内应力积蓄的宏观收缩力大,同样失水条件下的开裂倾向性可能会增加。掺合料掺量建议不低于 25%,是为了混凝土拌合物有良好的和易性,减小坍落度的经时损失,保证良好的可泵性和施工性能,也是为了使混凝土后期有足够的反应能力,提高混凝土的耐久性。要控制混凝土拌合物的泌水离析。水胶比太大,或减水剂用量过高,即使坍落度不是很大,也容易产生泌水离析。泌水离析明显的混凝土,重力失水严重。胶凝材料用量适宜,坍落度以 ≤120mm 为好,可减小混凝土的充水空间,防止减少重力失水,也使混凝土容易实现高抗渗,减小由于缺陷生成的内应力,提高混凝土的防裂能力。如果坍落度较大,特别是超过 160mm 时,施工过程中应特别注意重力失水,并采取有效措施防止重力失水。减小用水量,减小水胶比,是减小较大坍落度混凝土重力失水的有效措施。混凝土生产应选择需水性小、性能良好的优质原材料。当原材料的选择受到限制,难以实现推荐配合比建议用量的范围时,或由于具体原因,实际配合比不在推荐配合比范围时,仍以高抗渗作为配合比合理性的判定原则。

选择光滑平整、接缝性好的钢制模板,有利于避免模板吸水和减小重力失水。对于坍落度较大,防裂要求严格的重要工程,模板接缝最好采取封闭措施。对于一般工程,如果接缝较大,不管坍落度大小,都应有封闭措施,尤其在很不利的气候环境下施工。这时的封闭作用不仅是防止重力失水,也是为了防止蒸发失水。接缝的蒸发面积虽然不大,但接缝较长,而剪力墙又很薄,在不利气候环境下,由于连续失水容易形成以接缝线为中心的贯穿剪力墙的连通孔隙缺陷,使剪力墙易于开裂。

对吸水模板,混凝土浇筑前一天以及当天要派专人浇水,让模板吸足水分。浇筑前对模板再次喷雾加湿,保持润湿。水流至模板底部地面,要能及时排走,不能有积水。

加强施工管理。现场调整坍落度只能在搅拌运输车内进行,并充分搅拌均匀。严禁泵送过程中和施工过程中加水。加水后拌合物不均匀,不但影响混凝土质量,也极容易造成重力失水。由于剪力墙是很容易开裂的混凝土构件,建议施工中采用二次振动工艺(图 3-8)或滞后振动工艺(图 3-9)。滞后振动工艺,就是混凝土浇筑后,暂时不振动,待混凝土初凝前或浇筑上一层之前,再振动密实。二次振动工艺,就是混凝土浇筑后,先进行一次振动,待混凝土初凝前或浇筑上一层之前,对混凝土再振动一次。二次振动或滞后振动有如下好处:

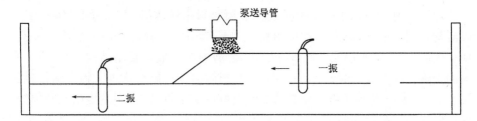

图 3-8　剪力墙混凝土施工二振工艺示意图

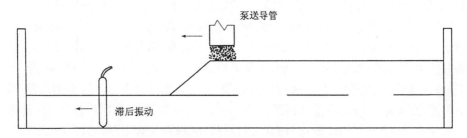

图 3-9　剪力墙混凝土施工滞后振动工艺示意图

① 由于模板面积大,高度高,宽度窄,要做到浇筑前充分润湿是不大容易的。对润湿不充分的模板,从混凝土浇筑进模至二振前,有一定时间让模板从混凝土中吸水,可减少模板在混凝土最终振动密实后的吸水量。

② 从一振至二振时间内,由于模板吸水和重力失水,混凝土内已形成很多的失水缺陷,通过二振能比较彻底地消除这些缺陷,从而比较彻底地消除由这些缺陷带来的内应力。

③ 由于模板吸水和重力失水,混凝土内水胶比降低,滞后振动或二次振动使混凝土更密实,充水空间更小,充水空间更容易被水化产物完全填充,混凝土更容易实现高抗渗。这样就可以把混凝土缺陷产生的内应力减到最小,提高了剪力墙的抗裂能力。

一振与二振间隔时间不宜太短。间隔时间太短,将会降低二振的作用。二振最好在初凝前进行,一般也应相隔 2～4h。混凝土浇筑完成,面层混凝土经过二振或二抹之后,可在表面(剪力墙的顶面)蓄一薄层水养护。此时应防止养护水顺着垂直板缝流下,带走水泥浆。安装模板时,模板的顶端应高出剪力墙 50mm 左右。待混凝土硬化后,顶面蓄满水养护。最好在剪力墙附近备一小水池,用小水泵抽水至剪力墙顶部水满后溢出,从两侧模板顶部渗流至底部,保持模板润湿。流至地面的水回流至小水池,循环利用。如果剪力墙较长,应分段供水,尽量使供水均匀。

混凝土要养护足 7d。这 7d 混凝土不能失水。这 7d 混凝土能否发育完全,对混凝土的抗渗抗裂能力,以及后期性能都起着关键性的作用。尤其要做好前

3d 不失水。施工过程中混凝土振动密实后要有防止拌合水损失的措施和消除失水缺陷的措施;养护过程中,不管采用什么方式养护,都要达到不失水的目的。如此,剪力墙的防裂才能取得明显效果。

(四)剪力墙防裂施工的工程实例及结果分析

1. 某污水厂污水处理池池壁,2000 年 9 月 15 日施工,天气晴。工程设计对混凝土的要求为 C25P6,实际抗渗等级 > P35。采用拖泵泵送施工。原木模板,沿池壁内侧搭建宽 1.2m 左右的平台,平台上布置泵送管,管路末端接软管。由于管道长,弯管多,混凝土入泵坍落度要求 180 ~ 200mm。混凝土用量 313m³。1d 拆模,浇水养护。拆模时发现微小裂缝,其后数天裂缝增多,拓展扩大。

分析评述:原木模板吸水性较强,虽然混凝土浇注前已派专人对模板浇水,但远没有达到吸水饱和的程度。混凝土浇注后,模板吸水较多,已造成混凝土部分失水。混凝土坍落度大,其充水空间也大,直立薄壁结构高度大,重力失水明显。即使没有蒸发失水,这双重失水已使混凝土内部充满毛细孔隙缺陷,产生内应力。失水越多,内应力越大。故 1d 拆模时剪力墙已存在可见与不可见裂缝。如果拆模时立即在剪力墙两面挂贴湿麻袋浇水保养,防止池壁继续失水,可防止裂缝扩展。为了方便,实际只浇水养护。浇水养护不能有效防止混凝土失水,故池壁脱模之后的数天内,裂缝不断增多和扩展。

2. 某住宅开发区生活污水处理池池壁,2008 年 10 月 27 日施工。天气晴,气温 25℃ ~ 31℃,东北风 2 ~ 3 级,相对湿度 50% ~ 85%。工程设计对混凝土的要求为 C25P6,实际抗渗等级 > P30。采用两台泵车泵送施工。胶合木模板。混凝土出厂坍落度控制为 180mm,入泵坍落度为 140 ~ 160mm。混凝土用量为 400.8m³。带模养护 7d。拆模时及其后均未发现可见裂缝,表面作防水处理后立即用黄土回填,至今良好。

分析评述:该池壁模板为新的胶合木模板,吸水性比原木模板小。模板边沿直线性好,两模板间缝隙小,加之入泵坍落度较小,因此本例的模板吸水与重力失水都比上例小很多。

带模养护时间较长,养护期间专人对池壁两侧模板及池壁顶面浇水。池壁模板顶端高于池壁顶面,浇淋的养护水滞留于池壁顶面,对减少模板失水和混凝土失水都起到了好的作用,故拆模时及其后都没有发现可见裂缝。但本例只是减少了混凝土拌合水的损失,还没有严格意义上的防止混凝土拌合水的损失,因此池壁两侧的混凝土表面仍有可能存在不可见的孔隙缺陷和不可见的裂缝。如果不及时进行表面防水处理和黄土回填,池壁剪力墙长时间暴露在大气中,混凝土继续失水,孔隙缺陷加深,剪力墙的内应力增加,不可见裂缝扩展,仍将造成混凝土开裂。

3. 某综合大楼地下室剪力墙,2000 年 9 月 20 日和 23 日施工。工程设计对混凝土的要求为 C25P8,实际抗渗等级 > P30。胶合木模板,泵车泵送施工。混凝土出厂坍落度 180mm,入泵坍落度 140~160mm。地下室距平面 -4.5m,最深处 -7.5m,剪力墙厚 0.3m。竣工后都没有发现可见裂缝。此工程地下水位较高,曾因为沉降缝止水带处理不好,渗水猛烈。但地下室混凝土底板和剪力墙均没有发生渗漏。

分析评述:2000 年处于高抗渗防裂抗裂理念形成的初始阶段。泵送混凝土现浇楼面板、地下室底板的早期裂缝控制已经取得成功的经验,但剪力墙的裂缝控制还没有比较系统的思路和相对完整的方法。除了建议施工单位加强养护,减少拌合水的蒸发损失外,还没有更具体的建议措施。但是站在现在防裂思维的角度来回顾分析本工程剪力墙的施工,恰恰是因为其过程比较符合高抗渗防裂的要求,所以取得了较好的防裂效果。当时该工程采用的模板大部分是杉木模板,只一部分胶合模板。杉木模板用于楼面板施工,面上铺上铁皮,胶合模板用于剪力墙施工。这样安排有利减少模板吸水。剪力墙高度高,超过 4m,壁又薄,很容易发生重力失水。高度越高,单位面积平均失水量相同的情况下剪力墙积蓄的内应力越大,剪力墙的宏观收缩力越大,剪力墙越容易开裂。用于剪力墙混凝土的配合比(见表 2 序号 3),胶凝材料用量为 415kg/m³,属泵送混凝土适宜胶凝材料用量范围。混凝土胶凝材料用量适宜,其保水能力、抗离析能力较强。虽然剪力墙高度高,混凝土坍落度较大,也能够有效抑制重力失水,减少重力失水。负责该剪力墙施工的技术人员对工作比较认真,为了防止混凝土落差太大产生浆石分离,保持混凝土的匀质性,严格遵守每层浇注高度为 0.5~0.7m 的环形分层浇注方案。在振动上一层的混凝土时,必须插至下一层,这样对下一层的混凝土实际起到了二次振动的作用,有利于消除一振后失水形成的缺陷,消除因失水产生的内应力。因为模板吸水和重力失水都得到有效控制,浇注完成后带模养护 3d,混凝土实现了高抗渗,由此取得了较好的防裂效果。

4.某住宅楼地下室剪力墙。剪力墙与地下室顶板连续浇注,对混凝土的要求相同,皆为 C40P8,泵送施工。分两次浇注,一次为 2008 年 9 月 7 日,供应混凝土量 350m³;一次为 2008 年 9 月 9 日,供应混凝土量 550m³。分别于 9d 和 8d 龄期送检同条件养护试件,强度合格,于 9 月 19 日和 9 月 20 日对顶板进行预应力钢绞线张拉。9 月 30 日拆除模板,发现剪力墙及顶板出现不规则裂缝。剪力墙的裂缝共 15 条,总长度 28.51m,竖向,其中 2.4~2.95m 长的有 8 条,1.23~1.76m 长的有 4 条,0.25~0.92m 长的有 3 条。顶板裂缝共 5 条,总长度 35.91m。最长一条 12.46m,接近 9 月 9 日浇筑顶板的中部,位于剪力墙直角变向处(此处顶板宽度加大);另两条较长的为 8.5m 和 9.75m,也都分别接近两块顶板的中部;其余两条较短,为 2.8m 和 2.4m,位于顶板同一端的两个角,与顶板的直角约呈 45°。10 月 10 日,质安部门及甲方召集了有关各方参加的现场工作会,分析裂缝产生的原因。施工单位称,我们已按混凝土公司技术交底要求对顶板进行养护,混凝土初凝后及时采用湿麻袋覆盖淋水养护(作者注:正确说法应是混凝土初凝前进行二次抹压,紧接着用湿麻袋覆盖淋水养护),终凝后蓄水养护7昼夜。从顶板面上观察,可看到抹压痕迹,板面尚有未取走的麻袋,认为养护还是比较认真的。但在板面上只能观察到最长的一条裂缝,而且裂缝很细微,有些段不仔细几乎看不到。其他的裂缝在板面上反复寻找却怎么也找不到。回到地下室,抬头看顶板的底面时,所有裂缝都十分清晰,最长一条宽度最大,明显看到该裂缝将顶板横向拉断。

分析评述:地下室顶板出现的裂缝不是混凝土收缩裂缝。因为混凝土的收缩裂缝是混凝土失水造成的。混凝土拌合水的蒸发从面上开始,收缩开裂也从面上开始。表面开裂之后,如果继续失水,裂缝向下和两端扩展。因此收缩裂缝的特点总是从上往下裂,未贯穿时,裂缝上大下小,板面裂,板底不裂。而本例则反之,板底裂,板面不裂。很明显,顶板开裂从底面开始,从下往上裂,因此裂缝下大上小。为什么会出现这种开裂现象呢?

顶板的这种现象是由于剪力墙的开裂造成的。剪力墙开裂比较严重,2m以上的裂缝宽度较大,基本上都从剪力墙的顶部裂至底部,表明开裂时,剪力墙释放巨大的内应力,将顶板拉裂。顶板底面与剪力墙相连,因此开裂就从底面开始,从下往上裂。要防止地下室顶板出现这种形式的开裂,施工过程中就要做好剪力墙的防裂工作,尽量减小其积蓄的内应力。

该工程剪力墙被模板"密封"的时间长,人们对它的开裂普遍解释为混凝土的收缩和自收缩大的结果。但从混凝土失水产生内应力的角度来解释更符合工程的广泛性。"密封"于模板内的剪力墙混凝土,尽管减少了蒸发失水,但必定存在着其他形式的失水,而且成为剪力墙浇筑后的主要失水方式,在混凝土中形成了严重的缺陷,积蓄了很高的内应力,造成了混凝土的开裂。据泵送人员反映,剪力墙混凝土泵送施工过程中,混凝土工为了加快施工速度,追求大流动度,不恰当地加大坍落度,派人往搅拌运输车中加水,卸料时未能搅拌均匀。卸完一部分料后,混凝土工继续往运输车中加水。混凝土坍落度加大,水胶比加大,容易产生重力失水,加水后搅拌不均匀,将使重力失水加重,又没有二振等消除失水缺陷的补救措施。失水后的剪力墙,内部积蓄了过高的应力,是造成剪力墙开裂的主因。因为顶板与剪力墙是连体的,剪力墙开裂的过程中,亦将顶板拉裂。剪力墙与顶板的裂缝,实际上在预应力钢绞线张拉之前就已经存在。

本工程是由于剪力墙的开裂而拉裂顶板的典型案例。

5.某大厦地下室剪力墙。该大厦由某新入驻单位施工。据说该单位长期为部队营房施工,对建筑质量很重视。该大厦由于工程的特殊性,对地下室底板和剪力墙的抗裂防渗要求较高。按照技术交底,完成地下室底板大体积混凝土的浇筑后,甲方和施工单位对底板的质量很满意。负责该工程施工的经理与甘昌成探讨了剪力墙的防裂施工。甘昌成阐述了本文的防裂思路,强调要达到较好的防裂效果,最好采用二次振动。二次振动是甘昌成根据高抗渗防裂的原理而倡导的,特别对于容易开裂的剪力墙,认为更必要。这一方法已提出好几年,对一些重要工程也写进了技术交底中。但由于一些具体的原因,始终未有施工单位完全按照技术交底的要求做。因此甘昌成与该经理讨论之后,对其是否按此实施,也就没有很在意。最近该经理特别向甘昌成表述了剪力墙的施工过程,认为防裂很成功。剪力墙施工时基本上按作者提出的方法程序进行。剪力墙总长度160m,高2.7m,厚0.3m。混凝土入泵坍落度140～160mm,泵送过程和施工过程严禁加水增加坍落度,也不允许利用减水剂提高流动性。分层浇筑,环形推进,实实在在地采用了二振工艺。带模养护3d,保持模板润湿,剪力墙顶面蓄留养护水。3d后拆模,仔细观察没有发现任何可见裂缝,至今也没有发现裂缝。

分析评述:剪力墙的几种失水方式都得到了较好的控制。胶合模板在混凝土浇筑前有专人浇水润湿,减小了吸水性;一振后模板向混凝土拌合物继续吸水,提高了模板的饱水度,使二振后模板的吸水性进一步减小。混凝土拌合物的保水性能较好,一振后重力失水少;二振时拌合物坍落度已降低,混凝土料变稠,二振后重力失水更少。通过二振,消除了一振后混凝土各种形式失水所形成的缺陷,使混凝土的充水空间变得足够小,水化产物就可以将充水空间完全填充密实,混凝土由表及里剪力墙的整体都实现了高抗渗,从而最大限度地消除或减小了混凝土的内应力,剪力墙的抗裂能力因此明显提高。

现将上述5例剪力墙混凝土生产的基本情况汇集于表3-4。

表3-4　剪力墙混凝土生产的基本情况汇总表

序号	工程名称及部位	施工日期	强度等级	水泥名称	生产配合比 /(kg/m³) C：F：S：G：W：A	混凝土量 /m³	入泵坍落度 /mm	实际抗渗等级	抗压强度 /MPa 3d	28d
1	某污水厂污水处理池池壁	2000.9.15	C25P6	大雁 P·O42.5	340：60：713：1075：175：4.5	313	200	>P35	19.2	34.7
2	某住宅区污水处理池池壁	2008.10.27	C25P6	旋江 P·O42.5	261：83：778：1055：175：6.26	400.8	150	>P30	18.6	31.6
3	某综合大楼地下室剪力墙	2000.9.20	C25P8	大雁 P·O42.5	355：60：688：1075：180：3.74	87	150	>P30	19.3	35.6
		2000.9.23				72			20.4	36.3
4	某住宅楼地下室剪力墙及顶板	2008.9.7	C40P8	旋江 P·O42.5	333：105：689：1055：75：7.71	350	200	>P30	33.7	50.4
		2008.9.9				550			27.4	46.2
5	某大厦地下室剪力墙	2010.4.28	C30P8	海螺 P·O42.5	263：112：735：1060：175：5.85	130	150	>P30	22.8	38.6

注:1. 配合比一栏。C：F：S：G：W：A=水泥:粉煤灰:河砂:碎石:自来水:减水剂;

2. 水泥名称一栏:大雁 P·O42.5 执行 GB 175—1992,相当于 GB 175—1999 中的 P·O32.5;旋江 P·O42.5 和海螺 P·O42.5 执行 GB 175—2007。

（五）结语

剪力墙由于其结构特点,仍是目前开裂较多的混凝土建筑构件,施工单位普遍反映剪力墙的裂缝难以控制。传统的防裂方法,一般是优先考虑使用膨胀剂,再者是施工过程中如何加强对剪力墙的养护。甘昌成认为,不管是否使用膨胀剂,都必须防止混凝土拌合水的损失。对剪力墙加强养护是防止拌合水蒸发损失的必要措施,但一般施工单位是在混凝土硬化之后才开始加强养护的。且不说养护过程中能否有效防止拌合水损失,单说混凝土振动密实之后,如果没有防失水的有效措施,那么混凝土在湿养护开始之前其内部实际上已经存在着大量的孔隙缺陷,积蓄了内应力。这就是有些施工单位认为养护很到位剪力墙还是要开裂的重要原因。一些技术人员对模板吸水和重力失水引起的开裂可能还不甚理解,但它不但存在,而且还是混凝土硬化之前剪力墙的主要失水方式。采取有效措施防止混凝土密实成型后各种形式的失水,是混凝土剪力墙裂缝控制的关键。抗收缩开裂是硬化混凝土技术、建筑质量技术中的难点,而剪力墙的裂缝控制又是混凝土收缩裂缝控制中的难点。

实现对混凝土剪力墙收缩裂缝的全面控制,对于全面提高混凝土抗裂技术的水平、全面提高建筑质量、推动现代混凝土技术向前发展有重要意义。

四、商品混凝土裂缝及其预防措施

混凝土浇筑后一个月内出现的裂缝称为早期裂缝,早期裂缝最早的可在浇筑后 $1 \sim 3h$ 内出现。早期裂缝最有可能发生在楼板跨中、梁板交接位置、板的 $45°$ 边角区域。裂缝的宽度一般不超过 1mm,且多为贯穿性的。泵送混凝土由于自身和施工原因而形成的裂缝会对结构的整体性和耐久性产生不利影响。在施工及使用阶段有无肉眼可见的裂缝是大部分业主评价工程质量好坏的主要标准。早期裂缝即使是在规范容许的范围内,对结构的安全影响不大,但也会给业主的心理带来不安全感。若裂缝大于 0.3mm,则会对结构的整体性和耐久性产生影响。从承载力的角度而言,裂缝的形成将楼板分割为几块只有钢筋相连的小板块,改变了板的传力路径,造成板内应力的重分布,对板的承载力产生了不利影响。从耐久性的角度出发,早期裂缝的出现会引发楼板渗漏、钢筋锈蚀、结构刚度降低、变形增大等一系列问题,影响后续施工工作和结构的正常使用。因此,必须对结构的早期裂缝进行预防和控制。

（一）泵送商品混凝土裂缝的类型和原因

1. 沉陷裂缝

由于泵送混凝土坍落度大,浇筑后在重力作用下,粗集料等密度大的颗粒下沉,水、砂浆、气泡被挤压到混凝土表面,且在沉陷过程中遇到钢筋、预埋体,或混凝土厚度发生变化处都会出现沉陷裂缝。

2. 塑性收缩裂缝

塑性收缩是混凝土在初凝前的塑性阶段失水形成的,存在两种情况:一种是由于混凝土表面泌水,在室外会很快地蒸发;一种是由于新拌混凝土颗粒之间的空隙充满了水,浇筑后的混凝土表面受风吹、日晒、以及外部的高温、低湿因素的影响,混凝土表面水分蒸发,造成混凝土在塑性阶段的体积收缩。另外,水化反应中的水化反应收缩,也反映在塑性收缩中。当混凝土表面的收缩应力大于混凝土的抗拉强度,则产生大量不规则细微裂缝,如不及时抹压和覆盖保水养护,裂缝会迅速向内部延伸,严重时会造成贯通裂缝。塑性混凝土坍落度为 10 ~ 90mm,而商品泵送混凝土坍落度较大,通常为 120 ~ 220mm,稍加振捣即出现石子下沉,浆体上浮,时常有泌水现象,随着水分蒸发,表面较易出现大量塑性收缩裂缝。

3. 干燥收缩裂缝

硬化的混凝土,内部的游离水由表及里逐渐蒸发,而外部没有水分补给,导致混凝土由表及里逐渐产生干燥收缩,在约束条件下,收缩变形导致的收缩应力大于混凝土的抗拉强度时,混凝土则出现由表及里的干燥裂缝。随着时间的推移,混凝土内部的水分蒸发量逐渐增大,干燥收缩量也不断增加,裂缝也就逐渐明显起来。在大流动性混凝土中,混凝土拌合物中富含多余水量,混凝土硬结后,随着水分的蒸发,比较容易出现干燥收缩裂缝。

4. 温度裂缝

随着水泥强度等级的不断提高,混凝土逐渐转为快硬、高强类型,水化热也随之大幅度提高。水泥水化热一般在 3d 内释放 50%,混凝土内部温度不断升高,外表面散热很快,楼板内外产生温度梯度,再加上环境温度的影响,内部混凝土热胀变形产生压力,外部混凝土冷却收缩产生拉力。这种裂缝一般较深,而且是贯穿性的。

混凝土硬化初期,水泥水化放出较多的热量,混凝土又是热的不良导体,散热较慢,因此,使混凝土内部温度较外部高,有时可达50℃ ~ 70℃,这将使内部混凝土的体积产生较大的膨胀,而外部混凝土却随气温降低而收缩。混凝土内部的最高温度大约发生在浇筑后的 3 ~ 5 天,因为混凝土内部和表面的散热条件不同,所以混凝土中心温度高,形成温度梯级,造成温度变形和温度应力,内部膨胀和外部收缩互相制约,在外表混凝土中将产生很大拉应力导致混凝土出现裂缝。这种裂缝的特点是裂缝出现在混凝土浇筑后的 3 ~ 5 天,初期出现的裂缝很细,随着时间的发展而继续扩大,甚至达到贯穿的情况。

5. 施工裂缝

工程中有时发现这样一种现象:使用的水泥的强度等级不高,混凝土蓄水养护,但养护过程中却会出现贯穿性渗水裂缝。这里水化热和收缩就不能很好的加以解释。施工不当,很有可能是出现裂缝的原因。施工过程中振捣不充分和振捣时间过长、模板的沉陷、移动会出现早期沉降裂缝;混凝土浇筑前模板没有润湿浸透而吸收混凝土水分过多易产生收缩裂缝;混凝土浇筑后没有达到规范规定的要求(1.2N/mm)就开始后续施工或堆放临时荷载,更会对结构产生严重"内伤"。另外,泵送混凝土的输送管对已浇筑的混凝土的影响也是不容忽视的。工程中输送管直接放在楼板钢筋上(下垫废旧轮胎,管体用支架支撑时泵送过程中支架易侧向倾覆),泵送时,输送管的冲力会扰动已浇筑的混凝土。用臂泵浇筑时,混凝土下落对钢筋的撞击也有类似影响。

6. 水化反应产生收缩形成裂缝

水泥水化反应后,反应产物的体积与剩余自由水体积之和小于反应前水泥矿物体积与水体积之和,称水化反应收缩。水泥的几种主要矿物的反应速度不同,水化反应的需水量不同,化学反应收缩量也不相同。如 C_3A 水化反应生成钙矾石时,水化反应收缩为7%,而 C_3A 在水泥熟料中占8%~15%,所以水化反应的浆体收缩量为0.56%~1.05%,导致混凝土体积收缩0.2%~0.35%。

7. 缓凝裂缝

商品混凝土为了满足运输和泵送的要求,需添加缓凝剂,混凝土初凝时间有的达10小时,甚至更长,混凝土表面层由于太阳暴晒,水分蒸发很快,表面形成一层硬化膜,看上去混凝土好像已经凝结,实际上内部还远未达到初凝,脚踩似橡皮泥,此种裂纹很难靠持压愈合,其产生原因是缓凝剂掺量过大,尤其是采用蔗糖作为缓凝剂,与柠檬酸、木钙相比,在相同剂量下,蔗糖的缓凝作用最大,会造成较长时间的缓凝,而混凝土表面接触风和阳光处较内部先硬化,导致内外硬化速度、化学收缩不一致而开裂。这样的混凝土若不进行二次振捣和多次抹面,混凝土表面不可避免地会出现裂缝。开始裂缝是浅表的,窄细的,若不及时处理,裂缝就会扩展,甚至可能形成贯穿性裂缝。

(二)与商品混凝土有直接关系的裂缝原因

1. 商品混凝土坍落度大,稍加振捣即出现石子下沉,浆体上浮,时常有较多泌水,随着水分的蒸发,表面出现大量收缩裂缝。

2. 混凝土振捣时间过长,在振捣处出现富水泥浆部位。

3. 浇筑时集中卸料使混凝土产生流动或用振捣棒赶料,大量浆体被赶走,粗集料留在原处,导致混凝土拌合物失匀,浆体多的部位出现裂缝。

4. 楼板、地面等在混凝土表面压光时,低凹或脚印处用水泥浆抹平,造成局部浆体过多。

5. 外加剂质量不稳定,混凝土振捣后表面出现泌水现象。

6. 混凝土中砂石级配不好,偏粗,或粉煤灰细度不够,导致混凝土保水性不好出现泌水。

7. 砂石含量大或石粉量过多。

8. 混凝土浇筑后覆盖养护不及时,大风、高温天气使混凝土表面大量失水,出现裂缝。

9. 施工人员为方便施工,私自向混凝土内加水。

10. 梁、柱等构件侧模拆模过早,又没有用塑料薄模包裹养护等。

上述原因最终将导致混凝土局部水泥浆过多或表面失水过多,出现塑性收缩及干燥收缩裂缝。

(三)商品混凝土裂缝防治措施

正如以上所述,商品混凝土容易产生裂缝,主要是因为它是大流动性混凝土,坍落度大、拌合水量多,以及施工时振捣、抹压和养护不当等造成的。只要我们能针对商品混凝土的特点,在配制混凝土和现场施工的每一道工序都严把质量关,认真采取技术措施,是完全可以有效地预防和减少裂缝发生的。

1. 按《混凝土质量控制标准》的规定,根据设计要求的混凝土强度等级,正确确定混凝土配制强度;在施工和易性允许的情况下,尽量减少混凝土坍落度、减少用水量,即坍落度控制在 160~180mm。

2. 选择级配较好且洁净的砂石料,并尽量增加单方石子用量,这样,每立方米混凝土可减少砂浆量约 19L,减少拌合水约 2kg;配制混凝土时尽量使用 I 级(优质)粉煤灰,既改善了混凝土流动性,又可降低用水量。

细集料宜采用中、粗砂。泵送混凝土宜采用中砂并靠上限,0.315mm 筛孔筛余量不应少于 15%。为保证混凝土的流动性、黏聚性和保水性,以便于运输、泵送和浇筑,泵送混凝土的砂率要比普通流动性混凝土增大约 6%,为 38%~45%。但是砂率过大,不仅会影响混凝土的工作度和强度,而且能增大收缩和裂缝。

粗集料是混凝土的重要组成,它在混凝土中主要起到骨架的作用,并且对胶凝材料的收缩具有一定抵抗作用。集料的级配越好,所组成的混凝土骨架越稳定,抵抗变形能力越好。同时,集料的级配越好,能降低混凝土中单方水和水泥的用量,降低混凝土的收缩。此外,粗集料的含泥量、泥块含量对混凝土的收缩也有很大的影响。

3. 拌制商品混凝土应尽量避免使用细度大的水泥,因太细的水泥水化快,水化收缩量大,凝结时易开裂;还应避免使用矿渣水泥,因为矿渣水泥凝固时的收缩量比普通硅酸盐水泥约大 25%。

水泥品种的优选优先选用 C_3A 含量低的中、低热的普通水泥或复合、矿渣水泥等,除冬期施工外,不宜选早强型水泥;也不宜采用火山灰水泥,因火山灰水泥需水量大,易泌水。

4. 施工时要注意均匀振捣,不要欠振、漏振,也不要过振,否则局部易出现塑性收缩裂缝和干缩裂缝。严禁用振捣棒赶料。

混凝土施工过分振捣,模板、垫层过于干燥,混凝土浇筑振捣后,粗集料沉落,挤出水分、空气,表面呈现泌水而形成竖向体积缩小沉落,造成表面砂浆层,它比下层混凝土有较大的干缩性能,待水分蒸发后,易形成凝缩裂缝。而模板、垫层在浇筑混凝土时洒水不够,过于干燥,则模板吸水量大,引起混凝土的塑性收缩,产生裂缝。混凝土浇捣后,过分抹干压光会使混凝土的细集料过多地浮到表面,形成含水量很大的水泥浆层,水泥浆中的氢氧化钙与空气中二氧化碳作用生成碳酸钙,引起表面体积碳水化收缩,导致混凝土板表面龟裂。

5. 混凝土初凝前要及时反复抹压,使已出现的塑性收缩裂缝愈合;如表面已开始硬结,人力抹压不动时,应采取二次振捣的方法,趁初凝前水泥晶胚刚开始形成之际,使重新组成的混凝土结构进一步密实化,然后再抹压 1 ~ 2 遍。

由于混凝土加入泵送剂后,缓凝时间长,如按常规操作,待混凝土初凝后,再用抹子压光的老办法,表面水分已在 5 ~ 6h 内挥发,裂缝业已形成。为此,可以在振捣完成后,边收浆抹面,同时立即覆盖塑料薄膜,可将塑料薄膜卷成卷,采用后退法施工。由于塑料膜不透气,水分不易蒸发,即使有空隙也会形成高湿度、小空间,对混凝土养护是有利的。但因塑料膜质轻,易被风吹开,故应有重物压边,防止吹开。

6. 混凝土浇筑、振捣、抹压后如遇烈日暴晒、大风时,应及时用塑料薄膜等覆盖保湿,以免失水过快、产生裂缝;冬期施工时,应及时覆盖保温、保湿,避免混凝土塑性收缩及受冻破坏。

现场养护不当是造成混凝土收缩开裂最主要的原因。混凝土浇筑后,若表面不及时覆盖、浇水养护,表面水分迅速蒸发,很容易产生收缩裂缝。特别是在气温高、相对湿度低、风速大的情况下,干缩更容易发生。有资料表明,当风速为 16m/s 时,混凝土中的水分蒸发速度为无风时的四倍。一些高层建筑的楼面为什么更容易产生裂缝,就是因为高空中的风速比地面大。

7. 严格控制拆模时间。在混凝土强度能保证其表面及棱角不因拆模而受损坏时,方可拆除侧模;拆除侧模后应立即浇水并用塑料薄膜覆盖养护,或喷涂养护剂养护;底模拆除必须严格按规范要求执行:跨度小于 8m 的梁、板等结构物混凝土的设计强度等级标准值必须大于 75% ,跨度大于或等于 8m 的梁、板等结构物和悬挑梁、板结构在混凝土强度大于或等于 100% 时方可拆模,否则将会影响结构安全。

（四）结论

混凝土由于其材料组成特点及物理力学性质决定其微观裂缝是客观存在的,但其有害程度是可以控制的。商品混凝土由于其流动性大、用水量多等特点,更容易出现裂缝,因而对施工要求更为严格。只有在混凝土施工的各个阶段采取严格的质量控制措施,才能有效避免有害裂缝乃至贯通裂缝的产生。

第六节　泵送混凝土的堵管和堵泵故障分析与处理

泵送混凝土施工最常见的故障之一是堵泵堵管而造成压送中断。堵塞次数过多,不但影响浇灌速度,有时还会引起质量事故。因此,分析堵塞原因,研究其防治对策,是推广应用泵送混凝土的关键问题。在总结泵送混凝土施工经验的基础上,对泵送混凝土施工中堵塞故障问题做以下分析与探讨。

堵管一般有明显征兆,从泵送油压看,如果每个泵送冲程的压力峰值随冲程的交替而迅速上升,并很快达到设定压力,正常的泵送循环自动停止,主油路溢流阀发出溢流响声,就表明已经堵管。另一方面可观察输送管道状况,正常泵送时管道和泵机只产生轻微的后座震动,如果突然产生剧烈震动,尽管泵送操作仍在进行,但管口不见混凝土流出,也表明发生了堵管。输送管有时会因堵管时产生的强大压力胀裂。

堵泵指混凝土泵的吸入流道被堵塞无法输入混凝土。堵泵的征兆与堵管相反,堵泵时主油路泵送油压会明显降低,混凝土输出量明显减少,料斗内的混凝土下得很慢,搅拌也往往发生困难,最后泵送油压降低到零,混凝土输出完全停止,推送机构空载循环,有时泵机会发出"嗤嗤"声。

一、混凝土自身的原因

1. 混凝土或砂浆的离析

拌制好的混凝土或砂浆再遇水时,极易造成离析,在泵送时,由于泵送压力,浆体很快被"送走",将集料滞留在泵管中,没有了浆体的润滑作用便极易发生堵泵、堵管的现象。因为砂浆与管道中的水直接接触后,破坏了胶凝包裹层,砂浆产生离析。预防办法是:泵前用水湿润管道后,从管道的最低点将管道接头松开,将余水全部放掉,预防混凝土或砂浆的离析,阻断了堵泵、堵管的可能性。

2. 粗集料级配较差,最大粒径和颗粒形状不符合要求。细集料的细度模数和粒径不合理、砂率选择不当,偏小或偏大

粗集料要符合国家现行标准《普通混凝土用砂、石质量标准及检验方法》的规定,采用连续级配,针片状颗粒含量不宜大于10%,卵石的可泵性好于碎石。颗粒粒径不宜太大,粗集料的最大粒径与输送管径之比:泵送高度在50m以下时,对碎石不宜大于1:3,对卵石不宜大于1:2.5;泵送高度在50~100m时,宜在1:3~1:4;泵送高度大于100m时,宜在1:4~1:5,否则不宜泵送,易引起堵管。

细集料应符合国家现行标准《普通混凝土用砂质量标准及检验方法》的规定,宜采用中砂,通过0.315mm筛孔的砂不应少于15%。由于材料的不同,配

制混凝土时砂率存在一个最佳值。砂率不宜太低,一般情况下宜采用 40% ~ 45%,大粒径粗集料的含量不宜过高。合理地选择含砂率和确定集料级配,对提高混凝土的泵送性能和预防堵管是至关重要的。

3. 泵送剂选择不当,与水泥的适应性差,掺量不当,偏大或偏小

4. 胶结料总量用量不当,水胶比过大或过小

水泥在泵送混凝土中起胶结作用和润滑作用,水泥具有良好的裹覆性能,使混凝土在泵送过程中不易泌水,水泥的用量也存在一个最佳值,若水泥用量过少,将严重影响混凝土的吸入性能,同时使泵送阻力增加,混凝土的保水性变差,容易泌水、离析和发生堵管。但也不能过大,水泥用量过大,将会增加混凝土的黏性,使得混凝土失去流动性,增加泵送阻力,造成堵泵。

因此,合理地确定水泥的用量,对提高混凝土的可泵性,预防堵管现象的发生也很重要。

5. 混凝土拌合物的坍落度过大或过小;或坍落度经时损失太快,保塑性不好

混凝土在泵送过程中的输送阻力随着坍落度的增加而减小。泵送混凝土的坍落度一般控制在 100 ~ 200mm 范围内,对于距离长和高度大的情况,泵送一般需严格控制在 160mm 左右。坍落度过小,会增大输送压力,加剧设备磨损,并导致堵管。坍落度过大,高压下混凝土易发生离析而造成堵管。

6. 混凝土拌合物中有异物或大块石头、砖头等

混凝土中大的结块、长形异物(如钢筋、铁丝等)等被吸入泵中造成堵泵或堵管。为了避免异物的误入必须在料斗上方加设铁篦子,发现异物及时清理,使混凝土顺畅吸入。

7. 润泵用的砂浆配比或用量不当,起不到润滑泵和管道的作用

首次泵送时,搅拌主机、混凝土输送车搅拌罐、料斗、管道等都要吸附一部分砂浆,用来润滑输送管道。正确的砂浆用量应按每 200m 管道需 0.5m³ 砂浆计算,搅拌主机、料斗、混凝土输送车搅拌罐等需 0.2m³ 左右的砂浆。因此泵送前一定要计算好砂浆的用量。砂浆太少易堵管,砂浆太多将影响混凝土的质量或造成不必要的浪费。砂浆的配合比也很关键。当管道长度低于 150m 时,用 1∶2 的水泥砂浆;当管道长度大于 150m 时,用 1∶1 的水泥砂浆,水泥用量太少也会造成堵管。

8. 纤维的使用

为提高混凝土的抗裂性能,许多大体积或特殊要求的混凝土要求掺入一定量纤维(聚丙烯纤维、钢纤维等),由于搅拌时间过短,纤维搅拌不均匀造成混凝土结块,泵送时易造成堵泵或堵管。因此应适当延长混凝土搅拌时间,使纤维在混凝土拌合物中均匀分布,避免结块,减少堵泵、堵管的出现几率。

二、人员操作不当容易造成堵管

1. 混凝土泵选型、输送管尺寸选择不当

在安排泵送前,应到现场观察地形、水平距离以及垂直高度等泵送条件,选择合适混凝土泵,以免选用泵送压力达不到要求的混凝土泵,造成泵送过程中堵泵与堵管。输送管尺寸要根据粗集料等要求选取规格,以免选择不当造成堵管。

2. 管道的连接、布置不合理

管道布置应尽可能短,弯、锥管尽可能少,弯管角度尽可能大,以减小输送阻力;保证各管卡接头处的可靠密封,以免砂浆外泄造成堵管;水平管路长度应不少于垂直管路长度的15%,当垂直高度较高时,应在靠近泵机水平管路处加装逆止阀,防止停机倒流造成堵管;末端软管弯曲不得超过70°,不得强制扭曲;当采用二次布管法时,应预先铺设好要连接的输送管,并要保持新的管道经过润湿且不宜过长。

3. 管道内壁未清洗干净

在上次输送管用完后,没有彻底清洗干净,每回用完应对输送管特别是一些弯管认真清洗,以免越积越厚造成堵管。

4. 泵送前润滑不到位

泵送前先用一定量水润湿管道内壁,再泵送适量砂浆润滑,这里一定要注意的是泵送砂浆前一定要将管道内的水全部放掉或用一海绵球将砂浆与水分开,否则在泵送砂浆时会使砂浆离析而堵管。

5. 泵送速度选择不当

开始泵送时,应处于慢速,泵送正常时转入正常速度,不能一味图快,盲目增加泵送压力而造成堵泵或堵管。当混凝土供应不及时时,宁可降低泵送速度也要保持连续泵送,但不能超过从搅拌机到浇筑的允许连续时间。

6. 料斗内混凝土量控制不当

在泵送过程中,料斗内混凝土务必在搅拌轴中线以上,否则极易吸入空气产生气阻现象,使泵送无力产生堵管现象;料斗格筛上不应堆满混凝土,造成混凝土难以流入料斗,且不易清除超径集料及杂物,也容易引起吸空堵管;停顿时料斗要保留足够混凝土,每隔 5~10s 各做两个冲程防止混凝土离析,对停机时间过长、混凝土已初凝要清除混凝土泵和输送管中的混凝土。

7. 操作人员未注意到异常情况

操作人员要随时注意泵送压力、油温、输送管的情况,出现异常立即停止泵送,查明原因,避免堵泵或堵管。

8. 混凝土供应频率不当

要与施工方或操作人员时刻保持联系,防止供应频率过快或过慢。频率过快,造成后面的混凝土等待时间加长,坍落度变小,泵送困难造成堵泵、堵管;频率过慢,造成混凝土供应间隔时间太长,停泵时间超过混凝土从出搅拌机到浇筑完毕的时间,造成管路里面的混凝土初凝。

9. 未经技术人员许可私自向混凝土中加水

当混凝土坍落度偏小时,应降低泵送速度,坍落度不适合泵送时,要及时联系技术人员经二次流化后泵送,禁止随意向搅拌车或料斗内的混凝土直接加水,否则极易造成堵泵或堵管。

三、设备的问题导致混凝土堵泵的情况

1. 管道连接错误导致的堵管

管道接法错误很容易导致堵管。接管时应遵循以下原则:

管道布置时应按最短距离、最少弯头和最大弯头来布管,尽量减小输送阻力,也就减少了堵管的可能性。泵出口锥管处,不许直接接弯管,至少应接入5mm 以上直管后,再接弯管。

泵送中途接管时,每次只能加接一根,且应用水润滑一下管道内壁,并排尽空气,否则极易造成堵管。垂直向下的管路,出口处应装设防离析装置,预防堵管。高层泵送时,水平管路的长度一般应不小于垂直管路长度的 15%,且应在水平管路中接入管路截止阀。停机时间超过 5min 时,应关闭截止阀,防止混凝土倒流,导致堵管。由水平转垂直时的 90°弯管,弯曲半径应大于 500mm。

2. 搅拌车搅拌叶片损坏

当采用搅拌车运送混凝土时,由于搅拌车滚筒内搅拌叶片磨损造成部分粗集料下沉到底部,在泵送此部分混凝土时,混凝土中粗集料过多,易发生堵泵或堵管。因此搅拌站应制定检查搅拌设备制度,对罐车搅拌叶片定期进行检查,磨损严重时要及时更换。

3. 混凝土缸与活塞磨损严重

随着设备工作时间的加长,活塞的唇边逐渐磨损,当达到一定程度时,部分砂浆会渗漏在混凝土缸壁上,与水箱中水接触后,水在短期内迅速变浑,应更换活塞,否则漏浆严重会造成堵管;混凝土缸出口部位磨损较快,水箱中水也会因漏浆立即变浑,应更换输送缸。

4. 切割环与眼镜板磨损严重(仅适用于 S 阀泵)

切割环和眼镜板磨损严重时,使 S 阀与眼镜板间隙过大,漏浆严重,泵送压力损失而减少,易造成堵泵或堵管。间隙过大应调节摆臂上的调节螺母,使橡胶弹簧保持一定的预紧力,磨损严重时应更换切割环和眼镜板。

5. 阀窗未关紧、漏气(仅适用于蝶阀泵)

阀窗未关紧、阀窗的密封圈损坏,输送泵在吸料时吸入空气,导致气阻、吸入

效率急剧下降,造成堵泵或堵管,应定时检查阀窗的情况,关紧阀窗及时更换密封圈。

6. 阀箱盖与阀箱体、料斗与阀箱体间的石棉垫破损(仅适用于蝶阀泵)

上面两个部位间的石棉垫破损的话,会导致漏气,泵送压力下降,造成堵管,应时常检查,及时更换石棉垫。更换石棉垫时,要用白铅油加以密封,增强密封度。

7. 蓄能器内压力不足

作为迅速补充换向压力和能量的蓄能器,要保证内部氮气的充足(弹簧式蓄能器已不多见),特别在泵送高强度混凝土及高层时更应注意,预充压力达不到一定压力,在混凝土泵压力不足时难以补充,可能造成堵泵或堵管。

四、环境温度变化及其他原因

1. 环境温度

环境温度 32℃ 以上时,因太阳光直射,输送管管壁温度最高可达 70℃ 以上,使混凝土极易出现水分蒸发,特别是管壁的润滑膜,托浮力逐渐下降,造成堵管。应用草袋、布袋等吸水后将输送管覆盖起来,并及时浇水降温,保持泵送的连续性,停歇时间不得超出 30min。

环境温度 -12℃ 以下时,部分水泥颗粒表面水膜超出防冻剂作用范围,形成结晶状态,混凝土流动性变差,造成堵管。应保持混凝土入泵温度在 -12℃ 以上,并要给输送管以保温措施,有条件可以使施工现场封闭,加以取暖设施,给搅拌车滚筒加防冻套,混凝土在输送管停歇不超过 30min,尽量保持泵送的连续性。

2. 配料机混仓

粗集料储备量超过仓位上限,滑入旁边的砂仓与砂混合在一起,在投料时将混合物作为砂用量,泵送时由于粗集料过多造成堵泵或堵管。要加强上料人员的责任心,避免此类情况的出现。

3. 掺纤维混凝土搅拌时间不够

当前许多大体积或特殊要求的混凝土要求掺入一定量纤维(聚丙烯纤维、钢纤维等),如果搅拌时间过短,纤维拌合不均匀造成一些混凝土结块,泵送时易造成堵泵或堵管。应适当延长混凝土搅拌时间,使混凝土拌合物均匀,避免结块。

作为半成品的预拌混凝土,在泵送过程中引起堵泵、堵管的原因是多方面的,从业人士应从原材料的选用、配合比、泵工的操作水平、机械设备等方面着手,在每一次施工中积累经验,抓好每一个环节,从而降低堵泵发生的概率,真正提高泵送施工的效率。

第四章 生产管理和施工对混凝土质量的影响

第一节 商品混凝土生产与施工管理

一、概述

商品混凝土在一定程度上能确保混凝土质量,又能提高生产效率,减轻劳动强度,并减轻混凝土生产给环境造成的污染,可谓利国利民的好事。自从 2003 年以来,国家出台了一系列文件,逐渐限制了在全国所有城市城区现场搅拌混凝土,为商品混凝土及企业的发展创造了一个良好的外部环境,使得我国商品混凝土迅速发展。

目前,我国商品混凝土发展虽然迅猛,但极不平衡,有些地区和企业的技术力量薄弱,管理措施不到位,对商品混凝土的性质和特点认识不够,很难保证商品混凝土的质量。特别是对商品混凝土质量的通病的判断、分析和防治方面缺乏相应的能力和技术知识。另外,混凝土企业缺乏管理及具备一定专业知识的中高级技术人员,虽然搅拌站设备先进,但生产上也会给工程和结构造成很大的安全隐患以及经济损失。

商品混凝土作为一个半成品,产生的质量问题,需要经过一段时间才能被发现。总的来说,商品混凝土质量主要受原材料性能及质量、生产及施工技术水平、人员管理三个因素影响,其中人的因素占主要,优秀且合格的人,才能生产出合格的混凝土。因此,要求商品混凝土企业建立合理的人才机制,树立质量意识,并对各部门进行严格控制,加强混凝土全面质量管理,才能保证出厂的混凝土 100% 合格[1]。

二、混凝土企业人力资源配置及机构设置

人是质量管理中最为重要的因素,要加强质量控制,除了提高质量意识,其组织机构和技术人员是关键,尤其是人员的素质,决定了企业和产品的基础。笔者走访了全国几百家混凝土企业,了解到在一些商品混凝土发展较落后的区域,混凝土企业虽然引进了成套的设备,有些设备具备良好的自动控制和精度要求,但由于企业技术力量不足,工程技术人员需求缺口较大,且技术人员水平良莠不

齐,人员流动频繁,一些新建混凝土企业技术人员对商品混凝土特点缺乏足够的了解,很多仪器设备成为摆设,也给企业质量管理带来一定的困难。由此可见,搅拌站即使条件再好,设备再先进,也需要优秀人才去操控,因而,企业应根据自身的规模和生产能力,做好人才队伍建设。

1. 混凝土企业人员配制

(1)一般混凝土企业应设置经理1名,主要负责厂区的全面工作。另设副经理2名,分别负责生产和营销方面的工作。设置总工1名,主要负责关于混凝土技术和质量方面的工作。经理、副经理及总工作为领导层组成成员,必须具备相应的专业知识,并具备中高级技术职称。

总工是混凝土企业的技术带头人,除了具备丰富的实践经验外,还应具备较强的技术管理能力和质量管理水平。日常生产中,总工应能避免重大质量事故的出现,并能有效的解决混凝土出现的质量问题。在开发新产品、降低成本及对技术人员进行培训方面也要起到重要作用。总工代表了企业技术、质量控制的水平,是企业技术实力的体现,因而应慎重选择。

(2)中层领导应根据搅拌站的规模而定,一般营销部设置2~3人,技术质量部2人,试验室4~6人,材料部3~4人,办公室2人,财务部2人。该部门负责人员需具备一定的专业知识外,还要懂管理方面的知识,其他成员也要具备高中以上文化程度,并具有上级部门核发的上岗证。

搅拌站试验室成员负责日常的试验,包括对各原材料进行质量抽检,对生产的样品进行养护测试,并对出现的问题上报上级组织,也是搅拌站不可或缺的,试验室应设置主任一职,负责对原材料及其生产方面的技术问题负责。

(3)混凝土企业应根据自身的规模和实际情况,设立专门的运输队伍及设备维修人员,并持证上岗。运输大队是保证混凝土质量从生产到施工这一时间段的关键,需要实行2~3班制,并确保合理的作息时间,各成员需具备一定的混凝土知识和质量意识。设备维修人员负责所有机械设备的维修和维护,要保证混凝土质量,所有环节都不能疏忽。

(4)配备厨房工作人员及清洁人员。混凝土搅拌站给人们的印象一般都表现在脏、乱、差等现象,即晴天到处是灰尘,雨天尽是泥土,要改善环境,使全体员工在一个相对良好的环境中工作,除了让全员树立卫生意识外,也需要有专门的工作人员负责。另外,混凝土行业也是一个大体力劳动的工作,这就需要厨房工作人员合理改善伙食,使全体员工能在良好的工作环境和气氛中工作。

2. 建立完善的行政组织及规章制度

混凝土企业从业人员,能力及素养可谓参差不齐,混凝土质量,在很大程度上决定于各领导及成员的质量意识,也取决于行政领导的组织管理能力。因而各级部门应制定一系列完善的规章制度,对各岗位的工作进行细化,有利于明确每位员工应付的责任,做到奖罚分明。

3.建立培训考核制度

提高混凝土企业生产质量水平,不是一朝一夕的事情,需要全体成员的共同努力。配备合理的人员及组织结构后,就需要对全体人员进行培训并考核。混凝土企业应根据自身的情况,定期对公司全体成员进行混凝土基础知识的培训、教育及考核工作,使每位员工树立良好的质量意识,熟练掌握岗位的技能及质量要求,做到各司其责,各负其责,使混凝土生产质量水平得到提高。

三、试验室的管理工作

试验室是混凝土企业的核心技术部门,又是混凝土质量控制的实施部门,关系到混凝土企业的质量及经济效益。其人员素质的高低、技术及管理水平以及试验设备的高低程度,直接代表其混凝土技术水平。因而相关领导应抓好试验室的队伍建设,做好试验室的管理工作,树立试验室是企业核心作用地位。

混凝土企业的试验室,主要负责对混凝土所用原材料的复检,对混凝土生产质量进行监督、控制,以及在新产品、新技术开发及成本控制和技术服务方面起着关键作用。

1.试验室人员组成

根据企业规模,一般混凝土企业试验室应设置1名主任,1名技术负责人,实验员4~5人。试验室主任和技术质量负责人应具有中高级技术职称,试验人员除了应具有初中级职称外,还应具有上级行政主管部门核发的上岗证。

搅拌站试验室主任必须从事混凝土5年以上,具备较丰富的混凝土实践经验,熟悉混凝土各种原料的性能及检测方法。当原材料发生变化时,能随时调整配比,确保混凝土生产质量。对混凝土在生产和施工方面出现的问题,能够进行准确的分析,并采取有效的措施。另外,熟练掌握有关混凝土方面的相关国家标准,对行业内的新技术,新理念等有所了解。

试验室人员必须立足于自己的岗位,具备较强的责任心和态度。熟练掌握有关标准及试验方法,保证混凝土原材料试验质量及生产监控力度,确保混凝土的生产质量。

2.试验室配合比方面的管理

混凝土试验室是企业质量控制的核心部门,对于商品混凝土企业来说,如何保证混凝土质量控制在有关标准规定的范围内,达到工程设计和施工的要求,就需要靠前期的检测试验数据,并加强生产过程的质量控制和管理,才能达到质量目标。通过检测试验可以了解各种原材料,并选择适合的原材料,优化原材料组合,提高工程质量,降低生产成本。

(1)良好的试验室人员配备应齐全,各岗位人员持证上岗,且具备良好的业务水平。试验室应建立良好的权利委派制度,岗位分明,并定期开展技术培训工作,按计划进行质量教育和技术培训、考核,提高各成员的质量意识与技术素质,使专业知识和技能不断更新,不断提高人员综合素质,保证产品质量。

（2）混凝土生产的配合比,是试验室出具的,因而,试验室直接决定了混凝土生产的质量,以及企业的经济效益和混凝土价格。混凝土生产配比应经过大量、反复的试验及调整,才能进行确定。另外,生产配比也不是一成不变的,在进行配合比设计前应明确混凝土的性能要求、工程类型、施工工艺、施工环境条件及结构的耐久性等,还要对现有的原材料性能、设备状况、生产水平及质量控制水平进行综合权衡。

（3）混凝土的配合比应实行动态化管理。日常生产中,混凝土实验成员应采取分工负责的方式,随时掌握工程特点、原材料情况、混凝土运输及气候变化情况,结合生产实践经验,及时的调整生产配比,生产上应定期进行抽查、复检,也不能照搬其他企业的生产配比。经常检测现有的配比,试拌是生产的前奏,是混凝土实际生产的真实体现,解决试拌中出现的问题,才能保证生产的稳定性和可靠性。

（4）混凝土试验室还应做到技术创新,不断发展混凝土技术,积极学习并使用国内外混凝土行业先进的技术经验,对国内外使用的新产品、新材料要有足够的认识态度,并积极尝试使用新产品,做好配合比的优化工作。

总之,试验室要起到质量核心控制作用,应做好混凝土技术开发和储备工作,并通过技术、管理等方面措施有效的降低混凝土生产成本,使混凝土企业在竞争日趋激烈的市场中立于不败之地。

3. 试验室工作流程

试验室具体的流程图如下:

原材料的检测→测定集料含水率→根据生产任务合同下达施工配合比并调整→开盘鉴定→测坍落度→制作试块→跟踪现场观察→到 28 天龄期测强度→出具试验报告。

为了保证混凝土试验工作质量,应加强对各种仪器设备的维修、保养工作。对于一些精度达不到,不能使用的仪器设备应进行及时更换,不得将就使用,做到生产过程中实验设备的完好率 100%。

同条件下制作的试块,应由施工单位验收合格后,在混凝土拌合物中随机取样做试块,混凝土试块的制作、拆模、养护等工序都按照规范要求进行。

4. 加强试验室资料的管理

试验室应详细记录所有的混凝土原材料检测、试验、质量及反应生产方面的记录,并有完整的文字描述记录。它客观的反映了混凝土生产的全过程,为了保证后期质量具有良好的追溯性,必须按照有关要求整理、归档、备查。

对各项检测工作和管理体系活动以及将要计划进行的工作做好记载，加强各种试验仪器、设备的维修和保养工作，并做好资料的归档工作。

四、原材料的质量控制管理

商品混凝土生产的六大原材料为水泥、砂、石、掺合料、外加剂和水，原材料性能指标的优劣及其稳定性，直接决定了混凝土的质量及性能的优劣。因此，在保证各项原材料符合质量要求的前提下，应重点确保材料的稳定性。只有稳定的原材料，设计的配合比才具有使用价值，才能生产出质量稳定的混凝土。

所有的原材料，从选购、保管及检测都由专业的技术人员来操作。在选购时都应进行厂家优选，实地考察，确定有质量保证体系，且信誉良好、货源充足的供应厂家，签订相关合同。这样做能保证原材料质量稳定，且经过大量的试验和生产实践检验后积累了丰富的技术资料，使得混凝土生产时不会出现波动等质量问题。材料进场后，应建立材料质量跟踪，对材料的型号、批次、规格及堆放位置都要作详细标明。

材料进场后，首先要进行目测检查其外观，并核对产品出厂合格说明书，目测合格后，再按照国家标准对其进行复查，复查合格后才能正式使用，不允许使用不合格的原材料。

1. 水泥质量的控制

商品混凝土使用散装水泥，搅拌站应根据自身规模，配备 2 个以上的水泥料仓，才能保证满足不同水泥品种、强度等级及规格的水泥储备量。不同品种和强度等级的水泥，不得混存、混用。水泥进场后，技术人员应验收出厂合格证，并对水泥的品种、强度等级及数量立即送检。

混凝土企业使用的水泥厂家、品种应相对稳定，不宜经常更换，对水泥的各项性能指标，如细度、用水量、凝结时间、与外加剂的适应性等，要定期进行统计总结，并与水泥厂家进行质量技术上的联系，随时掌握厂家的质量状况，以便出现问题查找原因。

对于水泥品种的选择，应根据工程部位、混凝土强度等级、施工要求、环境气候、外加剂品种、掺合料种类进行优选。水泥质量越稳定，生产的混凝土波动越小，生产上越容易控制，就越能保证混凝土质量。一般 C25 以下选用 32.5 级水泥，C30 – C60 选用 42.5 级别水泥，C60 以上宜选用 52.5 级别。对大体积混凝土，宜选择低水化热的水泥，如矿渣硅酸盐水泥。

2. 集料的质量控制

集料占混凝土体积的 70% 以上，在混凝土结构物中起支撑骨架的作用，对混凝土的强度、工作性能方面有较大的影响。日常生产中，因集料质量不合格以及波动，造成混凝土质量问题的事件也频频发生，需要从业人员给予重视。

对于集料的储存,混凝土企业应设置专门的储存场地,场地必须硬化且有良好的排水设施,防止料堆底部积水、积雪,最好采用封闭的厂房进行堆放。若是开口的料仓,其堆积高度不应高于5m,并具有一定的储存面积和储存数量,保证满足混凝土连续生产的用量。场地必须经过合理规划,方便原材料的进场及生产。

对不同规格的集料,应采取分开堆放,并有醒目的标志标明材料的品种、规格、产地、进货日期等,避免混料。有条件的企业应设置砂石均化器,对不同供应商提供的原材料进行均化后使用。商品混凝土企业可以自备砂石场,并采用先进的机器生产集料,这样就能保证货源稳定,波动小,集料的粒型、粒径适合,从而保证混凝土生产的质量。

砂石进场后,材料人员应首先目测砂石的品种、规格、数量、有害杂质等,验收合格后进行卸料,并立即组织技术人员进行复检,当外观检查不合格时,不得入场,复检合格后,方能使用。

生产上,应密切注意原材料的波动情况,尤其是砂的细度模数、含水率及含石量的变化以及石子的粒形、粒径及石粉含量的变化,生产控制中应立即进行配比的调整。

对于冬期施工的混凝土企业,可以设置集料加热设施,以保证冬期施工质量,一般砂石堆场底部或四周有保温加热措施。

3. 掺合料的控制

掺合料是混凝土的第六大组分,是当前商品混凝土企业必不可少的原材料。目前常见的掺合料有粉煤灰、矿粉、硅灰、沸石粉等。使用量较为广泛,且性价比较高的应首选粉煤灰和矿渣粉。

掺合料在混凝土中由于具有优异的性能,使得混凝土中的发展趋势向着双掺、多掺及大掺量发展。掺合料的使用也是高性能混凝土和绿色混凝土必备的原材料。但近年来,掺合料资源供不应求,价格也一路上涨,导致不法供应商为了追求利润,对掺合料掺假,从而影响混凝土质量,因而混凝土企业应对进场掺合料进行严格控制,合格的原材料才能进行生产使用。

掺合料进厂前需进行品质、性能及掺入后的混凝土性能试验,通过试验符合国家标准后才能使用。粉煤灰主要检测其细度、需水量比、活性指数和烧失量等指标。常用的粉煤灰应首选大型电厂粉煤灰,除了货源相对稳定,采用煤的品质、燃烧工艺还能保证粉煤灰质量波动小。矿粉重点检测其细度及活性指数。材料检测人员在取样时要采用取样器进行抽样,防止有的供应商会弄虚作假,在装料口处放一层合格的材料,而下部全是不合格的灰。

掺合料宜备有两个筒仓,且能保证有一定的储存能力,保证商品混凝土的连续生产。筒仓也保证密封性良好,防止雨雪进入,使原材料受潮。及时观察掺合料的消耗情况,保证混凝土的连续生产。

科学合理的使用掺合料,能保证混凝土取得良好的质量、技术和经济效益,搅拌站技术人员应根据现有的原材料,将掺合料从单掺、双掺、多掺和大掺量考虑出发,不仅能保证混凝土质量,改善工作性能,也能在很大程度上节省成本。

4. 外加剂的质量控制

外加剂是当前商品混凝土生产中不可或缺的原材料,混凝土的各种不同性能在很大程度上都是由不同的外加剂来实现。常用的外加剂有泵送剂、缓凝剂、引气剂、早强剂等。选用外加剂应符合国家标准。

目前,市面上外加剂品种繁多,型号五花八门、性能各异,选用时,应根据国家标准进行检测后,也要结合厂区现有的原材料进行适应性试验,不能盲目选用。

选定的外加剂厂家要固定,需要具有一定的生产规模,质量稳定、信誉良好。不要频繁更换厂家,以免造成波动引起混凝土质量问题。

混凝土外加剂在进场时要对品种、批号、型号、规格和数量进行验收,符合出厂说明书和使用说明书后才进行卸料,复检合格后才能正常使用。不同型号的外加剂,在储存、保管时要标志清楚,设专人负责,不得混合使用。使用不同型号的外加剂前,还要对外加剂罐进行清洗,清洗干净后才能入罐使用。外加剂储仓一般要安装定时搅拌系统,防止外加剂沉淀造成质量事故。

5. 拌合用水的质量控制

混凝土拌合用水一般选用饮用水或自来水。

五、做好混凝土销售管理

商品混凝土行业中,当出现事故问题时,更多地将目光转向了商品混凝土企业的生产质量控制,而往往忽视了混凝土施工单位应尽的责任和义务,这样就会造成混凝土供需方产生不必要的矛盾和误会,当然,这其中也包括施工单位和监理对混凝土性能、特点和应用方法认识不够造成的。尤其是混凝土发展较慢的地区及施工单位,这就要求混凝土营销从业人员加强商品混凝土的宣传和技术质量交底工作,尤其是混凝土质量通病或质量隐患,混凝土企业应和施工、监理等单位进行良好的沟通,在相互配合的基础上,预防和避免商品混凝土易出现的质量问题。

混凝土销售人员除了具备本专业业务外,还应对建筑工程及混凝土方面的标准规范比较熟悉,并懂得混凝土方面的基本知识,施工方法等。另外,还应了解混凝土企业的生产能力、技术水平,质量管理等,在承接混凝土任务时,可向施工方进行讲解、并做好宣传工作。

在签订合同前要对合同进行评审,必须明确供需双方的责任,以免出现事故时,分不清责任,特别是对高强或有特殊要求的任务时,要经过采购和技术负责人共同协商,若能满足合同要求,即可签订合同,否则应放弃。签订合同后,采购人员应落实所需要的材料,由试验室试配出有特殊要求的配合比以备用。

当有大体积混凝土和大型地下室或车库等任务时,应派技术人员到工地了解大体积混凝土的面积、厚度,抗渗混凝土的强度和抗渗要求。有些单位不重视混凝土的施工养护工作,应派技术人员在混凝土浇筑前后到工地查看和督促。若工地人员不重视时,可采用拍照,作为打官司的证据。

六、混凝土生产质量控制

混凝土生产环节方面能够得到良好的控制,需要全体成员各司其责。高质量的混凝土,必须由优秀的技术人员通过生产控制管理来实现。影响商品混凝土质量的因素复杂多变,无论哪个环节出现问题,都会导致混凝土质量出现异常情况。因此,必须对生产过程进行全程管理并严格控制。

混凝土生产过程中控制的主要内容有:配合比调整、计量、搅拌、和易性控制、运输、浇筑及养护过程。

1. 配合比的调整控制

混凝土在生产前,试验人员应提前了解原材料的各种参数,如砂石的含水率、外加剂的减水率等,换算成配比后下达生产部门。生产中,也要根据现场材料变化及施工情况做出适当的调整,使之符合工地设计施工要求。混凝土配合比,要根据工程结构、部位等不同来设计,设计的原则是,保证混凝土施工性能的同时,满足配制的强度。

大量的试验和实践经验表明,泵送混凝土砂浆含量在 52% ~ 57%,才能保证可泵性能良好,不堵泵。混凝土的搅拌用水量、砂率、水泥用量的变化,对混凝土工作性能的影响表现在:

(1)单方混凝土用水量每增加 10 ~ 15kg,坍落度会增加 20 ~ 30mm 左右;

(2)每增加一个强度等级,单方混凝土中水泥用量要增加 20 ~ 45kg;

(3)砂率每增加或减少 3%,其 W/C 要增加或减少 0.1;

(4)采用碎石要提高用水量,而卵石能降低用水量;

(5)使用同一种外加剂,随着混凝土强度等级的升高,其掺量也要相应提高;

2. 商品混凝土的计量

混凝土质量稳定、匀质性高是通过计量准确和搅拌均匀来实现的。混凝土的计量设备应由法定的计量部门进行检查,并取得计量部门签发的检验合格证书。在开盘前要进行校核,正式生产过程中,要将各种材料计量误差控制在允许范围之内,使实际生产的混凝土与试验室中混凝土试配的状态基本吻合。

另外,搅拌站负责人在生产过程中应定期做好计量设备的自检和校验工作,密切注意计量系统的误差范围,并做好详细的记录。校核完成后,将配合比录入微机中,试验室人员应由专门的人员对输入的配比进行核对,操作人员、试验室核对人员应严格核对原材料的数量、品种、规格,保证生产所用的原材料符合标准及配合比通知单上的要求,做到配合比准确无误的生产,避免人为错误造成质量事故。

3. 混凝土的开盘鉴定

混凝土生产前要进行开盘鉴定,合格后才能正式生产,正式生产三盘后,由试验员、质检员、微机操控员及搅拌站负责人组成,负责对混凝土坍落度进行测定,并观察混凝土和易性、可泵性,达到要求后进行正式生产。随后生产过程中,试验员、质检员、微机操控员必须对搅拌的混凝土和易性进行目测,观察坍落度变化,可以进行适当的调整。如发现有异常情况,应立即向试验室主任进行汇报调整。

试验人员除了抽查混凝土坍落度,还要不断对出厂的和易性变化情况进行目测,保证混凝土工作性能在合格的施工范围之内,不合格坍落度不得出厂。同时,要注意从出厂到混凝土浇筑入模,混凝土不应发生离析、分层,坍落度损失较大以致凝固或缓凝。各技术人员需通过长期的摸索,积累出相关的实践经验。

4. 商品混凝土的搅拌控制

混凝土搅拌机要经常进行保养和维护,搅拌效率要符合标准规定,确保混凝土控制系统正常运行。另外,搅拌时间要严格控制,若混凝土中掺合料较多,高强混凝土以及冬期施工混凝土,要延长搅拌时间。

混凝土还是以在搅拌机里搅拌为主,很多搅拌站在生产过程中为了提高效率,减少在搅拌机中搅拌的时间,认为运输途中混凝土也会搅拌,不应花过多的时间对其进行搅拌,这种方式是不可取的。虽然罐车也有转动搅拌,但只是为了保证混凝土不发生离析、分层,对混凝土搅拌施加的力量较小,且混凝土充满了整个搅拌筒,混凝土受不到强而有力的作用,不能保证混凝土充分搅拌,其搅拌作用也就微乎其微。

搅拌车在卸料时,要注意卸掉搅拌桶中的积水。从工地返回时,要清洗桶内残留的混凝土。

在冬期施工期间,为了保证混凝土的入模温度,有条件的企业可以用热蒸汽对搅拌筒进行预热,搅拌途中对筒体进行保温。

5. 商品混凝土出厂检验控制

混凝土出厂后,作为一种半成品,要保证强度合格并且需要有良好的施工性能,因而要对出厂的混凝土进行检验。出厂检测包括送货单检验、工作性能检验、混凝土强度试验的取样和制作、检验记录填写等。

出厂检验应首先检查送货单,防止出现交货错误。对混凝土工作性能方面的检验,主要通过目测和试验,检测坍落度是否满足要求、黏聚性和保水性是否良好、以及是否满足泵送施工等。特别是每一批次的前几盘混凝土,应密切关注。发现混凝土工作性能不能满足要求时,应及时做出配合比调整,调整时应保持水胶比不变,根据生产时的砂石含水率重新调整用水量和砂石计量系数。若坍落度较小时,无法保证混凝土的泵送,可以采取相应的措施,如在混凝土中加入一定的外加剂,快速转动搅拌车后进行目测,达到要求进行泵送,若因高温天气或运输路途较长原因导致混凝土损失过大,可以适当提高混凝土出厂坍落度值。

若混凝土出现离析等现象时,可以在搅拌车中加入适当的砂浆干粉,经快速搅拌,目测达到要求后才能出厂。当砂的细度模数和含石率发生变化时,还要对砂率进行及时调整。

混凝土拌合物的质量应每车进行目测,必要时每车均应检查工作性能。同时,按照标准和规范要求,对出厂的混凝土进行强度检测试件的制作。按照要求,进行强度检验的试件取样时,同一配合比每拌制 $100m^3$ 的混凝土,取样次数不得少于一次,当一个工作班生产的同一配合比的混凝土不足 $100m^3$ 的,其取样次数也不得少于一次。取样后要在规定的环境中、按照规定的制作方法成型并进行标准养护。

6. 商品混凝土的生产调度

调度员在接到生产任务时,讲话应口齿清晰,态度和蔼。接听客户电话过程中,一定要详细问清以下事项:工程名称、施工单位、施工地点、混凝土强度等级(抗渗、抗冻、微膨胀)、输送方式(塔卸、泵送)、浇筑部位(基础、梁板、墙体、构件等)、浇筑时间、是否需用泵车,联系方式及联系人等,并及时记录在"生产任务计划表中"。当混凝土方量较大,任务量超过 $300m^3$ 以上时,应及时通知材料人员落实材料的储备情况。对遇有高强度等级或特殊要求混凝土任务时,还应通知试验室主任,做好生产配合比的落实情况。

调度人员在生产前应熟悉到工地的运输路线、运输时间以及施工过程中的天气状况,并根据第一车驾驶员反馈回来的信息,确定是否需要调整混凝土的工作性能及发车频率,在白天浇筑过程中,还应注意市内交通高峰期,防止出现断料,保证混凝土连续生产。

7. 商品混凝土的运输

通常情况下,商品混凝土企业负责混凝土从搅拌站到施工现场的运输工作,混凝土运输到工地的时间一般控制在 1 个小时左右,最长不能超过 2 小时,在这段时间内,商品混凝土生产商应负责混凝土的运输和浇注过程的质量。

商品混凝土的生产、运输和浇筑是一个连续过程,这几个环节密切相连,在这个过程中应保证混凝土质量始终处于受控状态。不同的工程部位、施工方式、施工技术水平和准备情况,对混凝土的需求量是不同的,因此,混凝土生产企业应根据施工方的施工方案制定相应的生产和运输方案,必要时派出驻施工现场的调度人员,随时掌握工地施工情况,合理安排车辆,使供料速度与施工速度相平衡。若车辆发出过多会造成施工现场长时间等待,导致混凝土的工作性损失过大,若车辆发出过少会造成施工现场缺料而终止,导致混凝土不能连续浇注,这都会影响混凝土的质量。另外,调度人员应确定合理的行车路线,尽量避开上下班高峰期因交通繁忙出现堵车而延误了混凝土的正常浇筑。

混凝土搅拌运输车、泵车及泵管等在夏季施工时要采取隔热措施,冬期施工期间要采取保温措施,搅拌站车体会向外传热,同时,内部的混凝土会产生水化热及集料的摩擦热,保证混凝土在运输途中温度不降低或稍有提高。

此外,商品混凝土生产商还应做好对罐车、泵车和调度人员的业务培训工作,保证混凝土的运输和浇注按照相应的规范和标准进行。

8. 商品混凝土的浇筑

混凝土是一项材料科学与施工技术紧密相连的技术科学,商品混凝土质量如何,最终要体现在施工现场的工作性能,成型后混凝土的强度以及后期的耐久性上。因此,混凝土在施工现场的质量管理技术是一道十分重要的环节。

运输到施工现场的混凝土,监理及施工单位宜在半小时内进行验收,若混凝土坍落度在标准允许范围内,就应进行验收。混凝土在90min内应浇筑完毕,若发现混凝土有质量问题,应立即采取措施或退回。如果混凝土到达施工现场不能及时用完,将会造成混凝土质量问题,一般混凝土搅拌出机后,宜在2~4h内用完,当超过初凝时间后,混凝土应废弃,不能再使用。大量的试验表明,当混凝土超过初凝时间后,及时对其掺加减水剂达到要求的工作性能,取样进行做试块养护,其强度也要远低于设计强度。混凝土初凝时间一般在6h左右,掺缓凝剂的混凝土除外。混凝土浇筑后,施工单位按规范对其进行养护,并进行同等条件下试块的制作。

混凝土企业也应派出技术人员对混凝土和易性的变化进行全程跟踪,在施工现场详细观察坍落度损失情况、可泵性以及施工单位施工情况,对出现坍落度损失较大,泵送困难时,适当加入泵送剂,严禁现场采取二次加水,依照合同和施工单位进行必要的沟通和技术服务,并及时将发现的问题反馈回公司。

泵车司机及泵工均应持证上岗,按照泵车使用指南和操作规程进行操作,并能及时处理操作过程中出现的问题,泵送过程中,应有专人巡视管道,发现漏浆、漏水情况应及时处理。泵送结束时,应及时清洗管道。

9. 加强混凝土机械设备和车辆的管理

(1)设备管理

混凝土设备性能的好坏,对生产的混凝土质量有很大的影响,因而,生产中,应采取有效的管理措施,使设备处于正常的工作状态,如计量要准确,搅拌均匀,效率高等。搅拌不均匀的混凝土,往往会导致混凝土强度低,坍落度不合格,严重的还会导致混凝土黏聚性差、泌水、离析,影响泵送性能。

混凝土企业应设置专门的维修部门,具备专业的修理工及维修工具,加强设备的日常检查、保养和维修工作,并做好运转记录,每天生产完成后,及时清理搅拌机内的混凝土结块,以免造成结块过多搅拌不均匀。设备操作员和维修人员应对生产设备做好巡回检查,消除因设备原因造成的隐患,确保混凝土连续生产,时刻处于正常的运转状态。

(2)车辆调配与管理

混凝土运输班应严格按照混凝土运输车使用指南和操作规程作业,驾驶员应做好车辆的保养和维护,并做好车辆的维修记录。运输班应实行两班工作制,每班配置一名司机,由持有上岗证并经培训合格的司机担任,各班应做好交接班工作。

搅拌车在装入混凝土前,应严格检查罐内有无水或异物,发现后应及时排空方能装入混凝土,装料完毕后,做好发货单的签认工作。

混凝土出机后,调度室应根据当前混凝土状况、运输距离、行车路线、交通状况等情况进行发配车辆,确保运输车辆的连续性。如遇有混凝土不能及时卸出时,应在 $2 \sim 3h$ 之间,合理的安排车辆调往别处,如无处可调时,应及时通知上级领导予以必要的处理。

搅拌车司机对装入的混凝土质量负有责任,混凝土卸车时应有本人操作,卸车前对混凝土进行高速搅拌,防止闲杂人等误动卸料或加水的控制手柄。

10. 商品混凝土企业应重视施工单位质量申述工作

混凝土出现质量问题后,施工单位会提出申诉,此时混凝土企业应成立质量问题处理或调查小组,召开有关会议,从原材料、生产、到施工环节进行层层分析,找出问题所在,并总结经验教训。另外,给申诉单位明确的答复,造成经济损失的予以赔偿,若出现的质量事故不属于本企业责任,应告知申诉单位,出具具体的质量问题分析结果。

11. 对施工方协助和监督

施工方负责混凝土浇筑和养护工作,并对施工现场的混凝土进行取样检验。为了保证混凝土的质量,避免产生纠纷,商品混凝土生产企业应协助和监督施工方做好以下工作:

(1)督促施工方做好施工前的准备工作,为混凝土进场浇筑提供条件;

(2)要求施工方保证混凝土浇筑速度,防止混凝土等待时间过长而影响质量;

(3)保证施工质量,防止混凝土过振或漏振现象;

（4）督促施工方及时反馈混凝土质量要求，并进行现场施工检查；未经混凝土生产商的允许，不得在施工的混凝土中加入外加剂和水等材料；

（5）协助并监督施工方按照标准和规范取样进行现场检验、制作和留置试件并进行标准养护，以避免纠纷，保证成型试件强度质量合格。

综合以上所述，可以得出要保证混凝土生产的质量，既要满足客户要求的可施工性（混凝土的和易性），同时要满足混凝土设计的强度及竣工后要求的耐久性（使用寿命）。这就需要混凝土企业具备一定的管理水平（企业理念、组织架构、企业体制等），硬件设施（生产设备、运输设备、施工设备及养护设备等）和软件设施（技术力量、技术队伍和技术管理等）。

混凝土质量是一项技术性很强的工作，影响因素复杂繁多，各种质量问题都具有很大的随机性，如原材料及其检测质量、混凝土生产过程控制、生产工艺、施工条件、人员素质及管理水平等都能影响混凝土质量，任何一个环节出现问题，都会给混凝土带来质量方面的事故。因此，商品混凝土生产企业应推行全面质量管理，不断强化质量管理体系及试验手段，落实各项管理措施，这样才能确保混凝土生产质量。

第二节 商品混凝土养护

商品混凝土的应用，加速了工程的进度，促进了混凝土行业快速向前发展，但也随之带来了大量的问题，诸如施工方盲目追求进度、施工技术的相对落后、养护措施不到位、施工人员素质低下等，这些问题的存在，导致了生产的混凝土出现早期强度不够、大量裂纹的产生、耐久性严重不足等问题，最终归结为混凝土生产管理和施工的问题。

商品混凝土浇筑后，只是作为一种半成品，在混凝土生产浇筑成型前，混凝土内部就产生了大量的微孔缺陷和微裂纹，这既有物理方面的原因，也有化学作用的结果。除了表现出因气泡问题引起的大的气泡外，里面的微裂纹和毛细孔肉眼均是看不见的。长期以来，大量的学者对混凝土的孔结构、裂纹及裂缝控制方面做了大量的研究，关于混凝土耐久性的文章更是数不胜数[2]。以往对混凝土结构产生裂缝、耐久性不足问题都会将目光重点放在原材料以及混凝土配比上，但大量的工程实践表明，对混凝土进行及时充分的养护，就能做到有效的控制混凝土开裂，从而达到满足工程要求的抗渗、抗裂等耐久性指标。

一、商品混凝土的湿养护

1. 合理控制不可见裂缝和可见裂缝是养护的关键

混凝土内部的裂纹是一个从小到大，从不可见裂缝到可见裂缝的过程。

Mehta[3]在1994年指出,微裂缝和孔隙的产生是导致混凝土出现劣化的主要因素。格里菲斯[4]从断裂学理论指出材料裂缝两端存在应力集中。这样,混凝土在荷载应力和收缩应力作用下,裂缝会沿着长度和深度方向进行扩散,直至贯穿整个结构。因而,控制不可见裂缝,是提高混凝土抗裂的重点。

混凝土中也包含着大量的孔隙,大约占混凝土体积的8%～10%,按孔径大小可以分为:凝胶孔、毛细孔以及介于两者之间的过渡孔。混凝土的抗渗性主要取决于内部这些孔的特性。有研究表明[5],混凝土中影响抗渗性的,是由100nm以上的毛细孔隙造成的,合理控制毛细孔及微裂纹的生成,就能够有效控制混凝土的抗渗性能。混凝土中的毛细孔率大约在0～40%范围内[6],当毛细孔率低于20%时,其渗透系数达到大理石渗透系数。大量的试验和生产实践表明,采取合理的配合比以及良好的养护措施,能有效的降低混凝土的毛细孔率,使低强度等级的混凝土依然能够达到良好的抗渗性能[7][8]。

由此可见,要提高混凝土的耐久性,就是要提高混凝土的抗渗性和抗裂性,也就是混凝土的毛细孔率和不可见裂纹的降低。后续施工的关键就是对混凝土进行湿养护,并且需要得到良好的养护。养护是混凝土施工中非常重要且容易忽略的环节,在施工中,其重要程度再怎么强调也不过分。

2. 商品混凝土需要良好的湿养护

混凝土在养护前后,失水或泌水都会造成混凝土存在缺陷,合理的控制缺陷,养护应遵循以下三个基本原则:

(1)湿养护开始时,混凝土表面不存在泌水缺陷;

(2)湿养护开始时,混凝土表面不存在失水缺陷;

(3)湿养护过程中(混凝土在早期硬化过程中),混凝土不出现失水缺陷。

混凝土在浇筑过程中,要求从振捣抹平到养护完成,混凝土都不出现泌水以及失水的现象,尽管这个过程很难实现,但实际生产中,混凝土养护越接近完美,硬化后的混凝土性能就越好,混凝土抗渗等指标越低。因此,我们可以以此为标准,来衡量我们现实施工中的养护接近或偏离的程度,来评估养护对混凝土施工的重要性。

3. 湿养护的关键在于早期养护

以往混凝土在终凝前才开始实施养护,并且一般不覆盖,每天浇水2～5次,会出现少量的可见裂缝,只要产生的裂缝对结构无害,施工单位都不会过多在意。只有当裂缝较大、较宽时,才认为是养护措施不当所致,采取的措施就是增加浇水的次数。但近年来,大型工程结构物频频发生早期开裂现象,除了与当前混凝土原材料变差外,也与施工中湿养护没有及时而充分有关,因而,传统的湿养护不充分。当环境条件恶劣时,混凝土内部必然出现大量的孔隙缺陷,导致混凝土早期抗渗性能低下,影响混凝土的质量。

混凝土中的拌合用水除了用于水泥水化反应,其余大部分都用来改善混凝土拌合物的工作性能,这部分水在已振捣密实的混凝土中,占有一定的空间,当这部分空间被水泥水化产物完全填充,而不被空气占据时,是混凝土养护最良好的体现,否则就形成了混凝土缺陷。防止缺陷最好的措施就是让越来越多的水化产物填满这些空间,目前有两种方法可以达到上面的要求,一是在混凝土从浇筑振捣抹平到养护结束,这个阶段主要是防止混凝土水分流失,防止产生失水缺陷;二是让未完全水化的胶凝材料,如未水化完的水泥以及掺合料的后期水化反应填充微裂缝和微孔缺陷,这个过程也叫做自愈。混凝土从易于流动的流塑性状态逐渐转变为粘弹性体,并逐步具有初始强度,这是混凝土最容易蒸发失水、最容易形成失水缺陷的阶段,同时,也是水泥水化反应最活跃、混凝土强度发展最为迅速的阶段。只要配合比合理,混凝土成型后不失水,拌合水占据的空间就会很容易被水化产物所填充,使孔隙率降低或孔结构细化,孔径分布更为合理,才能实现高抗渗性。胶凝材料后期的水化反应,需要具备一定的条件,水化过程也会相对缓慢。因此,尽量让这些充水空间在水泥水化早期被填充,早期养护是关键。

混凝土失水时,一般先形成不可见孔隙缺陷而后才可能形成不可见裂缝。孔隙缺陷的形成先从混凝土表面开始,随着失水量的增多,孔隙缺陷逐渐向内层发展。随着孔隙加深,孔内水的液面开始下降,孔内负压逐渐增大,并产生收缩力,混凝土开始收缩。暴露在大气中的混凝土,表面失水最多,从外向内形成湿度梯度,因此混凝土表面收缩应力最大。这时混凝土尚不具备足够的强度以抵抗这种收缩应力,于是产生不可见裂缝,以释放产生的应力。由此可见,如果我们控制了混凝土中不可见孔隙缺陷的生成,也就控制了混凝土的不可见裂缝。

实际生产和经验表明:商品混凝土 7d 强度约为 28d 强度的 60% ~ 85% ,一般在 70% 左右。规范要求对混凝土湿养护的时间为 7 天,在这 7 天中,越在早期,混凝土越容易失水,越容易形成缺陷,防止失水现象也就越重要。混凝土 3d 强度约为 28d 强度的 30% ~ 60% ,一般在 45% 左右,所以前 3 天对混凝土进行湿养护,防止失水尤为关键。工程实际表明,前 3 天若不失水,对混凝土进行浇水保湿至 7 天时,能有效减少早期缺陷。而养护第一天,则是混凝土养护期间最为关键的,若混凝土在第一天就发生失水过多,所造成的缺陷在后期都可能都很难弥补。工程实践中,经常可以见到,有的工程在第一天就不注重养护,第二天才采取湿养护,等到养护结束以后,板面还是开裂了,究其原因,混凝土在第一天已经有裂缝产生。也有的工程,同配比不同部位的抗渗混凝土分次施工,每次抽样送检的试件抗渗等级都很高,偶尔一次由于特殊原因造成疏忽,关键在第一天没有保养,试件露天放置一天后,第二天脱模浸水,结果试件抗渗等级严重不足,这说明第一天的不养护致使较大的毛细孔已经形成。

所以,混凝土养护原则是:湿养护7天,关键前三天,最关键第一天,即越在早期养护越好。另外,不管用什么方式保养,都需要达到不失水的目的。在不失水的前提下,再考虑是否需要保温等其他辅助措施。

4. 商品混凝土需要"及时而充分"的湿养护

(1)及时的养护

所谓"及时",符合湿养护的前两个原则。即混凝土在养护开始时,表面不存在泌水缺陷和失水缺陷。混凝土发生泌水现象时,其泌水通道即为泌水缺陷,混凝土在失水过程中,失水通道也会发展成可见与不可见裂缝,即为失水缺陷。如果在湿养护开始时,能有效的消除混凝土表面的这些缺陷,那么湿养护就是及时的,否则就是不及时的。

混凝土在养护过程中及时不及时,不是看从振捣抹平到开始湿养护这段时间持续的长短,而是要看湿养护开始时,混凝土失水的多少,以及失水缺陷是否得到有效的消除。混凝土中失水越多,所产生的缺陷将越严重,则表明湿养护越不及时;但若能保证混凝土失水尽可能少,且失水所产生的缺陷能得到有效的消除,这时的养护则是及时的。

(2)充分养护

所谓"充分",它符合湿养护的第三原则,也就是在混凝土早期硬化过程中,整个湿养护阶段,混凝土都不失水。判断湿养护是否充分的关键,不是看湿养护时间的长短,而是在于湿养护期间,混凝土内部是否失水。若整个养护期间混凝土不失水,则该养护是充分的,否则就是不充分的。失水越多,养护越不充分,养护期间产生的缺陷也就越严重。若混凝土采取蓄水养护,混凝土硬化过程中不会失水,该养护方式是充分的。覆盖薄膜养护,也就是要保证养护期间不失水,需要施工人员严格操作,不可敷衍了事。另外,覆盖物应有良好的吸水性,覆盖时应互相衔接,完全盖住结构物表面,使得混凝土处于良好的湿度环境中。

由此可见,判断混凝土湿养护是否及时和充分,主要依据完美湿养护的两个原则,即湿养护开始时,混凝土表面不存在泌水缺陷和失水缺陷;湿养护过程中,混凝土不出现失水缺陷。

5. 二次抹压的作用不可忽视

混凝土经振捣密实后,为了保证表面的平整度,必须用木抹子将表面抹平,称为"一次抹平"。一次抹平后,如果不立即养护,至混凝土凝结前,必须至少再抹一次,这次不只是抹平,还要用力抹"压",将混凝土表面抹压密实,称为"二次抹压"。

二次抹压有三个主要作用:一是尽量消除混凝土的表面所产生的各种缺陷,

二是通过抹压来提高混凝土表层的密实度,三是表层密实度提高后,能有效阻止并减缓混凝土内水分迁移蒸发的速度,从而提高混凝土的抗裂能力。混凝土在初凝至终凝过程中,有较长一段时间,只要环境相对湿度低于100%,混凝土就会失水,并形成失水缺陷。这些缺陷如果不能得到及时有效的消除,在混凝土继续失水的情况下,孔道会进一步加深,裂缝进一步扩展,使混凝土抗渗性能降低,并发生开裂,导致其耐久性降低。大量的工程实践表明,在湿养护不够及时、充分的情况下,只有一次抹平而没有二次抹压,混凝土的开裂将会严重的多。因此,除非实施即时养护,使混凝土表面不发生失水缺陷,否则进行二次抹压工艺是必须的。

二次抹压对混凝土表面进行再一次密实成型,由此消除已形成的初始缺陷。由于失水,混凝土表面水胶比降低,与一次抹平相比,提高了混凝土的密实度和强度,从而提高了表层混凝土的质量。这对混凝土耐久性的提高十分重要。施工质量保证中作为耐久性的特别重要的对象,就是表层混凝土的质量(密实度和防裂)与保护层厚度。值得注意的是,这里指的是表层混凝土的质量,而不仅仅是表面混凝土的质量。在二次抹压工艺中,现在人们往往习惯于抹刀手工抹压,不仅效率低,力度也不够。当缺陷由表及里发展较深时,将很难消除。二次抹压最好采用圆盘式抹光机,消除表面缺陷与密实表层的作用比抹刀好,效率也高。

二次抹压后,必须立即对混凝土进行充分的湿养护,以避免混凝土再次失水。只有这样,才能保证混凝土早期发育良好,提高硬化混凝土的质量,为混凝土耐久性的提高打下早期质量基础。

6. 泌水混凝土湿养护前必须经过封闭泌水通道的处理

泌水是混凝土拌合物生产和施工中常见的一种现象,混凝土发生泌水时表现在粗集料下沉,水分上浮。泌水出现的同时,除了会降低混凝土的匀质性,还会使拌合物和硬化后的混凝土的性能显著降低。泌水时通常会在混凝土表面和内部产生泌水通道,这些通道往往是一些连通孔,且孔径粗大,使得混凝土的抗渗性能急剧降低。另外,泌水会带动胶凝材料浆体上浮,集料下沉,这样,一部分上浮浆体遇到粗集料阻挡,沉积在粗集料的下方,形成界面薄弱结构,严重影响混凝土强度及抗渗性;另一部分浆体上浮至混凝土表面,形成表面浮浆,降低表面混凝土质量。

有学者经研究表明,当新拌混凝土用水量高、坍落度大并产生明显泌水的泵送混凝土抗渗性,得出泌水混凝土不宜即时实施养护,在施工前需经过封闭、抹压处理,才能提高其抗渗性[9]。另外,初凝前进行二次振捣,也能够在很大程度上提高大流动度泌水混凝土的抗渗性能。二次振动能很好地破坏或者消除已形成的泌水通道和失水通道,使之前的连通孔形成封闭孔,这些封闭孔随着混凝土继续水化,逐渐被水化产物所填充,使混凝土实现高抗渗。但值得注意的是,二次振动后,需及时进行二次抹压,同时,立即对混凝土实施湿养护,否则,在不利环境影响下,混凝土会因再次失水,其抗渗性仍然难以提高,甚至还会完全丧失抗渗能力。

7. 从耐久性高度实施商品混凝土的养护

Burrows 在《混凝土的可见与不可见裂缝》一书中曾指出:"以往混凝土因崩溃而劣化,现在则因开裂而劣化"[10],道出了混凝土对环境介质的抵抗力会变差的根本原因。也有研究者认为[11],以往混凝土的劣化是以崩溃为主,也有开裂;现在混凝土劣化则以开裂为主,也有崩溃。所谓崩溃,是因为混凝土抗渗性能很差,环境有害介质容易渗透进入混凝土内部,加速腐蚀,导致混凝土达不到设计的使用寿命,从而过早失效的一种劣化形式。

混凝土主要劣化方式的转变,究其原因主要是原材料和配合比的变化造成的。以往混凝土早期不容易开裂,主要是因为水泥颗粒粗,混凝土强度等级低,胶凝材料用量少,且水胶比大,导致成型后的混凝土拌合物中,存在较大的空隙由水所占据,这些孔隙在短时间内很难由水化产物填充,因而其抗渗性要比现代混凝土低。而随着混凝土技术的发展,混凝土的原材料变化主要表现在:水泥颗粒逐渐变细,高效减水剂的大量使用,水胶比逐渐降低,掺合料的大量使用,混凝土中的孔隙虽然较以往有所降低,虽然强度等级有所升高,但如果不进行完美的湿养护,混凝土有可能会完全丧失抗渗能力。

因此,甘昌成认为[11],由不可见孔隙缺陷引起的混凝土抗渗性能的降低和混凝土的开裂,是加速混凝土劣化,降低耐久性的两种主要类型。不管是以往还是现在,这两种类型都是存在的。因此,我们在控制混凝土早期开裂的同时,千万不能忽视控制引起抗渗性能降低的孔隙缺陷,否则就会顾此失彼,还走弯路。

为了提高混凝土的耐久性,混凝土高性能化是当前发展的必然趋势,绿色高性能混凝土又将是混凝土技术发展的一个大方向,广大混凝土从业人员都应为之努力奋斗[12]。然而,如果只是针对原材料和配合比方面进行研究,而没有完美湿养护作为保证条件,混凝土的孔隙缺陷以及不可见裂缝还将容易产生,耐久性依然得不到很好的解决,我们的工作有可能是事倍功半。完美湿养护的投入实际很少,工作做好了,我们得到的回报将是事半功倍。以往普通混凝土的平均寿命约为 40 年[13],而通过完美湿养护,尽可能提高高性能混凝土的抗渗、抗裂能力,使得建筑物的使用寿命提高至 100 年或 100 年以上,是完全有可能的[14]。可见,通过完美湿养护,产生的经济效益和社会效益不可低估,因此,实际生产施工中,我们应当从耐久性的高度来关注商品混凝土的湿养护。

综上所述,要提高混凝土的耐久性,必须控制不可见孔隙缺陷和不可见裂缝,以提高混凝土的抗渗性和抗裂性。混凝土抗渗性能的降低和开裂是引发混凝土过早劣化的两种基本类型。要控制混凝土的不可见裂缝,首先要控制混凝土的不可见孔隙缺陷,因为不可见孔隙缺陷的形成又是引发不可见裂缝的初因。因此,问题就归结为一点:必须控制混凝土的不可见孔隙缺陷。完美湿养护是控制不可见孔隙缺陷必不可少的基本方法,因而也是提高混凝土耐久性的最基本方法。无论以往的混凝土还是现在的混凝土,完美湿养护都是需要的。本书阐述一些观点的核心问题就是混凝土早期失水问题,采取有效措施控制混凝土早期失水,避免形成失水缺陷,是提高混凝土抗渗抗裂能力、提高耐久性非常重要的手段。

二、混凝土的养护材料

1. 水:为较干净的用水,不得含油、酸、盐和氯化物等;
2. 养护剂:须符合混凝土用液膜养护剂规定;
3. 塑料薄膜:干净即可;
4. 覆盖物:麻袋、布、草帘、竹帘、锯末、炉渣等,不得使用包装过糖、盐、肥料的袋子,使用前要清洗干净。

三、混凝土的养护工艺

混凝土养护工艺有很多,比如传统的湿润养护法、高温养护法和使用混凝土养护剂养护法。而传统的湿润养护法又分为仓面喷雾、表面养护、流水养护等。商品混凝土施工中,混凝土的养护方法一般分为自然养护和加热养护两种。

1. 自然养护

自然养护一般指在自然条件下(平均气温高于5℃),用适当的材料对混凝土表面进行覆盖、浇水、挡风、保温等养护措施,保证混凝土中的水泥在所需要的温度和湿度条件下进行水化。自然养护分为覆盖浇水养护和覆盖薄膜养护。

(1)覆盖浇水养护

日平均气温高于5℃条件下,用适当的材料对混凝土表面进行覆盖,并在覆盖面上浇水,使混凝土在一定的时间内保持水泥水化需要的温度和湿度。覆盖浇水养护应符合以下规定:

1)覆盖浇水养护应在混凝土浇筑完毕内的12h进行。

2)浇水养护的时间见表4-1,对于普通硅酸盐水泥、硅酸盐水泥和矿渣硅酸盐水泥拌制的混凝土,不得少于7天,对掺有缓凝型外加剂、矿物掺合料或有抗渗要求的混凝土,一般不得少于14天,当采用其他水泥品种时,应根据相应的水泥技术性来确定养护时间。

表 4-1　混凝土养护时间表

混凝土类型		养护时间（d）
混凝土选用的水泥品种	硅酸盐水泥、普通硅酸盐水泥、矿渣水泥	≥7
	火山灰质硅酸盐水泥、粉煤灰硅酸盐水泥	≥14
	矾土水泥	≥3
抗渗混凝土、掺有缓凝剂的混凝土		≥14

3）混凝土的浇水次数应根据混凝土所处的湿润状态来决定。

4）混凝土的养护用水宜与拌合用水相同。

5）当日平均气温低于5℃条件时，不宜进行浇水。

6）对大面积结构，如楼板、地坪和屋面等，可采取蓄水养护的方式。

（2）塑料薄膜养护

塑料薄膜养护，通常是用不透水，不透气的塑料布养护，将混凝土表面暴露的部分严密覆盖，保证混凝土在不失水的情况下进行充分养护。该养护方法可以不用浇水，操作方便，并能重复使用。

混凝土带模养护期间，应采取带模包裹、浇水、喷淋洒水等措施进行保湿养护，保证模板接缝处不致失水干燥，为了保证顺利拆模，可在混凝土浇筑24~48h后略微松开模板，并继续浇水养护，脱模后，也要继续保湿至规定龄期。

混凝土去除表面覆盖物或拆模后，应对混凝土进行蓄水、浇水或覆盖洒水等措施，也可在混凝土表面采用麻布、草帘等材料将混凝土暴露面覆盖或包裹，包覆物应完好无损，彼此搭接完整，进行保湿养护。

传统的湿养护方法用水量较大，需要大量的人员和草袋，养护过程中需要不停地浇水，以保持混凝土表面湿润，施工现场的临时橡胶管更是跑、冒、滴、漏，以及污水到处流，不便于现场清洁管理，也影响到其他工种作业，如电工布管布线等。另外，现场作业面较大，施工人员难免会出现疏忽，也会影响混凝土质量。

（3）养护条件

在自然条件下（气温高于5℃时），对于塑性混凝土，应在浇筑后的10~12h（高温季节可缩短至2~3h），高强混凝土应在浇筑后1~2h内，用麻袋、草帘和锯末等进行覆盖，并及时浇水养护，以保持混凝土早期具备足够的水分水化。

混凝土在养护过程中，若发现遮盖不严，浇水不充分，表面泛白或出现干缩细小裂缝时，应立即加以遮盖，并浇水养护，养护时间尽量延长，以弥补早期养护不足的现象。

混凝土在养护期间，严禁堆放重物或在上面行走，当达到浇筑混凝土要求强度后，才能来往行人和安装模板、支架等。否则会造成混凝土早期损伤，对混凝土将产生不利影响。

2. 加热养护

自然养护成本较低且效果良好，但养护周期较长。为了提高工程进度，缩短养护周期并提高模板的周转率等，一般在生产预制构件时，采用加热养护的方式。

加热养护是通过对混凝土进行直接或间接的加热，来加速混凝土强度快速增长的方式。常用的加热养护方式有蒸汽养护、热膜养护等。

（1）蒸汽养护

蒸汽养护是缩短养护的方法之一，一般温度控制在 65℃ 左右条件下进行蒸养。混凝土处于这种温度和湿度环境中，能快速达到要求的强度。施工现场由于场地条件限制，现浇预制构件可采用临时性地面或地下养护坑，再盖上养护罩或帆布等覆盖即可。

混凝土蒸汽养护一般分为以下四个阶段：

1）静停阶段，即在混凝土浇筑完毕至开始加热阶段，将混凝土置于室温中放置一段时间，使混凝土产生抵抗升温阶段的破坏作用，一般时间控制在 2 ~ 6h。

2）升温阶段，将混凝土从室温加热到恒温状态。该阶段要严格控制混凝土的升温速率，若升温太快，会使混凝土表面因体积膨胀较快而产生裂缝。一般升温速率控制在 10 ~ 25℃/h。

3）恒温阶段，该阶段是混凝土强度增加最快的阶段，根据所使用的水泥品种的不同，应选择合理的温度。普通硅酸盐水泥的温度一般不高于 80℃，矿渣水泥、火山灰水泥则可提高到 85℃ ~ 90℃。另外，恒温过程中，要保证相对湿度控制在 90% ~ 100%。

4）降温阶段，处于降温阶段的混凝土，此时已经硬化，降温速率太快，混凝土易产生表面裂缝，因此应合理控制降温速度。一般情况下，构件厚度在 10cm 左右时，降温速率应控制在 20℃ ~ 30℃/h。

（2）热膜养护

热膜养护也属于蒸汽养护，蒸汽不与混凝土接触，而是将蒸汽通过模板，将热量传递给刚成型的混凝土，供混凝土养护。该方法养护能保证混凝土加热均匀，且用汽少，既用于预制构件，也可用于浇筑墙体。

（3）罩棚式养护

罩棚式养护是在混凝土构件加上养护罩，罩棚的材料一般选用玻璃、聚酯薄膜、聚乙烯薄膜等。其中以透明塑料薄膜为主。棚罩内的空间不宜过大，一般能遮住混凝土构件即可。棚罩内温度夏季可达 60℃ ~ 75℃，春秋季节达到 35℃ ~ 45℃，冬季控制在 20℃ 左右。

（4）覆盖式养护

混凝土成型、表面进行抹面收光后，在混凝土表面覆盖塑料薄膜进行养护，目前有两种方法:一是在构件表面覆盖一层黑色塑料薄膜,薄膜厚度控制在0.12mm左右,在冬季还用加盖一层气被薄膜;另一种是在混凝土构件表面覆盖一层透明或黑色薄膜,再盖上一层气垫薄膜;薄膜应采用能耐老化,采用热黏合连接接缝。覆盖式应紧贴四周,用重物压紧盖严,防止被风吹开,影响构件养护效果。

3. 混凝土养护剂养护法

当混凝土表面不便浇水或使用塑料薄膜养护时,可采取混凝土养护剂养护法。

混凝土养护剂养护法是将养护剂喷涂到浇筑完毕后的混凝土表面,形成一层封闭层,将混凝土表面与外界进行隔绝,使得混凝土内部的水分不致蒸发散失,从而保证混凝土持续水化,达到设计的强度。使用养护剂与薄膜养护法达到的效果相同,但其具有以下优点:施工方便、节省劳动力和水资源,对混凝土其他施工工序影响较小,更有利于控制混凝土质量。在使用混凝土养护剂施工中,应注意以下几点:

(1)液膜养护剂在使用前应充分搅拌,并在混合均匀1h后使用。

(2)混凝土在使用养护剂前,应先用水进行润湿,当水渍刚消失时立即涂敷养护剂。

(3)要注意检查养护剂的完整情况和混凝土保湿效果。如发现在养护期结束前,养护膜发生破损,应立即在破损面用养护剂进行修补。

(4)混凝土表面若需接合有新浇筑的混凝土或涂装其他面层,如油漆、瓷砖、防潮层、不透水层和顶隔热层时,不得使用蜡、脂类养护剂。

(5)施工缝处不得使用养护剂。

该方法一般适用于表面积大的混凝土施工和缺水地区。

4. 混凝土的其他养护要求

混凝土拆模后,可能处于不同的环境条件下,如可能与水进行接触,此时应注意混凝土与流动水或地下水接触前采取有效的温度、湿度保护措施,养护时间应略微延长,至少14天以上,且保证混凝土强度应达到设计强度的75%以上。

若混凝土直接与海水或有盐害土地接触时,应保证混凝土在达到设计强度前不受侵蚀,并尽可能推迟新浇混凝土与海水或盐害土壤直接接触的时间,一般应不宜小于6周。

当昼夜平均气温低于5℃或最低气温低于-3℃时,应按照冬季施工处理,禁止对混凝土表面洒水养护,可在混凝土表面喷涂养护液,并做好保温工作。

当采用大掺量粉煤灰的混凝土结构或构件处于有严重腐蚀环境时,在完成规定的养护期限后,如条件允许,还可以在前期养护的基础上,进一步延长养护时间。

混凝土在养护过程中,应对结构进行温度监控,并定时测量混凝土内部温度、表面温度、环境温度、环境相对湿度、风速等,根据混凝土的温度、湿度与环境变化情况及时做出养护措施调整,严格控制混凝土内外温差。

混凝土养护期间,应对混凝土养护全过程进行详细记录,建立严格的养护工作责任制,确保养护工作有序、合理进行。

第三节　商品混凝土高温季节施工

当月平均气温超过 25℃ 时,即可以采用夏季炎热条件下混凝土的施工方法和施工措施。高温天气一般具有几个特征:气温较高、昼夜温差相对较大、相对湿度小、风速大、太阳辐射强等,这些因素都会给混凝土的搅拌、运输、浇筑及养护造成一系列的影响,混凝土高温条件下施工必须考虑以下几个问题:

1. 由于环境温度高,会加快混凝土内部水分蒸发,表现为混凝土的坍落度损失大。合理控制坍落度损失,是保证混凝土施工顺利进行的关键。

2. 容易出现裂缝,降低混凝土的耐久性。高温加速了混凝土的凝结硬化,对于脱模后的混凝土,表面干燥容易引起混凝土的收缩,在混凝土的塑性阶段,会由于混凝土的塑性收缩产生收缩裂缝。当温差较大时,降温收缩会使混凝土内外产生拉应力超过混凝土抗力强度而产生裂缝,即应力裂缝,裂缝的出现,都会在很大程度上导致混凝土耐久性下降。

3. 混凝土需水量增大,养护不及时会造成混凝土强度、抗渗性以及耐久性降低。因混凝土温度升高及含水量的增大,会抑制混凝土后续强度的增长,通过增加水胶比等途径会造成混凝土在凝固过程中强度下降,并降低混凝土后期抗渗性及耐久性。

4. 气温较高时,水泥水化加快导致混凝土凝结较快,施工操作时间变短,容易因振捣不良造成蜂窝、麻面以及“冷接头”等质量问题。

一、高温季节混凝土施工前的各项准备工作

高温天气下,出于经济和施工方面的原因,混凝土技术人员要认识高温对混凝土会造成损害。因此,施工前应在保证混凝土质量、经济性和施工性之间选择合理的施工方案,具体措施要根据施工部位、选用的原材料特性及混凝土技术人员施工技术等来决定,生产人员在施工前应做好各项准备工作,在生产前就安排好混凝土生产、浇筑和养护等各方面的环节,尽量降低高温对混凝土的影响。具体的准备工作如下:

1. 原材料的选择

(1)水泥

夏季炎热条件下,应尽可能降低水泥用量,并选择低水化热的水泥品种。水

泥水化热太高,会对混凝土有不利的影响。

(2)缓凝型减水剂使用

混凝土在搅拌过程中尽量采用缓凝型外加剂,且对混凝土初凝、终凝以及坍落度经时损失进行测定,用于指导生产。

(3)掺合料

高温季节施工中应首选粉煤灰和矿渣,通过适量的掺加掺合料,能有效降低混凝土水化温度,延缓水泥水化热峰的产生,并在一定程度上改善混凝土的施工性能。

(4)集料

粗集料选用级配良好、含泥量和泥块含量少、且粒径较大的石子,这样制备的混凝土和易性良好且抗压强度高。细集料选用平均粒径较大、含泥量小的中、粗砂,能显著减少用水量及水泥用量,从而使得水泥水化热减少,降低混凝土温升,减少混凝土收缩。

2. 选择合适的时间生产并浇筑混凝土

混凝土高温季节施工温差较大,若在白天高温期间施工,会加大环境温度对混凝土质量的影响,因此,在不影响施工的前提下,混凝土应尽量选择在夜晚或温度较低时进行浇筑,这样就能避免因阳光的直射等因素对混凝土造成的不利影响。

3. 对原材料的降温措施

在高温季节,混凝土原材料会随着环境温度及太阳的照射温度升高许多,因此,可以采取通过对原材料遮阳处理,来降低原材料的温度。

(1)混凝土砂石堆场应是封闭式,这样可以避免夏季阳光暴晒导致砂石温度高,从而可以避免混凝土出机温度较高和雨水对混凝土坍落度的影响。条件不具备的企业可以采取设置遮阳棚,避免阳光的直射对集料的影响,也可以采取对集料用冷却水浇淋,来降低集料的温度。

集料在混凝土中量较大,降低集料的温度是一种降低混凝土温度非常有效的方法,当集料温度降低5℃,可使混凝土的温度降低2℃~3℃。

(2)使用冰块降低水温。可以采取向水箱中加入冰块来降低搅拌用水的温度,从而降低混凝土的温度。由于水的比热是混凝土主要成分中最大的,一般为水泥和集料的4~5倍,另外,搅拌用水温度也是最容易控制的,通常情况下,水温降低2℃,可以使混凝土温度下降约0.5℃左右。

4. 对生产设备的冷却

生产上,可以采取用冷却水浇淋搅拌机、泵管等浇筑工具,来帮助搅拌设施降温。

5. 合理的调度

调度室要充分考虑施工现场以及运输路途情况,设计合理的运输线路,并控制发车频率,避免搅拌车长时间等待,混凝土发车后应在1.5h浇筑完。除此之外,考虑到混凝土坍落度损失问题,可以随车配备外加剂,用于二次添加。抵达工地后,应根据工地情况添加外加剂,添加后快速转动搅拌筒,使混凝土搅拌均匀。

二、混凝土高温季节施工控制要点

1. 混凝土生产过程控制

（1）配合比控制

混凝土配合比,需满足工程技术性能及施工的要求,才能保证混凝土正常的施工,并达到工程要求的强度等级。在高气温环境下搅拌、运输和浇筑混凝土,均需保证其质量。生产前,应根据原材料性能、运输方法及施工要求来试拌而确定配合比。

生产上应选用级配良好的大粒径集料,并严格控制其含泥量,通过优化配合比设计,选用低水泥用量、坍落度小、单位用水量小且水胶比小的配合比。

（2）砂石上料

高温季节一般为混凝土生产的高峰期,此时随着天气变化,雨水较多,更应该注意对进场的原材料进行严格控制。新进场石子有时粒径不均匀,装载机驾驶员在堆料时应注意将不均匀的石子进行掺合,尽量使石子的颗粒级配均匀。在上料时若石子粒径有差别时,应上一铲较大的,再上一铲较小的。

当砂石为露天堆放时,在上砂时应先铲砂堆的一半,而另一半暂留,当第一半上完后再上另一半。新拉来的湿砂含水率较大,不宜立即使用。如果干湿砂混用,将会造成生产的不稳定。当存砂已用完,不得不用湿砂时,应马上通知控制室人员减少用水量。当遇到下雨天上料时,铲板底部应离地有一定距离,防止把雨水铲到料斗内。

装载机驾驶员在上料过程中发现大石块、大泥块或其他杂物时,应下车把这些东西捡出来扔掉,防止堵塞下料漏斗。

（3）搅拌控制

高温季节,因温度过高加速了水泥水化速度,水泥水化热与搅拌时机器的发热更会促进水泥的水化,水泥凝结硬化加快,给搅拌带来一定困难,生产上应控制搅拌温度不超过30℃,应尽可能采用温度较低的水作为拌合用水,并严格控制搅拌时间,保证混凝土搅拌均匀。

2. 浇筑混凝土前的准备工作

混凝土在使用前应根据供需双方签订的使用合同,承担合同中规定的责任和义务。在工程开工之前,搅拌站应做好施工单位、监理单位的使用技术交底工作,并提供相应的技术资料,确保施工单位能正确使用混凝土。对工程实际使用中出现的问题,搅拌站应快速到达现场进行技术指导,保证混凝土施工质量。

商品混凝土运输至浇筑现场前,必须做好所有的准备工作,避免出现"以料待工"现象。因目前商品混凝土流动度大,水泥浆体较多,浇筑前应检查模板、钢筋、保护层和预埋件的尺寸、数量、规格和位置。

(1)模板和支模的要求

1)模板和支架应根据工程结构、荷载、地基类别、施工设备等条件进行设计。

2)浇筑前应检查模板的接缝密合情况,不能出现漏浆的现象,以免产生麻面、蜂窝等缺陷影响外观及强度。

3)模板要具备一定的载荷能力、刚度和稳定性,能承受浇筑混凝土的质量、侧压力及施工荷载,防止发生移位,避免出现爆模现象。

4)做好模板与隐蔽项目的检查验收工作,符合要求时方可进行混凝土的浇筑。

5)浇筑前,应清除模板内的杂物,并充分润湿模板和钢筋,避免其温度过高吸水造成混凝土收缩裂缝,但不得出现积水现象。

(2)运输环节的控制

混凝土搅拌车在装料前应将罐内残留的积水、杂物清除干净,搅拌车在整个装料和卸料的过程中,搅拌筒须一直处于 3~6r/min 的速度慢速转动,中途不得停止。严格意义上说,搅拌站与工地最长运输时间不得超过 2h,以防止高温情况条件下,混凝土初凝造成影响施工质量,搅拌运输车每运输一次,应清洗搅拌筒一次,即使相同的配比,且运距较近时,宜应不超过 4h 冲洗一次。

(3)工地交货检测

混凝土运送到施工现场后,应在 1.5~2h 浇筑完,时间越长,坍落度损失越大,将影响混凝土的质量。混凝土到达现场后,施工方应检查混凝土的质量、数量及运输时间,并在发货单上签字进行确认。

若在施工中坍落度过大,必须马上返回搅拌站进行调整。若施工中因坍落度小,不符合交货要求,可由技术人员前往现场,按规定添加减水剂进行调整,一般按照方量,每立方混凝土添加 0.5kg 的泵送剂,加入后快速搅拌罐体 3min,搅拌均匀,达到要求后才能正常使用,严禁向搅拌车中随意加水。

混凝土坍落度以运输车到达施工现场 20min 以内检测为准。对于交货检验记录中的强度、坍落度和含气量作为界定混凝土质量的重要依据,须由需方、供方和监理方三方见证并委托具有相应资质的检测机构进行检测。

混凝土的验收工作,应按照 GB/T 14902—2003《预拌混凝土》的规定:混凝土的质量,每车应进行目测,混凝土坍落度检验的试样,每 100m³ 相同的配合比的混凝土不少于一次,当一个工作班相同配合比的混凝土不足 100m³ 时,其取样检验也不得少于一次;用于出厂强度检验的试样,每 100 盘相同配合比的混凝土取样不得少于一次,每一个工作班相同配合比的混凝土不足 100 盘时,取样也不得少于一次。

（4）试样的抽取

检测交货的混凝土试样,应随即在同一运输车中抽取,坍落度测试在混凝土到达交货地点 20min 内完成。卸料前,应让搅拌车快速转动 30s,搅拌均匀后才开始卸料。试件在卸料过程中 1/4～3/4 之间抽取,并进行人工翻倒,搅拌均匀后测试坍落度。试件制作应在 40min 内完成,标准养护试块按照相应规定进行养护,同条件养护时与现场浇筑的混凝土一起进行养护,这样具有代表性。整个过程严格按照国家标准 GB/T 50081—2002《普通混凝土力学性能试验方法》和GB/T 50080—2002《普通混凝土拌和物性能试验方法标准》进行。

3. 浇筑过程中的质量控制

确保混凝土浇筑的连续性,严格控制混凝土从出站到浇筑的间隔时间,保证混凝土结构的整体性及质量。

目前商品混凝土普遍存在砂率较高,胶凝材料多,凝结时间较长的现象,为了便于施工,混凝土坍落度控制较大,所以在振捣时要注意振捣棒的间距和振捣时间,重点应控制避免过振,不须强力振捣,振捣时间控制在 10～20s,振捣后混凝土表面不应出现浮浆,若出现后,应立即处理,可在混凝土初凝前在表面撒上一层干净的碎石,压实抹平即可。否则,表面浮浆过后,容易产生开裂,轻质掺合料上浮并泌水造成表面起砂,影响外观质量。

浇筑梁板时,特别是浇筑梁板交界处,可先浇捣梁处混凝土,振捣密实后浇捣板面,这样可以有效减少发生在交界处的沉降裂缝。另外,对于留槎部位,在下次浇筑时要对其表面进行处理,以免产生渗水或裂缝的问题。

混凝土在浇筑后,由于混凝土拌合物的沉陷与干缩,会在表面及箍筋的上部产生非结构裂缝,在夏季高温时尤其明显,此裂缝对结构虽无太大影响,但会影响外观及降低箍筋的保护作用。此时可对浇捣成型后的混凝土进行二次振捣和抹面,即在混凝土进入初凝前,用平板振动器快速振捣后用木抹子进行压实抹平。

高温天气或大风天气浇捣混凝土时,可采用喷水装置或用人工喷水的办法,在混凝土初凝前向空中洒水雾,增加混凝土表面的空气湿度,防止混凝土表面失水过快。对大体积混凝土产生的水化热不易散发,要特别注意会因温差过大而产生裂缝,应采取相应措施使温差控制在 25℃ 以内。

混凝土在终凝后应立即对其进行覆盖养护。若混凝土拌合物中掺有粉煤灰或外加剂,需增加养护时间。对于墙、柱等部位,已用湿麻袋或薄膜保湿养护,对地下室底板、大体积混凝土及抗渗、膨胀混凝土宜采用蓄水养护或湿麻袋养护。

三、高温季节施工的注意事项

1. 调度员在安排生产任务时,刚开始的第一车可使用装载量较小的运输车,装载量不宜超过 8 方,若到工地不超过半小时,可在第一车内装入同等强度的润泵砂浆(运输车罐内不得转动直至到达工地卸料前);若达到工地的时间预计超过半小时,可用单独的罐车运送润泵砂浆(或与需方商量由需方自拌)。

调度人员应及时了解第一车驾驶员反馈回来的信息,以此确定是否需要调整混凝土的出厂坍落度及发车频率,在白天高峰期要连续发车 2 ~ 3 辆,防止高峰期时间段出现施工断料现象。当一切正常时,应合理调度车辆,做到工地不压车,不断货,保证连续工作。

现场人员应积极与搅拌站调度联系,合理安排泵车的发车速度,减少混凝土搅拌车在施工现场的等待,避免造成混凝土质量方面的问题。

2. 高温条件下施工,混凝土中的水分容易被吸收,会导致混凝土不易彻底硬化。因此,模板,钢筋以及即将浇筑的岩基和旧混凝土等,在浇筑前应洒水充分湿润,使之吸足水分,避免因模板、钢筋过于干燥及温度高吸水过大造成混凝土收缩裂缝。同时,在浇筑地点应采取遮阳与防止通风的设备,避免混凝土温度升高和干燥。

高温条件下,混凝土坍落度损失较快,因此浇筑和振捣混凝土要迅速。夜间气温降低,混凝土产生的热量形成混凝土内外温差,易于产生裂缝,因此,养护期间要做好混凝土的保温保湿工作。

另外,对于一些特殊结构或重大工程,应尽量避免高温季节施工。不得已条件下安排在阴凉天气或夜间进行。

混凝土在高温期间施工,应注意环境温湿度变化,采取有效的措施控制高温、低温冲击和激烈的干燥冲击。

四、高温季节施工的养护措施

混凝土浇筑完成后,施工并没有结束,对混凝土的养护是确保施工质量的重要措施,尤其在高温季节,对混凝土养护不及时,不仅会造成混凝土强度降低,还会产生塑性收缩裂缝,影响混凝土耐久性。因此,在浇筑完成后,应高度重视养护工作。

高温季节混凝土的养护,在振捣、抹面后,应立即在其表面覆盖薄膜等,60min 即可洒水养护,确保初凝前的混凝土板面覆盖塑料薄膜进行保湿养护,最好是边抹面边养护,在不能覆盖的情况下,可在表面喷水防止表面干燥,夜间也要不间断连续进行。对龄期较早的混凝土进行洒水养护时,洒水间断操作会使混凝土忽冷忽热,容易造成龟裂。因而要保证一直处于湿润状态,另外,防止温度骤变,避免暴晒、风吹和暴雨浇淋,在气温变化较大时,要用保温材料加以保暖。对于重要结构,至少养护28d,停止养护时也要逐渐干燥,避免裂缝产生。

混凝土在养护期间,要确保混凝土板面上不上人及堆放重物,使混凝土能有足够的时间产生抵抗变形的早期强度,对于特殊混凝土,更应该注意浇筑、振捣和养护的措施,以保证工程质量。

1. 道路混凝土

对于道路混凝土,宜在2h内卸完并进行及时的振捣、抹面、压纹等处理,并进行覆盖保湿养护,如盖麻袋、湿草袋,喷洒养护剂等。混凝土终凝时应及时切缝,以防止混凝土收缩受到约束应力而产生开裂现象。

对气温较高、湿度变化大且风速较大时的天气,尤其是早上或中午浇筑的混凝土路面、地面等大面积混凝土,应增加压光的次数,并尽早覆盖、保湿养护。最好能避开大风、高温天气。

2. 大体积混凝土

对大体积混凝土或垂直距离较大的结构,施工中采取分层浇筑的方式,每层浇筑厚度控制在300~500mm,确保在混凝土初凝前覆盖第二层并加强交界面的穿插振捣工作,及早采用覆盖或蓄水等对其进行保温保湿养护,降低混凝土内外温差,减少因温度产生的裂缝。

3. 地下室混凝土

对地下室混凝土,应采取分段、分层进行浇筑,常采用补偿收缩混凝土(如添加膨胀剂、防水剂等)或增加加强筋,浇筑完毕后,墙体在终凝后1~3天可松动两侧模板,并在墙体顶部淋水进行养护。拆模后,应尽快用麻袋或草袋覆盖墙两侧,保湿并连续喷水养护至14天。

4. 特殊部位混凝土

对施工进度较慢的部位,如柱、墙、桥墩等,应采用大一级的坍落度配合比,或以多次少装的方式进行配送,避免混凝土超长时间的施工。脱模后,柱、墩宜用湿麻袋或草袋围裹并喷水养护,或用塑料薄膜围裹自身养护,也可涂刷养护剂养护。

五、商品混凝土高温季节施工容易出现的问题及处理措施

(一)商品混凝土的早期裂缝

1. 商品混凝土特征

商品混凝土是一种高流态混凝土,具备生产效率高、质量稳定、供应量大、连续泵送等特点。但正是因为其高流动性及可泵性,产生了一些不良的特点。

(1)水泥用量增加:水泥在凝结硬化过程中,体积通常要减小,其收缩率大约在万分之三。混凝土在硬化过程中的抗拉能力及与钢筋之间的握裹力均要低

于收缩率,因而增加了裂缝的产生。

(2)砂率增加:目前混凝土砂率都控制在 40% 以上,为了满足泵送性能,集料粒径在减小,细集料的增加,这样就增加了集料与浆体之间的界面,而集料与浆体之间的界面是混凝土薄弱环节,这样裂缝的几率也就增加了。

(3)坍落度大:为了满足良好的泵送性能,特别是对于高层建筑的施工,生产中尽量扩大混凝土的坍落度和扩展度,目前坍落度都控制在 200mm 以上,也是产生裂缝的重要原因。

(4)外加剂的影响。商品混凝土中普遍掺有外加剂,经研究表明,目前市场 50% 外加剂配制的混凝土 28 天收缩率大于基准混凝土,有的甚至高于基准混凝土的 1.5 倍,质量波动很大。

因而,与普通混凝土相比较,商品混凝土收缩和水化热的增加,直到超过混凝土抗拉强度时,混凝土就会产生裂缝,尤其是在高层及大体积混凝土中。商品混凝土的这些特点,使目前混凝土出现开裂的可能性增加,再加上施工单位没有对此引起足够的重视,仍然以过去传统的经验来进行配筋、施工养护,这就是商品混凝土普遍产生裂缝的根本原因。

2. 商品混凝土典型裂缝

商品混凝土裂缝多发生在施工养护早期,主要是由于混凝土在凝结和硬化过程中的收缩变形引起,其收缩可分为五大类:自收缩、干燥收缩、塑性收缩、热收缩以及碳化收缩。

常容易产生裂缝的情况如下:

(1)大面积楼板。发生在混凝土初凝前,多发生在梁板交界处、厚度突变处以及梁板钢筋上部,此类裂缝多发生在季节发生转换时间段,如春夏和夏秋季节。

(2)地下室外墙。裂缝大多在拆模前形成,沿墙体长度方向等间距分布,一般为贯穿裂缝。

(3)大体积混凝土。

(4)路面或桥梁成型后出现的不规则裂缝。

3. 商品混凝土早期裂缝的形成原因

(1)结构设计

商品混凝土出现裂缝的原因众多,要避免施工中出现此类裂缝,需要设计单位、施工方及混凝土供应商共同努力。

1)结构配筋

混凝土设计时要注意构造配筋,对防止混凝土抗裂很重要。对连续式板不宜采用分离式配筋,宜采用上下两层连续式配筋;转角处的楼板宜配上下两层放射筋,孔洞配加强筋。

2）混凝土结构形式

随着建筑物规模的日趋宏大,超长、超宽、超厚的建筑物日趋增多,对结构的约束应力也相应增加。混凝土的高强化,缺乏考虑使用范围就推广到墙、梁板、箱体等承受约束应力的结构中,导致产生过大的约束应力。

（2）施工工艺

商品混凝土在凝结硬化后,失去了本身的流动性,出现裂缝后很难恢复,施工中产生的裂缝主要如下:

1）泵送管道对楼板的振动。混凝土在泵送过程中,泵送管道主要架设在木板上,由于泵送管道布置的弯头较多,使得泵送阻力增加,特别是在高温条件下,混凝土硬化较快,混凝土在泵内来回运动,会造成钢筋的周期振动,对初凝后的混凝土影响较大,长时间的作用会形成裂缝,且裂缝与钢筋的走向相同,呈方格状或等距分布。

2）模板刚度不够。混凝土初凝后,模板及支撑下沉,混凝土因强度不够产生拉裂裂缝。

3）底板模板刚度不够,受力产生裂缝。混凝土浇注之后,虽然已经凝固,但未能达到足够的强度,此时上人作抹平、洒水或养护作业时,受到上述荷载,就会出现裂缝。

4）楼板中的电线穿线管不牢,混凝土凝结后立即上人操作,造成电线穿线管下压,将混凝土压裂。

（3）混凝土原材料

泵送商品混凝土对原材料有较高的要求,而混凝土搅拌站的生产环境比较恶劣,处于高温、高粉尘、高振动环境下,为了保证混凝土的质量,应确保设备的稳定运行,称量装置的严格精确度。

砂石的含泥量对于混凝土的抗拉强度和收缩影响很大,我国标准中对含泥量的规范较宽,实际生产中还经常超标,另外,有的搅拌站检测含泥量虽然合格,但在浇筑过程中发现大量的泥块和杂质,会引起结构的严重开裂。在不影响施工的前提下,集料的粒径应尽可能大些,可以达到减少收缩的目的。

搅拌站为了保证良好的泵送性能,一般将砂率调高,这就意味着砂石多,石子少,能起到增加收缩的作用,对抗裂不利。另外,砂石的吸水率应尽可能小,以利于降低收缩。

水泥品种的选择依据大体积混凝土的特点,以水化热控制或收缩控制。如控制水化热方面,可以选择低水化热的粉煤灰水泥、矿渣硅酸盐水泥或中热硅酸盐水泥。如控制收缩,可选用粉煤灰硅酸盐水泥和普通硅酸盐水泥,不要使用早强水泥。

为了降低用水量,保证泵送性能,应选择对收缩变形有利的减水剂,夏季高温时宜选用缓凝型减水剂。

掺合料是泵送混凝土的重要组成成分,如优质的粉煤灰,其所具有的微集料效应和形态效应,在掺量为15%~20%范围内,能有效增加混凝土密实度,混凝土收缩变形减少,泌水现象得到改善。通常情况下,外加剂与粉煤灰同时掺入混凝土中,及双掺技术,可降低混凝土水胶比、减少水泥用量的同时,降低水化热,特别是可以明显的延缓水化热峰值,对改善混凝土温度收缩裂缝极为明显。

4. 商品混凝土施工中裂缝的防治

充分的养护是保证混凝土强度等特性正常发挥和防止裂缝产生的重要措施。传统施工方法中,对商品混凝土的养护采取二次收面和薄膜养护法。当商品混凝土凝结时间相对较长、气温较高、湿度较小并伴随有大风时,混凝土拌合物表面会失水较快,造成混凝土表面失水,若只采取搓毛,就会在收缩应力的作用下产生干燥裂缝,在这种情况下,即使采取多次搓毛,压面,也仅能弥合一小部分裂缝,不能根治裂缝,相反,还会增加裂缝的宽度和深度。若只采取薄膜养护,当气温较高时,在局部会形成高温层,也会产生许多干缩裂缝。因而,混凝土早期裂缝控制需采取综合措施,从材料、配比和施工等方面来防治,主要措施有:

(1)在满足混凝土施工性能,即可泵性、和易性的前提下,尽量减少出机坍落度,降低砂率,掺加优质的粉煤灰等掺合料以及控制集料的含泥量。配制大体积混凝土时宜选用低水化热的水泥,掺加膨胀剂,有条件的可采取通过向拌合用水中加冰,降低混凝土温度,并采用测温装置,以确保混凝土内外温差不得大于25℃。

(2)在混凝土振捣完毕后,应收浆抹面,并立即覆盖塑料薄膜,薄膜不透气,使得混凝土内水分不易蒸发,在混凝土表面形成高湿度的小空间,有利于混凝土的养护。应注意在薄膜上有重物压边,防止薄膜被风吹开。

(3)降低集料的温度。夏季高温条件下,可以采取搭遮阳棚,以及从底部取料的方法,降低集料的温度,有研究表明,粗细集料的温度分别降低10℃,可保证混凝土温度分别下降0.5℃和0.25℃。粗集料可采取浸水法及喷水法降温,但生产上要准确测试集料含水率,确立好合理的施工配比,使得混凝土中含水量符合设计要求,从而满足混凝土强度及工作性能,并达到减少混凝土裂缝的目的。

(4)降低拌合水的温度。通过降低拌合水温度,来降低混凝土温度的效果非常显著。因水的比热较大,地下水和自来水的温度较低,生产上可优先选用,有条件的可以向拌合用水中加冰块,来达到降低水温的目的。一般情况下,拌合水温降低10℃,可保证混凝土温度降低2℃~3℃。

(5)合理安排浇筑时间。在高温季节施工,日光直射下的混凝土温度比日平均气温高50℃。因此对于防裂要求较高的混凝土结构物,宜在低温季节施工或在夜间施工,不但能减低混凝土入仓温度,还能降低混凝土水化热产生的温升,会取得比较好的效果。

(6)减小混凝土温度回升。混凝土出厂后应缩短运输时间,并在混凝土运输工具上采取隔热遮阳措施,达到工地后,应加快混凝土的入模速度,这样能避免混凝土温度过高。要求调度人员对车辆进行合理安排,确保连续生产的同时,保证混凝土质量。

(7)安装好模板、支撑。模板支撑体系需经施工技术人员的计算并审核,安装要确保牢固稳定。拆模时根据同条件下拆模试块强度,要注意保护混凝土构件。钢筋安装时应严格按照图纸,绑扎牢固,间距正确。

(8)合理布置泵输送管道,确保输送管支架支撑在模板上,消除对模板振动产生的裂缝。

(9)在混凝土终凝前,应适时抹压。商品混凝土在终凝前,表面会先形成一层硬壳,此时表面就开始形成裂缝,但硬壳下的混凝土仍未完全硬化,可用木搓拍打压实裂缝处混凝土,能有效的消除混凝土开裂。其作用机理是破坏混凝土收缩的应力,但在实际施工中应注意掌握好时机,不能待混凝土表面已经坚硬,裂缝发展很深时才做。

(10)拆模时间应适宜。混凝土拆模时间宜选择气温较高的时间段,这样可以尽量缩小构件与外界的温差,以提高混凝土的抗裂性能。模板拆除越早,混凝土抵抗温度的能力就越差。

(11)增加抗裂钢筋网。在板中钢筋比较稀薄的地方可以增加部分抗裂钢筋,钢丝,可减少混凝土中的裂缝。

(12)混凝土施工中可预留施工缝。商品混凝土施工中要注意缝口垂直模板,且要清理干净,先刷一道水泥浆后再浇捣混凝土,保证新老混凝土充分结合。

(13)对大体积混凝土,还应考虑掺加膨胀剂、纤维、较长缓凝时间的减水剂,降低水化热,推迟水化热峰的出现,降低混凝土内部温升。

5. 商品混凝土裂缝的处理措施

根据大量的工程实践,总结混凝土裂缝有害程度的标准。目前国内外规定不完全一致,但大致情况差不多,根据国内资料分析,裂缝宽度一般应控制在以下范围内:

(1)对于无侵蚀介质,无抗渗要求的结构,裂缝应控制在0.3mm;

(2)有轻微侵蚀,无抗渗要求的结构,裂缝控制在0.2mm;

(3)对有严重侵蚀,有抗渗要求的结构,裂缝控制在0.1mm;

混凝土按裂缝产生的原因,一般可归纳为两类:第一类是由荷载引起的裂缝。包括由常规计算的主要应力引起的荷载裂缝,以及由结构次应力引起的荷载次应力裂缝。

第二类是由变形引起的裂缝,包括温度、湿度、收缩和膨胀、不均匀沉降引起的裂缝,也称为非结构性裂缝。

商品混凝土一般的修补方法有以下几种:

1）表面涂抹法

表面涂抹法是在混凝土裂缝表面涂抹材料,该材料必须和被修补的混凝土具有相近的变形能力且具备密封性、不透水性。常用的修补材料有环氧树脂、丙烯酸橡胶。对于较大的裂缝,可选用防水砂浆、防水快凝砂浆进行涂抹,该方法简单,便于操作。

2）表面贴补法

该法主要是通过用胶粘剂将各种防水材料贴在混凝土裂缝部位,达到密封裂缝、防止渗漏的目的。常见的止水材料有橡皮、塑料袋、高分子土工防水材料等。

3）填充法

此法主要是向裂缝中注入不同黏度的树脂,修补的裂缝一般在 0.3mm 以上,宽度小于 0.3mm 时,应将裂缝开成 V 或 U 型槽,除去表面灰尘后,先涂上一层界面处理剂后再注入树脂。

4）缝合法

该方法主要使用钢筋栓将混凝土裂缝锚紧。多用于混凝土及钢筋混凝土结构的补固并加强,恢复结构的承载力。

5）预应力锚固法

该方法是沿着混凝土裂缝垂直的方向配制钢筋或锚杆,然后拉紧,使钢筋中产生预应力,最后锚紧。可保证混凝土结构补强并加固。

6. 混凝土裂缝的灌浆修补

混凝土裂缝灌浆修补分为化学灌浆和水泥灌浆两种,一般混凝土裂缝多采用化学灌浆方法,对尺寸较大的裂缝多采用水泥灌浆。

裂缝灌浆施工主要包括钻孔埋管、嵌缝止浆、压水检查、灌浆和效果检查等工序。

浆体材料选择:

灌浆处理的目的,主要是通过补强并加固结构,防止出现渗漏。对于灌浆材料,所选用的浆体应能灌入裂缝,充填饱满,化学浆体黏度要低,可灌性好,低温固化性能好,粘结强度高,有水裂缝要求浆体具备好的亲水性能,同时要求加固材料固化后具有较高的强度,并能恢复混凝土材料的整体性能。

化学浆材品种较多,对于加固方面,常用的材料有环氧树脂、聚酯树脂、甲基丙烯酸脂,聚氨酯等化学材料。对于有抗渗要求时,常用的材料可以选择水玻璃、丙烯酸盐、丙烯酰胺等。

水泥浆材一般适用于稳定裂缝,不适于伸缩缝的处理,为了获得密实、高强的并具有良好耐久性的水泥石,应尽量使用低水胶比的水泥浆。水泥浆的浓度可根据裂缝的宽度来确定,水胶比控制在1∶3以下,为获得更好的灌浆效果,在水泥浆中还可以适量加入硅粉、微膨胀剂、减水剂等添加剂,用于改善水泥浆耐久性方面的性能。

第四节 商品混凝土冬期施工

根据JGJ 104《建筑工程冬期施工规程》规定,当室外日平均气温连续5天低于5℃时,即进入冬期,此时的混凝土工程应采取冬期施工措施。可以取第一个连续5天稳定低于5℃的日期作为冬期施工的起始日期,当气温回升时,取第一个连续5天稳定高于5℃的日期作为冬期的终止日期,起始日和终止日即为混凝土冬期施工期。

混凝土冬期施工的实质,即在自然低温环境下,采取防冻、防风等措施,保证混凝土的水化硬化按照预期的目的,达到满足工程设计和使用的要求。当自然环境气温降低到0℃以下时,达到混凝土中的液相冰点,混凝土中的水开始结冰,其体积会发生膨胀(体积膨胀为9%),此时的混凝土内部结构会遭到破坏,即为混凝土的冻害。其表现为强度有损失,物理、力学性能遭到损坏。我国北方区域较大,华北、西北、东北区域是冬期施工的主要区域,冬季施工季节较长,且环境温度较低,为了保证建筑工程常年施工,以推动经济建设发展,组织商品混凝土冬期施工具有重要意义。

一、商品混凝土冬期施工特点

1. 混凝土强度普遍偏低且增长缓慢

普通混凝土强度发展是混凝土中的胶凝材料与水,在一定的温度和湿度条件下水化的结果,有研究表明,当环境温度低于5℃时,比常温下(20℃)强度增长明显缓慢,特别是当温度降低到0℃时,存在于混凝土中的水开始结冰,逐渐由液相变为固相,参与水泥水化作用的水减少了,因此,水化作用较慢,强度增长缓慢。当温度继续下降时,存在于混凝土中的水分完全变成冰,混凝土的水化反应基本停止,此时强度也就不再增长。

2. 混凝土冻害

当环境温度低于0℃以下时,混凝土内部水化反应基本停止,混凝土由于不能产生新的水化热,存在于混凝土内部的水开始结冰,导致混凝土体积发生膨胀,这种冰胀应力值大于混凝土内部形成的初期强度值,使得混凝土受到不同程度的破坏。另外,混凝土内部的水结冰后还会在集料和钢筋表面产生冰凌,减弱水泥浆与集料和钢筋的粘结力,从而影响混凝土的强度。当环境温度升高时,内部的冰融化为水,会在混凝土中产生各种各样的空隙。这种冻害一旦发生,将会加速混凝土的膨胀,使混凝土内部产生裂缝,对混凝土强度和耐久性方面产生严重的破坏作用。

3. 湿度

除了温度难以保证混凝土正常水化外,冬季大风会导致浇筑的混凝土结构表面水分快速蒸发,同时使得混凝土冷却速度加快,减缓了混凝土水化过程。

二、冬期施工对混凝土的影响

1. 早期受冻对混凝土的影响

在常温条件下,混凝土是由胶凝材料水化,将砂、石和钢筋粘结在一起,当温度低于常温时,混凝土的水化速率减慢,强度增长也就延缓。当温度低于4℃时,水的体积会有轻微的膨胀,当温度降到低于水的冰点时,混凝土内部的水分就会结冰,其水化反应也就终止,结冰膨胀会给本来强度不高的新形成的水化产物带来永久性的损害。

和大多数化学反应一样,温度和湿度是水泥水化得以顺利进行的两个重要条件。水作为反应物,缺少水即反应停止,而温度则决定了水化反应的速度及剧烈程度。因而,不同的温度条件,除了影响混凝土的水化速率,对水化产物量也将产生重大影响,进而就决定了混凝土的强度。

早期混凝土过早受冻后混凝土强度降低主要是以下几方面的原因:

(1)水结冰后,体积增加9%,混凝土体积产生膨胀,在温度回升,冰解冻后,混凝土因保留了原膨胀的体积,使得混凝土孔隙率增加,密实度降低。如果混凝土孔隙每增加15%,其强度就会降低10%,当冻胀力超过混凝土的极限抗拉强度,混凝土结构就会产生裂缝。

(2)混凝土内部集料与水化浆体之间的过渡区内,有一层水泥浆膜,在受冻结冰后,集料与浆体的粘结力将会下降,即使解冻后,也不能完全恢复。过渡区属混凝土薄弱环节,会导致混凝土强度下降。有资料表明,当黏结力完全丧失时其强度大约下降13%。

(3)混凝土在受冻和解冻过程中,内部的水分会发生迁移,水的体积也会发生变化,同时,混凝土内各组分膨胀系数不同,因而会导致其内部发生相对位置变化,而早期的混凝土强度不高,无法承受混凝土内部体积膨胀和温度变化,因而会产生大量微裂纹,这种裂纹随着环境温度变换而加速扩展,最终影响混凝土的强度。

2. 冬期施工混凝土的早期抗冻性

混凝土冬期施工中,水的形态变化是关键,国内外许多学者对水在混凝土中的形态做了大量的研究,结果表明,新浇混凝土在发生冻害前有一段预养期,可以增加内部的液相,加速水泥的水化作用,使得混凝土获得不遭受冻害的最低强

度,即临界强度。要保证其不受到冻害,生产施工中,可以采取以下四种途径:

(1)保持混凝土在正温条件下养护;

(2)保持混凝土达到受冻前的临界强度;

(3)混凝土中的液相在受冻后体积膨胀小,产生的冰冻力不致构成混凝土的结构破坏;

(4)在负温状态下仍存在液态水供混凝土水化;

如混凝土早期受到冻害,则其结构必将受到一定程度的破坏,后期的强度会受到一定程度的损失,受冻时间越早,对混凝土危害越大。

为了保证混凝土具备一定的抗冻能力,及达到混凝土临界受冻强度,所需要的硬化时间,与水泥品种、水胶比和养护条件有直接关系。经过长时间的硬化,当混凝土内部的拌合水已固化形成水化产物,产生冰冻的水量大幅下降,此时混凝土具备一定的强度,就形成了抗冻能力。混凝土强度随着温度的降低,发展逐渐缓慢,当温度在0℃以下时,强度增长非常缓慢。有研究表明,当混凝土处于0℃时,28天强度只能达到标准养护的一半。因而,提高混凝土早期的养护温度,对混凝土的强度发展有着至关重要的作用。

三、冬期混凝土施工的有关规定

混凝土具备一定的抗冻性,但前提是其强度要达到一定的程度,才不会受到冻害的影响。混凝土受冻与内部的水分、冰冻温度、冻结次数有关,为了不达到受冻标准,冬季施工混凝土必须满足如下规定:

1. 冬期施工的目的,就是要通过寻找合理的施工方法,保证混凝土正常施工的同时,也能达到工程设计所需要的强度和耐久性;

2. 搅拌站要根据当地多年的气候资料,当环境平均温度连续5天低于5℃时,应严格遵照混凝土冬期施工的相关规定;

3. 尚未凝结硬化的混凝土零下0.5℃就会产生冻害,因而混凝土在受冻前其抗压强度应符合以下规定:

(1)采用硅酸盐水泥与普通硅酸盐水泥配制的混凝土,其受冻的临界强度应为设计强度等级的30%,对强度等级低于C15的混凝土,受冻的临界强度不得低于3.5MPa。

(2)对于矿渣硅酸盐水泥、火山灰质硅酸盐水泥和粉煤灰硅酸盐水泥配制的混凝土,其受冻的临界强度应为设计强度等级的40%,对强度等级低于C15的混凝土,受冻的临界强度不得低于5.0MPa。

正常情况下,暴露在冰冻环境中的混凝土,受几次冰冻是很正常的事,但当混凝土的抗压强度达到3.5~5.0MPa时,出现1~3次冰冻,不会对混凝土造成很大的损害。

四、冬期施工的准备工作

1. 原材料的准备

为保证冬期施工期间混凝土的生产和质量,搅拌站应做好冬施期间原材料的准备工作。与常温环境施工相比,冬期施工对原材料的要求更为严格。

(1)水泥

冬期施工所选用的水泥品种,主要决定于混凝土的养护条件、结构特点、结构使用的环境和施工方法。冬期施工混凝土应优先选择硅酸盐水泥和普通硅酸盐水泥,选用其他品种的水泥时,要注意考虑其中的掺合料对混凝土性能,如抗冻、抗渗等的影响。若使用掺有早强剂的水泥,需要经过相关试验验证方可使用。

对于特殊工程,有条件的企业可以选用特种快硬性高强类水泥来配制冬季施工混凝土。但要注意的是,若选用高铝水泥,在掺加外加剂的冬期施工方法时,高铝水泥会因重结晶而导致混凝土强度下降,对钢筋的保护作用也低于硅酸盐水泥。

对于大体积混凝土结构物,如水坝、高层建筑物的基础、核电站的反应堆等,应采用低水化热的水泥,避免因温度差而导致的不利影响。

对于冬期施工的混凝土,优先选用活性高、水化热大的硅酸盐水泥或普通硅酸盐水泥,强度等级一般要高于32.5MPa,单方水泥用量也要高于同强度等级的混凝土。

冬期混凝土施工选用的水泥方法见表4-2。

表4-2 冬期施工混凝土所用水泥的选用方法

工程所处环境特点		优先选用	可以选用	不得使用
环境条件	普通气候环境中	普通硅酸盐水泥	矿渣硅酸盐水泥、粉煤灰硅酸盐水泥、火山灰质硅酸盐水泥	
	干燥气候环境中	普通硅酸盐水泥	矿渣硅酸盐水泥	粉煤灰硅酸盐水泥、火山灰质硅酸盐水泥
	高温环境或水下	矿渣硅酸盐水泥	普通硅酸盐水泥、粉煤灰硅酸盐水泥、火山灰质硅酸盐水泥	
	严寒地区及露天环境	普通硅酸盐水泥(强度等级≥32.5MPa)	矿渣硅酸盐水泥(强度等级≥32.5MPa)	粉煤灰硅酸盐水泥、火山灰质硅酸盐水泥
	严寒地区处于水位升降范围内	普通硅酸盐水泥(强度等级≥42.5MPa)		粉煤灰硅酸盐水泥、火山灰质硅酸盐水泥、矿渣硅酸盐水泥
	受侵蚀环境、水或侵蚀性气体作用	应根据侵蚀介质的情况按照规定选用		

续表

工程所处环境特点		优先选用	可以选用	不得使用
工程特点	大体积混凝土	矿渣硅酸盐水泥、粉煤灰硅酸盐水泥	普通硅酸盐水泥、火山灰质硅酸盐水泥	硅酸盐水泥、快硬性硅酸盐水泥
	快硬性混凝土	快硬性硅酸盐水泥、硅酸盐水泥	普通硅酸盐水泥、	粉煤灰硅酸盐水泥、火山灰质硅酸盐水泥、矿渣硅酸盐水泥
	高强混凝土	硅酸盐水泥	普通硅酸盐水泥、矿渣硅酸盐水泥粉	粉煤灰硅酸盐水泥、火山灰质硅酸盐水泥
	抗渗要求的混凝土	普通硅酸盐水泥、火山灰质硅酸盐水泥		矿渣硅酸盐水泥
	耐磨要求的混凝土	硅酸盐水泥、普通硅酸盐水泥（强度等级≥32.5MPa）	矿渣硅酸盐水泥（强度等级≥32.5MPa）	粉煤灰硅酸盐水泥、火山灰质硅酸盐水泥

（2）集料

对于冬期施工的集料，应提前备好，依次堆放，使其含水率降低并保持均匀一致。生产时，要除去表面的冻层，粗集料应选用经冻融试验合格（15次冻融值，其总质量损失小于5%），坚实的花岗岩和石灰石质碎石，其含泥量应低于1%。细集料应选择质地坚硬，级配良好的中砂，其含泥量应低于3%，应优先选择库存砂，其含水率相对较少，性能相对稳定，产生的冻害少。对于新进的砂，应严格控制进场砂的含水率（小于4%），以减少冻害频率与生产上对配比的调整，保证混凝土质量。

因混凝土集料大都置于露天堆场，配制混凝土时，要使冰雪完全融化后再使用，否则会造成混凝土温度降低，质量下降，冰雪还容易在混凝土中形成较大的孔洞，对混凝土产生较大的不利影响，因而，在运输和储存过程中，要特别注意其中不要混有冰雪。

为保证集料的正常使用，建议对现场的砂石采取覆盖毛毡、纱网，可以保护砂石免受雨雪的冲淋，再者可以起到一定的保温作用。

（3）外加剂

冬期施工的混凝土应选用具有早强和防冻的外加剂，优先选用早强型防冻减水剂，具有减水、早强、引气、防冻等功效，这样能保证在低温时或负温时，水泥的水化过程继续进行，混凝土早期仍然具备较高的强度，防止混凝土的早期冻害，从而提高混凝土的耐久性。外加剂罐在存放防冻剂时，要保持罐内清洁，不渗漏。若罐内存放过常温外加剂，在存放防冻剂时，避免两种外加剂混合，应先清洗罐内原有的外加剂及其残留物。

冬期施工使用的早强防冻剂,其技术性能应符合《混凝土外加剂》和《混凝土防冻剂》标准的相关规定,应具备以下几个特点:

1)具备高效减水作用,在达到相同施工性能时,减少拌合用水量,这样降低了混凝土中的毛细孔数量以及孔径,能在很大程度上改善冰冻的膨胀力。

2)具备良好的早强作用,能使得混凝土在较短的时间内达到受冻临界强度,增加混凝土的抗冻能力。

3)具备降低冰点的作用,能保证混凝土在环境温度为低温和负温时,混凝土中仍具备一定数量的液态水,为水泥的持续水化提供条件,继而保证混凝土强度的增长。

4)对钢筋无锈蚀作用。

混凝土防冻剂中,大多数都含有氯盐,因其对钢筋有锈蚀作用,因而在下列情况中,不得在混凝土中使用掺有氯盐的防冻剂。

① 空气相对湿度较大(大于80%)的空间,如浴室、澡堂、洗衣房和食堂等,以及有顶盖的钢筋混凝土蓄水池。

② 处于露天的混凝土结构,容易经受雨水、冰雪侵蚀的;

③ 与含有酸、碱或硫酸盐等侵蚀介质接触的混凝土结构;

④ 接触高压电源的结构,或电解车间以及和直流电源靠近的结构;

⑤ 预应力钢筋混凝土结构;

另外,冬期施工的外加剂可以适当掺用引气剂,在保持配合比不变的情况下,掺入引气剂后产生的气泡,相应增加了水泥浆的体积,改善拌合物的流动性、黏聚性及保水性,并在一定程度上缓冲混凝土结冰所产生的压力,提高混凝土的抗冻性。

(4)掺合料

矿物掺合料因细度不同,虽然在混凝土中发生微集料效应以及活性效应能改善混凝土的密实度,但会降低水化热,延缓水泥水化时间,影响混凝土早期强度,对早期抗冻性不利。因而冬期施工中,应尽量选用优质掺合料,如粉煤灰应选用Ⅰ级磨细粉煤灰,适当降低掺合料的掺量,一般在水泥用量20%以内。若选用其他掺合料时,需经过试验确定。

(5)搅拌用水

冬季搅拌用水最好采用热水,其水温控制在60℃为宜,最高温度不应高于80℃。

2. 人员及资料的准备

(1)试验室技术人员应定时测试大气温度、搅拌用水、砂石、外加剂以及混凝土的出机温度,对于雨雪天气应增加监测次数。

(2)搅拌站在承接合同时,应注意施工方对混凝土的技术要求,如施工部位、强度等级、计划用量、施工方法及抗冻、抗渗、含碱量和入模温度等混凝土技术要求,便于合理安排混凝土的生产计划。

(3)生产部门在组织生产时,要严格执行相关工作程序,生产前调度应组织好开盘工作,提前通知锅炉房加热生产用水,达到满足混凝土质量要求的水温。合理安排车辆、人员、设备、材料的调度工作,生产前制定最佳的行车路线,缩短到达工地的时间,以保证顺利完成混凝土的生产任务。

3. 设备及设施的准备

(1)搅拌车罐体加保温套进行保温,必要时对进料口用保温材料封堵。在首次装料前,用热水或蒸汽对罐内进行预热,减少拌合物的温度损失。控制好混凝土罐车到达现场的时间,一般不超过2小时,抵达现场后,测试混凝土温度。

(2)为保证设备的正常生产,混凝土集料仓下料口、外加剂罐及搅拌机应进行封闭,并设置加热点,有条件的可以采用锅炉供暖,供暖管道可以贯穿外加剂棚、蓄水池、集料仓下料口、搅拌机棚,这样能有效的保证混凝土的出机温度。

(3)浇筑前,需清除模板及钢筋上的冰雪和垃圾,不得用水冲洗。对在冻土环境浇筑的混凝土,浇筑前要事先对冻土升温进行消融。

4. 材料的准备

(1)材料部门应做好冬季中各种原材料和设备的防冻工作,做好外仓的保温,对置于露天的集料,要及时清除冰雪,等冰雪融化完全后方能生产。

(2)准备好混凝土覆盖的保温材料。冬季施工混凝土的保温材料,要从工程类型、结构特点、气候环境、施工条件以及经济效益方面进行综合考虑。以密封良好、导热系数小、价格低廉、质量较轻、重复利用方面进行优先选择。

(3)搞好挡风外封闭,以提高保温效果。

5. 技术准备

(1)熟悉有关混凝土冬期施工的各种标准,规范和措施,熟悉工期施工方案,掌握冬期施工的具体要求、措施,并在生产中认真贯彻执行。

(2)制定冬期施工的技术方案,做好商品混凝土冬期施工技术交底工作。

(3)做好冬期施工期间混凝土配合比试验方面的工作。

(4)做好测温准备,根据不同的气候、不同的配合比进行混凝土的热工计算。

五、冬期施工的施工工艺

1. 冬期施工配合比设计

混凝土冬期施工的配合比设计与常温不同,除了满足上述原材料的规定外,单方混凝土较常温要适当增加水泥用量 10~20kg,在满足施工性能的前提下,尽量选用较小的水胶比,水胶比应控制在 0.6 以内。对于有要求限期拆模的混凝土,应适当提高混凝土强度设计等级。配合比设计中应充分考虑早期混凝土抗冻的临界强度、抵御冻融危害的防冻性能、以及抗渗等耐久性能。

掺合料、防冻剂的品种和掺量,应根据结构所处的环境和设计要求,通过试验来确定。

混凝土冬期施工配合比应严格控制在《建筑工程冬期施工规程》及其他标准要求的范围内。

2. 冬期施工搅拌控制

冬期混凝土搅拌应做好以下几点:

(1)搅拌机在开机前和停机后,需要用 50～80℃ 热水对搅拌机进行冲洗,以提高机械的初始温度;

(2)外加剂、矿物掺合料在使用前可采用暖棚法进行预热,不得采用直接加热的方式。混凝土搅拌时集料中不得夹有冰雪和冻结团等;

(3)混凝土投料前,应先投集料和热水,待其搅拌均匀后,投入粉料和外加剂进行搅拌,为了保证搅拌均匀,一般搅拌时间应比常温搅拌时间延长 50% 左右(搅拌时间应从投入水泥开始计算)。

(4)搅拌时应严格控制混凝土的坍落度和水胶比。

(5)根据搅拌、运输和浇筑过程中的热量损失,严格控制温度,保证混凝土出机温度不得低于 10℃,入模温度不低于 5℃。

3. 冬期施工混凝土运输控制

冬期施工混凝土运输过程中,尽量减少温度损失是关键。实际生产时,应尽量缩短运输距离,并做好保温措施。此外,认真做好温度记录,如当日的最高气温、最低气温、平均气温,以供试验室参考。

混凝土搅拌车在盛装混凝土前,应用热水冲洗加热,搅拌车在运输过程中搅拌筒应用保温材料包裹保温。正确选择运输车辆的大小,改善运输条件,控制罐车速度,减少运输时间,以减少混凝土热量的损失,保证入模温度不低于 5℃。

加强与施工方的协调,确保施工过程流畅有序,避免混凝土车在施工现场长时间等待,保证混凝土在抵达现场后即可入模。

4. 冬期施工的浇筑

混凝土抵达现场后,严禁私自向罐车内加水。如果混凝土坍落度过小,不满足工地施工要求,可在混凝土企业技术人员的指导下,适量添加随车的高效减水剂,搅拌均匀后仍可继续使用。若坍落度过大导致不能使用,需要返回搅拌站进行处理。

泵送混凝土在保证泵送的前提下,坍落度控制在 160mm 以下,对于非泵送混凝土,在保证出罐的前提下,坍落度控制在 120mm 以下,以降低冻害的程度。在浇筑大体积混凝土时,已浇筑的混凝土未被上一层覆盖前温度不应低于 2℃。

采取加热养护时,养护前的温度不得低于2℃。

混凝土到达施工现场后,为防止混凝土温度损失,浇筑振捣要迅速且及时进行,必须在15min内浇筑完毕。混凝土冬期施工要保证连续性和均匀性,施工过程中,可以采取机械振捣的方式,振捣时间较常温有所增加,快插慢拔,提高混凝土的密实度。特殊部位,如钢筋较密、插筋根部以及斜坡上下口处要重点加强振捣。

混凝土在浇筑过程中可遵循以下的浇筑原则:

(1)由于钢模板散热较快,生产上宜选用木质模板。浇筑前要及时清除模板及钢筋上的冰雪及污垢,但不得用水冲洗,必要时可对钢筋和模板进行预热处理。

(2)冬季施工泵车内润管用的水应用不低于40℃的热水,以防管内结冰。另外,润泵用的水和砂浆不得放入模板内,更不得集中在浇筑的构件内,可先放到其他容器内或均匀散开。

(3)浇筑墙、柱等较高构件时,一次浇筑高度以混凝土不离析为准,一般每层不超过500mm,捣平后再浇筑上层,浇筑时要注意振捣到位,使混凝土充满端头角落。

(4)当楼板、梁、墙、柱在一起浇筑时,应先浇筑墙、柱等混凝土沉实后,再进行浇筑梁和楼板。

(5)浇筑过程中要防止钢筋、模板、定位筋等的移动和变形,出现类似情况应马上停止浇筑,将其固定后再浇筑。

(6)分层浇筑混凝土时,要注意使上下层混凝土一体化,控制混凝土的浇筑速度,保证混凝土浇筑的连续性。

(7)浇筑完全后,应在混凝土表面覆盖保温材料进行保温,在结构最薄弱和易受冻的部位,应加强保温防冻措施。拆模后若混凝土的表面温度与环境温度之差大于15℃,应及时用保温材料覆盖养护。

5. 冬期施工工艺

混凝土冬期施工方法有多种,如蓄热法、暖棚法、蒸汽加热法等,具体采用何种施工方法,应根据实际工程、结构特点、施工的基本环境考虑,从经济、适用、可行、简便出发。

(1)蓄热法

蓄热法主要用于日平均气温-10℃左右,结构比较厚大的工程。蓄热法是通过加热集料、拌合用水等原材料而获得初始热量,与水泥水化热一起,选用适当的保温材料对浇筑的混凝土进行保温,从而延缓混凝土的冷却速度,保证混凝土在较高的环境温度下水化并硬化,达到满足混凝土抗冻临界强度的一种施工方法。

蓄热法施工较为简单,施工费用不多,适用于气温不太寒冷的地区。有研究表明,对大型深基础和地下建筑,如地下室、地基及室内地坪等,采用此种方法能取得良好的效果。所以此类建筑易于保温且热量损失较少,能够保证混凝土在正温条件下合理的水化,从而达到抗冻的临界强度。另外,对表面系数较大的结构和较为寒冷的区域仍然可以使用。

蓄热法加热的基本原则:

1)蓄热法应遵循节约能源、降低造价,并实现目的的原则,且必须通过热工计算来确定原材料的加热温度。

2)加热拌合用水较为简便,水的比热较高,因而作为优选选择加热的对象,其次考虑加热集料;但为了防止水泥出现"假凝"现象,水温控制在80℃以内为宜。

3)混凝土拌合时,先将砂石与水进行混合搅拌,拌匀后与水泥进行搅拌,以防止水泥出现"假凝"而影响混凝土的强度;当温度还不能满足要求时,可以适当加热拌合用水。

原材料的加热方法:

对水的加热

① 用锅炉或锅直接烧水;

② 直接向水箱内导入热蒸汽对水加热;

③ 在水箱内插电极进行加热;

④ 在水箱内装置螺旋管传导蒸汽的热量,间接对水加热。

对砂石的加热

① 直接加热,将蒸汽管通到需要加热的集料中去。此种方法简单方便,能充分利用热蒸汽,但会增加集料中的含水率,不利于控制搅拌用水量;

② 间接加热,在集料堆、出料斗里或运输集料的车辆中直接安装蒸汽盘管间接加热集料,此方法加热比较缓慢,但能有效控制集料的含水率;

③ 用大锅或大坑加热,此种方法简单,但热量损失大,有效利用率低,一般用于小工程。

(2)暖棚法施工

暖棚法是在建筑物或构筑物的周围搭设围护结构,通过人工加热的措施使结构内的空气保持正温,混凝土浇筑和养护均在围护结构中进行,使得混凝土的养护如同在常温中一样。此种方法工作效率高,能保证混凝土施工质量,不易发生冻害,但需要耗费大量的保温材料和人力物力,其在较大的空间内需要消耗大量的能源,且能源利用率低下,费用增加较多。

采用暖棚法施工时,围护结构内部的温度应保持在5℃以上,且由专门的人员来测试内部的温度,同时保证暖棚的出口混凝土不可受冻,由专门的人员来控制。当混凝土在养护期间有失水现象时,应及时采取增湿措施,在表面洒水。另外,对于暖棚内的烟或易燃烧的气体要及时排除,避免人员中毒或出现火灾等情况。

此方法一般用于地下结构和混凝土施工密集的结构工程。

(3)蒸汽法施工

蒸汽养护法即利用热蒸汽对混凝土结构及构件进行均匀加热,使混凝土温度升高,水泥水化加快,并迅速硬化。蒸汽法施工工艺主要分为两种:一是混凝土浇筑完毕后,让热蒸汽与混凝土结构直接接触,用热蒸汽的温度和湿度来养护刚浇筑的混凝土;另一种将热蒸汽通过某种形式传导给浇筑的混凝土,保证混凝土水化所需要的温度,为强度的增加提供条件。

蒸汽施工法的优点是:蒸汽具备较高的热量和湿度,能与混凝土充分接触,保证了混凝土持续水化的温度和湿度,但成本相对较高,且温度和湿度控制难,热能的利用率也不高,需要铺设管道,也容易引起冷凝和冰冻。

蒸汽法养护按照不同的加热方式可以分为蒸汽室法、蒸汽套法、毛管模板法、蒸汽热模法和内部通气法,其特点及使用的范围见表4-3:

表4-3 混凝土蒸汽养护法的适用范围

方　法	简　　介	特　　点	适　用　范　围
蒸汽室法	用保温材料将结构和构件周围围住,内部通蒸汽加以养护	施工简便,成本较低,但耗费大量蒸汽,温度不宜控制	预制梁、板以及地下结构
蒸汽套法	制作密封保温外套,再分段加蒸汽对混凝土进行养护	温度可合理控制,但施工较复杂,加热效果不好控制	梁、板、地下结构、墙、柱
蒸汽热模法	在模板外侧配蒸汽管,通过加热模板传热给混凝土	加热比较均匀,温度易控制,加热时间短,成本较高	墙、柱及框架结构
内部通气法	在混凝土结构内部设置管道,从管道内通气进行加热养护	成本低,节省蒸汽,但蒸汽入口温度高,需处理冷凝水	预制梁、柱及框架结构,现浇梁、柱、框架单梁等

蒸汽养护法的注意事项:

① 蒸汽养护法应使用低压饱和的蒸汽,若施工现场为高压蒸汽,需通过减压阀调节压力后才能使用。

② 对于普通硅酸盐水泥混凝土,蒸养的最高温度不得高于80℃,对于矿渣硅酸盐水泥配制的混凝土,蒸养的最高温度不得高于85℃。

③ 采用蒸汽养护混凝土结构时,要合理地控制蒸汽升温与降温的速度。当结构物表面系数≥6时,升温速率控制在15℃/h,降温速率控制在10℃/h;当结构物表面系数<6时,升温速率控制在10℃/h,降温速率控制在6℃/h。

六、冬期施工的养护工艺

在我国北方地区,冬季平均气温在零下5℃以下,特别是冬季昼夜温差大,大风天气较多,气候干燥,若养护措施不当,对混凝土质量将造成重大影响,严重的将造成混凝土结构破坏,产生危险建筑,造成巨大的经济损失。

1. 混凝土拆模

为防止混凝土产生不均匀沉降或受震动而产生裂缝,施工中选用的模板支撑必须牢固。拆模时间应较常温施工推迟2~3天,混凝土拆模时,必须达到规定的拆模强度,过早拆模以及承重,都会导致混凝土表面撕裂、产生裂缝。

拆模时要注意拆模的顺序,特别是梁、柱、墙板等边模的拆模时间应尽量延长,以免刚浇筑的混凝土强度不够而发生表面脱皮,影响外观。

拆模后的混凝土应立即覆盖保温材料,以防止混凝土温度骤降而产生裂缝。

2. 混凝土的保温养护

对于刚浇筑的混凝土,不宜直接覆盖保温材料,应立即在混凝土表面覆盖薄膜并加盖草帘进行养护,这样一方面使混凝土内部蒸发的水分供给表面养护,同时保证混凝土初凝前不受冻。大体积混凝土在进行二次抹面压实后,应立即覆盖加以保温。

冬季混凝土初凝一般在8~10h,终凝在12~15h,这期间应做好混凝土的抹面工作,在终凝前做好二次抹面,将表面不规则、不均匀的缝闭合。对特殊工程或特殊部位,可以多增加几次收面工作,这样可以尽量减少裂缝的产生。振捣完毕后,要对其用木抹子拍实抹平,并进行如下的养护工艺。

(1)混凝土浇筑后,表面应立即用塑料薄膜覆盖,同时根据工程需要,采取必要的保护措施,尤其在正负温交替的环境中,要做到防寒、防风、保温、保湿工作,避免刚浇筑的混凝土表层反复冻融。

(2)掺防冻剂的混凝土一般采用负温养护法,当日均气温低于5℃时,不得对其进行浇水养护;

(3)混凝土内部温度降到防冻剂规定温度之前,混凝土应达到临界受冻状态,如未达到,则应继续加强保温、保湿工作。

(4)混凝土模板和保温层应在混凝土温度冷却到5℃时方可拆除,或在混凝土表面温度与外界温度相差不到20℃时拆模,拆模后的混凝土应及时覆盖,待其缓慢冷却。

(5)搞好挡风及封闭工作,提高保温效果。

养护初期,可以派专人负责详细测试并记录环境及混凝土的温度变化,每昼夜至少进行4次以上的测量,以便发现问题后采取相应的补救措施。

掺有粉煤灰和外加剂的混凝土,终凝后应立即进行覆盖保温养护,养护时间不得少于14d,早期养护不到位,混凝土28d强度将受到影响。

整个施工过程应符合 JGJ/T 104《建筑工程冬期施工规程》。

第五节　商品混凝土季节变化施工

商品混凝土是一种产品,需要经过一个过程其价值才能得到体现,因而其质量的控制需要在各环节都进行严格控制,而由于季节环境气候的变化,以及当前环境污染严重,全球气候变暖等,使得混凝土质量面临更为严峻的考验。不同季节条件下,温度、湿度等不同,因而在质量控制和施工中应注意不同季节条件下的侧重点,保证混凝土质量。

一、春秋季节混凝土施工质量控制

1. 春秋季节混凝土主要面临的问题

混凝土进入春秋季节,很多人会觉得此时温度不高不低,正好有利于混凝土施工,但现实情况恰好相反,此时的混凝土容易产生大量的裂缝,若施工、养护不采取有效措施,有可能造成严重的质量问题。大量的工程实践经验表明,混凝土在季节发生变化时,对其进行早期养护,能有效抑制混凝土中裂缝的发展,从而保证工程质量。

(1)春秋季节气候特点

春秋季节主要特点是环境温度变化大,特别是昼夜温差大,混凝土在不同的时间段浇筑过程中会因温度变化大,导致混凝土内外温差大,容易出现温度收缩裂缝。另外,该季节雨水相对较少、空气干燥湿度低,并伴随有季风(风力一般在 4~5 级),刚浇筑的混凝土若不及时养护,会造成表面快速失水,容易形成风干缩性收缩裂缝。

(2)施工及养护方面

施工中希望混凝土坍落度足够大以便于施工,这样也造成了混凝土产生裂缝的几率。另外,养护措施也不到位,投资方为了加快工程施工进度,收光不及时或收光次数偏少,以及混凝土未按要求覆盖薄膜保湿养护,并过早拆模,也容易导致混凝土水分损失过快,形成大量裂缝。

搅拌站应与施工方进行合理沟通,保证在沟通良好的基础上,确保混凝土的正常生产。

2. 春秋季节混凝土生产和施工中的控制

(1)原材料控制

季节变化时,搅拌站应选择优质、稳定的原材料,才能保证混凝土的生产质量。如水泥、矿粉和膨胀剂等胶凝材料一定要选用信誉好、生产规模较大的厂家,因这些材料的检测结果要等到 28 天后才能出来,如等到检测结果出来再决定使用,会占用大量的料仓,也会影响生产进度。各种原材料都要按照产品标准进行严格检验,检验合格后才能使用,不合格的材料必须退货处理。

1)水泥宜优先选择 P·O42.5 级水泥,因低等级水泥的混合材掺量较大,质量差,收缩率也大,会增加混凝土拌合物的自收缩。用量较小的水泥每批量进行抽检,用量较大的水泥可每周抽样一次进行检验,以掌握水泥的质量趋势和稳定性,检测的指标包括强度、标准稠度和凝结时间、安定性。

2)砂石含泥量不宜太大,一般选择连续级配的集料,石子选择 5～25mm 的碎石,选择中砂,当条件达不到,只有选择粗砂或细砂时,可适当调整砂率。

3)掺合料质量不稳定,如用三级灰冒充二级灰等,都容易造成混凝土产生收缩裂缝。矿粉宜选择 S75 级以上。

4)泵送剂是混凝土重要组成部分,其与水泥的适应性是一个非常敏感的检验项目。因此泵送剂在使用前应取样检测减水率、坍落度经时变化和拌合物的和易性,合格后方可卸货,否则应立即退货。拌合物和易性检验:用眼观察提起坍落筒前后混凝土流动性是否良好,当砂浆均匀包裹集料,且拌合物容易流动,用铁锹翻拌时有黏糊感时,其和易性良好,拌合物停止流动后会出现轻微亮光,即为适应性良好。

5)掺加膨胀剂可以降低混凝土的收缩,提高混凝土的抗渗性能。膨胀剂必须选用限制膨胀率达到标准要求,并且与混凝土外加剂适应性良好的产品。膨胀剂应重点检测其细度、强度、限制膨胀率和混凝土外加剂的适应性。使用前,应通过试配确定其合理掺量,一般膨胀剂的掺量为胶凝材料的 10% 左右,但确定其掺量还应注意以下几点:

① 根据季节的变化采取不同的掺量,冬期可适当降低掺量,控制在 7% 左右;春秋季节施工时可保持掺量在 8%～9%;夏季高温条件下施工可提高掺量至 10%～11%。

② 根据混凝土构件的不同部位而采取不同的掺量,一般施工基础底板可掺 8%～9%;施工地下室外墙和顶板时可掺 10%～12%,施工后浇带可掺 12%～13%。

③ 膨胀剂在使用前,要检查其与其他原材料之间的适应性,如泵送剂、水泥、掺合料等,若不适应时要立刻更换品种,直至适应为止。膨胀剂与其他原材料适应良好时,能明显提高混凝土的强度,当不适应时,会降低混凝土强度乃至其他性能。

(2)配合比设计方面

在保证混凝土正常施工条件下,尽量降低拌合用水量,控制掺合料掺量,严格控制水胶比,合理控制掺合料及外加剂的掺量,以防止混凝土凝结时出现异常情况。另外,生产上控制好混凝土出厂坍落度,杜绝为了施工方便扩大坍落度或现场二次加水。

（3）施工控制

混凝土在到达工地后,坍落度在满足施工要求的前提下要尽量小,若卸料时因坍落度偏小,可由企业技术人员采用外加剂的后掺法进行调整,搅拌均匀后才可以浇筑。合理控制搅拌车出厂时间,避免在工地因长时间等待使浇筑过程中出现冷接缝。浇筑后的混凝土应立即抹平,初终凝前最好进行多次收光,终凝后完成收光工作。并在混凝土表面覆盖薄膜、草垫等,对特殊部位可以采用喷洒养护剂进行养护。

对于梁板混凝土浇筑完毕后,不应过早拆模,且不应过早在上面放重物以及在浇筑部位产生较大振动,以免出现破坏性裂缝。目前不少工地用磨光机对混凝土楼面进行收光,这种机械应在初凝前后使用,禁止在终凝后使用,此时混凝土强度不够,使用会导致混凝土出现微裂纹。

（4）养护控制

春秋季节施工的混凝土,因外界环境的变化,混凝土更应该注意养护工作,养护在混凝土浇筑完毕后进行,生产上应按照以下要求进行操作:

1）浇筑完混凝土后,应立即在其表面覆盖薄膜等,加强混凝土的保湿养护,对不能覆盖薄膜养护的区域,应进行喷雾养护。

2）养护时间一般不低于 7 天,夜间也要不间断进行,特殊部位要增加养护时间。

3）在干燥多风的季节,洒水养护易导致混凝土表面忽干忽湿,容易产生裂缝,因而洒水作业必须保证混凝土表面充分润湿。

4）对掺加有缓凝型外加剂或有抗渗要求的混凝土,养护时间要不低于 14 天,以便混凝土能得到很好的养护,防止产生早期裂缝的问题。

5）混凝土浇筑完毕,达到一定强度后,必要时松动两侧模板。

二、雨季混凝土施工质量控制

1. 雨季生产对混凝土质量的影响

（1）混凝土配合比易波动

雨季混凝土生产中,处于露天堆放的集料含水率会增加,特别是细集料,含水率变动较大。在混凝土计量称重下料时,若仍用原配合比,可能会出现砂率偏小,水胶比增大现象,导致生产的混凝土强度偏低并出现数值离散现象。

（2）混凝土浆体流失

混凝土施工中若遇降雨,会使得水泥浆随雨水流入而流失,导致集料裸露,混凝土产生离析现象。振捣后的混凝土,在发生降雨时会产生孔洞和麻面现象,影响混凝土质量及外观。

（3）混凝土中雨水未排出，会产生孔洞、露筋

雨季施工的混凝土，若浇筑现场排水不及时，一些低洼处的模板可能会积水，导致混凝土产生孔洞、露筋现象，例如底层电梯基坑、集水井等。

（4）雨中施工难度加大

雨季施工，会增加混凝土施工的难度，难以保持混凝土生产的质量。处于露天工作的工人雨水淋身且视线不清，脚底易滑，容易发生高处坠落事故。另外，施工中各种工具都处于潮湿状态，极易发生触电事故。工人在平时施工中的要求在雨季难以严格执行，会降低混凝土的施工质量，进而会影响混凝土强度、抗渗性和耐久性。

2. 雨季施工的准备工作

混凝土雨季施工应以预防为主，应提前做好部署，采取防雨措施并加强排水手段，确保雨期正常的施工不受季节性气候的影响。混凝土工程施工应尽量避开雨天施工，屋面防水和室外饰面工程不得在雨天施工。根据"晴外、雨内"的原则，雨天尽量缩短室外作业时间，加强劳动力调配，组织合理的供需安排，保证工程施工质量，加快施工进度。

（1）施工期间，施工人员应加强对天气预报的收听工作，以便能及时调整和修订施工作业计划。遇有恶劣天气，及时通知现场负责人员，以便及时采取应急措施。对于重要结构和大面积混凝土施工中，应尽量避开雨天工作，施工前，应尽量了解2~3天的天气情况。

（2）在建筑施工基坑地面设置集水井和排水沟，以便及时排除积水。确保整个施工道路畅通，施工场地具备完善的排水网，保证雨水有序排放；整个排水管网有序排放，排水管不得堵塞，以创造雨季施工的基本条件。

（3）加强对混凝土施工前模板的检查工作，特别是对其支撑系统的检查，如发现有松动情况，应及时加固处理。

（4）加强对混凝土原材料防雨防潮的检查工作，以及成品、半成品的防雨工作。

（5）搅拌站工作人员应认真测定砂石含水率，以便能及时调整混凝土配合比，确保施工质量。

（6）雨季和大雨后施工之前，应对工程和现场进行全面检查，特别是要对塔吊基础、脚手架、基槽、电器设备、机械设备等进行检查，发现问题，应及时解决，防止雨期施工发生事故。所有的配电箱、机电设备的防雨和塔吊防雷设施必须完好，加强对临时供电系统的检查和测试工作，确保电器设备和供电线路能够满足施工的安全要求。

（7）对降水量较大的区域，在雨季来临之前，施工现场、道路和设施应做好

有组织的排水工作。

生产中应备足排水需用的水泵及有关器材,提前准备好适量的塑料布、油毡等防雨材料。施工现场应配置足够的雨靴、雨衣和塑料薄膜等防雨用具。

3. 混凝土雨季施工质量控制措施

混凝土雨季浇筑过程中,管理人员应在生产和施工现场予以指导并监督,严格检查施工过程中各个环节,要做到以下几点:

(1)生产上,定时定量测试集料的含水率以及混凝土拌合物坍落度,并做出及时的调整。运用动态控制方法,搅拌站根据当前集料的含水率,调整原配比中的集料和用水量,并调整混凝土拌合物坍落度。生产上要降低混凝土拌合物的坍落度,并延长搅拌时间,一般每罐混凝土可将搅拌时间延长 30s。

(2)小雨时,混凝土运输和浇筑均应采取防雨措施,随浇筑随振捣,并立即覆盖防水材料;若遇大雨时,应立即停止混凝土的浇筑,已浇筑部位应加以覆盖。现浇混凝土应根据结构情况和可能性,考虑多几条施工缝的预设位置。

(3)模板支撑下回填土要夯实,并加好垫板,并在雨后及时检查有无下沉。模板隔离层在涂刷前要了解天气情况,以防隔离层被雨水冲掉。

(4)雨季施工材料应避免堆放在低洼处,将材料垫高,周围应有畅通的排水沟,以防积水。

(5)混凝土浇筑完毕后,要及时进行覆盖,避免被雨水冲刷。拆模后的混凝土表面要进行及时养护处理,避免产生干缩裂缝。

混凝土浇筑过程中,如遇有下雨等恶劣天气时,应采取如下措施:

(1)当混凝土浇筑过程中有小雨但不会影响混凝土质量时,浇筑工作可以连续不间断进行,但要及时对已浇筑的混凝土进行覆盖,以免雨水直接冲洗混凝土,并将浇筑区域所积雨水及时排走。

(2)当混凝土浇筑过程中突降大暴雨且时间持续较短时(2 小时左右),须立即将已入模的混凝土进行覆盖,并间断地对混凝土进行覆盖浇筑处理,混凝土浇筑间隔时间应小于初凝时间,以避免该处出现冷却缝。雨停后及时清除积水并重新恢复正常的浇筑工作。

(3)当混凝土浇筑过程中突遇大暴雨且持续时间较长时,则应将入模的混凝土立即予以覆盖并改为间断地进行浇筑,直到浇筑至符合规范规定的施工缝处停止浇筑。梁、板施工缝要求必须留设在 1/3 跨度内。雨停后重新浇筑时如已过混凝土初凝期,应按照施工缝进行处理,具体处理方法如下:

① 对于梁、板:施工缝位置应满足设计及《混凝土结构工程施工质量验收规范(2011 版)》(GB 50204—2002)的规定,当梁、板厚度 <600mm 时,将该处混凝土面做成垂直施工缝;当梁、板厚度 ≥600mm 时,应将该处混凝土面设成斜面施工缝,并采取加插垂直施工缝的抗剪钢筋法加以补强。

② 对于墙体形成的水平施工缝和浇筑形成的斜坡部分作凿毛处理。

③ 施工缝的留设及处理必须征得设计、监理及业主的同意,并出具工程变更。

严格按照雨季施工的规范和规程执行。

三、秋冬季节施工对混凝土质量影响

混凝土进入秋冬季节,应提前做好该阶段的防风、低温准备,混凝土施工应尽可能在气温高于5℃时施工,当必须在低温条件下(昼夜平均气温低于5℃和最低气温低于−3℃时),施工中应采取以下措施:

1. 搅拌站应制定低温季节混凝土施工方案,报监理工程师批准后严格执行。

2. 及时关注天气预报,获得准确的天气情况,以便做出相应的对策;

3. 对场外堆存的集料采用后置塑料布或篷布覆盖进行保温,保证集料在生产前没有冰雪或冻块。可以通过加热水或集料来提高原材料的初始温度,较常用的方法是仅加热水。

4. 对混凝土搅拌设备进行封闭保温处理。

5. 确定低温季节混凝土施工配合比,并按照要求掺加抗冻剂、早强剂等,或增加水泥用量,以提高混凝土的抗冻性。

6. 为减少并防止混凝土冻害,混凝土生产中应选用较小的水胶比和较低的坍落度,并尽量减少拌合用水量,水泥尽量选择强度等级不低于 P·O42.5 级早强硅酸盐水泥。

7. 混凝土浇筑完毕后应及时用塑料布等保温材料覆盖,延长混凝土拆模时间,确保混凝土强度到达要求拆模不对混凝土造成破坏。

8. 加强温度观测,建立低温季节施工测温制度,混凝土浇筑时应按照要求布置测温孔、并编号,严格按照低温季节的要求进行测温工作。

四、季节变化时混凝土裂缝产生的原因及处理措施

1. 季节变化是裂缝产生的原因

混凝土秋冬季节进行施工,会因环境温度及湿度变化,产生一系列的问题。混凝土早期裂缝一般发生在浇筑后 7 天内,绝大部分发生在终凝后,竖向墙板一般发生在 14 天内,此时大多数建筑物还没有承受一定的荷载,裂缝主要是由于混凝土在凝结硬化过程中产生的收缩变形引起的。

具体表现在:

(1)季节变化时,特别是由于大风、干燥等天气会导致混凝土表面水分散失快,混凝土早期抗拉强度尚未充分形成,由于湿胀干缩的原因,混凝土易产生收缩裂纹的概率和贯穿深度增大。

（2）昼夜温差大,特别是白天浇筑到夜间,会导致混凝土凝结时间偏长、强度增长缓慢,导致混凝土凝结时自身抗拉应力小于混凝土收缩应力,使得混凝土开裂的几率增大。

（3）混凝土长时间处于气温较低环境中,导致硬化后的混凝土强度增长缓慢,在 24 小时内拆除非承重模板时易发生起皮、缺边掉角现象;在不知道结构实体强度的情况下按经验龄期拆模,导致混凝土强度不足从而开裂。

混凝土早期裂缝的表象,主要有以下几种情况:

（1）大面积水平结构或构件产生的裂缝。一般发生在混凝土初终凝前后,多发生在楼板的上表面(大部分裂缝贯穿);楼板的下表面顺筋裂缝(一般不贯穿);梁板交界处、厚度突变处。

（2）地下结构外墙裂缝。裂缝的规律较强,一般沿墙的长度方向等间距分布的垂缝,在拆模前已经形成。

（3）混凝土成型后,初凝或终凝前后模板支撑系统的微变形导致平面结构裂缝。

2. 预防及处理措施

（1）加强混凝土早期湿养护

防止混凝土开裂最有效的办法是确保混凝土表面在硬化前一直处于润湿状态,并延长湿养护时间,保证混凝土在产生一定强度后,能有效抵御收缩应力,防止裂纹的出现。浇筑完毕的混凝土在初凝前后用木抹子开始进行多次抹压,直至终凝为止,并尽早开始湿养护。

对浇筑完毕后的混凝土,混凝土板等暴露面积大的构件应立即覆盖,避免塑性开裂。墙柱等在拆模前应松动模板进行角锥养护,或采用透水性或吸水性模板,混凝土浇筑后应加强混凝土的养护工作,不可在混凝土背部温度较高时拆模板,尤其不能立即浇冷水,混凝土养护周期要足够,随着混凝土中掺合料比例的增大,对混凝土养护的要求提高。

1）混凝土浇筑前施工单位应编制混凝土浇筑方案,并报建设单位审核同意后才能浇筑混凝土,方案中应考虑环境因素,针对该批次混凝土浇筑的特点来设计施工工艺要求和防止裂缝的措施。施工单位应依据审核后的方案指导施工,同时,监理单位监督浇筑质量,确保混凝土浇筑过程的质量符合规范和施工方案的要求。

2）如能预料长时间气温低,生产上应根据低温情况进行配合比调整;

3）检查、督促施工人员做好混凝土的振捣工作,确保混凝土的密实性。混凝土不密实,孔隙率增大,会降低混凝土的强度,同时也降低了混凝土极限抗拉强度,当收缩应力大于极限抗拉强度时,就会产生早期裂缝。如楼板底顺筋裂缝的形成主要同混凝土振捣不密实和保护层有关,在混凝土初终凝前,因塑性收缩和沉降而产生。

3)控制抹面次数,最少不低于 2 次。如混凝土初凝后发现微裂缝,必须抹压 3 次以上,混凝土成型至初凝,由于内部毛细管的张力作用,不断将毛细管深处的自由水吸到混凝土表面,短时间内失水收缩会出现微裂纹,通过在表面抹压 2~3 次能有效封堵、改变毛细管通道,达到控制水分蒸发来控制混凝土收缩的目的。

4)混凝土的养护应采取塑料薄膜覆盖或其他保温保湿措施,隔绝混凝土表面与空气接触,杜绝表面水分散发到空气中,利用薄膜内制造的水汽来养护混凝土。

5)对于大体积混凝土,除了选择低水化热的水泥外,还可以在确保混凝土强度的前提下,加大掺合料的掺量,从混凝土内部控制温升。同时,随着环境气温变化,做好混凝土降温、保温措施,并落实好测温制度,严格控制混凝土内外温差不大于 25℃,表面与环境温度不大于 20℃。

6)对于竖向构件,确保保湿养护在 14 天以上,严格控制拆模时间,不得低于 10 天,浇筑 3~4 天后可松开墙板的对位螺丝,进行喷水养护。在无法预料结构实体强度的情况下,应尽量延长非承重模板的拆除。

(2)及时切割

混凝土路面,地坪及预制板等在浇筑成型后,由于长度增加,整体收缩量变大,因没有自由收缩的空间,容易出现裂缝,为了防止此种裂缝的产生,在养护到一定强度后,及时对其进行切割,使得混凝土具有自由收缩的空间,能有效降低该类裂缝的出现。

(3)避免原材料温度过高

水泥温度太高或者水泥水化热较大,都容易造成混凝土成型后因温度太高而产生膨胀,冷却后产生收缩,容易引起混凝土的开裂。此外,在夏季高温季节,若集料在太阳下暴晒,温度过高也会提高混凝土的温度,晚上因温度下降,引起混凝土热胀冷缩,造成开裂,因而,夏天应避免砂石等原材料的暴晒,有条件的企业可以采用仓库存储或遮阳处理。

(4)避免使用过细的砂和含泥量较大的砂

过细的砂会增加混凝土搅拌的用水量,使得混凝土干缩显著增加。目前也有客户使用破碎的石灰石筛选后的细颗粒替代细集料,因含泥量较大且粒型较差,影响了混凝土的流动性能。为了保证混凝土正常浇筑,必然增加用水量,从而使得水胶比加大,混凝土干缩显著增加,造成了裂缝的形成。

五、提高商品混凝土季节变化的管理措施

1. 加强商品混凝土质量的生产控制

季节变化时,混凝土企业负责人除了要严把原材料的进场关,技术人员也要及时调整并更新原材料的品种和型号,对原材料要进行严格检测,并通过大量的混凝土试配,确定合理的生产配比。另外,随着气候及环境的变化,要选专门人员对原材料性能进行及时检测,确定好合理配比后进行组织生产。

生产上,要提前准备好满足当前环境气候条件的生产、施工及养护工具,并对一些恶劣天气提前做好技术准备。

2. 加强商品混凝土质量的施工控制

建议工程质量监督部门及工程监理单位要求施工单位依照相关规定进行施工,才能避免因施工措施不到位而引起的质量问题。

混凝土在运输和卸料过程中,应保证不产生离析,也不能混入其他成分和水分,特别是不准许有意向罐车或泵车料斗加水。如遇需要加水或掺外加剂(流化剂)时,需经技术管理人员的认可,并在加水后进行二次搅拌,使之均匀。

为防止混凝土在运输和浇筑之前产生凝结或坍落度损失过大,在运输和现场等待过程中,应使搅拌车不停的转动。在混凝土浇筑过程中,建筑物模板内不得积水,模板应牢固且密封不能漏浆。混凝土生产企业应与施工单位进行协调配合,保证混凝土的连续供应,同时严格控制原材料质量及配合比,保证混凝土有良好的工作性,减少因混凝土质量问题造成裂缝增多的几率。

3. 做好商品混凝土季节变化时的养护工作

对于昼夜温度变化大,风速较大的天气,尤其是上午浇筑的路面、地坪等大面积混凝土,应多次抹面并压光,及时覆盖、保湿养护,最好能避开大风及温差变化较大的时间段施工。

虽然早期采取覆盖塑料薄膜保湿养护能有效避免裂缝的产生,但混凝土终凝后,撤去塑料薄膜后,仍要对混凝土进行洒水养护至规定龄期。浇捣完毕后应立即加强养护,防止早期失水,冬天要注意保温,防止早期受冻。

参考文献

[1]王玉瑛,杜守明等.论预拌混凝土的全面质量管理[J].商品混凝土,2006(2).

[2]阎培渝,廉慧珍.用整体论方法分析混凝土的早期开裂及其对策[J].建筑技术,2003(1).

[3]覃维祖.混凝土结构耐久性的整体论[J].建筑技术,2003,(1).

[4]蒲心诚主编.混凝土学[M].中国建筑工业出版社,1987,7.

[5]冯乃谦.高性能混凝土[M].中国建筑工业出版社,1996,8.

[6]袁润章主编.胶凝材料学[M].中国建筑工业出版社,1980,6.

[7]甘昌成等.大掺量粉煤灰泵送混凝土的生产与应用[J].混凝土,2004(3).

[8]甘昌成等.低强度高抗渗混凝土的试验研究与应用[J].混凝土,2003(12).

[9]甘昌成等.泵送混凝土屋面抗裂防渗漏施工技术[J].混凝土与水泥制品,2005(3).

[10]Richard W. Burrows. The visible and invisible cracking of concrete. ACI Monograph No. 11.

[11]甘昌成,李建庭等.论商品混凝土的湿养护[J],商品混凝土,2006,3

[12]马保国,李永鑫.绿色高性能混凝土与矿物掺合料的研究进展[J].武汉工业大学学报,1999,21(5).

[13]吴之乃,郑念中.我国混凝土工程技术的现状及发展[J],混凝土,2000(11).

[14]吴晓泉.确保北京东方广场混凝土工程百年不失效[J].混凝土,2000(1).

[15]冯晓明.预拌混凝土冬期施工技术及质量控制措施[J].混凝土,2005(11).

[16]李继业,刘福胜.新型混凝土实用技术手册[M].化学工业出版社.2005,3.

第五章　新技术和新材料在商品混凝土中的应用

第一节　CTF 增效剂在混凝土中的应用

一、CTF 混凝土增效剂的使用技术交底

CTF 混凝土增效剂作为一种新型的混凝土外加剂面世,目前在市场上得到了广泛应用,且其使用价值已经得到了业界同仁较多的肯定,该外加剂产品节能增效、节省成本的功效十分显著。

本节内容主要是根据 CTF 混凝土增效剂(以下简称 CTF)在推广应用过程中遇到的工程技术问题来进行论述。如适宜掺量范围是多少,配合比应如何调整等,鉴于许多参与其中的技术人员并未形成系统的解决方法,出现了较随意的解决问题模式,势必会影响 CTF 混凝土增效剂的推广应用,不利于指导实践。文中针对此类问题展开了系统的试验研究。

（一）试验原材料

本试验主要基于两个区域的原材料。

1. 长沙试验点

（1）水泥:采用湖南湘乡水泥厂生产的韶峰牌 P·O42.5 水泥,其物理性能和化学成分见表5-1。

表 5-1　水泥主要物理性能指标和化学成分

物理性能			化学成分	
R80 筛余/%		3.4	成分	含量/%
比表面积/（m²/kg）		375	SiO_2	22.50
密度/（g/cm³）		3.13	成分	含量/%
凝结时间	初凝/min	222	Al_2O_3	6.50
	终凝/min	268	Fe_2O_3	3.80
			CaO	60.50
抗压强度/MPa	3d	16.1	MgO	3.80
			SO_3	2.70
	28d	46.7	烧失量	2.35

（2）粉煤灰：采用湖南湘潭电厂生产的Ⅰ级粉煤灰，细度（45μm筛）为8.2%，主要性能指标见表5-2。

表5-2　粉煤灰的化学成分和物理性能

SiO_2/%	Al_2O_3/%	Fe_2O_3/%	CaO/%	MgO/%	SO_3/%	烧失量/%	密度/(g/cm³)	比表面积/(m²/kg)
52.7	25.8	9.7	3.7	1.2	0.2	3.20	2.33	500

（3）石：湖南长沙火车南站武广客运专线用反击破碎石，5~25mm连续级配，表观密度2.7g/cm³，堆积密度1.55g/cm³。

（4）砂：采用湘江河砂，细度模数2.4（中砂），含泥量0.3%，表观密度2.65g/cm³，级配合格。

（5）减水剂：上海花王聚羧酸系高效减水剂，液体无沉淀。

（6）CTF：采用广州市三骏建材科技有限公司生产的以聚合物为主体的高效复合添加剂，型号为CTF-6#样，半透明液体，无沉淀。其匀质性指标通过生产厂家的企业标准（Q/SJJCKJ 1—2011）。

（7）水：饮用自来水。

2. 广州试验点

（1）水泥：采用金羊P·O42.5R水泥，其物理性能和化学成分见表5-3。

（2）粉煤灰：采用乌石港Ⅱ级粉煤灰，其化学成分和物理性能见表5-4。

表5-3　水泥主要物理性能指标和化学成分

物理性能			化学成分	
R80筛余/%		2.3	成分	含量/%
比表面积/(m²·kg)		371	SiO_2	20.63
标准稠度/%		24.3	Al_2O_3	6.21
凝结时间	初凝/min	135	Fe_2O_3	3.45
	终凝/min	215	CaO	60.81
			MgO	0.75
抗压强度/MPa	3d	25.9	SO_3	2.52
	28d	52.4	Na_2O	0.92
			烧失量	0.48

表5-4　粉煤灰的化学成分与物理性能

SiO_2/%	Al_2O_3/%	Fe_2O_3/%	CaO/%	MgO/%	SO_3/%	烧失量/%	密度/(g/cm³)	比表面积/(m²/kg)
51.18	24.02	9.77	4.04	1.98	0.75	5.69	2.46	425

（3）石：采用广东博罗产的粒径为 5 ~ 31.5mm 碎石，连续级配，表观密度 2.71g/cm³，吸水率 0.35%。

（4）砂：采用广东东江河砂，细度模数 2.6（中砂），表观密度 2.65g/cm³，含泥量 2.3%，吸水率 2.8%。

（5）减水剂：采用瑞安 LS - 300 萘系减水剂，液体无沉淀。

（6）CTF：同长沙试验点。

（7）水：饮用自来水。

（二）试验方法

试验采用卧轴式强制搅拌机机械搅拌，按预先确定的配合比称量水泥、矿物掺合料、砂、石，将其倒入搅拌机中干搅 15s，然后倒入称好的水、减水剂和 CTF，继续搅拌 2min。混凝土拌合物出机后，人工搅拌 1min。搅拌时间的长短还需要根据混凝土的搅拌量和实际情况来调整，搅拌量大（>40L）或拌合物过于干稠则搅拌时间相应延长。

混凝土工作性能、力学性能测定方法分别参照《普通混凝土拌合物性能试验方法标准》（GB/T 50080—2002）的坍落度法和《普通混凝土力学性能试验方法标准》（GB/T 50081—2002）进行。配合比调整方法参照《普通混凝土配合比设计规程》（JGJ 55—2000）进行。

（三）CTF 混凝土增效剂的使用技术交底

1. CTF 的适宜掺量

（1）长沙试验点

本试验点对比样 1 至对比样 7（对比样指掺有 CTF 的试配）CTF 的掺量分别选取为胶凝材料质量的 0.4%、0.5%、0.6%、0.7%、0.8%、0.9% 和 1.0% 进行试验。所有混凝土试配组坍落度均调整至（200 ± 10）mm，具体配合比见表5-5。试验结果如图 5-1 所示。

表 5-5　CTF 掺量试验 C30 混凝土配合比（长沙）

编号	水泥/kg	粉煤灰/kg	砂/kg	石/kg	减水剂掺量/%	水/kg	CTF 掺量/%
基准	255	90	790	1074	0.64	165	0
对比	225	90	790	1109	0.64	160	不同掺量

由图 5-1 可知，混凝土 7d 抗压强度随着 CTF 掺量的增加缓慢提高，直至掺量为 0.6%，之后混凝土强度开始直线下滑；混凝土 28d 抗压强度各掺量都维持在一个非常接近的水平，当 CTF 掺量为 0.6% 时混凝土强度最高，此时高出基准混凝土约 2.0MPa，增大幅度达 6.3%。

值得注意的是，此试验减少水泥用量达 12%，30kg。综合 7d 及 28d 强度情况来看，0.6% 为 CTF 混凝土增效剂的最佳掺量。

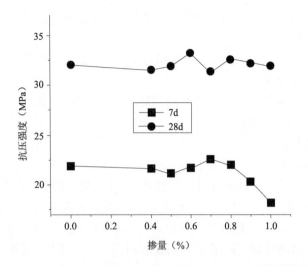

图 5-1　CTF 掺量对 C30 混凝土 7d 和 28d 抗压强度的影响（长沙）

（2）广州试验点

本试验点的具体配合比和工作性能结果分别见表 5-6 和表 5-7。

表 5-6　CTF 掺量试验 C30 混凝土配合比（广州）

编号	水泥/kg	粉煤灰/kg	砂/kg	石/kg	减水剂掺量/%	水/kg	CTF 掺量/%
基准	240	100	858	1004	2.2	178	0
对比	216	100	868	1028	2.2	168	不同掺量

表 5-7　CTF 掺量试验 C30 混凝土工作性能试验结果（广州）

CTF 掺量/%	0	0.4	0.5	0.6	0.7	0.8	0.9	1.0
坍落度/mm	190	200	195	195	200	200	200	200
扩展度/mm	450	410	450	420	420	410	390	400

由图 5-2 可知，混凝土强度随着 CTF 掺量的增加变化比较平稳，3d 龄期稳中有降；7d 龄期稳中略有升；28d 龄期基本都超过了基准强度，并随着掺量的增加强度有增加的趋势，最大超出幅度达 11.8%（出现在 0.9% 掺量）。再结合表 5-7 掺量对工作性能的影响，0.5% 是最佳掺量（28d 强度提高 5.2%，工作性能也能保持）。

此两处试验点掺量试验是比较有代表性的，分别使用了聚羧酸系高效减水剂和萘系减水剂，并都采用了粉煤灰作为矿物掺合料，其中长沙试验点使用优质的 Ⅰ 级粉煤灰，广州则采用质量较差的 Ⅱ 级粉煤灰，砂石也是极具地方性的材料。

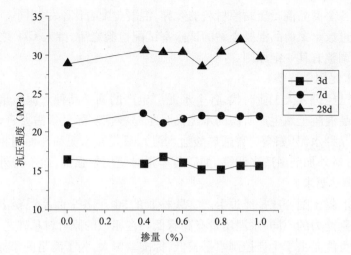

图 5-2　CTF 掺量对 C30 混凝土 3d、7d 和 28d 抗压强度的影响(广州)

　　广州试验点的情况就非常符合现今商品混凝土站的真实原材料性质:粉煤灰烧失量大造成吸附外加剂严重,减水剂的掺量往往超出厂家推荐掺量;砂含泥量过高,也会抑制外加剂的使用;石子石粉含量过大,集料与水泥石之间的粘结常常不够,造成需要通过增加水泥用量来提高混凝土黏聚性。而 CTF 的掺量却仍能在基本不变动掺量的情况下实现增效(CTF 适宜掺量时),这也说明 CTF 适应原材料的广度很大,这个特点很有实用意义,有利于生产和工程应用控制。经过多次掺量试验之后,可以确定 CTF 应用于混凝土中的适宜掺量在 0.6% 左右。不难看出,在小范围内波动对强度和工作性能的影响并不大,可以将 CTF 应用于工程实际的推荐掺量定位 0.5% ~0.8%。

　　2. CTF 应用中的混凝土配合比调整原则

　　混凝土配合比设计时,三大参数的设定至关重要:用水量、水泥用量和砂率。CTF 在工程应用中,为了发挥其节能增效、节省成本的功效,通常是以减少一定水泥用量的方式使用,通过判断两种配合比状态下拌合出的混凝土性能的高低来反映 CTF 工程应用可能性。

　　在进行对比样混凝土配合比调整前,需要一份基准混凝土配合比。基准混凝土的配合比设计往往是经过理论计算、试验室反复试配调整以及生产实践确定的,是建立在工程应用的基础之上,可以经得起反复推敲的。在现今的商品混凝土行业中,在激烈竞争和巨大成本压力的大环境下,已经很难找到强度富余系数大且非常保守的配合比,业界戏称"擦边球"的配合比倒是占据了绝对优势。配合比比较极限的商品混凝土站一定是非常重视生产控制的,只有实现非常小的标准差,才有可能"玩转"极限配比的同时保质保量。

由于各个商品混凝土站原材料的差异,混凝土配合比不尽相同。

在经过数十家商品混凝土站的试验室试配检验之后,掺入 CTF 之后的混凝土配合比调整有其一定原则。

(1)水泥用量调整

水泥已经进入大工业时代,各个水泥厂生产的同一品种水泥质量差异不会太大。商品混凝土站生产所需的水泥品种也是根据实际发货需要订购的,大多采用同一品种水泥(如全为普通硅酸盐水泥),只是在水泥和外加剂相适应的情况下,通过对外加剂做适当调整(如需要早强时使用早强剂,而不另外购买早强水泥)来满足要求。

基准混凝土配合比是经过生产实践检验的,由于各个商品混凝土站原材料和生产控制能力的不同,水泥用量有高有低。在相似的原材料基础之上,水泥用量过高的可能是由于生产控制水平较低,标准差偏大,为了满足国家标准要求的95%的强度保证率,水泥用量自然较高,反之则水泥用量低。又如减水剂的品质也大大影响水泥用量的多少,在其他原材料相近的基础上,减水率相对较高的减水剂,可相应减少一定的水泥用量,反之则水泥用量增加。

研究表明,即使是在水胶比很低的高性能混凝土中,也有 20% ~ 30% 的水泥水化反应不够充分,而仅仅起到微集料填充的作用。另外,普通和高效减水剂通过减少混凝土拌合用水量来达到减少水泥用量目的的能力也是有限度的,超过这一限值之后反而会出现"反效果",如造成跑浆、扒底、离析、泌水等后果。所以,如何激发这部分潜在的具有化学活性的水泥,使它们重新参与水化,从而将一部分水泥节省出来的同时保持品质,是 CTF 的研发初衷。

对比混凝土配合比的调整从减少水泥用量 10% 做起,对于 C30 混凝土,10% 的水泥用量往往也有 25kg 左右,也基本相当于一个强度等级的水泥用量差距(C30 到 C25)。通过对比两组混凝土的各项性能,可以很好的验证 CTF 的功效。

(2)用水量调整

混凝土配合比设计时,用水量是根据混凝土拌合物所需坍落度以及减水剂减水率确定的。其用水量的选择具有一定的经验性(标准中是根据混凝土所需的坍落度来经验选择的),外加剂的减水率又同掺量密切相关,所以最终用水量的确定必须以实际试配所需为准。

对比样混凝土配合比用水量的调整以达到同基准混凝土相同坍落度为准。根据理论判断分析,混凝土水泥用量减少,拌合物的包裹性应当会有所下降,如果按同水胶比来减少用水量,混凝土的工作性能必然变差。结合之前的试验结果,考虑到 CTF 的低减水率和对水泥浆体黏度的提高,可以适当在同水胶比用水量的基础上增加一部分用水量。此时,对比混凝土配合比的水胶比会略高于基准混凝土。

（3）集料的调整

配合比设计中,集料的类别和性能指标都很关键。粗集料的类别不同(碎石或卵石)直接反映在水胶比计算公式中系数选取的不同。粗集料的空隙率、粒形粒径,细集料的细度模数共同决定着砂率的大小。对于 C30 混凝土,当使用细度模数为 2.6 ~ 2.8 的中砂时,砂率高于粗集料的空隙率 3% ~ 4% 比较合适,若略细则砂率下降,反之砂率提高。

由于对比样混凝土的水泥用量和用水量都降低,增加了 CTF 的用量(一般地,C30 混凝土只有约 2kg),为了保持混凝土的容重(即保证混凝土的足方量),对比样混凝土集料部分需要增加。此时,根据混凝土拌合物的包裹性和黏聚性来决定如何分配。在基准混凝土拌合物包裹性和黏聚性均较好的情况下,按照基准混凝土的砂率分别增加即可。若基准混凝土包裹性和黏聚性偏差,则调整之后需要增加更多的砂用量,相应的另一部分增加到石上;反之,若基准混凝土砂率已经偏大,则增加更多的石用量,另一部分增加到砂上。

对于集料如何增加,增加多少,亦或是不增加的问题,经过反复试验,现将试验结果列于表 5-8。其中基准配合比同表 5-7,对比样配合比 CTF 掺量 0.6% ,除砂石外其他原材料用量同表 5-7。

表 5-8　集料分配试验结果

编号	集料分配方式	砂率/%	工作性能		抗压强度/MPa		
			坍落度(扩展度)/mm	备注	3d	7d	28d
基准		46.1	200(450)	和易性良好	16.5	21.0	30.4
对比-1	全加石	45.3	190(410)	和易性一般、略有扎堆	14.3	21.4	32.6
对比-2	全加砂	47.0	200(390)	和易性一般、流动性差	13.5	20.5	28.7
对比-3	按砂率加	46.1	200(430)	和易性良好	16.1	22.6	32.1
对比-4	不加	46.1	205(450)	和易性良好	15.4	21.7	31.0

由表 5-8 可知,对比 -1 略有扎堆,显然石子偏多,应用在泵送混凝土中时,易出现离析泌水、堵泵等不利现象,此种集料分配方式不合适;对比 -2 砂率偏高,流动性变差,另外力学性能也受到影响,也不合适;对比 -4 的工作性能最佳,强度发展趋势良好,但无法保证混凝土的足够方量(单方相对基准少了 34kg);相比较而言,对比 -3 的工作性能、力学性能和混凝土方量都满足要求,是最合适的集料分配方式。

（4）减水剂的调整

混凝土配合比中，减水剂的用量往往是以胶凝材料的质量作为基数计算所得，相应的减水剂掺量对应着减水率的多少。一般地，商品混凝土站都将减水剂的使用掺量达到饱和（此时减水率最大），这样可以最大限度地减少混凝土水泥用量，从而节约成本、提高竞争力。

对比样混凝土配合比中，减水剂若是不变动用量，实际上其掺量会因胶凝材料总量的减少而增加，这样的混凝土拌合物容易出现扒底、跑浆、离析、泌水等不利现象。所以，对比样混凝土中减水剂的掺量应当同基准混凝土保持一致，那么在总用量上会有所降低。在计算 CTF 节约成本的经济性时，节约的这部分减水剂也是相当可观的。

（四）CTF 混凝土配合比调整举例

以下就以某商品混凝土站 C30 泵送混凝土的配合比作为基准配合比，进行 CTF 混凝土配合比调整，见表 5-9。

由表 5-9 可知，掺入 CTF 的混凝土配合比大部分都是首先依赖于基准混凝土配合比。在调整配合比的过程中，观察很重要，是正确判断的前提。观察的目的就是为了了解配合比合理与否。

首先需要观察混凝土拌合物的和易性，包括黏聚性、保水性和流动性。和易性好又要观察减水剂掺量是否合适，尤其当使用高浓型低掺量聚羧酸系高性能减水剂时，必须特别注意减水剂的使用。这是因为，一则其对掺量敏感，动辄泌水离析；二则减水率高，对用水量敏感，若是应用于低强度等级混凝土中则较难控制用水量；三则其本身带有引气成分，需要注意其引入的气泡数量、气泡半径、气泡间隔系数等是否符合要求。和易性差时，就要观察是砂率、减水剂掺量亦或是用水量中的哪个参数需要调整。一般说来，砂率越大，混凝土工作性能相对优异，尤其对泵送混凝土而言，相对易于泵送，但砂率过大对混凝土力学性能不利。

表 5-9　C30 混凝土配合比调整举例

项目	水泥/kg	粉煤灰/kg	用水量/kg	水胶比	砂/kg	石/kg	砂率/%	减水剂/kg	CTF 掺量/%	调整依据
基准	240	100	175	0.515	820	1045	44	5.8	0	
对比-1	215	100	165	0.524	830	1070	43.7	5.4	0.6	目测基准工作性良好
对比-2	215	100	165	0.524	830	1070	43.7	5.6	0.6	目测对比-1 工作性需提高
对比-3	215	100	170	0.540	830	1075	43.6	5.4	0.6	目测对比-1 工作性需提高，减水剂已达饱和

项目	水泥/kg	粉煤灰/kg	用水量/kg	水胶比	砂/kg	石/kg	砂率/%	减水剂/kg	CTF掺量/%	调整依据
原则	一般-10%	不变	-5~10kg	尽量接近		尽量接近		+0%~0.1%		保持粉煤灰和总容重不变,并使工作性同基准相近(坍落度)

追求低用水量、低水胶比,拌合出高强高性能混凝土,就是要充分利用减水剂的减水率。减水率一旦有上升空间,混凝土的配比就还可进一步优化,但由于商品混凝土的生产准度和工艺,尽量寻找到混凝土减水率可以保持在一定值的平坡段的掺量为最优,并不一定苛求峰值和饱和掺量。所以,在评价一种外加剂优劣时,很重要的参考便是掺量。若在最佳掺量附近波动时都会产生很大的变化,那么即使其绝对功效再好也无法满足生产要求。

粉煤灰原则上是不变动的,因为粉煤灰无论是对混凝土密实度、后期强度、耐久性能以及收缩抗裂等都很有益处。但有时,若粉煤灰质量过差(需水量、烧失量过大),掺量又过高,早期强度此时肯定无法保证,在做CTF混凝土配合比调整时,就需降低一部分粉煤灰的掺量,相对提高一部分水泥用量。这样做,尽管经济成本上会有一定的提高,但这是在保证混凝土质量的前提下必须做出的。

(五)结论

1. 经过多次掺量试验,综合CTF对混凝土工作性能和力学性能的影响,确定CTF适宜掺量应在0.6%左右,原材料的变动对CTF适宜掺量的变化影响很小,也表明CTF的原材料适应范围较广。

2. CTF混凝土配合比的调整是基于基准混凝土的。用水量、水泥用量、砂率、减水剂的调整都必须建立在试验室客观条件的基础之上。CTF混凝土配合比调整时,对基准混凝土工作性能的观察至关重要,决定着CTF的掺入能否客观的发挥功效。

3. CTF混凝土配合比调整的示例,只针对一般情况,不应以点代面、以偏概全,一切应以实际情况为准。

二、掺有"CTF混凝土增效剂"混凝土的性能评价研究

(一)引言

随着科学技术的进步,混凝土结构有了长足的发展,到目前为止,几乎没有出现预见性的材料能替代混凝土的应用。为了改善混凝土的综合性能,国内外外加剂行业近年来迅速发展,市场上出现的各种外加剂已经逐步成为优质混凝土必不可少的材料,各种外加剂虽然在一定程度上可以改善混凝土的某种性能,但没有对应以改善或保持混凝土综合性能不变的情况下同时具有节能减排功效的外加剂。目前市场上出现了一种新型混凝土外加剂——CTF混凝土增效剂,这是一种在减少8%～15%水泥用量的情况下,仍能使混凝土保持甚至超过原有基准混凝土强度,且综合性能得以提升的高效外加剂,其已经在行业内得到了广泛应用和众多好评。

工程上对混凝土有四点基本要求,概括起来主要是和易性、强度、耐久性三个技术性质,再加上经济性的要求。伴随着混凝土结构的广泛应用和使用环境的日益多样化,混凝土的环保效益也越来越重要。

鉴于CTF混凝土增效剂在商品混凝土、管桩、水利工程等混凝土领域的应用越来越广泛,本文主要从混凝土的工作性能、强度、耐久性、经济性及环保效益等方面来论述评价CTF混凝土增效剂对混凝土综合性能的影响。

(二)原材料与试验方法

1. 原材料

(1)水泥:采用金羊P·O42.5R普通硅酸盐水泥,其化学成分和物理性能见表5-10所示。

表5-10 水泥的化学成分和物理性能

化学成分/%							物理性能	抗压强度/MPa	
SiO_2	Al_2O_3	Fe_2O_3	CaO	MgO	SO_3	烧失量	R80筛余/%	比表面积/(m^2/kg)	3d	28d
20.63	6.21	3.45	60.81	0.75	2.52	0.48	2.3	371	25.9	52.4

(2)粉煤灰:试验使用乌石港Ⅱ级粉煤灰,其化学成分和物理性能见表5-11所示。

表5-11 粉煤灰的化学成分和物理性能

化学成分/%							物理性能			
SiO_2	Al_2O_3	Fe_2O_3	CaO	MgO	SO_3	烧失量	0.045mm方孔筛筛余/%	密度/(g/cm^3)	比表面积/(m^2/kg)	需水量比/%
51.18	24.02	9.77	4.04	1.98	0.75	4.69	0.3	2.46	425	96

(3)细集料:试验中使用的细集料为东江中砂,细度模数2.6,表观密度2.65g/cm^3,含泥量1.3%,吸水率2.8%。

(4)粗集料:使用博罗产地的粒径为5～20mm碎石,连续级配,表观密度2.71g/cm^3,吸水率0.35%。

(5)减水剂:采用瑞安LS-300萘系减水剂,液体无沉淀。

(6)CTF混凝土增效剂:广州市三骏建材科技有限公司生产,是一种以聚合物为主体的高效复合混凝土添加剂,半透明液体,无毒无害,无污染,无放射性,密度为 $1.03g/cm^3$,pH 值为 10.4,不含氯离子和碱等对混凝土有害的成分。

2. 试验方法

(1)试验目的

本试验主要是基于混凝土的基本要求——工作性能、强度、耐久性、经济性和环保效益等方面来综合评估 CTF 混凝土增效剂在混凝土应用中的作用。

(2)试验方法

本试验按照普通配合比进行设计,对比基准样(未掺 CTF 混凝土增效剂)与对比样(掺加 CTF 混凝土增效剂)的各项性能指标,其中 CTF 混凝土增效剂掺量为胶凝材料总量的 0.6%,讨论 CTF 混凝土增效剂对不同强度等级混凝土工作性能、抗压强度、耐久性能以及经济环保方面的影响。试验参照 GB/T 50080—2002《普通混凝土拌合物性能试验方法标准》和 GB/T 50081—2002《普通混凝土力学性能试验方法标准》分析混凝土的工作性能和抗压强度,根据 CTF 混凝土增效剂对混凝土收缩率的影响以及参考既有论述 CTF 对混凝土的抗渗性能和氯离子扩散系数影响的文献来分析其耐久性能,最后综合评价 CTF 混凝土增效剂在混凝土应用当中的经济性和环保性。试验用混凝土配合比见表 5-12 所示。

表 5-12　单方混凝土配合比(kg/m^3)

强度等级	试块样	水	水泥	粉煤灰	砂	石	减水剂	CTF
C20	基准样	185	180	90	893	1007	6.00	0
	对比样	175	160	90	900	1032	5.80	1.50
C25	基准样	175	190	95	890	1022	6.13	0
	对比样	165	170	95	888	1044	6.13	1.59
C30	基准样	175	230	110	858	1010	6.70	0
	对比样	165	207	110	853	1038	6.63	1.90
C35	基准样	170	260	117	815	1020	7.00	0
	对比样	160	234	117	825	1045	6.48	2.11
C40	基准样	165	270	120	790	1043	7.46	0
	对比样	155	242	120	800	1060	7.40	2.17
C45	基准样	160	297	128	755	1063	7.60	0
	对比样	150	267	128	761	1085	7.60	2.37
C50	基准样	160	333	130	715	1070	8.21	0
	对比样	155	300	130	728	1086	7.97	2.58

（三）试验结果与分析

1. CTF 混凝土增效剂对混凝土工作性能的影响

按照表 5-12 所示不同强度等级混凝土的配合比配制混凝土试块，观察新拌混凝土的工作性能，试验结果如表 5-13 所示。

由表 5-13 可以看出，加入 CTF 混凝土增效剂之后，新拌混凝土的坍落度／扩展度和和易性与基准样基本相差不大，部分甚至有所提高；且从现场情况还看出拌合物的黏聚性增强，表观浆体增多，无泌水，不离析，包裹较好。说明 CTF 混凝土增效剂能在一定程度上改善新拌混凝土的工作性能。

表 5-13　新拌混凝土工作性能及抗压强度值

强度等级	试块样	工作性能			抗压强度/MPa		
		坍落度/mm	扩展度/mm	和易性	3d	7d	28d
C20	基准样	175	410	良好	10.9	18.6	29.8
	对比样	170	390	一般	10.3	16.4	30.1
C25	基准样	170	400	一般	11.3	19.2	33.4
	对比样	180	400	较好	11.8	18.7	32.8
C30	基准样	180	405	良好	15.9	23.7	38.6
	对比样	180	420	良好	14.7	21.3	39.5
C35	基准样	190	450	一般	19.1	28.2	43.6
	对比样	195	450	一般	18.6	29.4	44.1
C40	基准样	200	510	较好	24.9	35.1	49.4
	对比样	210	500	较好	23.7	37.5	51.0
C45	基准样	195	490	良好	26.7	39.6	50.8
	对比样	200	520	较好	26.9	41.7	56.2
C50	基准样	205	510	一般	33.5	45.8	58.7
	对比样	205	520	较好	31.7	43.5	62.1

2. CTF 混凝土增效剂对混凝土抗压强度的影响

将配制的新拌混凝土制成 100mm×100mm×100mm 的试块，分别标准养护至 3d、7d 和 28d 测定其抗压强度值，结果见表 5-13 和图 5-3。

从表 5-13 和图 5-3 可以看出，各强度等级基准样与对比样在 3d、7d 和 28d 的抗压强度值，随着龄期的延长呈一致上涨的趋势；且加入 CTF 混凝土增效剂，混凝土的早期抗压强度（3d 和 7d 龄期）与基准样相比相差不大或略低，但是后期强度(28d 龄期)增长较快,发展趋势较好,能够保持甚至超过基准强度,已明显达到且超过设计强度要求。

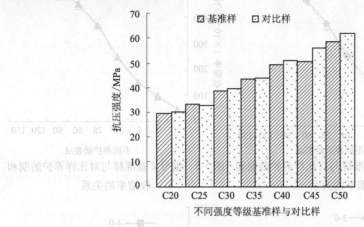

图5-3　28d 龄期不同强度等级基准样与对比样抗压强度值

3. CTF 混凝土增效剂对混凝土耐久性能的影响

针对使用 CTF 混凝土增效剂减少 10% ~ 15% 水泥用量后是否对混凝土的耐久性产生影响,本文从混凝土收缩的角度进行了研究,该部分研究依据《水泥胶砂干缩试验方法》(JC/T 603—2004),采用的原材料中水泥为湖南兆山 P·O42.5 普通硅酸盐水泥,28d 抗折强度为 8.9MPa,抗压强度为 48.5MPa;粉煤灰为Ⅰ级灰;砂为非标准砂,自洗并筛分而得;石为粒径 5 ~ 25mm 连续级配碎石;减水剂为聚羧酸高效减水剂(中铁三局)。试验配合比及得到的混凝土收缩率见表 5-14 和图 5-4 至图 5-7 所示。

表 5-14　收缩率试验配合比及收缩率值

编号	水泥	粉煤灰	水	减水剂(0.9%)	砂	石	CTF	收缩率($\times 10^{-6}$)							
								1d	3d	7d	14d	28d	60d	90d	120d	150d
1-0	400	0	160	3.60	780	1060	0	55	110	171	265	384	473	525	530	531
1-CTF	400	0	158	3.60	780	1060	2.4	60	113	160	261	370	468	504	508	510
2-0	360	0	160	3.24	785	1095	0	47	98	150	249	370	450	506	507	509
2-CTF	360	0	158	3.24	785	1095	2.4	49	103	154	250	365	443	480	483	485
3-0	300	100	152	3.60	780	1060	0	35	80	137	209	252	305	365	372	374
3-CTF	300	100	150	3.60	780	1060	2.2	37	86	140	210	256	302	341	343	347
4-0	270	100	152	3.33	785	1095	0	30	75	131	200	239	286	320	321	325
4-CTF	270	100	150	3.33	785	1095	2.2	34	78	132	204	235	284	301	302	305

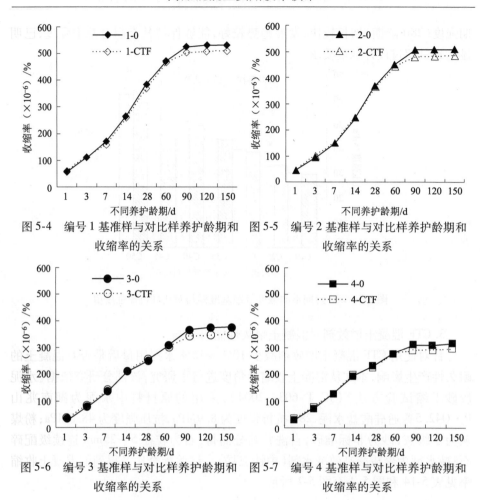

图 5-4　编号 1 基准样与对比样养护龄期和收缩率的关系

图 5-5　编号 2 基准样与对比样养护龄期和收缩率的关系

图 5-6　编号 3 基准样与对比样养护龄期和收缩率的关系

图 5-7　编号 4 基准样与对比样养护龄期和收缩率的关系

从表 5-14 和图 5-4 至图 5-7 的试验结果可以看出,编号 1 和编号 2 粉煤灰掺量为 0,编号 3 和编号 4 粉煤灰掺量约为 25%,掺入粉煤灰后的混凝土其收缩率要小于未掺粉煤灰的混凝土,这是由于粉煤灰的三大效应的作用;且在早龄期,掺有 CTF 混凝土增效剂的混凝土其收缩率与基准样相差不大或略高于基准样,这可能由于 CTF 使混凝土的含气量略微增加,使混凝土具备更大的体积变形能力,水泥水化后产生体积收缩,直接被气泡吸收,释放了混凝土的内部应力,增加了混凝土的体积收缩。而到了后期从 28d 开始,其收缩率值已明显低于基准混凝土,说明在自由收缩时,CTF 对混凝土保水性和黏聚性的改善对混凝土收缩的影响起到了一定的作用。即无论掺与不掺粉煤灰,加入 CTF 混凝土增效剂之后,较基准混凝土,其收缩率在早期有略微增大而后期减小的规律,这与 CTF 混凝土增效剂对抗压强度的影响规律一致,而强度与混凝土结构的密实性有很大关系,说明 CTF 混凝土增效剂不会对混凝土的收缩产生副作用,在养护后期还会在一定程度上减小混凝土的收缩。

此外,已经有部分关于 CTF 混凝土增效剂对混凝土耐久性影响研究的文献。广西的李青川、陈洪韬等人在《CTF 混凝土增效剂对混凝土抗渗性能的影响》中利用平时的生产配合比研究了 CTF 混凝土增效剂在不减水泥用量和减少水泥用量的条件下对混凝土抗渗性能的影响,得到添加 CTF 混凝土增效剂即使减少 10% ~ 15% 的水泥用量,不仅能保证甚至改善混凝土的工作性能和抗压强度,而且混凝土渗水高度少、渗透稳定、内部孔隙以超细孔居多,孔隙分布均匀良好,明显提高了混凝土结构的密实性和抗渗性,对耐久性有一定的帮助。

混凝土的抗氯离子渗透性能也是评价其耐久性的一个重要指标。广州大学的林远煌、潘伟文等人在混凝土增效剂对 C60 以上混凝土性能影响的研究中讨论了加入增效剂之后混凝土的抗氯离子扩散性能,其试验采用 RCM 法,混凝土配合比及试验结果如表5-15 和表5-16 所示。可以看出,加入增效剂之后的混凝土氯离子扩散系数最小,氯离子扩散深度小于基准混凝土,且根据表5-17 所示抗氯离子扩散系数评定标准得出其具有较好的抗氯离子渗透性能,显然对提高混凝土的耐久性是有利的。

表 5-15　增效剂对 C60 混凝土抗氯离子渗透性能影响试验配合比

| 编号 | 水胶比 | 水泥/kg | 粉煤灰/kg | 矿粉/kg | 砂/kg | 石/kg | | 水/kg | 减水剂/kg | 增效剂/kg | 砂率 |
						5 ~ 25	5 ~ 10				
T02	0.362	245	120	55	672	772	331	152	6.72	0	38%
D02	0.432	320	60	60	724	816	204	190	4.40	0	42%
D03	0.461	281	60	60	734	842	211	185	4.01	2.41	41%

表 5-16　增效剂对 C60 混凝土抗氯离子渗透性能影响试验结果

| 编号 | 坍落度/mm | 强度/MPa | | | 28 天扩散系数/($10 \sim 12 m^2/s$) | 扩散深度/mm |
		3 天	7 天	28 天		
T02	190	12.2	21.2	68.8	5.721	25.0
D02	210	31.1	52.3	72.2	5.408	24.0
D03	205	31.7	52.2	71.3	5.247	23.0

表 5-17　抗氯离子扩散系数评定标准

扩散系数 $D < 2 \times 10^{-12} m^2/s$	抗氯离子渗透性能非常好
扩散系数 $D < 8 \times 10^{-12} m^2/s$	抗氯离子渗透性能较好
扩散系数 $D < 16 \times 10^{-12} m^2/s$	抗氯离子渗透性能一般
扩散系数 $D > 16 \times 10^{-12} m^2/s$	不适用于严酷环境

4. CTF 混凝土增效剂应用的经济环保性分析

掺加 CTF 混凝土增效剂能够节约 10% ~ 15% 的水泥用量,本文按照表 5-12 所示混凝土配合比来分析 CTF 混凝土增效剂的经济性。混凝土原材料单价见表 5-18 所示(单价按吨计)。

表 5-18 混凝土原材料单价

原材料	水	水泥	粉煤灰	砂	石	减水剂	CTF
单价/元	3.0	400	180	50	45	2000	3000

注:表 5-18 所示单价仅作为分析用,实际价格应根据各地情况而定。

按照表 5-18 所示单价计算出的基准样与掺入 CTF 混凝土增效剂之后对比样的成本如表 5-19 所示,二者的成本差价见图 5-8。本文配合比设计是在加入 CTF 混凝土增效剂的基础上减少约 10% 的水泥用量,可以看出,不同强度等级的混凝土中,基准样与对比样成本差价已十分显著,且随着强度等级的增加,经济效益也会越明显。若原材料质量较好的情况下则可以减少水泥用量大于 10% 而达到 12% ~ 15%,且就目前形势来看,水泥、砂等原材料的价格一直呈波动上涨状态,因此,CTF 混凝土增效剂的加入带来的经济效益将会更加明显,能够在很大程度上降低生产成本。

表 5-19 各组混凝土经济成本分析表

强度等级	水	水泥	粉煤灰	砂	石	减水剂	CTF	成本/元
C20	185	180	90	772	1007	6.00	0	190.72
	175	160	90	900	1032	5.80	1.50	188.27
C25	175	190	95	890	1022	6.13	0	196.38
	165	170	95	888	1044	6.13	1.59	194.01
C30	175	230	110	858	1010	6.70	0	214.08
	165	207	110	853	1038	6.63	1.90	211.42
C35	170	260	117	815	1020	7.00	0	226.22
	160	234	117	825	1045	6.48	2.11	222.71
C40	165	270	120	790	1043	7.46	0	231.45
	155	242	120	800	1060	7.40	2.17	227.88
C45	160	297	128	755	1063	7.60	0	243.11
	150	267	128	761	1085	7.60	2.37	239.48
C50	160	333	130	715	1070	8.21	0	257.40
	155	300	130	728	1086	7.97	2.58	252.82

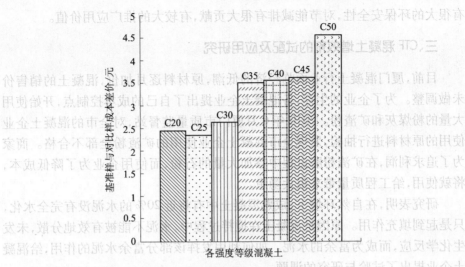

图 5-8 基准样与对比样成本差价图

另外,CTF 混凝土增效剂是一种不含任何有毒有害物质、无污染零排放的建筑材料用品,其生产过程对环境不会带来污染,是一种绿色环保产品。而且据统计,每生产 1 万吨水泥需要耗能 1.55 万吨石灰石,1200 吨煤和 80 万度电,并同时带来 1 万吨 CO_2,13 吨 SO_2,14 吨 NO_x 和大量的粉尘污染。2010 年全国水泥产量突破 18.68 亿吨,若按照使用 CTF 混凝土增效剂减少 10% 的水泥用量来计算,则能够减少能耗 2.90 亿吨石灰石 +0.224 亿吨煤 +149 亿度电,减少污染排放 1.87 亿吨 CO_2 +24.28 吨 SO_2 +26.15 吨 NO_x +更多粉尘污染。故可以看出,CTF 混凝土增效剂在混凝土中的应用既节省大量能耗,同时还减少了大量的污染,其应用具有很大的环保安全性,对节能减排的贡献不可小觑。

（四）结论

CTF 混凝土增效剂可以通过提高水泥颗粒的分散度,最大限度的激发每一单位水泥颗粒的作用,使绝大部分的水泥颗粒经过和水、砂、石等原材料的充分混合搅拌后,进一步和它周边的其他材料（如减水剂）充分接触并发生水化反应。通过以上研究论述综合得出:

1. CTF 混凝土增效剂能够改善新拌混凝土的工作性能,抗压强度增长趋势合理,能够保持甚至提升混凝土的力学性能,技术上是可行的。

2. 经过研究及实际应用,CTF 混凝土增效剂不会对混凝土的耐久性造成负面影响,对混凝土的抗裂能力有一定的好处,且能够提高混凝土的抗渗性能和抗氯离子扩散性能,是有利于混凝土的耐久性的。

3. CTF 混凝土增效剂的应用可以节约 10% ~15% 的水泥用量,具有很大的经济可行性,能够显著降低生产成本,为企业带来丰厚的利润,同时该产品还具有很大的环保安全性,对节能减排有很大贡献,有较大的推广应用价值。

三、CTF 混凝土增效剂的试配及应用研究

目前,厦门混凝土行业面临经济的低潮,原材料逐月加价,混凝土的销售价未做调整。为了企业的生存,各混凝土企业提出了自己的成本控制点,开始使用大量的粉煤灰和矿渣粉。2010 年 6 月厦门市质量监督站,对全市的混凝土企业使用的原材料进行抽检,发现全市混凝土企业使用的矿渣粉全部不合格。商家为了追求利润,在矿渣粉磨过程中掺加大量的石粉,而使用企业为了降低成本,将就使用,给工程质量带来很大隐患。

研究表明,在自然环境下,成熟混凝土中有将近 20% 的水泥没有完全水化,只是起到填充作用。原因是混凝土在搅拌过程中,水泥不能被有效地分散,未发生化学反应,而成为富余的水泥。如何利用发挥该部分富余水泥的作用,给混凝土企业提出了试验与研究的课题。

广州市三骏建材科技有限公司应混凝土行业的需求,研制出了一种混凝土外加剂,即 CTF 混凝土增效剂,对水泥适应性好,能减少水泥用量,降低生产成本,并能保证混凝土的强度和富余强度,解决了混凝土行业的燃眉之急。

(一)原材料与试验方法

1. 原材料

(1)水泥

试验选用龙岩福龙水泥厂的龙麟 P·O42.5 水泥,其技术性能指标见表5-20。

(2)粉煤灰

选用漳州后石电厂的 I 级粉煤灰,细度(45μm)为 10% ,需水量比为 94% ,含水量 0.3% ,烧失量为 1.8% 。

(3)S95 级矿渣

选用厦门吉百利公司生产的 S95 级矿渣,比表面积为 420m²/kg,流动度比为 102% ,7d 抗压强度为 77MPa,28d 抗压强度为 98MPa。

(4)河砂选用漳州九龙江天然河砂,细度模数为 2.6,含泥量 1.5,泥块含量为 0% 。

(5)粗集料

选用祝滕建材公司生产的碎石,其技术性能指标见表5-21。

(6)外加剂

萘系减水剂选用湛江外加剂厂生产的缓凝高效减水剂 FS－R,低浓聚羧酸减水剂选用厦门科之杰生产的聚羧酸减水剂 Point－s,高浓聚羧酸减水剂选用厦门宏发外加剂厂生产的聚羧酸减水剂 HPC－600。具体参数见表5-22。

表 5-20　水泥物理性能指标

水泥品种	标准稠度/%	安定性	凝结时间/min		抗折强度/MPa		抗压强度/MPa	
			初凝	终凝	3d	28d	3d	28d
P·O42.5	26.0	合格	154	190	6.3	9.0	24.5	53.1

表 5-21　粗集料技术性能指标

级配规格	针片状含量/%	压碎指标/%	含泥量/%	泥块含量/%
5~25mm	5.1	8.0	0.8	0.0
5~31.5mm	8.2	11.1	0.5	0.0

表 5-22　各减水剂的物理力学性能

减水剂	减水率/%	含气量/%	泌水率比/%	凝结时间差/min	抗压强度比/%		
				初凝	3d	7d	28d
FS-R 萘系	18	2.5	60	+50		135	126
Point-s 低浓聚羧酸	20	3.5	0	+25	132	130	122
HPC-600 高浓聚羧酸	28	4.2	0	+30	137	132	127

（7）CTF 混凝土增效剂

广州市三骏建材科技有限公司提供的 CTF 混凝土增效剂产品,是一种以聚合物为主体的高效复合混凝土添加剂,为半透明液体,无毒无害、无污染、无放射性,密度为 $1.03g/cm^3$,不含氯离子和碱等对混凝土有害的成分。

2. 试验方法

（1）试验目的

不同混凝土强度等级中掺加胶凝材料质量 0.6% 的 CTF 混凝土增效剂,分析混凝土的强度、工作性能,并通过计算单方混凝土材料成本,分析该增效剂带来的经济效益。

（2）试验方法

根据广州市三骏建材科技有限公司提供的 CTF 混凝土增效剂产品,厦门侨领华信试验室有针对性地对各种混凝土强度等级的配合比进行试验。

试验以混凝土企业常用的混凝土强度等级 C25、C30、C50 为基准配合比进行对比检验,按照本企业平时使用外加剂情况,C25 配合比使用萘系减水剂 FS-R,C30 配合比使用低浓聚羧酸减水剂 Point-s,C50 配合比使用高浓聚羧酸减水剂 HPC-600。根据 CTF 混凝土增效剂的使用方法,试验在 C25、C30、C50 三个混凝土强度等级配合比中分别减少水泥用量 10%、12%、15%。

（3）混凝土检验项目

试验中对混凝土的项目检验分别为坍落度、和易性、凝结时间和强度。

(二)试验结果与讨论

1. 混凝土配合比试验

从混凝土公司的配合比总表中抽取 C25、C30、C50 三个常用混凝土强度等级作为基准混凝土配合比,基准配合比及加入 CTF 混凝土增效剂之后的三个强度等级混凝土的试验配合比分别见表 5-23、表 5-24 和表 5-25。

表 5-23 C25 混凝土配合比/(kg/m³)

编号	水泥	水	粉煤灰	河砂	5~31.5 碎石	FS-R	CTF	砂率/%	容重
1	258	180	55	796	1043	6.95	0	43	2339
2	232	170	55	806	1059	6.95	1.72	43	2331
3	227	170	55	806	1064	6.95	1.69	43	2331
4	219	170	55	811	1066	6.95	1.64	43	2330

表 5-24 C30 混凝土配合比/(kg/m³)

编号	水泥	水	粉煤灰	矿渣	河砂	5~31.5 碎石	Point-s	CTF	砂率/%	容重
1	240	150	96	50	776	1028	10.86	0	43	2350
2	216	150	96	50	790	1038	9.70	2.10	43	2352
3	211	150	96	50	795	1038	9.70	2.00	43	2352
4	204	150	96	50	796	1044	9.70	2.00	43	2352

表 5-25 C50 混凝土配合比/(kg/m³)

编号	水泥	水	粉煤灰	矿渣	河砂	5~25 碎石	HPC-600	CTF	砂率/%	容重
1	306	160	84	90	668	1048	4.00	0	39	2360
2	278	160	84	90	688	1058	3.00	2.60	39	2364
3	269	160	84	90	688	1065	3.00	2.60	39	2362
4	260	160	84	90	694	1068	3.00	2.50	39	2362

2. 结果与讨论

(1)不同强度等级混凝土拌合物工作性能及强度分析

试验得到的三个强度等级(C25、C30、C50)混凝土拌合物基准样和加入 CTF 混凝土增效剂之后的工作性能及强度见表 5-26 所示。

由表 5-26 可看出,普通强度等级混凝土配合比水泥置换率以 12% 为佳,基准样与加入 CTF 混凝土增效剂后的样品相比较,在养护龄期 7d、28d 和 60d 的抗压强度大体上均相差不大,个别还有略微强度提升现象,说明加入 CTF 混凝土增效剂后可以使混凝土保持甚至超过原有基准强度。另外,随着水泥置换比例的增加,混凝土的早期(7d)强度略呈下降趋势,28d 养护龄期时强度基本不变,随着养护龄期的延长,混凝土强度呈增长趋势。

加入 CTF 混凝土增效剂之后,混凝土拌合物的坍落度及 30min、60min 内的坍落度损失也均好于基准配合比,工作性能良好,混凝土拌合物的和易性都能满足设计要求,且混凝土的凝结时间随着水泥置换比例的增加也略有延长。

另外,CTF 混凝土增效剂对混凝土的抗裂也有一定的作用,试验表明,其在一定程度上能减少混凝土裂缝的产生。有关 CTF 混凝土增效剂在耐久性方面的研究还在进一步测试中。

表 5-26 不同强度等级混凝土配合比拌合物工作性能及强度

| 编号 | 坍落度及损失/mm | | | 抗压强度/MPa | | | 和易性 | 凝凝时间/(h:min) | |
	初试	30min	60min	7d	28d	60d		初凝	终凝
C25 1	160	140	100	30.1	39.5	42.5	好	7:00	8:40
C25 2	170	160	140	28.7	39.8	41.7	好	7:20	9:00
C25 3	170	165	140	26.7	39.3	41.1	好	7:30	9:00
C25 4	170	150	135	23.5	38.6	40.4	好	7:50	9:20
C30 1	185	170	130	31.1	47.5	52.5	好	10:20	12:50
C30 2	175	170	150	32.1	47.3	51.7	好	10:40	13:20
C30 3	175	165	150	29.3	50.6	53.1	好	11:10	13:50
C30 4	175	170	155	27.7	48.0	50.4	好	11:40	13:55
C50 1	180	170	150	49.3	66.9	70.3	好	9:25	10:30
C50 2	180	180	160	45.7	69.2	71.6	好	9:40	11:30
C50 3	180	180	165	42.8	64.7	69.3	好	10:05	12:10
C50 4	190	175	165	40.6	64.5	68.7	好	10:20	12:25

(2)不同强度等级混凝土配合比成本分析对比

对试验中所取三个强度等级混凝土(C25、C30、C50)基准样和加入 CTF 混凝土增效剂之后各组配合比试样进行成本分析,混凝土材料单价见表 5-27(表中集料单价按立方计,其他按吨计),其成本分析见图 5-9 和图 5-10 所示。

表 5-27 混凝土原材料单价

原材料	水泥	水	粉煤灰	矿渣	河砂	5~31.5 碎石	5~25 碎石	FS-R	Point-s	HPC-600	CTF
单价/元	340	2.5	198	280	72	50	110	1400	2200	6800	3000

图 5-9 所示为不同强度等级(C25,C30,C50)混凝土各组配合比下的材料成本,图 5-10 所示为基准样与加入 CTF 后试样之间的成本差价(即加入 CTF 混凝

土增效剂之后节约的成本)。从图5-9可看出,基准样单方混凝土的材料成本均高于加入CTF混凝土增效剂之后的材料成本,且随着水泥置换比例的增加,三个强度等级混凝土配合比的材料成本均是逐渐降低的。CTF混凝土增效剂掺量以胶凝材料质量的0.6%来计,由图5-10可以看出,随着水泥置换比例的增加,加入CTF混凝土增效剂后的成本与基准样相比,其差价是逐渐增加的。每立方混凝土材料成本平均可节约4~8元,以混凝土年产量为30万立方来计,每年可节约成本120~240万元。可以看出,CTF混凝土增效剂可以带来的经济效益是十分可观的。

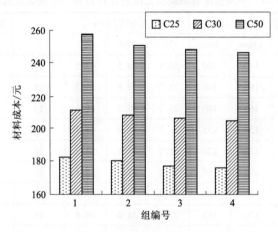

图5-9　不同强度等级混凝土各组配合比材料成本

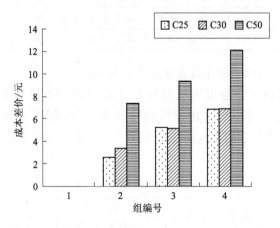

图5-10　不同强度等级混凝土各组配合比成本差价

另外,有资料表明,每生产1万吨水泥,需要消耗1.55万吨石灰石,1200吨煤,88万度电,并产生1万吨二氧化碳及十余吨二氧化硫和氧化氮的污染等,可以看出 CTF 混凝土增效剂的使用给混凝土生产节约的水泥用量所产生的节能量十分显著,在带来经济效益的同时还具有特别明显的节能降耗功效。

(三)结论

1. 使用 CTF 混凝土增效剂,普通强度等级混凝土配合比水泥置换率以 12% 为佳,有预应要求的混凝土配合比中水泥的置换率以 10% 为佳。

2. CTF 混凝土增效剂能明显改善混凝土的工作性能,与水泥适应性好,对不同强度等级的混凝土具有同样的增效效果,且在减少水泥用量的基础上能保证混凝土的强度。

3. CTF 混凝土增效剂可以使混凝土减少水泥用量,降低生产成本,具有十分可观的经济效益和社会环保效益。

四、CTF 混凝土增效剂在 C50 预应力桥梁中的试验研究与应用

随着社会发展、城市建设步伐的加快,预应力混凝土在我国的桥梁上得到了广泛的应用,其优点是防止混凝土裂缝、减轻结构自重、增大桥梁跨径。混凝土企业想要在这个市场中占一席之地,不但要保证质量、提供优质的服务、不断提高自身的品牌形象,还要严格控制成本,实现企业的利润最大化。

C50 混凝土由于本身强度较高,所以水泥用量较多,水泥用量高会带来很多对工程施工和结构的不利影响。如坍落度损失大、水化热大、收缩裂缝等危害。所以我们设计 C50 混凝土配合比时应在满足设计要求的情况下尽可能少用水泥。广州市三骏建材科技有限公司研究生产的一种混凝土新的组分—CTF 混凝土增效剂,这是一种在减少 8% ~ 15% 水泥用量的情况下,仍能使混凝土保持甚至超过原有基准混凝土强度,且综合性能得以提升的高效外加剂。经大量试验研究,我们掺入 CTF 后,C50 混凝土比基准 C50 混凝土少用了 12% 的水泥,在提高了混凝土质量的同时,取得了一定的经济效益。

(一)试验目的

1. 验证在减少 12% 水泥用量的基础上掺入 CTF 混凝土增效剂对混凝土工作性能的影响;

2. 验证在减少 12% 水泥用量的基础上掺入 CTF 混凝土增效剂对混凝土抗压强度的影响;

3. 验证在减少 12% 水泥用量的基础上掺入 CTF 混凝土增效剂对混凝土抗渗性能的影响。

(二)试验用原材料

1. 水泥

南通海门海螺水泥有限公司生产 P·Ⅱ52.5 水泥,其基本性能见表 5-28 所示。

表 5-28　水泥基本性能

标准稠度用水量	安定性	抗折强度		抗压强度	
		3d	28d	3d	28d
28.4%	合格	6.1MPa	9.2MPa	36.6MPa	58.4MPa

2. 粉煤灰:南通华瑞粉煤灰开发有限公司,Ⅱ级灰,主要指标如下表 5-29 所示。

表 5-29　粉煤灰指标

细度(0.045 筛)	烧失量	需水量比	SO₃
10.2%	4.65%	95%	0.24%

3. 砂:长江砂,主要指标如下表 5-30 所示。

表 5-30　砂指标

细度模数	含泥量	泥块含量	表观密度
2.9	0.2%	0%	2630kg/m³

4. 碎石

安徽,5~25mm 连续级配碎石,主要指标如下表 5-31 所示:

表 5-31　碎石指标

针片状颗粒含量	含泥量	压碎值指标	泥块含量	表观密度
2.5%	0%(水洗)	7.6%	0%	2680kg/m³

5. 外加剂

江苏省南通市凯迪建材有限公司,主要性能如下表 5-32 所示:

表 5-32　外加剂指标

固体含量	pH 值	水泥砂浆减水率	密度
35%	9	25%	1.3g/mL

6. CTF 混凝土增效剂

广州市三骏建材科技有限公司研究生产,其主要指标如下表 5-33 所示:

表 5-33　CTF 主要指标

掺量	pH 值	减水率	密度
0.6%	10.3	6%	1.05g/mL

(三)掺 CTF 混凝土增效剂后水泥胶砂强度试验

1. 混凝土拌合物性能

依据《普通混凝土拌合物性能试验方法标准》(GB/T 50080—2002),测定

260

混凝土坍落度、坍落扩展度、坍落度经时损失、含气量、泌水率及压力泌水率、凝结时间等。

2. 混凝土力学性能

依据《普通混凝土力学性能试验方法标准》(GB/T 50081—2002),测定混凝土抗压强度、抗折强度、劈拉强度及静弹性模量。

3. 混凝土抗裂性能

依据《普通混凝土长期性能和耐久性能试验方法标准》(GB/T 50082—2009),测定混凝土的收缩性能和早期抗裂性能。

4. 水泥胶砂配合比及加 CTF 混凝土增效剂配比,见下表 5-34:

表 5-34　胶砂配合比

编号	水	水泥	标准砂	CTF
基准样	225	450	1350	/
CTF 对比样	210	405	1405	2.43

5. 胶砂试验结果见下表 5-35:

表 5-35　胶砂试验结果

编号	流动度/mm	抗折强度		抗压强度	
		7d	28d	7d	28d
基准样	210	7.8	8.5	48.5	58.0
CTF 对比样	215	7.6	8.6	49.1	59.2

(四)掺入 CTF 混凝土增效剂后 C50 混凝土试配

1. 混凝土试配配合比,见下表 5-36:

表 5-36　混凝土试配配合比

编号	水	水泥	砂	石子	粉煤灰	外加剂	CTF
基准样	150	380	610	1200	80	10.5	0
CTF 对比样	140	340	630	1225	80	10.5	2.52

2. C50 混凝土试配性能对比及结果,见下表 5-37:

表 5-37　C50 混凝土试配性能对比及结果

编号	坍落度		泌水情况	流动性	强度		
	初始	1 小时后			3d	7d	28d
基准样	160	120	少	较好	48.4	60.1	71.6
CTF 对比样	160	135	无	好	45.2	58.0	74.1

（五）混凝土抗渗性能测试

为了验证掺入 CTF 混凝土增效剂 C50 混凝土的抗渗性能,因此对基准混凝土和掺入 CTF 混凝土增效剂的混凝土各成型一组。标养 28 天后进行抗渗试验,试验结果见下表 5-38:

表 5-38　抗渗试验数据

编号	抗渗等级	轴线劈开情况	
		渗透高度/mm	内部空隙分布
基准样	P12	55	大小分布不均
CTF 对比样	P12	48	稳定均匀的微孔

（六）CTF 混凝土增效剂在 C50 预应力桥梁上的应用

1. 经过大量试验,优化后的配合比见表 5-39:

表 5-39　掺 CTF 后优化配合比

水	水泥	砂	石子	粉煤灰	外加剂	CTF
140	340	630	1225	80	10.5	2.52

混凝土配合比优化后的试验数据如下:

3 天强度达 40MPa　　　　　5 天强度达 50MPa

7 天强度达 56MPa　　　　　28 天强度达 72MPa

坍落度:初始　160mm　　　　1 小时后 135mm

2. 经过生产实践应用,施工性能良好,强度满足要求,特别是 5 天强度达 50MPa 左右,能满足预应力放张要求,放张后桥梁起拱度满足设计要求,而且起拱高度比较均匀,这一点得到施工单位和业主的一致好评。

3. 成品 C50 预应力桥梁静载试验:

试验桥梁养护 50 天后经过上海市建筑科学研究院检测站检测,结语如下:

1)外加荷载 21500kg 作用下,该梁跨中截面的最大挠度值为 12.65mm,小于允许挠度 25.77mm,满足委托要求。

2)在整个试验过程中板梁底部未出现裂缝。

3)在试验荷载作用下,该板梁中截面的相对残余变形 1.59%,小于 20%,说明处于弹性工作状态,满足委托要求。

（七）结论

本文通过对 CTF 混凝土增效剂的试验研究和应用,得到如下结论:

1. 在保证原有强度和施工性能有所提高的情况下能减少 10% 以上的水泥用量。

2. 掺入 CTF 混凝土增效剂后抗渗性能有所提高,结构更加密实,结构内部孔隙有大量超细微孔,分布均匀,对混凝土的抗渗性、抗冻性、耐久性均有提高。

3. 经过生产实际应用,表面细小裂缝比未加 CTF 时少了好多,说明 CTF 混凝土增效剂有防裂缝之功效。

五、CTF 增效剂在机制砂混凝土中的应用

（一）概述

近年来,由于天然粗砂资源紧缺,在浙江一带混凝土企业使用的天然砂大多数是从江西赣江船运到上海黄浦江上中转的。随着运输成本的提高,天然砂的价格也猛涨,所以许多企业为了有效地控制成本,采用机制砂来替代天然砂。在浙江湖州石矿资源比较丰富,加工机制砂方便,成本较低,很受混凝土企业欢迎。

（二）机制砂的特性

1. 机制砂颗粒粗糙,石粉含量高,这势必减弱混凝土的流动性,增加用水量。在相同的条件下,配制相同坍落度的混凝土,机制砂比天然砂需水量增加 $10 \sim 20 \text{kg/m}^3$。

2. 机制砂的颗粒级配不良,颗粒分布往往表现为中间少,两头多,大于 5.0mm 和小于 0.08mm 颗粒(石粉)均超过 10% ,2.5mm 的累计筛余量≥35% 。

（三）机制砂混凝土的特性

1. 由于机制砂级配不良往往导致新拌混凝土黏聚性、保水性差,易离析、泌水,并降低和易性和流动性,使混凝土强度、耐久性降低,而且早期收缩增大,混凝土硬化其表面水波纹严重影响混凝土结构物的感观质量。

2. 配制机制砂泵送混凝土,相应砂率要求增大,宜在 40% ~50% 之间,其粗集料宜小于 1000kg/m^3。否则,泵送施工困难,往往要靠增加胶凝材料用量来改善其工作性能。

3. 机制砂颗粒粗糙、多棱面、表面积大,但与水泥胶结性能好,混凝土的抗压强度相对有了提高。

（四）CTF 增效剂对机制砂混凝土的作用机理

CTF 增效剂主要是通过提高水泥颗粒及细集料的分散度,最大限度地激发每一个单位水泥分子的作用,提升减水剂功效,并增强混凝土的综合性能,降低水泥用量,改善机制砂新拌混凝土黏聚性、保水性差,易离析、泌水,和易性和流动性降低的现象。另外,在降低水泥用量的同时,不必要增大砂率,并能增加粗集料的用量。CTF 增效剂对泵送机制砂混凝土还能减少泵送阻力,提高机制砂混凝土的密实度与抗碳化、抗氯离子渗透、抗冻融能力,减小泵送混凝土的早期收缩,并减少机制砂混凝土的裂缝,提高机制砂混凝土的耐久性。

（五）CTF 在混凝土中的试验及运用

根据机制砂混凝土的特点,如何去改善这一现状,使新拌的混凝土拥有良好

的工作性,并在硬化后具有高强的混凝土。有关研究运用了 CTF 混凝土增效剂来试验。CTF 混凝土增效剂是广州市三骏建材科技有限公司生产的一种以聚合物为主体的高效复合混凝土添加剂,为半透明液体,无毒无害,无污染,无反射性,密度为 1.03g/cm^3,不含氯离子和碱等对混凝土有害的成分。

1. 试验目的

根据 CTF 增效剂的使用说明,分别在两家混凝土企业作了试验进行对比,即在每立方混凝土中掺入胶凝材料质量 0.6% 的 CTF 混凝土增效剂,检测混凝土的强度,工作性能,并计算单方混凝土的材料成本,进行有效对比。

2. 试验方法

对混凝土企业的常用配比(即 C25、C30、C35、C40)进行对比,掺 CTF 增效剂的则分别减少水泥用量 10% 与 12%。

3. 检测项目

分别对基准配比与试验配比进行坍落度、和易性和强度的对比,2 公司试验记录见表5-40和5-41。

表 5-40　甲公司试验记录/(kg/m³)

原材料 强度	水泥	矿粉	粉煤灰	石子	机制砂	水	减水剂	CTF	坍落度 /mm	和易性	抗压强度 /MPa	
											7d	28d
C25	200	55	75	973	862	205	4.95	—	160	一般	17.5	29.8
	180	50	75	980	880	180	4.95	1.83	155	良好	16.2	29.5
C30	235	65	70	966	823	205	5.92	—	170	良好	23.4	35.2
	205	60	70	985	864	180	5.92	2.01	170	好	20.5	34.1
C35	269	75	70	947	807	205	7.04	—	175	良好	25.6	41.5
	234	60	70	972	862	175	7.04	2.18	175	好	25.0	40.2
C40	300	75	60	939	800	208	7.83	—	185	好	29.2	45.5
	260	65	60	963	854	180	7.83	2.31	185	好	28.0	45.8

说明:甲公司的水泥为南方水泥,28 天水泥胶砂强度为 48.5MPa,减水剂减水率为 16.5%,矿粉为江苏砂钢 S95 矿粉,粉煤灰为嘉兴电厂Ⅱ级灰,机制砂的细度模数为 3.1。

表 5-41　乙公司试验记录/(kg/m³)

原材料 强度	水泥	矿粉	粉煤灰	石子	机制砂	水	减水剂	CTF	坍落度 /mm	和易性	抗压强度 /MPa	
											7d	28d
C25	205	60	70	983	872	200	5.03	—	155	一般	19.5	31.9
	180	60	70	980	905	185	5.03	1.86	165	好	17.2	30.5

原材料 强度	水泥	矿粉	粉煤灰	石子	机制砂	水	减水剂	CTF	坍落度 /mm	和易性	抗压强度 /MPa	
											7d	28d
C30	250	50	75	983	837	200	6.38	—	180	好	24.0	35.8
	220	50	75	965	890	175	6.38	2.1	175	好	24.3	37.2
C35	284	70	51	926	789	220	7.29	—	190	良好	26.5	43.8
	250	70	50	928	823	200	7.29	2.3	195	好	25.8	45.5
C40	310	60	65	943	804	210	8.70	—	180	良好	29.2	46.9
	280	50	65	957	848	180	8.70	2.37	180	好	29.5	48.1

说明:乙公司的水泥同为南方水泥,28 天水泥胶砂强度为 49.0MPa,减水剂为脂肪族,减水率为 17%,矿粉为江苏砂钢 S95 矿粉,粉煤灰为嘉兴电厂Ⅱ级灰,机制砂的细度模数为 3.2。

通过两家企业的试验结果,表明掺有 CTF 增效剂的混凝土和易性好,无泌水并能相对降低水泥的用量,不影响强度。根据不同的强度等级,节约水泥用量,C25 的可节约 20 ~ 25kg,C30 的可节约 30 ~ 35kg,C35 的可节约 35 ~ 40kg,C40 的可节约 40 ~ 50kg,28 天的强度与基准配比相差不大,个别甚至比基准配比高,说明加入 CTF 增效剂可使混凝土保持甚至超过原有的基准强度。

加入 CTF 混凝土增效剂之后,混凝土拌合物的坍落度损失也均好于基准配比。通过运输至同一个工地进行坍损测试,基准配比的 25min 到达工地坍落度损失值为 30mm,掺 CTF 增效剂的 25min 到达工地坍落度损失值为 20mm,而且工作性能良好。

在泵送过程中,基准配比的混凝土坍落度偏小时,泵送困难,经常出现堵管现象,坍落度偏大,容易产生离析堵管,调整后的掺 CTF 增效剂的混凝土,由于工作性能好,有利于泵送,我们使用 8 个月以来,对机制砂混凝土工作性能好,尤其在高层泵送中能体现出效果,最高直接泵送到 28 层,无堵管现象发生。CTF增效剂在混凝土中使用能增加密实度,并减少裂缝的产生;在抗渗性能方面,通过多次对比试验,掺 CTF 增效剂的混凝土比基准混凝土要高 2 个等级以上。

（六）成本上的分析

通过试验换算,基准样单方混凝土的材料成本均高于掺 CTF 混凝土增效之后的材料成本,随着强度等级提高,水泥的置换比例不同,差价也逐渐增加。尤其在水泥价格高的时期,更能体现出经济效益。按目前市场价格来计算,每立方混凝土材料成本平均可节约 3 ~ 8 元。以年产 40 万方混凝土公司来计算,每年可节约 120 ~ 320 万元。可以看出,CTF 增效剂不但可以给企业带来良好的经济效益与社会效益,而且通过改善混凝土的工作性能,能提高混凝土工程的耐久性。

（七）结论

1. 使用 CTF 混凝土增效剂，改善了机制砂混凝土工作性能，保水性好，无泌水。

2. CTF 混凝土增效剂对各种水泥适应性好，对不同强度等级的混凝土具有同样的增效效果，在减少水泥用量的同时能保证混凝土的强度，降低生产成本。

3. 掺 CTF 混凝土增效剂 7 天强度比基准配比略低，28 天强度增长比较迅速，能达到或超越基准配比。

4. 掺 CTF 混凝土增效剂坍落度损失比基准机制砂混凝土小，并且有利于泵送。

5. 掺 CTF 混凝土增效剂能增强混凝土拌合物的密实性，提高混凝土的抗渗性，并能减少混凝土裂缝，提高混凝土的耐久性。

六、CTF 混凝土增效剂对混凝土抗渗性能的影响

（一）前言

随着我国商品混凝土和高强混凝土的推广应用，混凝土的耐久性和安全性已受到越来越广泛的关注。根据 JGJ/T 193—2009 规定，混凝土耐久性检验评定的项目包括抗冻性能、抗水渗透性能、抗硫酸盐侵蚀性能、抗氯离子渗透性能、抗碳化性能和早期抗裂性能。

广州市三骏建材科技有限公司应混凝土行业需求研发生产的 CTF 混凝土增效剂，在混凝土行业得到了广泛的应用，它对水泥适应性好，能在保证甚至提高混凝土强度和工作性能的基础上减少10% ~15% 的水泥用量，降低生产成本，具有节能增效的功效，所产生的经济价值和社会效益得到了业界的普遍认可。但各种新材料与新技术的应用以及市场竞争的白炽化，使得许多商品混凝土企业试验室已经把单方混凝土水泥用量降得很低，而使用 CTF 混凝土增效剂再减少10% ~15% 的水泥用量是否会影响到混凝土的耐久性呢？混凝土耐久性的首道防线就是其抗渗性，抗渗性良好直接反映了混凝土结构的致密性，混凝土结构的密实性又是影响其抗冻性和抗侵蚀性等耐久性能的主要因素。混凝土抗渗性在很大程度上决定了混凝土受外界不利因素侵蚀的抵抗能力。因此，为了提高混凝土的耐久性，必须首先提高混凝土的抗渗性，可以说混凝土的抗渗性是其优良耐久性的保证。因此本节讨论混凝土中掺入 CTF 混凝土增效剂后对混凝土工作性能、抗渗性能以及抗压强度的影响。

（二）原材料和试验方法

1. 原材料

（1）水泥：广西鱼峰水泥股份有限公司生产的鱼峰牌 P·Ⅱ42.5 水泥，其物理性能见表5-42 所示。

表 5-42　水泥物理性能指标

水泥品种	标准稠度/%	安定性	比表面积/(m²/kg)	凝结时间/min		抗压强度/MPa		抗折强度/MPa	
鱼峰 P·Ⅱ 42.5	23.4	合格	358	初凝	终凝	3d	28d	3d	28d
				188	244	30.2	54.8	5.9	9.0

（2）粉煤灰：广西来宾电厂 B 厂生产的Ⅱ级灰，细度（45μm）23.7%，需水比 100%，含水率 0.1%，烧失量 6.3%。

（3）S75 级矿粉：广西鱼峰水泥股分有限公司生产的 S75 级矿粉，比表面积 443m²/kg，7d 抗压强度比为 65%，28d 抗压强度比为 88%。

（4）细集料：广西融安天然河砂，细度模数为 2.8，含卵率为 8%，含泥量为 1.9%，泥块含量为 0。

（5）粗集料：广西鱼峰水泥股分公司矿山碎石，其指标如表 5-43 所示。

表 5-43　碎石技术指标

级配规格/mm	针片状含量/%	压碎指标/%	含泥量/%	泥块含量/%
10~20 单级配	3.5	7.6	0	0
5~31.5 连续级配	4.1	9.5	0	0

（6）外加剂：广西南宁能博建材生产的 AF – CA 聚羧酸缓凝高效减水剂，减水率 21%，2.0% 掺量，水泥净浆初始流动度 200mm，30min 后 250mm，60min 后 275mm，120min 后 185mm。

（7）膨胀剂：广西云燕特种水泥建材有限公司生产的抗裂防水膨胀剂 GNA – P，外掺量为水泥掺量的 8%~10%。

（8）CTF 混凝土增效剂：广州市三骏建材科技有限公司生产的 CTF 混凝土增效剂，是一种以聚合物为主体的高效复合混凝土添加剂，半透明液体，无毒无害，无污染，无放射性，密度为 1.03g/cm³，不含氯离子和碱等对混凝土有害的成分。

2. 试验方法

（1）试验目的

在不同混凝土等级中掺入胶凝材料质量 0.6% 的 CTF 混凝土增效剂，参照 GB/T 50082—2009《普通混凝土长期性能和耐久性能试验方法标准》，GB/T 50080—2002《普通混凝土拌合物性能试验方法标准》，GB/T 50081—2002《普通混凝土力学性能试验方法标准》分析混凝土的抗掺性能、工作性能、结构密实度、内部孔隙的大小和强度。并通过对比分析降低 15% 水泥用量后对混凝土抗渗性能的影响程度。

（2）试验方法

根据笔者公司材料和以往试验生产质量统计情况,以平时生产用配合比为基准(基准样)、不改变质量比掺入 0.6% CTF 混凝土增效剂(对比样)和减少 15% 水泥用量掺入 0.6% CTF 混凝土增效剂(减少样)三类配合比进行试验,确定如下试验用混凝土配合比,见表 5-44。

表 5-44　混凝土配合比/（kg/m³）

编号	类别	水胶比	水	水泥	矿粉	粉煤灰	砂	5~31.5 碎石	AF-CA	GNA-P	CTF	容重
1 基准	C25P6	0.52	178	215	40	90	820	1040	6.8	0	0	2390
2 对比	C25P6	0.52	178	215	40	90	820	1040	6.8	0	2.07	2392
3 减少	C25P6	0.52	163	183	40	90	835	1055	6.8	0	1.88	2375
4 基准	C30P8	0.48	175	225	50	90	810	1040	7.6	0	0	2398
5 对比	C30P8	0.48	175	225	50	90	810	1040	7.6	0	2.19	2400
6 减少	C30P8	0.48	160	192	50	90	820	1050	7.6	0	1.99	2372
7 基准	C30P10	0.45	168	235	50	90	780	1040	8.4	24	0	2395
8 减少	C30P10	0.46	155	200	50	90	810	1060	8.4	20	2.04	2395
9 基准	C40P10	0.39	165	280	70	70	740	1040	9.6	28	0	2403
10 对比	C40P10	0.39	165	280	70	70	740	1040	9.6	28	2.52	2405
11 减少	C40P10	0.39	150	240	70	70	770	1060	9.6	24	2.28	2396

（三）CTF 混凝土增效剂对混凝土抗渗性能的试验结果与分析

试验根据 GB/T 50080—2002《普通混凝土拌合物性能试验方法标准》,GB/T 50082—2009《普通混凝土长期性能和耐久性能试验方法标准》和 GB/T 50081—2002《普通混凝土力学性能试验方法标准》分别测得的各混凝土拌合物工作性能和硬化混凝土抗渗性能及抗压强度结果分别见表 5-45 和表 5-46。

因现在的工程应用中,有抗渗性能要求的工程不是很多,所以很多商品混凝土公司对抗渗性能试验的较少。为了能更准确的反映试验结果的有效性,对以上结果均进行了三组次以上复演。

表 5-45　各混凝土拌合物性能测试结果

编号	类别	坍落度/mm		泌水情况	包裹性	黏聚性	含气量/%	凝结时间	
		0min	60min					初凝/(h:min)	终凝/(h:min)
1 基准	C25P6	165	165	一般	一般	一般	3.2	13:25	16:00
2 对比	C25P6	195	180	较少	好	好	3.1	13:00	14:55
3 减少	C25P6	175	165	较少	一般	一般	2.9	14:50	16:42

续表

编号	类别	坍落度/mm		泌水情况	包裹性	黏聚性	含气量/%	凝结时间	
		0min	60min					初凝/ (h:min)	终凝/ (h:min)
4 基准	C30P8	170	175	一般	较好	较好	2.7	14:18	16:50
5 对比	C30P8	200	195	很少	好	好	2.8	13:30	14:25
6 减少	C30P8	185	170	较少	较好	较好	2.7	13:35	15:00
7 基准	C30P10	185	190	较少	较好	较好	2.5	13:41	16:30
8 减少	C30P10	200	190	较少	好	好	2.7	13:00	14:48
9 基准	C40P10	200	205	较少	较好	较好	2.0	12:45	14:53
10 对比	C40P10	220	225	很少	好	好	2.5	12:10	13:23
11 减少	C40P10	200	195	很少	好	好	2.5	14:20	16:05

表 5-46　硬化混凝土抗渗性能及强度测试结果

编号	类别	加压提高 0.2MPa	试件轴线劈开情况					28 天抗压 强度/MPa
			平均渗透 高度/mm	渗透状态	结构密实 情况	六个试件质 量均匀性	内部孔隙 分布	
1 基准	C25P6	合格	68	不规则曲线	一般	不均匀	大小、分 布不均	33.2
2 对比	C25P6	合格	35	较平缓曲线	密实	均匀	稳定均匀 超细孔	39.0
3 减少	C25P6	合格	55	较平缓曲线	一般	均匀	稳定均匀 超细孔	32.8
4 基准	C30P8	合格	80	不规则曲线	一般	不均匀	大小、分 布不均	39.5
5 对比	C30P8	合格	30	平缓曲线	密实	均匀	稳定均匀 超细孔	45.2
6 减少	C30P8	合格	70	平缓曲线	密实	均匀	稳定均匀 超细孔	40.3
7 基准	C30P10	合格	115	较平缓曲线	一般	不均匀	大小、分 布不均	40.2
8 减少	C30P10	合格	110	平缓曲线	密实	均匀	稳定均匀 超细孔	39.8
9 基准	C40P10	合格	60	平缓曲线	密实	不均匀	大小、分 布不均	49.6
10 对比	C40P10	合格	20	平缓曲线	密实	均匀	稳定均匀 超细孔	54.6
11 减少	C40P10	合格	55	平缓曲线	密实	均匀	稳定均匀 超细孔	50.5

从表5-45的试验结果可以看出,掺入CTF混凝土增效剂在不改变配合比用量时,混凝土的坍落度均有明显加大,保坍性好,和易性好;掺入CTF混凝土增效剂时,即使减少15%水泥用量时也能对混凝土的工作性能保持甚至有所改善。表5-46所示是对硬化混凝土抗渗性能和抗压强度的测试结果,试验结果表明所配制的11组混凝土均有良好的抗渗性能;掺入CTF混凝土增效剂不改变配合比用量时,混凝土的抗渗等级和抗压强度均有较大幅度提升,能提高混凝土强度一个等级以上,且结构致密,内部孔隙以超细居多,分布稳定均匀;掺入CTF混凝土增效剂减少15%水泥用量时,其抗渗性能和抗压强度与对比样相当甚至有所改善,内部结构密实,孔隙分布良好。所以在同样的工作性能和质量指标的条件下掺入CTF混凝土增效剂减少10%～15%水泥用量是可行的。通过以上对比,减少15%水泥用量后混凝土工作性能,强度和抗渗性基本持平并略有提升。从试件轴线劈开的内部结构分析,掺入CTF混凝土增效剂,渗水高度少,渗透稳定,混凝土构件密实度更好,孔隙少。掺入CTF混凝土增效剂减少15%水泥用量不仅没有影响混凝土耐久性,而且还对耐久性有一定的帮助并可以为企业带来较为丰厚的经济效益。

有研究表明,混凝土中有15%～30%左右的水泥是不完全水化的,只起到填充作用,不能被有效分散发生反应,实际属于富余水泥。究其CTF混凝土增效剂产品的作用机理就是:能快速提高水泥颗粒的分散性,提升混凝土高效减水剂的功效,改善新拌混凝土的性能,从而增强混凝土中各物相之间的黏结力,达到混凝土结构增强目的。从表5-45中混凝土新拌性能看,通过CTF混凝土增效剂的作用,分散富余水泥颗粒和提升减水剂性能后,流动性增大,保水性和黏聚性更好。同时水泥的水化更充分,掺入CTF混凝土增效剂的混凝土凝结时间变短,这对掺入复合混合材混凝土早期强度偏低有一定的改善。CTF混凝土增效剂的分散作用,使混凝土结构形成稳定细密的气孔,保证了混凝土体积稳定性,隔断毛细水管,防止各有害物质的入侵,起到抗渗、抗冻和抗侵蚀性能等作用,有效的提高了混凝土的耐久性。

另外,在影响混凝土耐久性问题上,其原因涉及多方面,其中裂纹是导致混凝土耐久性降低的一个关键因素。就材料本身来说,影响混凝土抗裂性的主要因素则是水泥。在不改变混凝土的工作性能和结构性能的前提下,减少水泥用量,可以间接的改善因早强高强水泥引起的混凝土结构早期开裂和降低混凝土总碱量减缓混凝土的碱集料反应引起的结构后期开裂。所以从使用CTF混凝土增效剂可降低水泥用量的10%～15%来看,控制混凝土开裂和减少混凝土总碱量也是有重要意义的。可见,CTF混凝土增效剂对提高混凝土的耐久性也是有帮助的。

（四）结论

研究了使用CTF混凝土增效剂在不减少水泥用量和减少水泥用量的条件

下对混凝土的工作性能、抗渗性能以及抗压强度的影响,得出以下的结论:

1. 在保证同样的工作性能和质量指标的条件下,掺入 CTF 混凝土增效剂可以减少 10%～15% 水泥用量;

2. 掺入 CTF 混凝土增效剂在不改变配合比用量时,混凝土的坍落度均有明显加大,保坍性好,和易性好;即使减少 15% 水泥用量时也能对掺入 CTF 增效剂混凝土的工作性能保持甚至有所改善;

3. 掺入 CTF 混凝土增效剂不改变配合比用量时,混凝土的抗渗等级和抗压强度均有较大幅度提升,能提高混凝土强度一个等级以上,且结构致密,内部孔隙以超细居多,分布稳定均匀;掺入 CTF 混凝土增效剂减少 15% 水泥用量时,其抗渗性能和抗压强度与对比样相当甚至有所改善,内部结构密实,孔隙分布良好。

第二节 混凝土润泵剂的使用与评价方法

一、前言

润泵剂是目前混凝土市场上出现的一个新产品,主要功能是对预拌混凝土在泵送前对泵车的管道进行润滑,以免出现堵泵的情况发生。过去几十年来,全国各地预拌混凝土行业一直采用水和砂浆对混凝土输送泵进行润管,结果是既不经济也不符合目前的低碳环保及节能减排的观念。混凝土润泵剂(又称混凝土润管剂)的成功研制和应用,对混凝土行业的低碳及节能减排起到了积极的贡献。本节主要从润泵剂与砂浆润泵的对比以及润泵剂产品的特点和使用、评价方法等方面进行系统的介绍。

二、润泵剂与润泵砂浆的对比

1. 传统的润泵砂浆,混凝土企业需要投入人力物力去生产。目前在水泥和砂资源紧缺的情况下,仍然使用这些原材料去生产润泵砂浆其实是个很大的浪费。另外一般一次润泵最少是需要 1 立方米的润泵砂浆,而对于输送管道较长的地泵来说,有时润泵就需要花费2～3立方米的润泵砂浆,这些原材料需要现款结算,而对混凝土产品需要垫资情况下的混凝土生产企业来说也是一笔非常大的开支。润泵剂是由多种高分子聚合物材料复配而成,在常温下,采用机械或手工搅拌 3～5 分钟内即可快速溶解,并形成透明且稳定的黏稠状液体,润泵剂溶解后的液体整体经过管道的同时,部分润泵溶液黏附在管道上,从而实现润滑泵管的功效,且润泵溶液与混凝土互不溶解,这样就不会影响混凝土的各项性能。在使用上也非常方便,不需要添加任何其他设备,无需单独润泵,润泵液走在混凝土的前端,可与混凝土泵送同时进行,这样就极大地节省了人力物力的支出。

2. 传统的润泵砂浆在运输上有时需要单独用运输车进行运输,有时会将润泵砂浆置于混凝土搅拌运输车的上部,下部装载混凝土。这样不仅对车辆使用上是个浪费,而同时装载润泵砂浆和混凝土的运输车在运输过程中还无法转动,否则混凝土和砂浆会混合在一起,如果路途较远或者混凝土工作性稍差就会出现工作性不满足要求的情况导致退货,另外润泵后的第一车混凝土由于路途中不能转动导致工作性不好,也容易造成堵泵现象。而润泵剂的使用就非常方便,一般一次润泵仅需要2～3袋,每袋300g左右,因此很多搅拌车司机每次出发前拿几袋放在车上,方便快捷地就可实现润泵的目的。

3. 润泵砂浆由于和混凝土强度等级不同,一般主要用于润泵,其他用途不大,一些施工单位将润泵砂浆用于一些对强度要求不高的地方,如地坪、施工场地地面等。润泵砂浆的费用无论是由混凝土企业支付还是施工单位支付均是很大的浪费。同时润泵砂浆还带来一些质量隐患,以前就出现过一些工地将润泵砂浆用于结构部位,造成工程验收不合格,最终拆除的严重质量事故。

4. 润泵性能的对比,一些质量较好的润泵剂的润泵效果要优于润泵砂浆,砂浆的润泵机理是利用润泵砂浆摩擦力较小,在通过管道时在管壁上会黏附一些水泥浆,这些水泥浆对后面输送的混凝土起到润滑的作用,同样基于这个原理,润泵剂是由高分子材料组成,润管后黏附在管壁的薄膜层的润管能力要明显优于润泵砂浆。通过一些地方使用润泵剂的试验验证,堵泵的几率降低了不少,据知北京绿砼公司在推广润泵剂的使用过程中,还未发现泵车在使用后有堵泵的现象。

三、润泵剂性能如何判断

目前市场上也有一些润泵剂产品,但产品优劣不齐,不能很好地实现润泵的效果,下面将对优良性能的润泵剂选择方法进行分析。

首先,检查溶解性。从溶解后颜色上进行初步判定,性能较好的润泵剂产品在烧杯内溶解后色泽会透明,而一些性能较差的润泵剂溶解后会出现混浊的状态或出现白色的不溶物,因此,在混凝土泵送后会很难看清润泵溶液与混凝土的界限,造成不必要的浪费。

其次,可以从溶解度上来检验润泵剂的性能,好的润泵剂在常温下完全溶解,而一些质量较差的润泵剂在常温下会出现结晶或板结现象,因此在冬季需要用热水才能完全溶解,而一般施工现场不具备提供热水的条件,因而也会影响润泵剂的预期使用效果。

润泵剂溶液需要做到与混凝土不互溶,因一旦润泵剂溶液与混凝土互溶,将导致混凝土水胶比增大,强度下降,降低混凝土的力学性能。此外好的润泵剂产品粘附性好,流经管道后会在管道内壁上留下一层薄薄的黏膜,以达到润泵的效果。

常用的评价方法介绍如下:检查是否影响强度及凝结时间。通常可按胶凝材料的1%掺入溶解后的润泵剂,以检验润泵剂溶液是否影响混凝土强度及凝结时间。不影响强度及凝结时间的为好的润泵剂。

检查溶解性。以5度左右的水500克,并取5克润管剂,搅拌1分钟,静停3分钟,再搅拌1分钟,检查润泵剂是否完全溶解及是否结块等。能完全溶解并呈透明的即为好的润泵剂。

检查润管能力。取一节直径为125mm的钢管20cm,并用钢板封住一端。将配制好的润管溶液倒入其中,并用最短时间即刻倒出。称量挂壁的润泵剂的质量,挂壁量大的较好。用手指刮润泵剂,有明显润滑感的为佳。

检查混凝土的不溶性能。取做好的润泵剂液体200ml于透明烧杯中,取坍落度为220mm以上的混凝土的浆体,约1cm厚,用玻璃棒强力搅拌1分钟,混凝土未溶入润泵液中为佳。

检查环保性。润泵剂应无毒且无异味。取已做好的润泵液50ml置于户外水泥地面,一周内检查是否完全降解。能完全降解无残留的即为好的润泵剂。

四、润泵剂使用方法

润泵剂的使用非常简易,容易操作,不增加使用设备和程序。首先可根据混凝土输送设备的类型和输送泵管的长度,参考表5-47用量进行配制溶液。将润泵剂产品倒入相应体积的水中,可先搅拌1分钟,静停3分钟,再搅拌1分钟,使其充分溶解,当溶液变的黏稠润滑后即可使用(表5-47)。

表 5-47　润泵剂溶液配制

泵管长度	润管剂用量	用水量
50m 以下	1 包	30kg
50 ~ 100m	2 包	60kg
100m 以上	3 ~ 4 包	120 ~ 150kg

使用泵车泵送混凝土时,将已稀释好的润管水溶液沿泵车料斗内壁缓慢倒入(也可直接在料斗内放水稀释润泵剂),然后从泵管进料入口的另一侧开始缓慢向料斗中卸混凝土,当混凝土覆盖住输送泵进料入口时即可开始加压泵送。要尽可能让全部润管水溶液流动在混凝土管道的最前端。

使用地泵泵送混凝土时,为防止泵管内留有残余物,应先泵送100kg的水清理管道,待料斗内及管道中的水打空后再按上述操作步骤泵送。

在使用润泵剂润泵时,需要注意不得将润泵后排出的溶液浇入混凝土结构中。

通常使用时,需要注意:

1. 当气温非常低时,润泵剂的溶解速度可能会有所降低,应适当延长搅拌时间,最佳方法是搅拌 1 分钟,静停 3～5min,再搅拌 1min。

2. 采用地泵时,可先打水,清管,排空后,应在 15min 后,清管水完全排尽后,再进行润泵剂的试打。打地泵,由于通常都是大坍落度的混凝土,故建议用水量应适当减少 20%,搅拌时间也延长 2min,计算管路消耗时,还应增量 20%。

五、应用效果分析

"绿砼"牌高效润泵剂经过在宁夏、北京地区以及其他一些省市应用后,收到了良好的效果。初始阶段一些混凝土企业还仅仅在车泵中使用,认为润泵效果比砂浆好后,开始在地泵中也推广使用润泵剂,只要掌握正确的使用方法并选用正规品牌的润泵剂,就能达到良好的润泵及节约成本的功效。经过测算,一般混凝土企业年产量按 30 万方计算,年可节省资金近百万元,同时使用润泵剂也降低了混凝土企业水泥、砂子等原料使用量。

第三节　石粉用作混凝土掺合料对混凝土性能影响的研究

一、引言

以粉煤灰和矿渣粉为代表的掺合料已成为混凝土不可缺少的组分,他们能显著改善混凝土的工作性能,提高混凝土强度,增加混凝土耐久性。但是,随着我国城市建设的迅猛发展以及泵送混凝土的普及,粉煤灰和矿渣粉使用量明显增大,出现了供不应求的局面,商品混凝土企业常因掺合料短缺而苦恼。与此同时,随着机制砂应用的普及,产生了大量废物—石粉,不仅要占用堆放场地,而且还会污染环境,砂企业为石粉出路而烦恼。

如果能将废弃的石粉作为混凝土掺合料使用,替代日益紧缺的粉煤灰和价格昂贵的矿渣粉,对于解决实际工程的材料紧缺问题、降低工程造价以及对环保等将具有重大的实意义。

石粉是指生产人工砂过程中产生的粒径小于 0.16mm 的微细颗粒。以往在国内外大多数水利水电工程中,都把石粉作为废料冲洗掉,这不但费时费力,还增加了工程的造价。大量的试验研究表明:微细颗粒的石灰石粉具有一定的早期活性,可以作为掺合料用于混凝土。

石粉的颗粒形态、比表面积与水泥相当,替代水泥能丰富水泥浆体,填充砂石孔隙;石粉对外加剂的吸附量小,能改善水泥与外加剂的适应性,提高混凝土的工作性能。因此,石粉具备作混凝土掺合料的基本条件。

二、石粉在混凝土中的作用机理

石粉在混凝土中的作用机理主要在于以下几点:

1. 填充效应:未经磨细的石粉粒度大于水泥的粒度,石粉可以起到优化机制砂级配和丰富浆体含量的效果。石粉经磨细后能像粉煤灰甚至硅灰等矿物掺合料一样,对水泥起到一种填充效应,改善混凝土的孔隙特征,改善浆—集料界面结构。

2. 晶核效应:在凝结阶段,微细石粉可以产生微集料填充效应和晶核效应,诱导水泥的水化产物析晶,加速水泥水化反应,促进水泥早期强度的发展,使硬化后的水泥石与集料之间的过渡区密实性得以改善,而过渡区的强度又是混凝土强度的决定性因素,因此对水泥水化具有增强作用。

3. 参与水化反应:石灰岩石粉并非完全惰性,它在水化的过程中可以与水泥中的 C_3A 和 C_4AF 发生反应。石灰岩石粉的掺入抑制了硫铝酸盐的生成而加速了碳铝酸盐的生成,水化碳铝酸盐可以与其他水化产物相互搭接,使水泥石结构更加密实,从而提高了水泥石的强度。

三、石粉对机制砂混凝土性能影响的研究现状

1. 机制砂

随着建筑业的迅猛发展,建筑工程对天然砂的需求量日益增加,但天然砂作为一种地方资源,短时间内不可能再生。现有的天然砂已经不能满足工程建设的需要,使用机制砂配制混凝土已成为今后的发展趋势。机制砂的推广使用可给建筑单位带来一定的经济效益,使采石厂减少环境污染,有利于提高建筑工程质量。发展机制砂还可以避免滥采滥挖,保护耕地。

机制砂作为一种来源广、质量稳定的砂源,具有长远的社会效益和环境效益,对生产和使用企业均有显著的经济效益。在国外,美国、英国、日本等国家使用机制砂已有几十年的历史。美国地质勘探局根据资源利用率和环保的需要,在 1996 年对机制砂及其母岩进行过调查,结果显示机制砂大致占细集料的 20%。日本在上世纪 80 年代,天然集料与人工集料的使用比例大约为 0.9∶1,而到 90 年代则降为 0.5∶1。

机制砂属于人工砂的一种,是由岩石经除土开采、机械破碎、筛分制成的,粒径小于 4.75mm 的岩石颗粒,生产过程中不可避免地要产生一定量的石粉,其粒径小于 0.16mm,矿物成分与化学成分与机制砂母岩相同,在混凝土中主要起微

集料作用。石粉含量是机制砂中重要指标之一,国内科研人员虽就石粉含量对机制砂混凝土性能的影响进行了大量研究,但仍存在较大的争议。

2. 机制砂特性

机制砂系岩石经专门机械破碎筛分制成,因而有着自身的特性。与天然砂相比,机制砂具有质地坚硬、表面粗糙多孔有尖锐的棱角、粘结性能良好等特点。机制砂绝大多数属中粗砂,其细度模数在 2.8 ~ 3.5 范围内。随着石粉含量的增加,砂子的细度模数随之下降,其基本规律是:石粉含量每增加 4%,砂子的细度模数降低 0.1 左右。机制砂颗粒级配比较集中,1.25mm 以上颗粒一般占总量的 45% ~55%(河砂一般占 20% ~30%),而 0.315 ~ 0.16mm 颗粒仅占 10% 左右(河砂约占 20% 左右)。机制砂空隙率在 45% ~55% 之间,略小于河砂。石粉含量在 18% ~20% 时,堆积密度最大、空隙率最小。机制砂的各项物理指标如细度模数、表观密度、容重、空隙率都与天然砂的物理性能相似,是比较适宜的代替天然砂的材料。

3. 石粉对混凝土性能的影响

(1)机制砂中的石粉对混凝土拌合物的影响

和易性是指混凝土易于搅拌、运输、浇注、捣实等施工作业,并能获得质量均匀和密实的混凝土性能。石粉是砂石厂加工砂石筛余下的小于 0.16mm 以下的颗粒,形貌为形状不规则的多棱体,为非活性掺合料,其绝大部分是母岩被破碎的细粒,与天然砂中的泥完全不同。石粉取代部分水泥和矿物掺合料应用于混凝土中,掺入混凝土中,可改善细粉料的颗粒级配,有填充效应,并可提高浆体之间的机械咬合力。

刘建刚认为石粉是一种惰性掺合料,细度小,它不但补充混凝土中缺少的细颗粒,增大粉体总量,在混凝土单位体积用水量不变的情况下,增加混凝土的浆量和浆体黏稠性,从而减少了泌水和离析。贾伟霞认为适当延长搅拌时间以改善和易性,提高保水性和黏聚性同时要适当缩短振捣时间以克服机制砂混凝土的泌水现象,避免混凝土表面形成疏松层。加强养护,避免缺水影响强度甚至引起干缩裂缝。由于机制砂加工过程容易造成颗粒比较集中,扁平颗粒含量较高对混合料的内摩擦角和抗流变性能还有一定影响。

吴明威等认为石粉细度小,它不但补充了混凝土中缺少的细颗粒,增大了固体的表面积对水体积的比例,从而减少了泌水和离析,而且石粉能和水泥与水形成柔软的浆体,即增加了混凝土的浆量,从而改善了混凝土的和易性。一般石粉含量与水泥质量之比应控制在 8% ~15% 为最佳。从以上可以得出由于机制砂表面粗糙,使混凝土拌合物和易性差。当含有一定量的石粉时,石粉不但改善了混凝土的和易性,而且增强了吸水作用,正好弥补了机制砂表面粗糙的缺点,增加了水泥浆体含量从而提高了混凝土的流动性,石粉还起到微滚珠作用,减少了砂石间的摩擦改善了混凝土拌合物的和易性。

（2）机制砂中的石粉对混凝土力学性能的影响

石粉形貌与水泥颗粒相似，为形状不规则的多棱体。适当提高石粉含量，可降低成本，是提高混凝土质量的措施之一。国家标准 GB/T 14684—2001 规定通过亚甲蓝实验来判断粉体材料是石粉还是泥以及它们的相对比例。国标规定亚甲蓝实验的 MB 值应小于 1.4，很多机制砂生产厂家控制 MB 值在 0.5 以下，以减小人工砂含泥带给混凝土的负面影响。

聂法智等认为石粉取代后，混凝土各龄期强度均有所降低，但是下降幅度并不大。随着石粉取代量的增大，下降的幅度并不随着比例增大。这是由于石粉起到填充密实、滚珠润滑作用，在外加剂用量不变的情况下，单位立方米混凝土用水量不但不增加，反而略许减少，混凝土的水胶比变化并不显著。

赵长军等认为砂中含有少量石粉，混凝土各龄期的抗压强度有所提高，弹性模量、抗拉强度、抗折强度等性能亦均略有提高，然而石粉含量超过一定比例，混凝土各龄期抗压强度则均略有降低。

周健业认为由于机制砂表面粗糙，使混凝土拌合物和易性差。中低强度等级混凝土的水泥用量比较少，混凝土中细料含量不足，粉末不但改善了混凝土的和易性，而且增强了吸水作用，正好弥补了机制砂表面粗糙的缺点，减少了砂石间的摩擦，改善了混凝土拌合物的和易性。机制砂粉末含量高，使得混凝土"蓄水量"增大，水泥后期水化充分，从而使强度提高。另外，粉末可以填充混凝土孔隙，提高混凝土密实性，增强混凝土抗渗、防腐蚀等耐久性能。

蔡基伟等认为机制砂中的石粉在水泥水化反应中起晶核作用和微集料填充作用，增加了混凝土的密实度，在一定程度上提高了混凝土的强度。在单位水泥用量少的情况下，石粉对机制砂混凝土强度的贡献更加突出。在给定水胶比和单位水泥用量情况下，机制砂混凝土强度随龄期的发展规律与石粉含量关系不明显。生产水泥时常加入 20% 以内的石灰石作混合材，生产混凝土时用石灰石粉取代部分细集料，除自身填充效应外，与石灰石混合水泥配制的混凝土没有本质差别。石灰石粉在水泥水化过程中可起到晶核作用，诱导水泥的水化产物析晶，加速水泥水化，石粉还对钙矾石向单硫型转化有阻止作用，从而提高混凝土强度。

贾伟霞认为严格控制细集料级配，机制砂太粗易出现蜂窝麻面，太细会降低强度，小于 0.315mm 的颗粒含量应控制在 4% ~ 8% 以提高强度。

朱国伟研究结果表明：保持水胶比、砂率、单方外加剂用量、单方粉煤灰用量不变、调整用水量达到一样工作度的条件下，当石粉含量从 14% 上升到 16% 时，其抗压强度、抗折强度均增大；当石粉含量在 16% ~ 18% 时，其抗压强度、抗折强度没有明显变化，同时达到最大值；当石粉含量在 18% ~ 24% 时，其抗压强度随石粉掺量增加而下降,28d 劈拉强度也有下降趋势。

石粉含量在某一段范围内对其强度影响不大。石粉含量在 18% ~ 24% 时,其抗压强度随石粉掺量增加而下降。因此石粉含量不宜超过 20%。

(3)机制砂中的石粉对混凝土耐久性能的影响

石粉会加速水泥的早期水化,使水泥石浆体中自由水消耗过快,导致水泥石中自干燥现象加剧;当石粉含量超过一定值时,由于与水泥相比,石粉表面比较光滑,需水量较低,可以使相同水胶比条件下的水泥石浆体中保留相对较多的自由水,同时,石粉的微集料效应,填充了水泥石内部的孔隙,并且改善了孔结构,从而降低收缩。当机制砂中石粉含量在 8% 以内时,混凝土干缩率随石粉含量的递增趋势相对比较平缓,变化较小。这可能是因为石粉的掺入加速了 $Ca(OH)_2$ 和 CSH 凝胶的形成,并与 C_3A 反应生成了水化碳铝酸钙晶体,增加了水化产物数量,从而使干缩值增大;随着石粉含量的增加,大多数的石粉不能参与上述水化反应,且石粉中许多微细粒子具有填充作用,细化了混凝土的孔结构并增加了毛细孔的曲折程度,对收缩和徐变应变起到了一定的控制作用,从而导致干缩值减小。

机制砂混凝土的碳化深度与河砂混凝土相当;干缩率与河砂混凝土相近,但当石粉含量超过 8% 时,干缩明显变大,且试件表面有细小的龟裂纹;含有少量石粉的机制砂混凝土抗渗性能明显优于河砂混凝土。混凝土抗氯离子渗透性能是评价混凝土密实性和抵抗渗透能力的重要指标之一。

李婷婷等认为机制砂中石粉有利于提高胶凝材料少、强度等级低的混凝土的抗渗性,但对于胶凝材料用量大的高强混凝土则作用不明显。在 C30 低强混凝土中,石粉可以改善机制砂混凝土的氯离子抗渗性能,石粉含量最佳值介于 10% ~ 15%;石粉对 C60 高强机制砂混凝土的氯离子抗渗性影响不明显;对于 C80 超高强混凝土而言,混凝土的抗氯离子渗透系数非常小,而且随石粉含量的增加,抗渗系数逐渐提高。

机制砂中石粉含量对混凝土碳化、干缩及抗渗性能的影响:含有少量石粉的机制砂混凝土抗渗性能明显优于河砂混凝土,干缩率和碳化深度也较河砂混凝土小。

适量的石粉可以填充混凝土孔隙,提高混凝土密实性,增强混凝土抗渗、防腐蚀等耐久性能。在大掺量粉煤灰富胶凝材料用量条件下,石粉可部分取代粉煤灰。当取代量不超过 20% 时,其抗冻性能、抗渗性能相当。

周云虎研究表明:石粉取代粉煤灰量达到 75% 时,其抗渗等级仍大于 P10。石粉含量的机制砂混凝土抗冻等级均超过 F325,具有很高的抗冻性。随石粉含量的增加,机制砂混凝土的相对动弹性模量几乎没有差异,且 11.3% ~ 17.0% 的粉煤灰掺量并不降低机制砂高性能混凝土的抗冻性。

四、相关研究结论

1. 石粉对机制砂混凝土的影响研究结论:

（1）机制砂的细度模数为 2.6 ~ 3.2 之间,石粉含量(粒径小于 0.16mm 细颗粒)在 15% 以内时,代替河砂是适宜的。

（2）机制砂中的石粉可以填补混凝土集料之间的空隙,改善混凝土和易性,提高混凝土密实度,因而提高了混凝土的强度,也有益于混凝土的长期耐久性。

（3）机制砂中适宜的石粉(此处指 0.08mm 以下颗粒)含量在 8% ~ 15% 左右,其配制的混凝土和易性和强度等性能在此范围内为最佳。

2. 相关人工砂石粉含量对混凝土性能的影响试验研究,得出以下结论:

（1）随着人工砂石粉含量的增加,保持混凝土水胶比、砂率、拌合物和易性相同,混凝土的单位体积用水量增加。从试验成果分析,人工砂石粉含量在 15% ~ 25% 范围内,石粉含量每增加 1% ,混凝土单位用水量增加 0.6kg。

（2）用不同石粉含量拌制的混凝土拌合物的坍落度保留率基本一致;混凝土泌水率随着人工砂石粉含量的增加而降低,人工砂石粉含量的变化对混凝土拌合物的泌水性能比较敏感;人工砂石粉含量的变化对混凝土凝结时间、含气量影响较小。

（3）人工砂石粉含量的变化对混凝土力学性能、变形性能、耐久性能、热学性能影响不明显,存在对应人工砂某一石粉含量下配制的混凝土单项性能最优现象。但石粉含量变化对混凝土干缩有着一定的影响,混凝土干缩值随着石粉含量的增加而增大。

（4）通过综合考虑混凝土的性能,混凝土人工砂石粉含量控制范围为 6% ~ 20% ,可达到保证大体积混凝土性能,同时有利于资源利用的目的。

3. 石灰石粉作掺合料对不同胶凝体系混凝土性能的影响的结论

（1）近年来,国内研究人员已开展了石灰石粉对水泥基材料水化性能影响的研究。尹耿等研究了超细石灰石粉对水泥基材料早期性能的影响,认为超细石灰石粉的掺入能与水泥基材料中的铝相反应,生成比硫铝酸盐更加稳定的碳铝酸盐;蔡基伟等认为,机制砂中的石灰石粉不仅可以促进水泥水化,而且随着石灰石粉掺量的增加,氢氧化钙和水化碳铝酸钙的晶体数量增加;孔祥芝等认为,大掺量石灰石粉的掺入促进水泥水化,缩短水化潜伏期。这些研究主要集中在石灰石粉对水泥水化的影响,也有一些研究人员研究了石灰石粉作掺合料对混凝土性能的影响。李北星等和周金钟等认为,石灰石粉可代替粉煤灰作掺合料使用,但代替矿粉时,混凝土强度有不同程度的降低。

（2）在水泥—粉煤灰胶凝体系中,用石灰石粉部分或完全代替粉煤灰后,混凝土的流动性和坍落度损失均略微增加;对初凝时间影响甚微,但终凝时间提前20～30min;各龄期强度略有增加。适量代替水泥时,混凝土的流动性增加,且坍落度损失减小;初凝和终凝时间延迟80～100min;早期强度降低,但后期强度略有提高。

(3)在水泥—矿粉—粉煤灰胶凝体系中,用石灰石粉取代矿粉—粉煤灰和取代矿粉时,混凝土的流动性均降低,且坍落度损失增加;对混凝土凝结时间的影响很小。用石灰石粉取代水泥时,混凝土的流动性增加,坍落度损失减小;对混凝土初凝时间的影响较大,但对终凝时间的影响较小。混凝土强度只在用石灰石粉取代矿粉时,后期强度略有降低;取代水泥或取代矿粉—粉煤灰时,混凝土各龄期的强度均能与基准混凝土持平或略高。

(4)在不同的胶凝体系中,在保证混凝土工作性和强度的条件下,均可用占胶凝材料总量10%的石灰石粉取代掺合料或水泥;用石灰石粉取代粉煤灰时,则可以完全替代。

4. 石粉取代粉煤灰的研究结论

(1)粉煤灰和石粉在等量取代水泥时,对混凝土的抗压强度影响不大,但二者能较好的改善混凝土的工作性能;

(2)粉煤灰能提高混凝土的抗渗性能;石粉则对混凝土的抗渗性能有不利的影响。因此有必要进行进一步的研究,以削弱其不利的影响;

(3)粉煤灰和石粉都是粉体,但它们的作用机理不同,因而造成了对混凝土性能影响的不同。

石粉对混凝土强度和工作性的贡献都不如粉煤灰。因此石粉宜与粉煤灰复合使用,其取代粉煤灰的掺量不宜超过25%。

5. 大理岩石粉作为胶凝材料研究结论

大理岩石粉作为胶凝材料部分等量取代水泥研究结论:

(1)对净浆流动度的保持有一定的改善作用,但对净浆凝结时间影响较为明显,掺入大理岩石粉水泥净浆凝结时间延长。

(2)水泥净浆的抗压强度有所降低,其降低的幅度随着石粉的取代量增大而增加;大理岩石粉的细度对石粉取代水泥后的水泥净浆抗压强度有着一定的影响,存在随着石粉比表面积增加而有所提高的趋势;与掺用Ⅰ、Ⅱ级粉煤灰的水泥净浆相比,在相同的替代量的条件下,石粉细度达到一定程度后,其早期活性要高于粉煤灰。

大理岩石粉作为胶凝材料部分等量取代粉煤灰研究结论:

(1)对大体积混凝土拌合物的坍落度和含气量没有明显的影响;对混凝土拌合物的泌水性能以及坍落度随时间的损失有明显改善效果;对混凝土拌合物的含气量随时间损失有不利的影响。

（2）对大体积混凝土的热学性能、耐久性能、大坝混凝土的体积稳定性以及大坝混凝土的抗裂能力均无明显的影响。

第四节　机制砂应用技术

一、机制砂定义

机制砂，属于人工砂的一种，是由机械破碎、筛分制成的，粒径小于 4.75mm 的岩石颗粒，但不包括软质岩、风化岩的颗粒，用专门的制砂机生产，多数呈灰白色或黑色，一般含有 10% ~ 15% 左右的石粉（粒径小于 $75\mu m$ 的岩石颗粒），级配中大于 2.36mm 和小于 0.15mm 的颗粒偏多，细度模数普遍在 3.0 ~ 3.7 内，粒形多呈三角体或方矩体，表面粗糙。

二、机制砂的主要特点

机制砂一般比较粗，细度模数在 2.6 ~ 3.6 之间，机制砂细度模数可调，颗粒级配可调，0.075mm 以下颗粒含量可调，且其是稳定的生产线生产的工业产品，质量稳定且可控。

机制砂颗粒是多棱体，级配合理，粒度均匀，通常含有的石粉可以部分改善混凝土的工作性能。

有些机制砂片状颗粒较多，有些颗粒为两头大中间小，但只要能满足国标的技术指标，就可以在混凝土中使用。达不到国标要求的，可以调整和改进，在这一点上，机制砂与天然砂有所区别。机制砂与条件相同的天然砂相比，在配比设计、其他材料成型养护条件都相同的情况下，用机制砂配置出混凝土的特点是：

1. 坍落度稍小，混凝土 28d 标准强度较高。

2. 如保持坍落度不变，则需水量增加。

3. 在不增加水泥的前提下水胶比变大后，一般情况下，混凝土实测强度并不降低，这是由于机制砂与石子能够更好的机械咬合，抵抗破坏压力。按天然砂的规律进行混凝土配比设计，机制砂的需水量稍大，和易性稍差，易产生泌水，特别在水泥用量少的低强度等级混凝土中表现明显。

4. 通过合理利用机制砂中的石粉、调整混凝土的砂率，可以配制出和易性很好的混凝土。普通混凝土配比设计规程的配比设计方法适用于机制砂。最适合配制混凝土的机制砂细度模数为 2.6 ~ 3.0，级配为Ⅱ区。

5. 机制砂配制的高强度等级混凝土比低强度等级在泵送过程中更不易堵泵，这是由于高强度等级混凝土的胶凝材料较多，弥补了机制砂表面粗涩不足，降低了与输送管的摩擦阻力。掺机制砂的混凝土密实度大、抗渗、抗冻性能好，特别适于配制高强度等级混凝土、高性能混凝土和泵送混凝土。

6. 通常在同一工地，人工砂与碎石是同一种母岩制成，热学性能一致，对大体积混凝土技术效果尤为显著。

7. 同一生产设备或工艺，机制砂的细度模数和单筛的筛余量成线性关系，对于一种砂子，先通过试验建立关系式后，只要测定一个单筛的筛余量即可快速求出细度模数。

8. 机制砂中石粉含量的变化是随细度模数变化而发生变化的，细度模数越小，石粉含量越高；反之，细度模数越大，石粉含量越低。

三、机制砂应用概述

在美、英、日等工业发达国家使用机制砂作为混凝土细集料已有 30 多年历史，在各种建筑工程中应用比较普遍，关于机制砂的材料与试验、使用标准已相当完善。而我国在建筑方面采用机制砂从 20 世纪 60 年代已经起步，但河砂、江砂等天然砂的使用还比较普遍，1973 年国家建委在贵州省召开了机制砂在混凝土中应用的论证会，通过建材业和建筑业的经验交流，肯定了研究成果，并制定了《机制砂混凝土技术规程》。自此，机制砂的应用范围得以扩大，由建筑行业扩大到公路、铁路、水电、冶金等系统，由挡护工程扩大到桥梁、隧道及水工工程，从砌筑砂浆发展到普通混凝土、钢筋混凝土，预应力混凝土、泵送混凝土、气密性混凝土及喷锚支护等工程。但是由于试验标准与技术规范的不完善及试验材料的滞后，我国建筑业对天然砂还存在较强的依赖性，在许多重要结构中对机制砂的使用还存在限制条件。采用机制砂多数是在天然砂供应不足或经济比选相差悬殊时不得已而为之的方案。

众所周知，砂是配制混凝土不可缺少的重要组分，占到总质量的 1/3。随着建筑业发展和对建筑工程质量的重视，建筑市场用砂数量越来越大，质量上要求越来越高，而合格的天然砂资源却越来越少，由此引发的工程质量，破坏农田、水利资源问题日趋严重，砂生产也因资源的变化而有所改变，建筑用砂的质量和数量对建筑市场的影响日益明显。承认机制砂合格的建材地位并加以规范利用是势在必行的。

四、机制砂的技术要求

1. 颗粒级配

机制砂按 $600\mu m$ 筛孔的累计筛余量（以质量百分率计，下同）分成 3 个级配区（见表 5-48），其颗粒级配应处于表 5-48 中的任何一个区以内。机制砂的实际颗粒级配与表 5-48 中所列的累计筛余百分率相比，除 4.75mm

和600μm筛孔外,允许稍有超出,但超出总量一般不应大于5%,其中对于2.36mm、300μm及150μm筛孔上的累计筛余还可酌情放宽。2.36mm筛孔的累计筛余,Ⅰ区机制砂中可以放宽到50~5,Ⅱ区机制砂可以放宽到40~0,Ⅲ区机制砂可以放宽到20~0;300μm筛孔的累计筛余,Ⅰ区机制砂中可以放宽到95~70,Ⅱ区机制砂可以放宽到92~60,Ⅲ区机制砂可以放宽到85~45;150μm筛孔的累计筛余,Ⅰ区机制砂可以放宽到100~85,Ⅱ区机制砂可以放宽到100~80,Ⅲ区机制砂可以放宽到100~75。

表5-48 机制砂的颗粒级配区

方孔筛	Ⅰ区	Ⅱ区	Ⅲ区
9.50mm	0	0	0
4.75mm	10~0	10~0	10~0
2.36mm	35~5	25~0	15~0
1.18mm	65~35	50~10	25~0
600μm	85~71	70~41	40~16
300μm	95~80	92~70	85~55
150μm	100~90	100~90	100~90

配制混凝土时宜优先选用Ⅱ区砂。当采用Ⅰ区砂时,应提高砂率,并保持足够的水泥用量,以满足混凝土的和易性;当采用Ⅲ区砂时宜适当降低砂率。对于泵送混凝土用砂,宜选用中砂。当采用机制砂的颗粒级配不符合本条的要求时,应采取相应的技术措施,经试验证明能确保工程质量,方允许使用。

2. 泥块含量

机制砂中的泥块含量应符合表5-49的规定。

表5-49 机制砂中泥块含量限值

混凝土强度等级	≥C60	C55~C30	≤C25
泥块含量(按质量计)%	≤0.5	≤1.0	≤2.0

对有抗冻、抗渗或其他特殊要求的小于等于C25混凝土用砂,其泥块含量应不大于1.0%。对于C10和C10以下的混凝土用砂,适量的非包裹型的泥或胶泥,经加水搅拌粉碎后可改善混凝土的和易性,其泥块含量视水泥等级而定,一般可放宽至3%~4%。

3. 石粉含量

机制砂经试验判定后,石粉含量应符合表5-50的规定。

表 5-50　机制砂中石粉含量限值

混凝土强度等级	≥C60	C55～C30	≤C25	
石粉含量 （按质量计）%	$M_B<1.4$	≤5(3)	≤7(5)	≤10(7)
	$M_B≥1.4$	≤2.0(1.0)	≤3.0	≤5.0

注 1：括号外的数字为行业标准的规定，括号内的数字为国家标准的规定。

4. 压碎指标

机制砂的压碎指标应符合表 5-51 的规定。

表 5-51　机制砂压碎指标

混凝土强度等级	≥C60	C55～C30	≤C25
单级最大压碎指标%	<20	<25	<30

5. 有害物质

机制砂中如含有云母、轻物质、有机物、氯化物、硫化物及硫酸盐等有害物质，其含量应符合表 5-52 的规定。

表 5-52　机制砂中的有害物质限值

项目	质量指标
云母含量（按质量计）/%	≤2.0
轻物质含量（按质量计）/%	≤1.0
硫化物及硫酸盐含量（按 SO_3 质量计）/%	≤0.5
氯化物含量（按氯离子质量计）/%	≤0.06
有机物含量（用比色法试验）/%	颜色不应深于标准色，如深于标准色，则应按照水泥胶砂强度试验方法，进行强度对比试验，抗压强度比不应低于 0.95。

有抗冻、抗渗要求的混凝土，机制砂中云母含量不应大于 1.0%。

机制砂中如发现含有颗粒状的硫酸盐或硫化物杂质时，则要进行专门检验，确认能满足混凝土耐久性要求时，方能采用。对预应力混凝土，其氯离子含量不得大于 0.02%。

6. 机制砂质量中的 3 个问题

机制砂在应用中有 3 项主要指标备受关注：石粉含量、压碎指标和细度模数。

（1）石粉含量

机制砂在生产过程中，不可避免地附带有少量粒径小于 0.075mm 的石粉。按天然砂质量标准，小于 0.075mm 颗粒定义为泥，而对泥的含量限制是非常严格的。机制砂中的石粉显然与泥不同，大量试验研究与工程应用实践表明：机制砂中含有一定量的石粉对改善中低强度等级混凝土的工作性有较大的帮助,对混凝土强度几乎没有影响。但石粉含量较高时,对配制高强混凝土的强度有不利的影响。目前,湖北沪蓉西高速公路多数专业砂石料厂工艺配制较完善,大都配备了旋风收集石粉装置或静电收尘系统,有的还采用水洗除粉工艺,能有效地把机制砂石粉含量控制在5%以内。

(2)压碎指标

是指机制砂在外力作用下抵抗破坏的能力,是间接表达机制砂坚固性的一个重要指标。压碎指标直接影响所配制混凝土的强度,特别对于高强混凝土的影响最大。湖北沪蓉西高速公路多数专业砂石料厂生产的机制砂颗粒形状较好,加之所采用母岩强度都较高,压碎试验值一般在20%~25%范围内。试验发现,当某些砂石料厂采用的母岩强度较差时,其压碎指标值将增大,一般都大于25%。机制砂中的针片状含量对压碎值最为敏感。调查发现,针片状颗粒含量多的产品一般均为非专业砂石料厂生产碎石筛留下的石屑,试验压碎指标值一般都在30%以上,有些甚至高达40%,这种石屑在本高速公路项目是明令禁用的。大量试验表明压碎指标值30%是一个比较明显的分界线,小于30%的机制砂几乎全是专业砂石料厂生产,而大于30%的砂样大部分出自非专业或小碎石厂的石屑。

(3)细度模数

机制砂在生产过程中,为能除去大部分石粉,往往将300μm以下颗粒清除了大部分,从而造成机制砂颗粒级配不好,细度模数偏大的问题,加之机制砂棱角多,表面粗糙,单独用于配制混凝土很难满足其工作性要求,也不符合行业标准的规定。针对这一问题,可将之与天然河砂进行掺配,以填充颗粒级配的中间部分,但这一方面目前是正在深入研究的课题,因为这虽然保证了细度模数符合规范要求,但对混凝土其他性能的影响还未探明,这里只是借此提出复合砂的概念,不在此文探究之列。

五、机制砂质量控制

上面说到机制砂在应用中有3项主要指标极其重要,这些都是和机制砂在日常生产和使用中紧密相关的,生产控制得好,使用起来就放心,生产质量差,就得加强使用时质量控制检测了,在此谈谈机制砂生产和使用的控制。

1. 生产质量控制

(1)生产机制砂所用岩石要求洁净、无泥块及植被,质地坚硬、无软弱颗粒及风化石,石料等级要求三级或三级以上。

(2)统计出料口砂和成品砂的细度模数,进行颗粒分析,其级配应符合规范要求,见表1。根据统计结果调整生产系统参数,以提高生产效率和生产质量。

（3）检测统计出料口砂和成品砂石粉含量（小于 0.075mm 的颗粒含量），根据统计结果调整生产系统参数，将石粉含量控制在 7% ~ 16% 范围以内,对于配制 C40 或 C40 以上混凝土所用机制砂应通过水洗法或收尘法将石粉含量控制在 7% 以内,同时应注意避免将 0.075 ~ 0.3mm "带走"而造成断档。

（4）机制砂生产设备注意经常保养,对于磨损厉害的设备予以更换。

（5）机制砂储存时高度不宜超过 10m,避免混入杂质,做好防雨措施。

（6）对成品砂应根据条件按批量作常规物理检测,一个工作日为一个批量。常规物理检测项目见机制砂的质量要求。

2. 使用质量控制

（1）供货方应提供产品合格证及质量检验报告。

（2）应按同产地分批验收。一般 400m³ 或 600t 为一个验收批,不足者按一个验收批论。

（3）在运输、装卸和堆放过程中,防止颗粒离析和混入杂质,按产地、种类分别堆放,堆放高度不宜超过 10m。

（4）按一定的取样方法取样,对机制砂颗粒级配、石粉含量、常规指标进行检验。其中机制砂的颗粒级配按规定频率进行检测,压碎值、表观密度等指标在更换生产厂家或母岩质量有所波动时按一定的取样方法和频率进行检测。对重要工程或特殊工程应根据工程要求增加相应检测项目。

（5）检测结果不符规范要求的机制砂,可作混凝土试验,试验结果满足技术要求的,得到监理工程师认可方可使用。

六、机制砂对混凝土各方面性能的影响

1. 石粉对混凝土抗压强度的影响

强度是混凝土作为结构材料的一个重要依据。因而机制砂对混凝土的强度影响也是混凝土工作者最关心的一个问题。大多数的资料显示,机制砂混凝土比普通混凝土强度为高。究其原因,周明凯等人认为机制砂中的石粉在水泥水化中起到了晶核的作用,诱导水泥的水化产物析晶,加速水泥水化并参加水泥的水化反应,生成水化碳铝酸钙,并阻止钙矾石向单硫型水化硫铝酸钙转化。安文汉等认为机制砂增强混凝土的主要原因是由于石粉的存在可以较明显改善混凝土的孔隙特征,改善浆—集料界面结构,并且混凝土晶相有不同程度的改变。蔡基伟、李北星在研究石粉对中低强度机制砂混凝土性能的影响中发现:在单位水泥用量少的情况下,石粉对机制砂混凝土强度的贡献更加突出。此外,S. Takami 认为:石灰石粉细度越大,越能发挥其活性效应,对混凝土的力学性能影响越大。然而李兴贵的研究表明:当石粉含量(指 0.16mm 以下的细粉)增大到 21% 以上时,由于石粉含量太高,颗粒级配不合理,使混凝土密实性降低,和易性变差;粗

颗粒偏少,减弱了骨架作用;非活性石粉不具有水化及胶结作用,在水泥含量不变时,过多的石粉使水泥浆强度降低,并使混凝土强度减小。

2. 石粉对混凝土工作性能的影响

机制砂与天然河砂相比,一般认为机制砂混凝土坍落度减小,但部分学者认为,石粉可在一定程度上改善混凝土的泌水性和黏聚性,使得混凝土易于成型振捣,这些作用在低强度等级混凝土中特别明显,即在低水泥用量情况下,配制出工作性符合要求的混凝土,因此在较低等级混凝土中,石粉含量应按高值控制(8% ~ 10%)。但在高强度等级混凝土中,因为其水胶比较小,石粉的存在严重影响了混凝土的工作性,因此应对机制砂中的石粉进行严格的限制;Nam-ShikAlln 指出:一般研究者认为增加石粉会增加需水量,但石粉在填充集料空隙的情况下,就不会增大需水量。B. P. Hudson 等人认为,机制砂中的石粉填充了大颗粒之间的空隙,在集料体系内起一定的润滑作用,在不含泥土的情况下,机制砂中石粉含量介于 5% ~ 10% 时,用水量不必增加很多也可保持工作性。

3. 石粉对混凝土体积稳定性的影响

对于体积稳定性,学者的试验数据差别很大,影响规律也不尽相同。

吴明威研究了小于 0.08mm 机制砂中石粉含量对干缩性能的影响,结果表明:随石粉含量的增加,收缩呈下降趋势,并且比河砂混凝土的收缩值小。

Tapir Celik 等人认为,机制砂石粉含量在 10% 以下时,干缩随石粉含量的增加而增加,石粉含量超过 10% 时,干缩应变减小。这与抗压强度有关,强度越高,干缩率就越大。

然而李兴贵等人的研究结果却得出相反的结论:石粉含量在 12% 以下时,干缩率增大缓慢,石粉含量大于 12% 时,干缩率迅速增大,并认为主要是由于小于 0.075mm 的石粉颗粒在混凝土拌合物中起到增加水泥浆含量的作用。

陈兆文补充说明,高石粉人工砂混凝土的干缩率,随人工砂中石粉含量的增加而增大。当石粉含量从 12% 增加到 21% 时(指粒径小于 0.16mm 的细粉),石粉含量每增加 1%,干缩率相应增加约 1%。

4. 石粉对混凝土耐久性能的影响

TapirCelik 认为:随机制砂石粉含量增大,机制砂混凝土的渗透系数逐渐减小。其理由是:石粉阻碍了气孔与渗水通道之间的连接,石粉含量越大,阻碍作用越强,渗透系数越小,抗渗性越好。机制砂由于表面比较粗糙,可以与浆体很好的粘结,增加水泥石的密实性,石粉虽然不具有活性,但提高了混凝土的密实性,增强了水泥石与集料界面的粘结;而有人认为石粉能加速 C_3S 的水化,并与 C_3A、C_4AF 反应生成结晶水化物,改善了水泥石的孔隙结构,因此抗渗性能得到提高。

但洪锦祥与蒋林华在人工砂中石粉对混凝土性能影响及其作用机理研究时

发现,石灰石粉等质量取代水泥会降低混凝土的抗渗性能。他们的理由是:石粉虽然不是一种惰性材料,但它也不是一种胶结材料。也就是说,可以把它看作一种微集料,虽然它的粒径较小,能优化混凝土的孔隙结构,使混凝土变得更均匀,但同时,它取代水泥后,使水化产物变少了,混凝土的密实性相应地就变差了。因此随着取代量的增加,氯离子的扩散系数就越来越大,即整体的抗渗性能变的越来越差了。

故可以认为:石粉的外掺对混凝土的抗渗性能有一定的改善作用。内掺时随着石粉掺量的增加混凝土的抗渗性能不断降低。

七、存在的问题

1. 标准不统一且缺乏全国性的应用标准

目前对于机制砂混凝土,除了机制砂材料的质量检测标准外尚无其他统一的全国标准,只是北京、上海和重庆等地制定了机制砂应用的地方标准,各标准间对于石粉含量的规定并不太一致,而且对于石粉含量的控制在业界一直存在争议。国标、行标及其他标准规定的石粉含量见 GB/T 14684—2011,即前述表5-50 要求和表 5-53 和表 5-54:

表 5-53　JGJ 52—2006《普通混凝土用砂、石质量及检验方法标准(附条文说明)》

混凝土强度等级	≥C60	C55 ~ C30	≤C25
石粉含量(按质量计)/%	≤5.0	≤7.0	≤10.0

表 5-54　国外石粉含量的限制

美国	英国	日本	德国
5% ~ 7%	用于承重混凝土<9%,一般混凝土≥16%	7.0%	4% ~ 22%

《水工混凝土施工规范》DL/T 5144—2001 规定:"机制砂石粉含量宜控制在6% ~18%"。

2. 石粉含量同细度模数的矛盾

一般的机制砂颗粒级配组成中,呈现"两头大、中间少",即 0.075mm 以下(石粉)和 1.25mm 以上量偏大,中间颗粒偏少,其细度模数的调整主要通过调整石粉含量来实现,如想将其细度模数控制在 3.0 以下,则其石粉含量就须在10% 左右,否则将会极大的降低机制砂的生产效率,因此在制砂设备上需进一步改进和提高。

3. 石粉的深度开发应用

对于石灰石,一般制砂机的出粉率在 20% 左右,花岗岩质等出粉率稍低,因此湿法生产过程中,其通过水洗而形成的石粉浆体量较大,如何处理颇为头疼。在干法生产过程中,通过收尘而收集起来的石粉,现在虽然有部分的开发和使用,如提供给沥青拌合站、作为饲料添加剂等,但其仍有很大的局限性,未形成一条完整的产业链。如何进行石粉的更有效利用,如将其作为混凝土矿物掺合料进行再磨细加工等,是需要工程技术人员进行深度研究的。

八、使用机制砂应注意的事项

要正确认识和利用石粉。从外观上看,机制砂与天然砂有明显的不同,天然砂外观呈黄色,含泥量高也不易看出。而机制砂多数呈灰白色,看上去石粉很多。机制砂在生产过程中,不可避免地要产生一定量的石粉,这是正常的,也是机制砂与天然砂最明显的区别之一。石粉的定义是:粒径小于 $80\mu m$,矿物组成和化学成分与母岩相同的颗粒。从细度角度分析,石粉颗粒分布主要集中在 $16\mu m$ 以上,小于 $80\mu m$ 泥的颗粒分布主要集中在 $16\mu m$ 以下。天然砂中的泥对混凝土是有害的,必须严格控制其含量。而机制砂中适量的石粉对混凝土是有益的,有石粉的存在,弥补了机制砂配制混凝土和易性差的缺陷,同时,它对完善混凝土特细集料的级配,提高混凝土密实性都有益处,进而起到提高混凝土综合性能的作用。因此,在国标中,机制砂的石粉含量根据配制混凝的强度等级比天然砂含泥量相对放宽 $3\% \sim 5\%$。为防止机制砂在开采、加工过程中因各种因素掺入过量的泥土,而这又是目测和传统含泥量试验所不能区分的,标准特别规定了测机制砂石粉含量必须进行亚甲蓝 MB 值的检验,亚甲蓝 MB 值的检验是专门用于检测小于 $80\mu m$ 的物质主要是石粉还是泥土的试验方法。检测结果不合格的机制砂可以和天然砂按比例混合进行控制使用,这样就避免了因机制砂石粉中泥土含量过高而给混凝土带来的副作用。

九、机制砂在产业化生产中应注意的事项

目前国内生产机制砂的企业大致分为两种类型:其一为专业机制砂厂,或以生产机制砂为主兼生产部分碎石,这类企业年设计制砂能力约 $20 \sim 30$ 万 t,工艺装备可靠,能够保证机制砂质量要求,是产业中的骨干。其产品一般供应搅拌站和大型市政、公路、桥梁等工程。另一类企业为原有碎石厂通过工艺改进而成,这类企业通过将筛分后的石屑除粉后作为机制砂出售,一般制砂能力较低,产量在几千吨到几万吨之间。其产品质量不如专业机制砂厂好,质量波动较大,但价格一般较低,主要用于普通混凝土配制。部分专业机制砂生产厂在建设过程中都经历过程度不等的失误和教训,甚至付出过沉重的代价。总结其教训和经验,对今后机制砂产业健康发展有着很好的借鉴作用。这些经验和教训主要表现在以下两个方面:

1. 机制砂生产线工艺设计

机制砂生产线工艺设计是决定投资规模、生产效率、产品成本,运行可靠性最关键的环节。早期建设的机制砂生产线,在工艺设计上均存在一些问题,不得不在投产后又进行改造。这些问题是:工艺设计不尽合理,破碎设备选用不当或与工艺流程不匹配,筛分系统不配套,传送系统过于复杂,设备检修不便等。个别企业设计生产规模过大,造成投资过大,设备利用率低,直接导致后期生产成本居高不下。制砂机的选型及使用的可靠性是保证机制砂质量的关键。适用于制砂的破碎设备主要有棒磨式、锤式、反击式、旋盘式、立式冲击破等。这些制砂机械各具优缺点。在设备选型时一定要仔细调查其规格、功率,必须与生产线的客观环境相适应,要注意与进料粒径、生产能力、效率相匹配。设备选型不当往往造成故障频发,效率过低,能耗过大等问题,给以后的正常生产带来困难和麻烦,甚至有试车就将主机打烂的先例发生。

工艺设计要因地制宜,尽可能利用地形高差,专业机制砂生产线一般采取两级或三级破碎,要重在降低设备运行功率和成本上下工夫。原料破碎、制砂、筛分设备一定要匹配,并应考虑维修方便。有些地区多雨,还应考虑雨天能够正常生产。湿法工艺是机制砂生产的一种较好方法,可以有效防止尘污染,保证产品质量,提高生产效率,特别是不受下雨天气的影响,可以提高设备利用率。新建厂工艺设计时建议优先考虑湿法制砂工艺。

2. 机制砂生产线的合理选址

矿山母岩的质量是决定机制砂质量的重要因素之一,《混凝土用机制砂质量标准及检验方法》规定:石灰石母岩的强度应不小于80MPa。新建厂应做好矿山资源的勘察工作,矿山母岩的强度应不小于80MPa。要避免因矿石质量差及采矿成本高对企业经营的影响,对于覆盖土层较厚、夹层含泥较多、母岩强度较低、白云石含量较大,以及岩石分层成片状的矿山应避免就地建厂。机制砂生产过程将不可避免的带来粉尘污染和对现有植被的破坏,新建厂应十分注意环保问题,必须符合国家环保"五管齐下"的"净空"措施的有关规定,符合制定的新建采(碎)石场必须工厂化、规模化、环保型的布局方案。这样才能少走弯路,有的放矢,得到政策的支持。

十、机制砂的前景与展望

目前国内机制砂生产已经成为一个新兴的产业,其应用范围逐年扩大,由最初仅限于生产C30及以下强度等级混凝土应用,发展到现在几乎所有等级的混凝土都可以使用机制砂。城市的市政工程、道路桥梁、高层建筑、混凝土制品也大部分可以采用机制砂混凝土。机制砂的应用不仅对混凝土工程的质量和耐久性提高起到了保证作用,同时也为社会和企业创造出巨大的经济效益,为工程的建设发展,建筑技术进步作出了重要贡献。

虽然有些地区机制砂的开发与应用已经形成气候,但是,目前仍然面临很多问题。

1. 机制砂的应用量还只占很少的份额,一些设计、监理、施工单位对机制砂认识不足,不敢使用或限制使用机制砂,影响了机制砂的推广。

2. 从机制砂生产厂总体布局看,很多专业生产厂地理位置分布不够合理,运距较远地区的使用成本加大,影响到使用积极性。

3. 传统的观念和习惯也严重影响机制砂的开发与应用,这就需要解放思想,加大宣传力度。希望更多的工程技术人员、企业家以及政府相关部门共同关注混凝土技术的进步,促进机制砂的进一步开发与应用。

我国有大量的金属矿和非金属矿,在采矿和加工过程中伴随产生约20%的尾矿,有相当尾矿没有合理利用,已约有上百亿吨的尾矿大量堆积,占用土地,造成环境污染,而如果经过适当分选与加工,不少尾矿就可以制成机制砂。例如,1985年起,首钢迁安矿山公司就开始进行用旋流一次尾矿的办法生产建筑用砂,取得了很好的效果,既解决了环境污染问题,又提高了资源利用率,形成综合效益,符合科学发展观和可持续发展的国策,我们相信发展机制砂行业将是一个前景十分光明的朝阳产业。

十一、结语与展望

在河砂资源日益枯竭的大背景下,机制砂混凝土今后势必将用于各类城乡建设之中。可其自身仍有一些问题未能得到有效解决。结合以上的研究内容,以下3个方面可继续深入研究:

1. 目前对于机制砂混凝土的配制缺乏高性能混凝土的理念,对一些配制高性能机制砂混凝土的敏感因素(如砂率、石粉含量、是否掺用矿物细掺料及掺量的多少等)以及相互之间的关联缺少实质性的研究,特别对于高强机制砂混凝土更是研究甚少。

2. 与天然砂相比,机制砂级配较差、细度模数偏大,具有表面粗糙、颗粒尖锐有棱角等特点,这对集料和水泥的粘结是有利的,但同时也增加了混凝土拌合物流动的阻力,很容易造成混凝土的流动性不良。高强混凝土胶凝材料的用量比较大,其中还掺入了硅粉以保证强度,石粉的掺入还会增加粉体含量,使需水量增加,这样就不可避免的引起黏度的增大,怎样使配制的机制砂混凝土满足泵送混凝土的要求,使其有良好的工作性能,是亟待解决的问题。

3. 国内外还未有学者从拉伸徐变、抗裂性能这两个方面来研究机制砂混凝土配合比,所以在这个领域上还有待研究者进一步的探索。

第五节　海砂混凝土应用技术

一、"海砂"定义

《海砂混凝土应用技术规范》将"海砂"定义为：出产于海洋和入海口附近的砂，包括滩砂、海底砂和入海口附近的砂。将"入海口附近的砂"纳入海砂的范畴，解决了长期以来对江河入海口附近的所谓"咸水砂"是否属于海砂问题的争论。入海口是河流与海洋的汇合处，淡水和海水的界线不易分明，且随着季节发生变化，本着从严控制的原则，故将入海口附近的砂纳入海砂范畴。

二、"海砂混凝土"定义

《海砂混凝土应用技术规范》将"海砂混凝土"定义为：细集料全部或部分采用海砂的混凝土。这样一来，凡是掺有海砂的混凝土，无论掺加比例多少，都视为海砂混凝土，这也体现了"从严控制"的原则。

三、"净化处理"定义

《海砂混凝土应用技术规范》规定："用于配制混凝土的海砂应做净化处理"，并将此项规定作为强制性条文。"净化处理"作为本规范的特有术语，被定义为：采用专用设备对海砂进行淡水淘洗并使之符合《规范》要求的生产过程。因此，海砂的净化处理需要采用专用设备进行淡水淘洗，并去除泥、泥块、粗大的砾石和贝壳等杂质。这主要是考虑到采用简易的人工清洗，含盐量和杂质不易去除干净，且均匀性差，质量难以控制。海砂用于配制混凝土，应特别考虑其影响建设工程安全性和耐久性的因素，以确保工程质量。

四、淡化海砂的现状

随着我国现代化建设规模的不断扩大，建筑用砂需求总量巨大。经过几十年的开采，部分河道砂资源已经大为减少或接近枯竭，天然河砂资源短缺的问题日益突出。而天然河砂的市场价格也迅速上涨，甚至出现过一年翻番。一方面，为了满足供应，许多地方出现了滥采乱挖的现象，导致当地水环境被严重破坏；另一方面，我国拥有漫长的海岸线以及大量可开采的海砂资源，同时海砂价格低廉（淡化处理后的价格仅为天然河砂价格的 70% 左右），因此，广大沿海地区逐渐开始应用海砂作为建筑用砂，来缓解天然河砂供应困难的情况。

但是，由于海砂的使用日益广泛，淡化处理不彻底等违规使用海砂的"无序行为"，已经造成了"海砂屋"现象在宁波、深圳、台湾等沿海地区出现，且尚有增多的趋势。"海砂屋"存在严重的安全隐患,威胁着当地居民的生命财产安全,将造成巨大的经济损失。毫无疑问,"滥用海砂"必须尽快制止,否则将后患无穷。因此很有必要梳理一下国内外关于淡化海砂使用的研究成果及政策,为正确地淡化处理海砂,合理地使用淡化海砂做准备。

由于海砂的开采目前并没有非常规范的政策支持,因此许多开发商在利用海砂进行建筑施工的过程中始终存在一些问题。目前我国一些地区已经开始采用大量的未净化完全的海砂来代替河砂进行混凝土材料生产加工,但是因为未采取相应的淡化净化措施,这就造成了未淡化完全的海砂制成的钢筋混凝土在应用之后不久就出现严重的质量问题,由于海砂淡化不彻底,盐分残留,会出现钢筋锈蚀剥落等问题,倘若没有进行有效的修补技术,将会被迫拆除重建,造成巨大的经济损失。因此,在我国建筑业不断探索海砂淡化技术改进的情况下,如何科学、正确、合理地开发利用丰富的海砂资源,缓解我国河砂资源日益枯竭的现状,同时避免由于海砂淡化不完全所造成的安全隐患,已成为科学技术人员所关注的重点,只有海盐淡化技术不断完善并能够顺利地应用与实践,才能更好地促进我国建筑业的发展。

相关实验数据分析得出,淡化海砂的质量稳定,各检测指标都能100%达到Ⅱ类砂标准,且80%以上符合Ⅰ类砂的标准。只要在混凝土施工中采选非近岸海砂砂源,并选择大型淡化海砂加工场进行淡化加工,淡化海砂的质量还是有保障的,也能满足其在高性能混凝土中的应用要求。此外,如果能形成采砂与淡化加工一条龙的生产模式,将更有力地促进淡化海砂混凝土产品质量的提高并降低工程成本。有关淡化海砂在高性能混凝土中使用,尤其是耐久性问题,也是今后我国淡化海砂工作需要加强的研究方向。

五、海砂的特点

海砂与天然河砂的组成及性能非常接近,粒型圆滑、级配良好、质地坚硬。但是海砂与天然河砂相比,不同点在于:Cl^-含量、SO_4^{2-}含量及贝壳等含量较高。

1. Cl^-导致钢筋锈蚀

Cl^-对混凝土结构物的破坏相当严重。混凝土中的液相pH值一般可达12.5~13.5,钢材在这种高碱的环境中能形成致密稳定的钝化膜,使得钢筋内部无法形成腐蚀电流。当CO_2、H_2O或Cl^-等有害物质从混凝土表面通过孔隙进入到混凝土内部,与内部的碱性物质发生中和,导致混凝土的pH值降低。当CO_2、Cl^-积聚足够的数量,导致混凝土的pH<9时,钢筋表面的钝化膜被逐渐破坏,脱钝活化,从而导致钢筋发生锈蚀。

Cl^-锈蚀是一个电化学过程。Cl^-和阳极因腐蚀产生的Fe^{2+},形成$FeCl_2$(绿锈)。从钢筋阳极向含氧量较高的混凝土孔隙迁徙,分解为$Fe(OH)_2$(褐锈)。

褐锈沉积于阳极周围,同时放出 H^+ 和 Cl^-,它们又回到阳极区,使阳极区附近的孔隙液局部酸化;Cl^- 再带出更多的 Fe^{2+}。

$$Fe^{2+} + 2Cl^- + 4H_2O \longrightarrow FeCl_2 + 4H_2O$$

$$FeCl_2 + 4H_2O \longrightarrow Fe(OH)_2 \downarrow + 2Cl^- + 2H^+ + 2H_2O$$

氯离子在过程中作为催化剂并不消耗,加速腐蚀建筑结构物内部的钢筋。钢筋锈蚀后,其体积可按溶解 O_2 富余程度的不同膨胀 $2 \sim 4$ 倍。锈蚀的不断深入,会导致混凝土保护层的开裂,钢筋与混凝土之间的黏结力破坏,钢筋受力截面减少,结构强度降低等,对混凝土的体积稳定性造成相当大的危害。

Cl^- 在钢筋表面只有达到一定浓度时钢筋才会锈蚀,此浓度为引起钢筋锈蚀的"临界值"。临界值是随条件而变的,混凝土的 pH 值即其中最重要的条件之一。Housmen 等人的实验研究结果表明,混凝土中液相的离子浓度比值为 $Cl^-/OH^- > 0.61$ 时,钢筋开始锈蚀,以此作为临界值具有一定的实际指导意义。

2. 氯盐的早强作用

海砂中的氯盐还可能对混凝土有促凝作用(含盐量在 0.2% 以上时比较明显),因此对于大体积混凝土有初期温升较高的问题。使用含盐量较高的海砂的混凝土早期强度较高,但可能损害后期强度发育。

3. SO_4^{2-} 的影响

海水中的硫酸盐含量大约只有氯盐含量的 1/10,经过淡化处理后的海砂 SO_4^{2-} 含量就更少了,一般不会对混凝土性能造成大的影响。但是海砂中的盐分可能使混凝土的干燥收缩增加。因此,必须十分关注含盐量对混凝土的性能影响。

4. 贝壳的影响

贝壳类一般不会与混凝土发生化学反应,这些轻物质本身强度很低,呈表面光滑的薄片状,易沿节理错裂,与水泥浆的粘结能力很差。较高含量的贝壳类等轻物质会明显降低混凝土的和易性、力学性能及各种耐久性能。

5. 含泥量的影响

经过筛洗淡化后的海砂的含泥量一般较低。据 2008 年度宁波市海砂淡化生产企业产品抽检结果显示,其含泥量一般都低于 Ⅰ 类砂要求的 0.1% 的限值,可以不予过多的考虑。

6. 淡化海砂对混凝土碳化的影响

混凝土碳化(中性化)主要由 $Ca(OH)_2$ 与 CO_2 反应引起。有研究指出:在碳化初期,天然河砂混凝土的抗碳化性能要优于淡化海砂混凝土;随着碳化时间的增加,在碳化中后期,两种混凝土的抗碳化性能无明显差异;碳化对淡化海砂混凝土的影响程度与河砂混凝土很接近,无明显差异。

六、海砂净化处理技术

我国海砂净化处理技术及其设备工艺目前总体上处于一个自发、无序、随意的状态。净化生产线设备、工艺流程、运行管理制度、控制参数(如淡水水质、用水量、淘洗时间等)等五花八门,其直接后果就是造成净化后的海砂含盐量不稳定,不同生产线处理的海砂含盐量差异大,即使同一条生产线不同批次的净化砂含盐量也相差较大;在这种条件下,为了满足对氯离子含量的控制要求,一般会根据经验加大用水量,而且现有的工艺大部分不能使用循环水技术,造成淡水的巨大浪费。

国外的海洋集料净化生产线自动化、规范化程度较高。英国典型的海洋集料净化处理生产线流程如图 5-11 所示。其基本流程是:海洋集料从采砂船中输送到堆场,从堆场输送到筛选设备,过大的集料会被筛出破碎后重新进入筛选设备。筛选设备出来的集料分为 3 个粒级:10 ~ 20mm,4 ~ 10mm,0 ~ 4mm。其中只有 0 ~ 4mm 粒级的海砂需要进行淡水冲洗,冲洗后还需要进行脱水处理。冲洗产生的泥浆则需要专门处理。

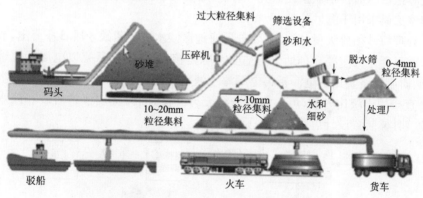

图 5-11　英国典型的海洋集料生产线工艺流程示意图

在中国,中国建筑科学研究院在完成"十一五"课题过程中,通过系统研究,基于节水、节能、有效的原则,采用循环水技术和科学确定水砂比例以及相关工艺措施,成功改进了海砂净化处理工艺技术,能够节约淡水资源30%以上,且保证净化海砂的含盐量稳定,满足《规范》要求。海砂净化工艺循环水利用如图 5-12 所示。其中:净化砂目标氯离子含量 S^*;进砂(原砂)的氯离子含量 S_{in};进水的氯离子含量 W_{in};进水量(水砂比例) R_{in};出砂(净化砂)的氯离子含量 S_{out};出水(淘洗水)的氯离子含量 W_{out};出水量 R_{out}。

早在 1999 年,赵毛媛等就探索了淡水冲洗海砂的生产工艺,经实践证明淡化后的海砂氯盐含量、含泥量、贝壳含量明显下降。

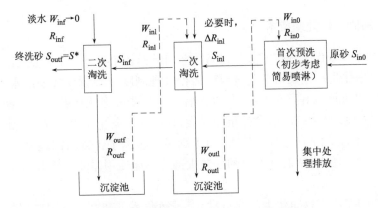

图 5-12　海砂净化工艺循环水利用示意图

汤奇岳发明了一种洗涤海砂的新方法,主要是应用气态的臭氧、碳酸气与液态的水混合形成两相共存的超临界洗涤用水,再将该超临界洗涤用水用于去除海砂中的有害离子如氯化物、硫酸盐、有机物质、藻类等,使海砂成为建筑用砂。樊毅等指出目前科学家正在研究一种除氯菌,可以用生物方法去除含氯化合物,目前该法尚未用于海砂除盐。

处理海砂须要大量的淡水,随着沿海地区淡水资源紧缺矛盾日益突出,节约淡水就显得十分重要。孙炳全、王立久、陈超核、王宏等人研究以电渗析原理为基础,研制经济实用的电渗析再电解海水淡化装置,生成工业用淡水(碱性电位水),直接用于淡化海砂,可对海砂进行充分冲洗,同时实现节约河砂和淡水的目的。具体装置设计思路如图 5-13 所示。

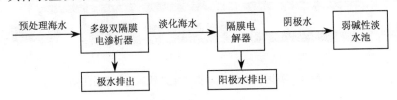

图 5-13　海水淡化用隔膜电渗析再电解装置原理框图

双隔膜电渗析器与隔膜电解器原理如下:

1. 双隔膜电渗析器。双隔膜电渗析器主要部件为阴、阳离子交换膜、隔板与电极三部分如图 5-14 所示。隔板构成的流水槽为液流经过的通道,如图 5-15所示。阴膜与阳膜间海水经过流水槽实现部分脱盐目的,水流直接进入下一级双隔膜电渗析器或隔膜电解器。靠近阴、阳极板流水槽流出的水流入排水管。若把极板、隔板与阴、阳离子交换膜交替排列,再加上一对端电极,就构成了一台双隔膜渗析电解器。本装置由 6 组电极排列而成,每组两极板间距 12mm,总电解电压为 0～18V。

2. 隔膜电解器。隔膜电解器主要部件为阴离子交换膜、隔板与电极三部分如图5-16所示。隔板构成的流水槽为液流经过的通道,如图5-15所示。靠近阳极板流水槽流出的水流入排水管。靠近阴极板流水槽流出碱性淡化海水,进入淡水池。隔膜电解器亦由6组电极排列而成,每组两极板间距6mm,总电解电压为 0～12V。

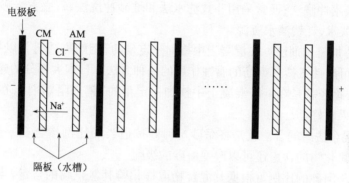

图 5-14　多组双隔膜渗析电解示意图

图 5-15　流水槽结构示意图

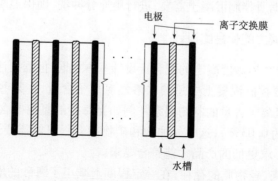

图 5-16　多组隔膜电解器示意图

利用海砂的前提是处理好其含盐和钢筋防锈蚀问题。

国内外曾经采用的方法有以下几种,各有优缺点,适用性、经济性也很重要。

(1)海滩自然放置法:将海砂堆置在海滩上,利用室外条件进行自然降氯的一种方法。

该方法一般要堆放数月或几年,经雨水冲刷,取样检测其氯化物的含量。该方法在雨水充沛的地区较为有效。

(2)淡水冲洗法:通常采用斗式滤水法和堆砂冲洗法,每立方米砂需消耗约0.8t以上淡水,耗费淡水资源。

(3)掺加阻锈剂法。在混凝土中掺加一定量的"钢筋防锈剂",以抑制、消除海砂中的可溶性氯盐对钢筋的腐蚀作用的一种方法。日本大部分的建筑用砂是海砂,主要途径就是在钢筋混凝土中掺加一定量的"钢筋阻锈剂",在工程实践应用中效果较好。

(4)混合法。混合法就是将海砂与河砂按适当的比例掺合在一起,其根本也是降低氯化物的含量还可以改变海砂的级配。

海砂与河砂的比例可根据其混合物取样化验其氯化物的含量,当其氯化物的含量小于国家规定的标准后,方可使用。

比较上述方法,切实有效使用海砂用于混凝土拌制,淡水冲洗法淡化海砂是根本方法。堆砂冲洗法不需要购买冲洗机械,操作简单,是淡水冲洗法处理海砂的首选。

为节省淡水资源,采用简单电渗析再电解的方法淡化海水,对配制的模拟海水进行了淡化试验,试验表明,经过两极简易电渗析器再流经隔膜电解器所得到的淡水基本可以满足冲洗海砂的要求,且具有较高 pH 值,对海砂冲洗效果以及混凝土拌制都将十分有益的。

采用堆砂淡水冲洗法进行了海砂冲洗试验,所用淡水是上述淡化模拟海水。试验表明,海砂冲洗效果可以达到要求。由于采用堆砂淡水冲洗法使用的不是淡水资源,可根据所拌制混凝土需要,进行更充分冲洗,确保混凝土性能。

七、海砂混凝土的配合比设计

海砂混凝土与河砂混凝土的配合比设计基本相同,但需要注意以下几点。

1. 由于需要控制混凝土中总的水溶性氯离子含量,在某些情况下,原材料的选择增加了氯离子含量的制约因素。例如当海砂的氯离子含量偏高(如仅达到《规范》要求的 0.03%),这时外加剂和矿物掺合料可能需要选择氯离子含量比其产品标准要求更低的产品才能符合要求。

2. 由于贝壳、轻物质的存在,在一定程度上减小了海砂的堆积密度,这对以质量法计算的配合比有所影响;同时,由于这些特殊物质的存在,海砂混凝土拌合物的经时变异性比河砂混凝土要复杂,对不同的外加剂敏感程度不同,面向不同的工程,有时呈现或正面或负面的影响,这需要根据试配的混凝土拌合物情况进行适当的调整。

3. 按照《规范》要求,海砂混凝土的配合比设计要满足耐久性能的要求。必要时,需要测定拌合物的水溶性氯离子含量。

八、海砂混凝土耐久性研究现状综述

随着经济的飞速发展,作为混凝土细集料的砂子用量特别巨大,在沿海某些地区相继出现河砂短缺、滥用海砂的现象。但是,海砂作为建筑用砂是把"双刃剑",一方面可以缓解河砂短缺局面、避免过度开采河砂带来的生态环境问题,另一方面由于海砂中所含的氯离子会腐蚀钢筋,滥用海砂有可能引发"海砂屋"等严重工程事故。上述事实,使越来越多的国内外学者认识到了海砂混凝土结构耐久性研究的重要性和迫切性。

关于海砂混凝土的耐久性能的试验已在试验室展开。主要围绕海砂混凝土抗氯离子渗透性、碳化性能展开。

肖建庄等通过对海砂、淡化海砂、河砂混凝土试块进行渗透性试验,发现三者的渗透性依次减小;强度等级越高,混凝土渗透性越小;渗透性随龄期的增长而降低。黄华县等通过将河砂浸泡氯化钠溶液来模拟海砂,制成混凝土砂浆,试验结果表明:模拟海砂混凝土的抗折和抗压强度与河砂相比并没有降低,相反,氯离子抗渗性能反而提高,从而得出海砂制作素混凝土可行的结论。

王炜分析了海砂中主要有害物质对混凝土的影响:海砂中的氯盐含盐量在0.2%～0.3%以上时,对混凝土拌合物的促进凝结硬化作用明显;海砂中的盐分还可能使混凝土的干燥收缩增加,对于大体积混凝土可能引发初期温升较高的问题。李学文指出海砂中的贝壳对混凝土的和易性、强度及耐久性均有不同程度的影响,特别是对 C40 以上的混凝土,两年后的混凝土强度会产生明显下降。此外,砂中的含泥量和泥块含量对混凝土拌合物和易性也有一定影响。

碳化性能是衡量混凝土耐久性的另一重要指标,蒋真等研究表明:海砂、淡化海砂混凝土的碳化深度发展规律与河砂混凝土一致。碳化深度随时间的增加而增大,随强度等级的提高而减小,且强度等级越高,3 种混凝土碳化深度之间的差距越小。

混凝土中钢筋锈蚀是一电化学过程,它是海砂混凝土结构耐久性破坏的主要形式之一,究其主要原因为氯离子的侵入。但是,应强调钢筋锈蚀在不含氯离子的条件下也可能发生,如混凝土碳化导致的锈蚀,只不过氯离子引起的锈蚀更为普遍。

混凝土中的氯离子含量只有达到一定浓度时钢筋才会锈蚀。洪乃丰引用

Housmen 等人的试验结果,把混凝土液相中浓度比 $Cl^-/OH^- = 0.61$ 作为"临界值"。还指出钢筋腐蚀速度与海砂带入的 Cl^- 总量呈正比关系。即海砂含盐量越高,其腐蚀破坏出现就越早、发展就越快。陈丽苹指出钢筋位置溶液中游离氯离子浓度越大,则其对钝化膜的破坏作用越大,钢筋锈蚀速度也越快。马红岩等试验进一步验证了海砂的氯离子含量越高,钢筋锈蚀越严重、锈蚀速度越快。试验结果还表明:未淡化海砂混凝土中的钢筋一般不会很快发生严重锈蚀,而是一个长期的内部迁移的过程;对于相同氯盐引入量的海砂型构件和普通内掺型构件,前者对钢筋的危害要小一些,锈蚀速度也低于后者。Dias 等研究发现海砂中自由氯离子含量达到 0.3% 时,对钢筋的腐蚀作用明显。

海砂混凝土的耐久性是个复杂的问题,而我国目前的相关研究应该说还处于起步阶段。为使海砂能被放心地用作建筑用砂,尚需做多方面的深入研究。此外,为避免海砂混凝土造成的耐久性问题,最佳管理方法是在施工现场对新拌混凝土进行氯离子实时检验,以免混凝土成型硬化后造成处理不便和成本上升等问题。

第六节 商品混凝土浆水回收与应用

一、引言

在当今社会飞速发展的进程中,节约资源,保护环境,维持社会的可持续发展日益受到全社会的关注。作为构建社会基础设施建设的商品混凝土也迅速发展。长期以来,商品混凝土搅拌站每天产生大量的浆水和废料,混凝土搅拌站设备的清洗以及废弃混凝土拌合物的堆积,所产生的废水及垃圾一直是混凝土生产企业头痛的问题,如不经处理直接排放则严重污染环境。如何将废弃混凝土拌合物及时清洗分离,使各组分及洗刷浆水得以合理应用,达到生产过程零排放,具有十分显著的经济效益和社会环境效益。

通过在混凝土中掺加浆水,将浆水回收并用于生产混凝土的技术方案,可实现浆水的零排放,减少对环境的污染。

二、混凝土浆水回收的必要性

商品混凝土企业冲洗搅拌机、运输车后产生大量的浆水,浆水中含有水泥、集料、集料带入的杂质和外加剂等,清洗水泥浆或混凝土的水为强碱性,pH 值高达 12 左右,随意排放会污染环境;使用清水冲洗运输车也是一项很大的浪费,冲洗 1 辆运输车用水 1~2 吨,每天要冲洗 2~3 次,如果每天平均使用 20 辆车,共要用水 100 吨左右,浪费很大。商品混凝土生产企业的浆水处理问题就成为困扰企业的一个大问题,在水资源日益紧张,环境保护越来越受重视的今天,这个问题就显得尤其突出。

为彻底解决每天冲洗搅拌机、运输车造成的废水排放问题,国内也有公司引进混凝土回收设备。混凝土回收设备是由分离设备、供水系统、砂石输送、筛分系统、沉淀池、搅拌池等组成,这是专门为回收运输车的残余混凝土和冲洗水而设计。这套设备中的分离设备主要由内壁附有螺旋叶片的筛网滚筒和螺旋铰龙构成,通过倾斜筛网滚筒和铰龙的分离输送,将残余料中的砂石分别分离出来,再用混凝土生产,分离后的浆水进入搅拌池,搅拌池中的搅拌器间歇周期性运转,保持浆水的均匀。浆水通过控制箱控制,进入搅拌楼主机被合理地用于混凝土生产。

三、混凝土拌合用水的技术要求

我国建设部 JGJ 63—2006《混凝土用水标准》将混凝土拌合用水分类为符合国家标准的生活饮用水、地表水(包括江、河、淡水湖中的水)、地下水(其中包括井水)、混凝土生产厂及商品混凝土厂设备的洗刷水及经检验合格的工业废水。

标准规定混凝土构件厂,预拌混凝土搅拌站冲洗搅拌机和运输车的浆水,作为拌合用水是可以用于混凝土生产的,但是应该注意降低水中所含水泥和外加剂品种对所拌合混凝土的影响。用蒸馏水或饮用水与浆水对比进行水泥浆凝结时间实验,两者初凝和终凝时间差,均不应大于 30min,其初凝时间和终凝时间还应符合水泥国家标准。配制的水泥砂浆或混凝土 28 天抗压强度比不小于90%。拌合水中氯化物,硫化物,硫酸盐的含量应在限值内,见表 5-55。

表 5-55　JGJ 63—2006 拌合水物质含量限值

项目	预应力混凝土	钢筋混凝土	素混凝土
pH 值	≥5.0	≥4.5	≥4.5
不溶物(mg/L)	≤2000	≤2000	≤5000
可溶物(mg/L)	≤2000	≤5000	≤10000
Cl^-(mg/L)	≤500	≤1000	≤3500
SO_4^{2-}(mg/L)	≤600	≤2000	≤2700
碱含量(mg/L)	≤1500	≤1500	≤1500

四、浆水中所含物质及其对混凝土性能产生影响的分析

一般来说,混凝土是以水泥为胶结材料,普通砂石为集料,与水按一定比例拌合而成,为调节改善工艺性能和力学性能还要加入各种化学外加剂和磨细矿

物掺合料。

浆水中的物质来自拌制混凝土的原材料,即水泥、砂、石、外加剂、掺合料。运输车中残留的混凝土冲洗后,经过回收设备分离后绝大部分粗细集料被分离出去,大于 0.15mm 颗粒已被除去。浆水中含有细小的水泥颗粒,集料所带入的黏土或淤泥颗粒,及可溶解的无机盐,外加剂离子等。

1. 浆水中的物质分析

由于水泥水化,浆水溶液主要含有 Ca^{2+}、Na^+、K^+、OH^- 和 SO_4^{2-}。

因为现在我们所使用的早强剂、防冻剂均不含氯盐,因此在浆水中,由混凝土外加剂带入的离子有 Na^+、K^+。砂石中常含有害杂质,主要有泥、硫化物、硫酸盐,粗颗粒中含有有害杂质如黏土、淤泥、一些硫酸盐、硫化物等。砂石中的含泥量应符合 JGJ 52—2006 的规定,因此溶进浆水的泥量是非常微小的。

2. 浆水所含物质对混凝土产生影响的分析

浆水中影响混凝土性能的有害离子主要为 Na^+、K^+、S^{2-} 和 SO_4^{2-}。硫酸盐会影响混凝土的耐久性;硫化物会造成钢筋脆断。

关于碱集料反应。浆水中的 Na^+、K^+ 来自水泥、外加剂、掺合料等,那么使用浆水带入每立方米混凝土的碱量有多少呢? 每辆运输车 1% 的混凝土残料中水泥占其中的 50%,计算得出所含碱量为 0.015%,其含量微乎其微,因此可以认为使用浆水不会增加碱集料反应带来的危害。

浆水中含有一定量的水泥浆,使水中含有一定量的不溶物。一般来说,混凝土运输车的残留混凝土量为 0.5%,由此计算得出浆水中含泥浆量应为 2% ~ 3%。而实际上测得的残留量大概在 1%,试验室取样结果,浆水中残余水泥的浓度值基本都在 4% ~ 6%。有关这部分没活性的细粉对混凝土性能影响的问题,国内对此进行过大量测试研究,结果表明,在 4% ~ 6% 范围内,不会影响混凝土的性能。我们按水泥浆浓度 5% 计算,加入每立方米混凝土中的细粉量 7.5kg 相当于集料提高 1% 的含量。这样总的含泥量也是小于我国砂石标准中对 C30 以下混凝土的含泥量规定的 5%。

3. 浆水水质的测定

根据以上分析,有相关公司做过浆水水质测定实验:首先取洗刷车高峰期即每天交接班后和非高峰期即不集中洗刷车时的洗车台中已经过沉淀的澄清水进行测定,经检测机构检测,结果表明洗刷车中有害离子的含量在洗刷车高峰期和非高峰期并没有明显差别,且低于标准规定。

4. 凝结时间差和抗压强度比的测定

相关公司的凝结时间和抗压强度比实验:凝结时间差的测定依据标准 GB/T 1346—2001《水泥标准稠度用水量,凝结时间,安定性检验方法》,用饮用水和浆水分别进行水泥凝结时间实验,用水量采用饮用水时水泥标准稠度用水量,计算初凝和终凝时间差。实验结果表明:使用浆水对水泥凝结时间和抗压强度没有产生有害影响,其凝结时间差均在 30 分钟以内,且其初凝时间和终凝时间符合国家标准,3d 和 28d 抗压强度比在 90% 以上。

5. 浆水中的水泥对混凝土性能影响的研究

有相关搅拌站做下述实验:用不同浓度水泥浆和饮用水进行对比实验,使用相同配比,用水量,相同水泥,相同外加剂、粉煤灰,不同强度等级(C20、C30)的样本量各 10 组,结果发现早期强度几乎没有差异,个别样本早期强度还略高于饮用水。后期强度相对于饮用水略低,但强度比都在 90% 以上。抗渗实验 C30 达到 P6。当水泥浆浓度达到 10% 以上时,混凝土流动性明显较差,增加用水量或外加剂后流动性恢复。增加用水量会导致强度降低,增加外加剂成本会提高。因此在流动性或坍落度不满足要求时,不能用提高用水量的方法调整。我们用浆水中细粉量等量取代粉煤灰,并补充细粉量一半的水泥,进行实验,结果证明效果很好。

为检验用浆水混凝土的抗冻性能,按 GB/T 50082—2009《普通混凝土长期性能和耐久性能实验方法标准》中的慢冻法进行了抗冻实验,冻融周期为 50 循环,结果表明基本无抗压强度损失。

五、浆水回收工艺流程

为了彻底解决冲洗搅拌机、运输车造成的废水排放问题,国内有混凝土公司引进国外最先进的混凝土回收设备,专门回收残余的混凝土和冲洗水。它由分离设备、供水系统、沙石输送、筛分系统、沉淀池、搅拌池等组成,其中的分离设备主要由内壁附有螺旋叶片的筛网滚筒和螺旋铰龙构成,通过倾斜筛网滚筒和铰龙的分离输送,将残余料中的沙石分离出来,再用于混凝土生产,分离后的浆水进入搅拌池,搅拌池中的搅拌器间歇周期性运转,保持浆水的均匀。浆水通过控制箱控制,进入搅拌楼主机再被用于混凝土生产。

回收工艺流程为:

泥浆→稀释(4% 以下)

清洗搅拌车残渣污水→稀释(4% 以下)→搅拌用水

清洗车表面→沉淀回收

厂区其他污水→沉淀回收

从分离设备排放的浆水,通过排污沟流到搅拌池,浆水在搅拌池中被搅拌器间歇周期性地搅拌均匀,然后泥浆泵抽浆水通过计量水管,浆水被输送到搅拌楼的计量水秤容器中,与一定比例的清水一起成为搅拌混凝土的材料;当加到一定量时,多余的浆水又通过回收计量管线回到搅拌池。

现场设置搅拌池和澄清水池各两个,搅拌池上均安装有搅拌器及池面安全镀锌格板,由控制箱控制搅拌器间歇周期性工作,防止浆水沉淀。各个搅拌池、澄清池按一定顺序排列,搅拌池之间池底相通,表面有水泵连接;澄清水池之间下有水管连接,上有水泵连接。当水池水量不足时,通过水泵向水池补充清水,保持水量稳定;当搅拌池水量过多时,又通过搅拌池和澄清水池之间表面下的水流通道进行溢流,在溢流过程中使水得以澄清。

六、相关研究成果

1. 刘本刚在《浆水回收再利用在混凝土中的试验与应用》阐述了利用浆水生产的预拌混凝土的质量控制。

(1)浓度控制,浓度过高生产的混凝土坍落度较小,和易性差,不便于施工,应保证浆水浓度在经试验证明的允许范围之内,浆水浓度在2%~4%时可顺利生产;浆水浓度超出2%~4%时可调整浆水在搅拌用水中的比例来实现。

(2)在工作时对进料进行监控,发现集料误差在2%以上,水泥、水、外加剂误差在1%以上时及时调整计量,使其与施工配合比相同;

(3)每机混凝土的坍落度严格控制,使其误差控制在±30mm以内。

(4)严格控制混凝土的搅拌时间,搅拌时间不低于规范规定,并保证搅拌好的混凝土均匀、和易性良好。混凝土配料采用质量比,并严格计量,其允许偏差不得超过下列规定:水泥、掺合料±1%,砂石±2%,水、外加剂±1%。

(5)混凝土的运输:混凝土搅拌运输车装料前,必须将筒内积水倒净方可接料,在运输途中,拌筒应保持3~6r/min的慢速转动。运输延续时间,不得超过所测得混凝土初凝时间的1/2。

按国家现行标准《预拌混凝土》的有关规定为:气温为5~25℃时运输延续时间最长为60~90min;25~35℃时,运输延续时间最长为50~60min。运输途中,不得故意延误时间,在整个运输途中不得随意向筒内加水。

(6)混凝土浇筑时其分层厚度应为300~500mm。振捣混凝土时,振动棒移动间距宜为400mm左右,振捣时间宜为5~10s,且间隔20~30min,进行二次复振。浇筑混凝土时应经常观察,当发现混凝土有不密实等现象,应立即采取措施予以纠正。

(7)混凝土第一次抹平后立即用塑料薄膜覆盖,不让水分跑掉,依靠自身的水分进行保湿养护。需进行第二次抹光时,揭开薄膜,抹完了仍要覆盖好。保温养护时间不得少于14d。

2. 王章夫等在《砂石分离和废浆水的自动回收及其再利用技术》中介绍了废浆水在胶砂和混凝土中的应用,影响如下:

(1)废浆水和自来水在适当比例时对混凝土用水量影响不大,也不影响其拌合物的流动性能,废浆水和自来水之比以4:6为宜。

（2）不同比例废浆水的掺量，在胶砂强度试验中，各龄期抗压强度与用自来水胶砂抗压比均在95%以上；在混凝土强度试验中，除3d强度略低外，7d、28d和60d强度比使用自来水的混凝土强度均有所提高。废浆水的使用性能满足现行混凝土用水标准要求。

（3）当废浆水和自来水比例为5:5或超过此比例时，可以调整用水量或外加剂掺量来保持其工作性。

（4）废浆水可应用于C50及以下强度等级混凝土和低水泥用量的混凝土。

七、浆水的合理使用

大量的实验结果证明浆水中离子量对混凝土不会造成有害影响。问题的关键在于浆水中的水泥浆浓度，根据实验，将4%的浓度值定为安全使用值，当浓度高于4%时，可以用两种方法解决：一是降低浆水使用量，补充部分清水，二是当浓度超过4%时，不降低浆水使用量。超过部分的细粉量等量取代粉煤灰用量，并相应提高水泥量，以保证混凝土强度。实际生产中为确保混凝土质量，在使用时应注意以下问题：

（1）为确保混凝土质量，C30以上强度等级的混凝土不使用浆水，C30以下同等级抗渗混凝土使用50%的浆水；混凝土强度等级≤C20的配合比可使用70%~100%的回收水。

（2）每天应对浆水中的不溶物进行不少于两次的浓度测定，根据浓度值调节使用量，或采取其他措施；当含固量小于6%时，回收水与自来水比例为4:6可按日常配比生产；当含固量大于6%时，根据含固量调节回收水使用量，或采取其他措施。

（3）应适当延长搅拌时间。

（4）更换水泥、外加剂品种后，应清空水池，避免因水泥、外加剂不同而对拌合混凝土产生影响。

（5）冬季期间使用时应能保证混凝土出机温度，必须具备水加热和显示水温装置。

八、结束语

1. 混凝土运输车及搅拌机清洗后的浆水经分离集料后，浆水完全可以应用到混凝土的再生产。

通过对混凝土拌合物凝结时间、硬化混凝土强度、抗渗及抗冻等指标的试验对比，清洗设备及废弃混凝土拌合物分离后的浆水，由于使用的母本水为饮用自来水，其有害离子含量能够达到国家标准要求的含量，而浆水中由砂石含泥量产生的不溶物非常小，因此做为混凝土拌合用水，是完全能满足普通混凝土性能要求的。值得注意的是,在使用时要随时测定浆水的浓度,并根据其浓度调整用水量及砂率,以此保证基准配比的参数。另外,高强度等级及其对碱含量有具体要求的混凝土,应进行总碱量分析计算,并通过试验后慎重使用。普通混凝土中应用浆水搅拌,实践证明其经济效益和环境效益十分明显,这也符合国家提倡的建设节约环保型社会的总体要求。

混凝土浆水的回收应用,可实现整个厂区的水资源的良好循环,真正达到污水的零排放,成功地解决商品混凝土企业的环境保护问题,同时也给企业带来一定的经济效益。

2. 使用回收浆水作混凝土生产的拌合用水可以在 C30 及 C30 以下混凝土中取代部分粉煤灰降低生产成本。

第七节　水泥基材料新型抗裂测试仪

水泥基材料的抗裂问题越来越成为学术界和工程界的热点和难点问题,影响到水泥基材料结构的方方面面。但是国内外至今还没有较为统一的测试水泥基材料抗裂性能的方法和评价指标,对商品混凝土及预拌砂浆质量检验缺少抗裂性能这一环节。特别是应用较多的传统环形约束收缩试验装置,存在受外界环境温湿度影响大及带有在规定条件下不开裂、慢开裂或裂缝分散细微、不易观测的缺点。

福州大学季韬、黄丹青等以新型环形约束收缩测试装置为基础,自行研发了集新型环形约束收缩测试装置、养护箱、采集系统于一身的水泥基材料新型抗裂测试仪。水泥基材料新型抗裂测试仪在保留原新型环形约束收缩测试装置优点的基础上,提供了一个恒温恒湿的试验环境,并克服以往环形试件在规定条件下不开裂、慢开裂或裂缝分散细微、不易观测的缺点。此新型装置可引导水泥基材料试件环在隔板处开裂,开裂位置明确、集中,准确判断水泥基材料的开裂龄期和开裂趋势。

国内外现有的对传统环形约束收缩试验装置的改进,主要是在内钢环内侧贴应变片,使之能够监测约束条件下的水泥基材料试件的早期应变,但是,环形约束试验测试时间长(甚至数月时间不开裂)、随机性和偶然性大、受气候条件影响大的问题仍然没有得到很好解决。ZhenHe 等提出用椭圆环代替传统圆环的装置,此装置虽然在试件中引起了应力集中,增大了混凝土开裂的趋势,但其效果不够明显,加上装置制作困难,所以此装置不能被广泛用于测试水泥基材料试件开裂。

季韬、黄丹青等研发的装置是在传统试件环中引进了隔板,隔板在试件环中引起应力集中,加速混凝土的开裂,集中了开裂区域,缩短了测试时间。新型环形约束收缩测试装置如图 5-17 所示。

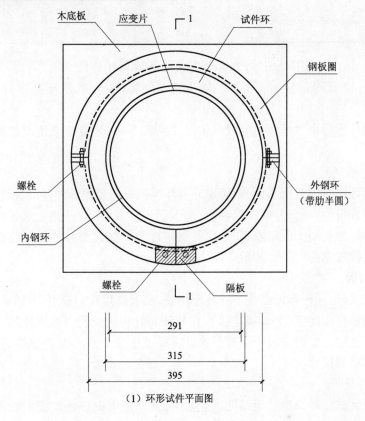

（1）环形试件平面图

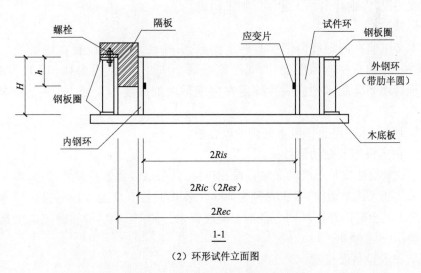

1-1

（2）环形试件立面图

图 5-17　新型环形约束收缩测试装置图

表 5-56　新型环形测试装置尺寸表

h_{st} /mm	$2r_{ec}$ /mm	$2r_{ic}(2r_{es})$ /mm	$2r_{is}$ /mm	H/mm
12	395	315	291	100

其中：h_{st} 为内钢环的厚度；$2r_{ec}$ 为水泥基材料环外径；$2r_{ic}(2r_{es})$ 为水泥基材料环内径或内钢环外径；$2r_{is}$ 为内钢环内径；H 为试件环高度；h 为隔板高度。

新型环形约束收缩测试装置具体尺寸见表 5-56，装置细节情况包括以下几个方面：

1. 外钢环：

外钢环由薄钢板加工而成，考虑外钢环拆模方便及保证外环浇筑效果，做成两个可拆卸带肋半圆，并以螺栓连接；为了固定隔板，在其外侧上下各设一圈钢板并设有螺栓孔用于固定隔板，考虑其稳定性及操作方便并在相应位置于上下钢板之间设置钢肋（见图 5-18(2)）。

2. 隔板：

根据文献，隔板布设在一半外环钢肋处，隔板高度超过试件环 50mm，与内、外环及底板自由连接（非焊接连接），在外环肋处相应位置以螺栓连接。本文在以前试验基础之上通过改变隔板形状及隔板尺寸，进行隔板优选试验，从而确定最敏感的隔板尺寸。

3. 内钢环：

为保证试件环圆度从而保证试验效果，且保证内钢环在试验中能提供足够的刚度约束，内钢环采用无缝钢管加工而成。

4. 应变片：

本文试验在内钢环内侧设有两个测点，其中一个测点设置在隔板处。采用 2(5×3) 的双相电阻应变片，每个测点两个应变片（见图 5-18(1)）。在界面处理后用 502 胶水把应变片固定在内钢环内侧高度 1/2 处，采用全桥连接方法。

5. 底板：采用经过不吸水处理的胶合板。

6. 固定设施及振动设备：

在试验前应变片已经与采集系统相连接，并考虑装置本身尺寸较小，本文中试验采用插入式振动棒，振头直径为 30mm；振捣时错开应变片进行振捣。为保证振捣混凝土时内外钢环同心且不偏离底板，另外加工十字型临时固定工具以方便操作（见图 5-18(3)）。

7. 试验设备及仪器：

贴于内钢环上的应变片、一台数据采集仪、一台普通计算机，三者构成本试验的数据采集系统（见图5-18（4））。即采用排线将应变片与DH3816静态应变测试系统相连，再由数据线连接数据采集仪与普通计算机，控制该数据采集仪由计算机程序驱动，设置20分钟采集一次数据。

新型环形约束收缩测试装置实物如图5-18所示。

水泥基材料开裂主要是因为本身收缩变形受到约束而产生的拉应力超过本身抗拉强度从而导致试件开裂。水泥基材料收缩变形与很多因素有关，但试验环境温湿度条件也是很重要的因素。所处环境的温度越高时，试件收缩值愈大，这是因为高温会加速试件中水分的蒸发。环境湿度对混凝土收缩的影响也很明显，因为混凝土内部水分的蒸发量和蒸发速度是随所在环境的相对湿度而定的。因此，水泥基材料抗裂测试试验必须保证一个恒温恒湿的测试环境。

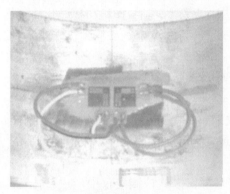

（1）应变片

（2）外环、隔板

（3）底板及固定工具

（4）应变采集仪

图5-18　新型环形约束收缩测试装置实物图

环境温湿度对试验的影响为非本质的因素,但也不容忽视,水泥基材料水化与温湿度有很大的关系,如果不能保证一个恒温恒湿的环境进行试验,则试验结果就没有可比性且抗裂评价指标也不具备权威性。

针对以上原因,福州大学季韬等人自行研发了集新型环形约束收缩测试装置、养护箱以及应变采集系统(包括数据采集电缆线、应变采集仪和普通计算机)于一身的水泥基材料新型抗裂测试仪。其中环形约束装置的尺寸参数及细节见图5-17,养护箱用以对箱内的温度和湿度进行控制,普通计算机为外置。

该抗裂测试仪的内胆采用不锈钢制成,以便于清洁、耐腐蚀、抗锈蚀及保证强度,见图5-19(3)。侧面右上方设置穿线孔,用于应变片与采集仪相连,见图5-19(5)和(6),中部设有推拉式抽屉,用于放置应变采集仪,见图5-19(4)。搁架为整体可移拆除式设计,在需要时由特制导轨将其整体移出,以方便试验操作及观测,见图5-19(7)和(8)。同时,仪器还加设了微电脑打印机和智能化面板,见图5-19(2),因而具有操作方便、控制精度高、箱内温湿度可控等优点。其具体技术参数如下:

1. 控温范围:10℃~60℃;控温精度:±0.2℃。

2. 控湿范围:30%~95%;控湿精度:±3%。

3. 搁架性能:一次可放置6个约束收缩试件;分做成6层搁架,每层搁架间距250mm,每层搁架的面积大于600mm×600mm,从而达到占地面积小的优点。

4. 一体式外观与便捷式操作:将应变采集仪嵌入该测定仪中形成一体,而普通电脑则由数据线与测定仪中的应变采集仪连接,在普通电脑上安装与应变仪配套的数据采集软件,用以采集应变。

5. 其他:该测定仪中应变仪功能和养护箱功能的其他要求同常规应变仪和养护箱的要求。

图5-19为该抗裂测试仪的相关实物照片。

水泥基材料新型抗裂测试仪方便快捷,并能够提供一个恒温恒湿的试验环境,排除了非本质因素的影响,所以试验结果具有可比较性,为后期进行水泥基材料抗裂性评价提供了统一的试验环境。

（1）样机外观

（2）微电脑打印机和智能化面板

（3）不锈钢内胆

（4）侧面设计

（5）穿线孔（侧面上部打开）

（6）穿线孔（机内）

（7）搁架（尚未转入机内）

（8）特制导轨

图 5-19　水泥基材料抗裂性测试仪

第八节　绿色混凝土和混凝土的绿色生产

一、绿色混凝土

(一)绿色混凝土的含义

当前,建筑行业对绿色混凝土的含义还没有准确的定论,但通常情况下人们认为绿色混凝土的定义需具备:比传统混凝土更好的强度和耐久性,能够保证非再生性资源的可循环应用以及降低有害物质的排放,不仅能减小对环境的污染,还能和自然生态系统适应发展。绿色混凝土作为一种新型的建筑材料,"绿色"则可解释成:降低资源、能源消耗;避免环境遭到破坏,维持生态平衡;可持续发展,不仅能达到当代人使用的需要,还能为子孙后代保存足够的资源。

(二)混凝土绿色化的应用

绿色混凝土产品与普通混凝土相比,具有低毒少害、节约资源等环境优势。开发绿色混凝土产品能引导企业自觉调整产业结构,采用清洁工艺,生产对环境有益的产品,形成改善环境质量的规模效应,最终达到环境保护与经济协调发展的目的。在混凝土的绿色化方面已经取得了较大的成果,主要的绿色混凝土有:

1. 再生混凝土技术

主要是将一些废弃物经过再生混凝土技术处理后,重新应用于混凝土生产中。如:把废弃混凝土块经破碎、清洗、分级后,参照科学的搭配比例配合起来制作再生集料,应用或全部代替天然集料配制出高性能的混凝土,这是当前建筑中的新技术。

(1)再生混凝土应用

建筑行业中研究出来的废弃混凝土再生应用技术包括 3 个等级:

① 低级,主要应用于道路回填、坑洼回填等,利用价值不高;

② 中级,对混凝土破碎之后加工处理,然后取代少数天然集料应用在道路基层和面层材料,利用价值理想;

③ 高级,主要是对混凝土做分离处理,然后取代天然集料与砂浆,石子是粗集料配制混凝土用于建筑结构的构件,去分离出的砂浆壳生产为干混砂浆、磨细后用作水泥混凝土矿物掺合料,也可当作再生水泥应用。若能够添加适当的含氧化硅、氧化铝、氧化铁等原料加工后作为再生水泥,其价值很高,可节约资源、降低工程造价。国外很多发达国家对再生混凝土的研究已取得了显著的成果,如:美国、英国、日本等,对于绿化混凝土的配制方法、技术已熟练掌握。但我国由于自身国情,以及科学技术的落后,对于再生混凝土研制依旧处于起步阶段,

且还没有足够的技术,使得这种绿色建筑材料应用较少。但部分建筑行业发达的城市,以及应用建筑材料较多的区域已经开始深入研究再生混凝土。如:四川省建材工业科学研究院等单位起草完成的四川省地方标准 DB51/T863—2008《地震损毁建筑废弃物再生集料混凝土实心砖》经过政府部门、专家组织综合审核后,在 2008 年 12 月 10 日正式开工应用。

（2）再生混凝土出现的弊端

虽然再生混凝土是一种新型的绿化材料,但由于各方面因素的影响,人们开始认识到这种材料存在的不足之处,主要表现为:

① 变化过大,受到基体混凝土的强度等级、应用条件、老化程度等方面的影响,使得再生集料的结构质量变化很大,没有能起到统一指导作用的再生集料分级标准;

② 强度不足,由于再生集料在破碎过程中常会出现裂缝问题,导致了其自身强度较低,吸水率大,与强度大的混凝土难以配制使用;

③ 利用率低,再生集料在生产的同时会形成 <2mm 粒径的水泥浆颗粒,这种细腻的颗粒体并没有得到足够的利用;

④ 技术落后,主要表现在对再生混凝土的强度变化规律掌握不准,在应对规律变化过程中没有充分的技术处理;

⑤ 价格上涨。随着新型的再生集料在加工生产时成本增加,其投放市场后的价格将会不断上涨,使得很多建筑单位因价格问题而拒绝使用。

2. 混凝土融合多项工业废弃物技术

（1）工业废弃物技术

工业废弃物主要是针对工业生产和工业加工方面形成的各种废弃物,主要包括了:燃料燃烧、矿物开采、交通运输、环境治理等产生的废弃固体、半固体物质等。利用工业废弃物技术对废弃材料加工处理后,不仅能避免材料浪费,还能提高资源的利用率,让混凝土材料发挥更大的价值。

（2）工业废弃物的应用

从市场情况看,水泥、混凝土行业对工业废弃物的使用主要体现在:

① 应用水硬性良好的废渣作混合材料,研制开发出硅酸盐水泥或作为生产混凝土所需的高活性细掺料。如:煤矸石、炉渣、粉煤灰等。若遇到矿渣等活性较高的工业废渣,则能够应用于无熟料水泥的生产。

② 配置水泥调凝剂,如:氟石膏、磷石膏等材料当作水泥调凝剂能够具有较高的价值;同时还能当作混凝土制品,如:砖和砌块的原材料。

③ 改善水泥质量,把不同的废渣当成替代原料、燃料或矿化剂,这样则会显著减少熟料煅烧的能耗,改善水泥质量。例:粉煤灰、金属尾矿、赤泥等材料,将其取代黏土来进行水泥组分配料的烧制效果甚佳。

④ 掺合料,把有用的废弃物收集之后,当作混凝土掺合料或改性材料也有一定的应用价值。

(3)工业废弃物应用出现的缺陷

在对工业废弃物进行处理过程中,发现了应用过程存在的缺陷:

① 有毒重金属、放射性等有害物质都是当前矿业废物中含有的成分,且多数工业化生产造成的废物也同样含有此类物质,这就使得工业废弃物的使用存在一定的风险;

② 产业化进程慢,对工业废弃物的处理必须要走产业化的道路,但这在现代社会技术条件下显然存在很大的难度,必须要对工业固体废弃物、高性能材料等方面进行考察;

③ 再生资源回收问题,由于国家对于再生资源的回收利用没有指定明确的政策,导致了整个回收利用过程没有统一的质量标准,生产操作的规范性难以保证,这些都是废弃物在水泥、混凝土应用时需要关注的话题。

3. 生态混凝土技术

(1)生态混凝土的含义

生态混凝土的结构组成十分特殊,其在生产过程中主要通过了材料筛选、质量检测等过程,且利用特殊的工艺流程制作出来的混凝土。生态混凝土的应用最大的好处在于维护生态环境,避免生态系统遭到人为破坏,为现代环保工作发挥出应有的价值。生态混凝土主要有:环境协调型、环境友好型等两大种类。

(2)生态混凝土的应用

环境协调型生态混凝土结合了多孔混凝土孔隙部位的透气、透水等作用,可渗透植物需要的营养种植不同的植物,主要用在绿化河川护堤等方面。环境友好型生态混凝土采用的技术有:

① 对固体废弃物循环使用,以降低混凝土生产时的污染程度;

② 对混凝土的耐久性不断改善,以延长建筑物的使用寿命,避免材料过度消耗;

③ 对混凝土的性能进行优化,以防止资源耗损过多。

4. 高性能混凝土技术

高性能混凝土(HPC)由于在生产技术、材料搭配等方面上实现了巨大的突破,其显现出来的优势也更加明显,主要优点体现在"三高",即:强度高、耐久性高、性能高,在高层建筑施工中应用极为广泛,且在桥梁或者暴露于恶劣条件下的建筑物中也较为实用。

(1)高性能混凝土的应用

生产高性能混凝土必须要做到:

① 优质的原材料。水泥选择 P·O42.5 级以上的水泥,必须要保证水泥的使用性能合格。矿物细掺料必须保证材料质量,减水剂要符合减水率大于20%、坍落度小等要求,以保证混凝土的流动性、耐久性达到要求;

② 科学的工艺参数。HPC 胶凝材料用量 > (500 ~ 600kg/m³),砂率 > (33% ~ 38%),粗集料的含量较少,水胶比 < 0.4 或水胶比 < 0.25,高效减水剂掺量 > (0.7% ~ 1.5%);

③ 正确的施工工艺。HPC 施工工艺设计时,必须要对混凝土拌合物的高黏性与坍落度损失合理处理,施工采取强制式搅拌、泵送施工、高频振动等。HPC利用高强度可降低结构截面积或结构体积,使得混凝土用量减少;利用高耐久性可使得材料的使用时间延长,减少了建筑材料的消耗等,这些都是新型材料体现出来的优越性。

(2)高性能混凝土应用存在的缺点

高性能混凝土的缺点体现在:

① 当前的 HPC 的研制仅停留在试验室,但现实施工人员的水平较低,对混凝土的维持措施不到位,影响了 HPC 的生产质量的优越性;

② HPC 在原材料选择上出现了水泥质量不稳定、离散性大、含泥量多、级配差等问题,长期使用后效果不佳;

③ 高强或高性能混凝土的低水胶比会造成不利影响,导致混凝土自干燥、自收缩,其内部结构面临诸多损伤而出现裂缝。

5. 矿物掺合料混凝土

国内外对矿物掺合料的利用已经很普及,主要是在混凝土中掺加部分磨细矿渣、粉煤灰、硅灰等掺合料替代一部分水泥,由于矿物掺合料的掺入,减少了水泥的用量,减少了水化热,有利于混凝土体积稳定,可以改善孔结构,增强混凝土耐久性,粉煤灰(Ⅰ级)还可以降低混凝土拌合物用水,改善混凝土和易性,举世瞩目的三峡工程就是使用了大量的优质粉煤灰,取得了巨大的综合经济效益;在矿物掺合料超量取代方面的研究报道也屡见不鲜,据报道,加拿大能源矿产部开发出了高掺量粉煤灰混凝土,粉煤灰替代水泥总量的 55% ~ 65%,工作性能和耐久性都能满足要求。国内有的研究将粉煤灰进行磨细处理,配合使用高效减水剂,当水泥熟料仅用 25% 左右,粉煤灰掺量为 70% 时,配制得到了工作性能好及后期强度发展极好的混凝土,其 3d 抗压强度大于 20MPa,28d 抗压强度在50MPa 以上。因此,掺加矿物掺合料节约水泥资源、减少污染,这是在混凝土绿色化过程中很有意义的成果。

6. 大气净化混凝土

在人们使用工业废渣替代部分水泥配制混凝土实现"低碳"的同时,国外一些水泥生产商一直在积极开发能够主动改善人类生存环境的混凝土。据报道,美国《时代》杂志评出了 2008 年"50 项最重要的发明",其中就有一种"吃烟"的混凝土,这是意大利 Italcementi 集团研制出的一种能利用紫外线分解泥尘的智能混凝土。这种智能混凝土中掺加了钛的氧化物,在紫外线的催化作用下富有反应活性,从而可以分解空气中的污物,如粉尘、CO_2、SO_2 等。在 Italcementi 集团的报告中指出,在一块面积为 75000 平方英尺、使用自清洁混凝土铺路砖地区的空气中,氮氧化合物的含量减少了 60% 以上;据悉,罗马的 Misericordia 天主教堂、法国航空公司巴黎戴高乐国际机场新总部、日本东京的 Marunouchi 大厦等著名建筑都采用了这种新型材料。

7. 透水混凝土

在 2010 年的上海世博会我们经常看到、听到的字眼是"低碳、环保",这是一个环保的世界,据悉,整个上海世博园区 60% 以上路面采用了透水、透气混凝土材料。透水混凝土使用粗集料、水泥加水拌制而成,集料之间由胶凝材料粘结,具有良好的透水透气性能。由于传统混凝土不透水不透气,在雨季道路积水严重,城市排水困难,容易造成内涝;同样的原因,城市地下水不能得到及时补充,水位下降,影响地面植被生长,情况严重的还可能会引起地质变化,地面下陷。正是由于透水混凝土的透水、透气性,将其用于城市道路的铺设,在雨季雨水可以迅速渗透至地下,地下水得到及时补充,地表植物能够生存,城市的气候得到了调节,道路没有积水,行车安全也得到了保证。

8. 自密实混凝土

与普通混凝土相比,自密实混凝土因其良好的黏聚性、稳定性和匀质性,具有以下几个优点:

① 自密实混凝土具有卓越的流动性和自填充性能,能够通过钢筋密集、结构截面比较复杂的工程部位,填充密实,且不离析、不泌水,确保较高的均质度,保证工程质量,提高混凝土结构的耐久性,解决不易或无法实施振捣作业构件的浇筑问题。

② 与使用机械振捣密实的混凝土相比,自密实混凝土免去振捣工序,依靠自重成型密实,降低了施工噪声,改善了施工环境和现场周边环境,有利于环保。

③ 使用自密实混凝土能提高浇筑速度,大大简化了混凝土结构的施工工艺,提高施工效率和施工质量,缩短施工工期。

④ 使用振动密实工艺需要一定数量的设备和技术熟练工人,而自密实混凝土可以改善这一现状,节约施工成本和节省劳动力,且混凝土强度等级越高,与普通混凝土相比,节约成本越高。

9. 轻集料混凝土

轻集料混凝土是指用轻粗集料、轻砂或普通砂、水泥和水配制而成的干表观密度小于 $1950 kg/m^3$ 的混凝土。轻集料混凝土具有质轻、高强、耐久性好等优点,与普通混凝土相比,能够在保持高强度的同时,降低结构自重的 20% 以上,这无疑使其成为高层建筑、大跨度桥梁、海洋工程的首选材料之一。

10. 清水混凝土

所谓清水混凝土,是指一次成型、不做任何外装饰,直接采用现浇混凝土的自然色作为饰面的混凝土。清水饰面混凝土表面不作抹灰、喷涂、干挂等装饰,节省资源,而且混凝土内部掺加掺合料,可以提高混凝土抗冻、保温的性能,并改善了混凝土的耐久性,延长了混凝土的使用寿命。同时可减少装饰材料对人体健康造成的危害。因此清水饰面混凝土无论从环保、人文还是节能等角度都适合中国目前的国情,属于新型绿色建筑施工技术。

(三)国内外绿色混凝土发展趋势

绿色混凝土在国内外的总体发展趋势遵循人与自然和谐发展的新模式,符合建设节约型社会,全面协调社会经济和自然环境的关系。对混凝土的要求具有良好工作性、高强度、高耐久性等。具体的发展的趋势:

(1)尽量少用水泥,多掺加复合矿物掺合料,从而提高废渣利用的技术和替代率,改善环境,减少二次污染。

(2)在大体积混凝土的早期裂缝、早期收缩和体积稳定性的方面能够得到有效控制。

(3)在未来的几年,绿色混凝土的应用范围将会不断扩大,同时具有良好的耐久性和体积稳定性等。

(4)随着社会的不断发展,未来混凝土的发展方向是向环保型混凝土、再生集料混凝土和机敏混凝土发展。

(四)绿色混凝土研究存在的问题和不足

1. 目前国内对绿色混凝土应用大多处于谨慎的状态,缺乏较系统的应用基础研究,对绿色混凝土的研究只是基于零散的试验研究,在相关的技术规范方面还不完善。

2. 由于对广泛应用绿色混凝土的意义认识不够全面,同时,处理、回收再生集料的前期投入费用比用天然的材料高,对技术上要求更严格,生产工艺较复杂。只能借鉴一些同类成功应用的工程。在设备方面有的需要更新、改进等等。

3. 由于我国对绿色混凝土的研究应用相对较晚于其他国家(如:日本、德国、荷兰等),在技术上有一定的差距,特别是缺乏对再生集料、建筑垃圾的处理,从而导致绿色混凝土的应用一直处于保守状态,使用于实际工程中较少,产生的社会效益和经济效益有一定的局限性。

4. 对质量低的掺合料(如:三级粉煤灰和矿渣粉)的复合双掺应用技术,缺乏系统的研究应用。

二、混凝土的绿色生产

（一）绿色生产的内涵

绿色生产是以节能、降耗、减排、环保为目标，依靠技术与管理手段，在商品混凝土的生产、运输（含原材料）及使用的过程中实现污染排放最小化和资源有效利用最大化的生产方式。

商品混凝土的绿色生产是以绿色环保为主题，以实现商品混凝土绿色化生产为目标，通过使用绿色混凝土原材料，加强生产管理体系建设，增加资源循环利用及减少资源消耗；通过加强技术研究，设计合理的配合比，开发新型绿色混凝土产品。

通过大量掺用工业废弃物生产的矿物掺合料及再生集料，减少水泥用量，提高对工业废弃物的综合利用效率；通过加强生产过程的控制，减少废水、废渣排放，减少混凝土生产基地对环境的影响；以此落实国家节能减排的产品升级政策，提供国内商品混凝土行业的发展新思路。

（二）实施绿色生产管理的意义

1. 传统生产模式与绿色生产管理模式的对比

预拌混凝土的绿色生产管理应具有以下的特点：可满足预拌混凝土的可持续发展，能减少环境污染，又能与自然生态系统和谐开发；选择资源丰富，能耗小的原材料；能大量利用工业废弃资源，实现非再生性资源的可循环使用和有害物质的从低排放；从原材料到产品到废弃物的整个生产周期对材料的回收、利用、处理等全部过程进行考虑。

在传统的生产模式中，预拌混凝土生产过程中大量的废水、固体废弃物等物质进入环境，归于自然。较少考虑废弃混凝土的回收及循环利用等问题，致使预拌混凝土废弃后的回收利用率很低，造成了资源的浪费以及对环境的污染。而且由于生产管理缺乏柔性，造成了设备资源利用上的严重浪费。在绿色生产管理模式中，这些问题可以通过特定的工艺手段和技术措施对整个过程中的每个环节逐一安排解决，实施科学管理，做到有效的利用资源。

2. 绿色生产管理的经济效益与社会效益

绿色生产管理充分考虑自然生态系统的承载能力，尽可能节约自然资源，不断提高资源利用率，从生产的源头和全过程充分利用资源，使得在整个生产过程中少投入、少排放、高利用，达到废物最小化、资源化、无害化。绿色生产管理不但要追求最佳的社会和经济效益，而且重视寻求生产经营活动与生态环境的相互适应和协调，重视生态，使经济、社会和生态效益成为一个统一体，这也正是生产力发展的必然要求和内在趋势。

3. 日趋激烈的市场竞争的客观要求

我国建筑业近年来发展迅猛,预拌混凝土企业发展面临更多机遇,同时也面临着激烈的市场竞争。随着不断掀起的技术革新和绿色浪潮,推行绿色生产管理,开发绿色混凝土,是我国预拌混凝土企业增强市场竞争力的必要途径。

4. 实现企业与自然环境资源协调发展的必然举措

预拌混凝土企业由于行业的特殊性,成长障碍之一是自然。由于受到外部环境经济资源的限制,取得所需的生产性资源如砂、石等越来越困难,成本也越来越高。企业发展面临的环境资源约束不断加大,需要在更大空间、更高层次上进行资源整合和资产重组。随着经济总量不断增长,企业和整个社会经济发展面临的资源约束不断加剧,开始面临能源、土地、矿产、水等资源的多重瓶颈约束。因此,我国的预拌混凝土企业家必须不断强化环境保护意识、自然和谐发展意识和资源能源节约意识,努力实现企业与自然环境资源的协调发展,处理好资源开发与环境保护的关系,通过绿色生产管理,降低单位产品的能源消耗,提高资源的利用效率,减少环境污染,承担环境保护义务,不断改善生态环境。这样既提高了企业自身的经济效益,又减少了社会资源的浪费,以较少的绿色投入,取得较大社会效益。

(三)绿色生产的措施

1. 绿色生产线的建立

1)厂区建设

① 商品混凝土搅拌站建设用地应合理布局,远离住宅和人口稠密区。随着城市的发展,环保要求愈加严格,部分城市已要求将噪声、污染严重的生产型企业搬迁至离市区较远的地方。在厦门岛内,已不允许新建商品混凝土搅拌站,且部分对市民生活造成影响的搅拌站也被要求迁离市区。

② 搅拌站的建设需考虑运输距离并选择交通便捷的地点。混凝土搅拌站的建设选址,不但影响着企业的施工质量,即保证混凝土的输送过程中不离析、坍落度损失控制在规定的范围内,而且影响着企业的生产运输成本。商品混凝土搅拌站的运营供给半径一般宜控制在 20km 以内,且要保证良好的交通条件,便捷的交通有利于降低成本。

③ 搅拌楼建设宜选择不等高平面,上层为砂石料场,下层为搅拌主机及地下蓄水池。砂石通过输送带送至搅拌仓,采用不等高平面建设搅拌楼可以减少砂石的输送距离,有利于加快生产速度及减少生产耗能,而且地势优势可以方便的收集雨水,减少生产的水耗。

④ 生产厂区地面应进行混凝土硬化,围墙四周、生活区及办公区应充分利用未硬化的空地进行绿化,在离居民区较近的厂区一侧应安装隔音、防尘设备。搅拌站在建站之初就应对厂区进行绿化,可以在园区四周种植双排大树,在大树之间种植常绿灌木,在林地间种植绿色草坪,并且可以在建筑物的四周种植爬山

虎之类的攀岩植物,这样对降低噪声和除尘具有很好的效果。另外,厂区内搅拌车行驶易引起扬尘,因此在厂区内应控制生产车辆的行驶速度,一般保证 5 ~ 10km/h 为宜。

⑤ 砂石料场应建成封闭式(三面墙,加装硬顶),并在料场的四周安装适量的旋转喷雾装置,混凝土原材料的搬运、卸载及上料过程需采取封闭措施。砂石料场是传统的搅拌站产生粉尘最多的地方,砂石卸车、堆积、搬运及风吹都能产生大量的粉尘。为了减少粉尘污染,砂石料场应进行封闭并在料场四周安装旋转喷雾装置,该装置可以根据料场的湿度和料场的扬尘情况进行定向和定量喷雾,这样不仅可以减少砂石料场的粉尘排放,还可以极大降低噪声。据悉,中建三局在成都龙潭建设的搅拌站实现了搅拌楼、料场全封闭,极大的降低了生产噪声和粉尘污染。

2)生产运输设备

混凝土搅拌站设备的选择要综合对比各种因素:生产能力、能耗、自动化程度、设备的技术参数、环保措施、维修、售后服务等多方面因素,其中主要考虑生产能力、生产工艺先进性、经济型和环保等方面。

① 应选择低噪声、低能耗、低排放等技术先进并与生产能力相适应的混凝土生产、运输设备。国内混凝土搅拌站的主机容量一般为 $2m^3$、$3m^3$、$4m^3$ 等多种设备,实际生产率在 $75m^3/h$ ~ $150m^3/h$,国外混凝土搅拌站的主机容量可达 $15m^3$,生产率超过 $360m^3/h$。除了超大型项目建设外,国产主机能够满足生产需要,在实际选型时为了保证长时间不间断连续生产,建议采用 $2m^3$ 或 $3m^3$ 主机多台并联的方式,以解决因故障而发生停产事故,同时减少运输车的等待时间。

② 为了减少粉尘的产生,搅拌机的主机、筒仓顶端应采用集尘设施,且筒仓除了吹灰管及除尘器出口外,不得再有通向大气的出口;对搅拌楼生产过程的上料、配料及搅拌等相关设施进行封闭,以达到降低噪声及减少粉尘排放的目的。

③ 建立"废弃混凝土料浆回收系统",通过砂石分离机分离建筑垃圾中的砂石与料浆,将砂石进行回收利用,同时分离出来的废料浆再进行一次搅拌后,送到搅拌楼作为生产混凝土的原料使用,确保充分利用其中有效组分,尽可能实现混凝土生产过程"零排放"。经计算,每生产 $100m^3$ 混凝土将产生建筑垃圾 1.6t,其中约含有砂、石材料 1t,水泥、粉煤灰等胶凝材料 0.4t,以年产商品混凝土 100 万 m^3 计算,通过推广该系统将回收砂石资源 1.6 万吨,回收水泥、粉煤灰等有效组分 0.4 万吨,回收砂石 1 万吨,同时减少了建筑垃圾排放 1.6 万吨。

④ 建立废水循环利用系统和雨水回收系统,清洗设备及冲洗场地的污水经过沉淀处理后重复利用,并将雨水收集起来用于生产混凝土。经计算,每生产 $1m^3$ 混凝土将平均产生废水约 0.03 吨,全国商品混凝土总产量 4.76 亿 m^3,将产生废水 1428 万吨,将废水和雨水有效利用能够极大地减少对自然水资源的

消耗。

2. 绿色生产管理

（1）原材料的使用

1）最大限度减少水泥用量，减少生产水泥的副产品——CO_2、SO_2 和粉尘的排放。据发改委统计，2010 年水泥用量 18.6796 亿吨。按照每生产 1t 普通硅酸盐水泥消耗石灰石 0.98t、黏土 0.18t、标准煤 0.15t、用电 110 度，排放 1t CO_2、0.74kg SO_2、130kg 粉尘计算，2010 年生产水泥消耗的石灰石 18.3 亿吨、黏土 3.4 亿吨、标准煤 2.8 亿吨、用电 2054.8 亿 kW·h，排放 $CO_2$18.7 亿吨、$SO_2$138.2 万吨、粉尘 2.4 亿吨。水泥生产不仅消耗了大量的不可再生能源，而且对生态环境造成了极度破坏，因此要尽量降低水泥用量，大力推广使用矿物掺合料等工业废弃物，减少能源的消耗、环境的污染。

2）大量使用环保型减水剂，或以工业废液为原料改性制造新型减水剂，并在此基础上研制其他复合外加剂。目前国内使用最普遍的一种混凝土减水剂是萘系减水剂，约占所有减水剂用量的 80%，萘系减水剂的减水率相对较低、混凝土坍落度损失快、减水剂中含有甲醛、萘等有毒物质，不符合绿色混凝土原材料要求。

与萘系减水剂相比，聚羧酸高效减水剂作为新一代高效减水剂，具有如下优点：

① 掺量低，分散性能好；

② 流动性保持性好；

③ 在相同流动度时，比萘系复合外加剂缓凝小；

④ 在分子结构上自由度大，外加剂制造技术上可控制的参数也多，高性能化的潜力大；

⑤ 减水剂的合成生产不用甲醛，造成环境污染的有害物质少，有利于建筑工程材料的可持续发展。草本植物造纸所排出的废水严重污染环境，其所造成的工业污染占全国水污染的 40% 左右。但是，利用草本黑液能够生产出性能优良的减水剂，完全消耗草本纸浆黑液中的有害成分，生产过程中无其他废弃物产生，甲醛含量仅为萘系高效减水剂的 1/70，基本不存在甲醛的污染问题，无重金属和放射性物质污染，游离氨含量极低，是一种性能优良的绿色环保产品。

3）推广使用人工砂，减少天然砂的开采对生态环境的破坏。我国建筑用砂每年的需求量在 6 亿吨左右，且多数地区使用的是天然砂。但是天然砂是一种地方资源，短时期内不可再生，随着我国经济建设的发展，大部分地区已出现天然砂资源紧张现象，而且过度开采天然砂会产生一系列的环境破坏问题。相比天然砂，人工砂价格占优，节省混凝土生产成本。此外，推广使用人工砂混凝土，可以减少天然砂的开采，有利于保护生态，减少环境污染。

在混凝土的绿色化途径方面,还可以使用海砂代用集料,保护自然资源。

地球上的资源是有限的,许多资源是不可以再生的。工程建设是消耗资源和能源最大的活动,全世界每年混凝土用量达到 20 亿 m^3,大量材料的生产和使用,消耗大量资源和能源。用海砂取代山砂和河砂作混凝土的细集料,是解决混凝土细集料资源问题的有效办法。

4)加大工业废弃物的利用率。工业废渣作为掺合料在混凝土的生产中已有所应用,但是由于认识的局限,在土木工程中不同行业的应用尚有明显的差距。混凝土生产企业应加强不同细度的超细矿渣粉、磨细粉煤灰及磨细煅烧煤矸石、磨细沸石粉、石灰石粉等对混凝土性能影响的课题研究,提高矿物掺合料在混凝土中的利用效率。采用矿物掺合料替代水泥生产混凝土,降低水泥用量,降低单方混凝土能耗,提高混凝土性能。充分发挥磨细矿渣粉、粉煤灰等建筑用原材料的活性,对采矿过程中产生的石粉、煤矸石等废弃物作为磨细矿物粉细掺合料的技术进行研究和开发应用,达到降低材料成本的经济效益和减少环境污染、保护生态环境的社会效益。

(2)现代化的管理措施

1)全过程严格管理

为提高混凝土生产企业的管理效率,从原材料选用、进场质量控制、材料消耗控制、生产过程废弃物回收利用等全过程实行严格管理,减少废弃物对环境的污染,减少对资源的浪费。

2)引进诸如 ERP 管理系统和 GPS 全球卫星定位系统等现代科学技术,提高管理效率。ERP 管理系统具有制造、办公操作、供应链管理、人力资源管理、项目管理、财务管理、客户服务、销售与市场营销等商业功能。上线该系统,利用计算机对企业的资金、货物、人员和信息等资源进行自动化管理,可实现管理信息化和自动化,提高工作效率和增强快速反应能力,达到精细化管理的目标。建立 GPS 系统,把整个企业的生产任务单管理以及交货单的数据信息有机结合在一起,为混凝土生产调度、运输监控服务,一方面能够合理配备资源,提高车辆利用率;另一方面约束司机的不良行为,减少油耗。

(3)环境管理制度的建立

商品混凝土搅拌站应建立健全环保管理规章制度,做到"有法可依、有章可循",以此保证绿色生产的持续运转。各项规章制度应体现绿色生产的任务、内容与准则,使绿色生产的特点和要求渗透到混凝土生产的各项管理工作中。混凝土搅拌站除应执行国家及地方的相关规定外,还应根据自身的具体情况制定相应的环境管理制度,包括环境保护管理条例、环境管理经济责任制、环境管理岗位责任制、环境保护考核制度、环境保护奖罚办法、污染防治措施实施方法、清洁生产设计制度等。

三、结论

由于绿色混凝土是一种性能优良、与环境相协调的新型建筑材料,发展前景十分广阔,是未来混凝土产业发展的方向和必然趋势。只要有了各方面的统一认识,有了科研机构和从事混凝土行业的人员积极探索和引导,有了建设单位、施工单位的自觉行动,绿色混凝土的进行时不久将会被过去时所取代,取而代之的是最璀璨夺目的将来时。从我国的国情出发,大力推广使用绿色混凝土,具有重大而深远的意义。

随着科学的发展,建筑行业开始走"绿色环保"道路,这对于人类社会的可持续发展是很有帮助的。混凝土绿化应用可以起到减小工程投资、降低材料消耗、保护生态环境等方面的作用,在现代建筑施工中是需要积极采用的新型材料。

商品混凝土公司积极响应国家"节能减排、发展绿色经济"的产业政策,以社会责任为己任,以科技创新为先导,积极打造绿色产业链,实践环保生产,引领我国混凝土行业由传统资源消耗型产业向绿色环保型产业升级。